"十四五"职业教育国家规划教材

"十三五"职业教育国家规划教材
"十二五"职业教育国家规划教材
高等职业教育农业农村部"十三五"规划教材
国家专业教学资源库配套教材
国家级精品资源共享课配套教材

园林规划设计

第四版

❧ 刘新燕　赵建民　主编 ❧

U0350063

中国农业出版社

北京

内容简介

　　根据高职学生特点及培养目标要求，本教材在体例上按照内容提要、知识点、技能点、优秀设计案例精选、典型案例及分析、本章小结、复习思考题编排。本教材系统阐述了园林规划设计的基本理论和常见园林绿地类型的规划设计方法，包括园林规划设计概述、园林构成要素及设计、城市道路绿地规划设计、城市广场规划设计、居住区绿地规划设计、单位附属绿地规划设计、屋顶花园设计、公园绿地规划设计等八章内容。本教材编写过程中力求重点突出、图文并茂、注重学生技能培养，在各章节的编写过程中，选择优秀的园林设计范例进行详细的介绍并对设计思想进行分析，帮助学生掌握技能。

　　本教材开发配套了园林规划设计"数字课程"，提供丰富的课程资源，满足学生拓展学习的需求，详细内容请登陆"中国农业教育在线"观看学习。

　　本教材可供农林、建筑类高职院校园林规划、园林工程、城市园林、风景园林、城镇规划、林业及相关专业教学使用，亦可供园林绿化工作者和园林艺术爱好者阅读参考。

第四版编审人员名单

主　编　刘新燕　赵建民

副主编　任有华　周　军

编　者　（以姓氏笔画为序）

　　　　任有华　刘新燕　邹卫妍

　　　　宋满坡　赵建民　周　军

　　　　郑　淼　管　虹

审　稿　段渊古

第一版编审人员名单

主　编　赵建民

编　者　（以姓名笔画为序）

　　　　任有华　宋满坡　赵建民

　　　　夏振平　樊鸿章

审　稿　褚泓阳

第二版编审人员名单

主　编　赵建民

副主编　赵春仙　任有华

编　者　（以姓名笔画为序）

韦加政　任有华　刘新燕

纪书琴　宋满坡　郑　淼

赵建民　赵春仙　管　虹

审　稿　屈永建

第三版编审人员名单

主　编　赵建民

副主编　任有华　周　军

编　者　（以姓名笔画为序）

任有华　刘新燕　邹卫妍

宋满坡　周　军　郑　淼

赵建民　管　虹

审　稿　杨祖山

第四版前言

　　本教材是在"十二五"职业教育国家规划教材 经全国职业教育教材审定委员会审定《园林规划设计》(第三版)的基础上，结合园林绿化行业发展的状况，园林设计岗位能力要求，信息化教学发展以及多所院校使用反馈、调研与专家论证意见，重新修订、完善编写的。结合信息化教学发展的趋势，本教材在原有国家精品课程、国家精品资源共享课程的基础上，开发并配套了园林规划设计"数字课程"，提供丰富的课程资源，满足学生拓展学习的需求，详细内容请登陆"中国农业教育在线"观看学习。

　　全书系统阐述了园林规划设计的基本理论、常见园林绿地的特征、规划设计方法。主要内容包括园林规划设计概述、园林构成要素及设计、城市道路绿地规划设计、城市广场规划设计、居住区绿地规划设计、单位附属绿地规划设计、屋顶花园设计、公园绿地规划设计等内容。教材体例结构内容包括内容提要、知识点、技能点、优秀设计案例精选、典型案例及分析、本章小结、复习思考题、实训安排等部分。

　　教材在编写时遵循"必需、够用、实用"的原则，力求重点突出、图文并茂，通过对精选优秀案例设计思路的分析，帮助学生掌握设计的程序与技巧，并根据教学需要引入新技术、新理念和行业规范，注重学生专业技能和创新能力的培养。

　　本教材由刘新燕（杨凌职业技术学院）、赵建民（杨凌职业技术学院）主编；任有华（潍坊职业技术学院）、周军（苏州农业职业技术学院）任副主编；宋满坡（河南农业职业技术学院）、郑淼（山西林业职业技术学院）、邹卫妍（苏州农业职业技术学院）、管虹（潍坊职业技术学院）参加编写。各章节编写任务及分工如下：刘新燕编写第六章，第五章第三节、典型案例分析；赵建民编写第四章，第五章第一节、第二节；任有华编写第一章；周军编写第二章；宋满坡编写第七章；郑淼编写第八章；邹卫妍编写第三章。电子资源部分由任有华、管虹老师制作。

全书由段渊古（西北农林科技大学）审稿，在编写过程中编写参阅大量的著作、论文等图文资料，谨此一并感谢。

由于编者水平有限，编写时间紧迫，书中疏漏错误不妥之处在所难免，敬请各位读者给予批评指正。

编　者

2019 年 5 月

第一版前言

本教材根据《教育部关于加强高职高专教育人才培养工作的意见》及《关于加强高职高专教育教材建设的若干意见》的精神和要求进行编写的。供高职高专园林、园艺、林学类专业使用。

本教材系统地阐述了园林规划设计的基本理论与方法，注重园林艺术知识的介绍和学生审美艺术的培养，对一些小型园林绿地的规划设计做了较详细的介绍，结合我国目前实际情况，补充了一些新内容，如屋顶花园设计、体育公园绿地设计等。在写法上力求重点突出、图文并茂、注重直观。各章后附有复习思考题及实训实验提纲。教材结构体系合理，内容充实全面。全书内容包括园林形式与特征、园林布局、园林构成要素与设计、城市道路及广场绿地设计、居住区绿地设计、单位附属绿地设计、公园设计、屋顶花园设计等8章内容。

本教材由赵建民主编，任有华、宋满坡、夏振平、樊鸿章参加编写，各章节编写分工如下：

赵建民　绪论，第4章，附录；

任有华　第1章，第7章（第一节）；

宋满坡　第3章（第一、四节），第6章；

夏振平　第2章，第7章（第二、三节），第8章；

樊鸿章　第3章（第二、三节），第5章。

全书由西北农林科技大学林学院褚泓阳教授主审。在编写过程中参阅了大量有关著作、论文等图文资料。刘新燕、李娟、张君朝等同志还提供了部分个人资料，谨此一并表示衷心感谢。

由于编者水平所限，缺乏经验，加之编写时间紧迫，书中疏漏错误不妥之处在所难免，敬请各试用学校和读者给予批评指正。

编　者

2001年6月

第二版前言

2001 年我们编写了 21 世纪农业部高职高专规划教材——《园林规划设计》，该教材是全国首部高等职业院校统编教材。在出版后的 8 年中，该教材被全国众多所高职院校师生选用，得到了一致的好评，2005 年荣获陕西省省级优秀教材二等奖，2006 年被评为普通高等教育"十一五"国家级规划教材，2008 年以该教材为选用教材的"园林规划设计"课程被评为国家级精品课程。

近年来，高等职业教育的理念有了新的发展。为了适应这一变化，更好地把教育部的精神贯彻到教材当中，我们结合当前园林行业的发展趋势，在第一版的基础上，进行了重编和修订，完成了第二版的编写。

和第一版相比，本教材各章增加了内容提要、学习目标和本章小结，书后还附有学习光盘，内含学习指导、本章结构、电子书稿、多媒体课件、参考图库、相关设计规范、精品课程网站等。

本教材系统地阐述了园林规划设计的基本理论和常见园林绿地类型的规划设计方法，在各章节的编写过程中，采用案例教学法，通过对优秀园林设计案例的介绍与分析，帮助学生学习理论知识、掌握实践操作技能。

全书共包括园林规划设计概述、园林构成要素与设计、城市广场规划设计、城市道路绿地规划设计、居住区绿地规划设计、单位附属绿地规划设计、公园绿地规划设计、屋顶花园设计等八章内容。

本教材由赵建民（杨凌职业技术学院）主编，赵春仙（山东农业大学）、任有华（潍坊职业学院）为副主编，宋满坡（河南农业职业学院）、韦加政（广西农业职业技术学院）、纪书琴（北京农业职业学院）、郑淼（山西林业职业技术学院）、刘新燕（杨凌职业技术学院）、管虹（潍坊职业学院）参与编写，各章节编写分工如下：

赵建民编写绪论、第三章、附录，赵春仙编写第二章，任有华编写第一章，宋满坡编写第八章，韦加政编写第四章，纪书琴编写第五章，郑淼编写第七章；刘新燕编写第六章。光盘部分由任有华、管虹制作。西北农林科技大学屈永建副教授任主审。

在编写过程中参阅了大量的著作、论文等图文资料，谨此一并表示感谢。

书中难免存在不妥之处，敬请各位读者批评指正。

编　者

2009 年 10 月

第三版前言

　　本教材为"十二五"职业教育国家规划教材，经全国职业教育教材审定委员会审定，国家专业教学资源库配套教材，国家级精品资源共享课配套教材。本教材是在普通高等教育"十一五"国家级规划教材《园林规划设计》（第二版）的基础上，重新组织教师修订、完善编写的。

　　随着高职教育理念的变革与实践，原有知识理论、体系结构已不再适应，经过多所院校使用反馈和调研与专家论证，形成本教材现有编写提纲。其体例结构包括内容提要、知识点、技能点、优秀设计案例精选、典型案例及分析、本章小结、复习思考题等部分。系统阐述了园林规划设计的基本理论和常见园林绿地类型的规划设计方法，包括园林规划设计概述、园林构成要素及设计、城市道路绿地规划设计、城市广场规划设计、居住区绿地规划设计、单位附属绿地规划设计、屋顶花园设计、公园绿地规划设计等八章内容。教材后附有数字课程资源课程码，内容丰富翔实，方便学生自学。在本次教材编写过程中力求重点突出、图文并茂、注重学生技能培养，在各章节的编写过程中，选择优秀的园林设计范例进行详细的介绍并对设计思想进行分析，帮助学生掌握技能。

　　本教材由赵建民（杨凌职业技术学院）主编，任有华（潍坊职业学院）、周军（苏州农业职业技术学院）任副主编，刘新燕（杨凌职业技术学院）、宋满坡（河南农业职业学院）、郑淼（山西林业职业技术学院）、邹卫妍（苏州农业职业技术学院）、管虹（潍坊职业学院）参加编写。各章节编写任务及分工如下：赵建民编写第四章，第五章第一节、第二节；任有华编写第一章；周军编写第二章；刘新燕编写第六章，第五章第三节，典型案例分析；宋满坡编写第七章；郑淼编写第八章；邹卫妍编写第三章。光盘部分由任有华、管虹老师制作。

　　全书由杨祖山（西北农林科技大学）审稿，在编写过程中编者参阅了大量的著作、论文等图文资料，谨此一并表示感谢。

由于编者水平有限，加之编写时间紧迫，书中疏漏错误不妥之处在所难免，敬请各位读者给予批评指正。

编　者

2014 年 12 月

目　录

第一章
园林规划设计概述

【内容提要】

进行园林规划设计之前，要学习城市园林绿地系统的相关知识，要学习园林艺术的基本理论，要了解几千年来中国园林发展的历史及各个时代的园林成就，要借鉴中外园林发展过程中积累的宝贵经验，要掌握如何进行园林的整体布局，要掌握园林造景的各种手法。本章共分五节阐述：城市园林绿地系统、中外园林概述、园林艺术及布局、园林空间艺术原理和园林造景。通过学习本章内容，能够对园林规划设计的原理有所了解，懂得如何去欣赏园林，懂得如何进行园林设计的创作。

【知识点】

1. 了解城市园林绿地系统的功能，掌握城市园林绿地的分类及特征，熟悉城市园林绿地的评价指标，掌握城市园林绿地系统布局和城市园林绿化树种规划。

2. 了解中国园林发展经历的几个历史阶段及其历史文化背景和我国传统园林艺术特点，了解国外园林发展概况及其造园特点和世界园林的发展趋势。

3. 掌握园林美、形式美和园林布局的形式。

4. 熟悉园林静态空间艺术构图和园林动态空间布局方法，掌握园林色彩艺术构图方法以及色彩在园林中的应用。

5. 掌握园林造景的各种手法。

【技能点】

1. 能对各种园林形式进行识别，能进行小型园林绿地规则式、自然式和混合式等形式的规划设计。

2. 能运用园林静态空间的视觉视距规律进行造景设计。

3. 能运用园林空间艺术布局的基本理论进行小型绿地的空间布局设计。

4. 能实际测绘古典园林里的典型的风景，进行园林造景手法的学习。

第一节　城市园林绿地系统

城市园林绿地系统是由一定量与质的各类绿地相互联系、相互作用而组成的绿色有机整体。它具有城市其他系统不能代替的特殊功能，并为其他系统服务。它的特殊作用是：改善城市环境，抵御自然灾害，为市民提供生活、生产、工作和学习的良好环境。城市绿地系统规划应充分尊重自然、顺应自然、保护自然，站在人与自然和谐共生的高度谋划发展。

一、城市园林绿地的功能

（一）生态功能

城市园林绿地可以称为"城市的肺脏"，因为它既能调节城市的温度、湿度，又能净化空气、水体和土壤；既能促进城市通风，又能减少风害，降低噪声。它对改善城市环境、维护城市的生态平衡都起着巨大的作用。

1. 净化空气

（1）吸收二氧化碳，放出氧气。在城市中，人口聚集，石化燃料消耗多，造成氧气消耗过多，二氧化碳大量增加。二氧化碳浓度增加、氧气减少时，会威胁人的身心健康，而植物能通过光合作用吸收二氧化碳，放出氧气。二氧化碳是植物光合作用的主要原料，且一定程度上，随着二氧化碳浓度的增大，植物光合作用强度相应增加，所以植物是二氧化碳的消耗者和氧气的制造者。植物的生长和人类的活动保持着生态平衡的关系。

（2）吸收有害气体。城市的主要有害气体有二氧化硫、氯气、氟化氢等，对人体十分有害。一些园林植物能够吸收有毒气体，降低大气中的有毒气体的浓度，起到净化空气的作用。植物吸收有毒气体的能力因植物种类不同而异。如槐树、银杏、臭椿对硫的同化转移能力较强；喜树、梓树、接骨木等树种具有较强的吸苯能力；樟树、悬铃木、连翘等树种具有良好的吸臭氧能力。另外，植物吸收有毒气体的能力，还与叶片、年龄、生长季节、大气中有毒气体的浓度、接触污染时间以及其他环境因素（如温度、湿度等）有关。

（3）减少粉尘污染。一方面是由于树木具有降低风速的作用，随着风速减慢，空气中携带的大量灰尘也会随着下降；另一方面是由于树叶表面不平，多绒毛，且能分泌黏性油脂及汁液，吸附大量飘尘。植物的滞尘量大小与叶片形态结构、叶面粗糙程度、叶片着生角度，以及树冠大小、树叶疏密等因素有关。如榆树、朴树、刺槐、臭椿、悬铃木、女贞、泡桐、侧柏、圆柏、梧桐、构树、桑树等树种对防尘效果较好。草坪具有吸尘杀菌的能力，草地比光地的吸尘能力大 70 倍。被蒙尘的植物经雨水冲洗，又能恢复其吸尘能力，所以城市园林植物被称为"天然的净化器"，可见，在城市中扩大绿地面积、种植树木、铺设草坪，是减少粉尘污染的有效措施。

（4）减低噪声污染。园林树木，对减弱噪声有一定的作用。树木之所以能减弱噪声，一方面是因为噪声波被树叶向各个方向不规则反射而使声音减弱；另一方面是因为噪声波造成树叶枝条微振而使声音消耗。因此，噪声的减弱是与树冠，树叶的形状、大小、厚薄及林带的宽度、高度、位置、配置方式等因素有密切关系。一般认为，分枝低的乔木比分枝高的乔木减弱噪声效果大，叶茂疏松的树群能产生复杂的声散射，其减弱噪声的作用非常明显。

（5）杀死病菌。由于园林绿地中有树木、草、花等植物覆盖，其上空的灰尘相应减少，因而也减少了黏附其上的病原菌。另外，许多园林植物还能分泌出一种杀菌素，所以具有杀菌作用。例如 $1hm^2$ 柏树林每天能分泌 30kg 的杀菌素，可以杀死白喉、肺结核、伤寒、痢疾等病菌，桦木、桉树、梧桐、冷杉、毛白杨、臭椿、核桃、白蜡等都具有很好的杀菌能力。

2. 调节温度 城市园林绿地中的树木在夏季能为树下游人阻挡直射阳光，并通过它本身的蒸腾作用和光合作用消耗许多热量。据测定，盛夏树林下气温比裸地低 $3\sim5℃$。绿色植物在夏季能吸收 60%～80% 的日光能、90% 辐射能，使气温降低 3℃ 左右；园林绿地中地面温度比空旷地面低 10～17℃，比柏油路面低 8～20℃，有垂直绿化的墙面温度比没有绿化的墙面温度低 5℃ 左右。

3. 调节湿度　人们感觉舒适的相对湿度为 30%～60%，而园林植物可通过叶片蒸发大量水分从而增加空气湿度。据测定，公园的空气湿度比其他绿化少的地区高 27%，行道树也能提高空气相对湿度 10%～20%。绿地中的风速小，气流交换较弱，土壤和树木蒸发水分不易扩散，所以其空气相对湿度也高 10%～20%。由于空气湿度的增加，大大改善了城市小气候，使人们在生理上具有舒适感。

4. 净化水体　城市和郊区的水体，由于工矿废水和居民生活污水的污染而威胁环境卫生和人们的身体健康。研究证明，树木可以吸收水中的溶解质，减少水中含菌数量。宽30～40m 林带的树根可将 1L 水中含菌量减少一半。水葱可吸收污水池中的有机化合物，水葫芦能从污水里吸取汞、银、金、铅等重金属物质。

5. 净化土壤　园林植物的根系能吸收土壤中的有害物质，起到净化土壤的作用。植物根系能分泌使土壤中大肠杆菌死亡的物质，并促进好气性微生物增多，故能使土壤中的有机物迅速无机化，不仅净化了土壤，也提高了土壤肥力。

6. 通风、防风　城市中的水系、道路等带状绿地是构成城市绿色的通风渠道，特别是带状绿地与该地区夏季的主导风向一致时，可将该城市郊区的气流引入城市中心地区，大大改善市区的通风条件。在夏季，建筑群和路面受到太阳辐射较大，加之燃料的燃烧、人的呼吸等因素影响，造成热空气上升，而大片绿地气温低，造成冷空气下降，由于温差造成的气体回流不断向市区吹进凉爽的新鲜空气。在冬季，大片树林可以降低风速，具有防风作用，在冬季寒风方向的垂直方向种植防护林，可以大大降低冬季的寒风和风沙对市区的不良影响。若在城市四周设置环城防护林，其防护效果则更加明显。

（二）社会功能

城市园林绿化，不仅可以改善城市环境，维护生态平衡，还可以美化城市，陶冶情操，防灾避难，具有明显的社会效益。

1. 美化城市　园林绿化植物是美化市容、增加建筑艺术效果、丰富城市景观的主要素材。它可以丰富城市中的僵硬的建筑轮廓线，使千差万别的建筑物得以协调。城市中的花园广场、滨河绿带、林荫道绿化带，既衬托了街旁建筑，又增加了艺术效果。

2. 陶冶情操　园林绿地，由植物与建筑、山水等构成，给城市增添了生机与活力，能陶冶人们的审美情趣，给人以心理与情感等精神上的享受。城市园林绿地，特别是公园、小游园和一些公共设施的专用绿地，是一个城市或单位的宣传橱窗，是向群众进行文化宣传、科普教育的场所，使人们在游玩中增长知识、提高文化素养。在各种游憩娱乐活动中，对于体力劳动者，可消除疲劳，恢复体力；对于脑力劳动者，可调剂生活，振奋精神，提高工作效率；对于儿童，可培养勇敢、活泼、伶俐的精神和素质；对于老年人，则可享受阳光、空气，延年益寿。所以，城市园林绿化对于陶冶情操，提高人们的素质，促进精神文明建设，具有重要作用。

3. 防灾避难　城市园林绿化具有防灾避难，保护城市市民生命安全的作用。园林绿地对于蓄水保土有显著的功能，树叶可防止暴雨直接冲击土壤；草地覆盖地表，减少地表径流；盘根错节的根系长在山坡能防止水土流失，有效地保持水土。城市园林绿地既能过滤、吸收和阻隔放射性物质、降低光辐射的传播和冲击杀伤，还能阻挡弹片的飞射，对重要的军事建筑设施、保密装置等起隐蔽作用。例如第二次世界大战时，欧洲某些城市，凡绿化苗木比较茂密的地段所受的损失要轻得多。所以，对战争来说城市绿地是不可缺少的防御措施之一。

由此可见，园林绿地具有蓄水保土、防御备战、防震防火、保护城市居民生命财产安全的作用。

(三)经济功能

要充分树立"绿水青山就是金山银山"的理念，深刻领会保护生态就是发展生产力的科学内涵，充分认识城市园林绿地提供的直接经济效益和间接经济效益功能。

1. 直接经济效益　直接经济效益是指园林绿化产品、门票、服务等所得的直接经济收入及"产业"效应。

园林与旅游业相结合，实现了它的"产业"效应。我国幅员辽阔，风景资源丰富，历史悠久，文物古迹众多，园林艺术负有盛誉。为配合旅游业发展，各类园林在全国各地应运而生，主题文化园、游乐园、微缩景园、科普园、体育公园、民族风情园和海滨休闲园等出现在各大中城市，甚至一些小城市也建起了大公园。随着国家政策的扶持和"假日经济"的出现，我国的旅游业迅速发展，园林投资迅速收回，直接经济效益甚为可观。

园林商业服务和水平质量较高的游乐等设施的引进，为园林业带来了可观的经济效益。

2. 间接经济效益　间接经济效益是指园林绿化所形成的良性生态环境效益和社会效益。据国外资料记载，园林绿化的间接社会经济价值是其本身的经济价值的18～20倍。

城市园林绿化的间接经济效益比直接效益大得多。城市园林绿化是城市基础设施的一个生态系统，并服务于城市生态平衡。其效益是综合的、广泛的、人所共享的和无法替代的。

城市的街头绿地、居住区绿地和城市公园，为城市居民提供方便的、经常性的游憩活动空间，具有实用价值。姿态美丽、色彩各异的园林植物，不仅衬托了城市建筑，增加了艺术效果，而且美化了市容。现代城市的发展、人民的身心健康、经济的繁荣、外商的投资，均离不开优美的环境。城市园林的这种社会效益和经济效益，同时也直接或间接地影响着人们的精神文明素质的提高。

二、城市园林绿地的分类及特征

(一)城市园林绿地的分类方法

目前，世界各国对城市园林绿地类型尚无统一的分类方法。我国对城市园林绿地分类的研究，起步较晚。为了满足城市规划工作的需要，城市绿地分类的方法要与城市用地分类有相对应的关系，以利于城市总体规划及与各专业规划配合。绿地的分类要按绿地的主要功能及使用对象区分，以有利于绿地的详细规划与设计工作。绿地的分类尽量与绿地建设的管理体制和投资来源相一致，有利于业务部门的经营管理。

我国目前作为城市绿地系统规划及城市园林绿化工作的主要依据是《城市绿地分类标准》(CJJ 185—2002)，绿地应按主要功能进行分类，并与城市用地分类相对应。绿地分类应采用大类、中类、小类三个层次。

(二)各类绿地的主要特征

1. 公园绿地　是指向公众开放，以游憩为主要功能，兼具生态、美化、防灾等作用的绿地。

（1）综合公园。综合公园内容丰富，有相应设施，是适合于公众开展各类户外活动的规模较大的绿地。

① 全市性公园：是指为全市市民服务，活动内容丰富、设施完善的绿地。

② 区域性公园：是指为市区内一定区域的居民服务，具有较丰富的活动内容和设施完善的绿地

（2）社区公园。社区公园为一定居住用地范围内的居民服务，具有一定活动内容和设施的集中绿地（不包括居住组团绿地）。

① 居住区公园：服务于一个居住区的居民，具有一定活动内容和设施，为居住区配套建设的集中绿地（服务半径：0.5～1.0km）。

② 小区游园：是指为一个居住小区的居民服务、配套建设的集中绿地（服务半径：0.3～0.5km）。

（3）专类公园。专类公园具有特定内容或形式，具有一定游憩设施的绿地。

① 儿童公园：是指单独设置，为儿童提供游戏及开展科普、文体活动，有完善安全设施的绿地。

② 动物园：是指在人工饲养条件下，异地保护野生动物，供观赏、普及科学知识，进行科学研究和动物繁育，并具有良好设施的绿地。

③ 植物园：是指进行植物科学研究和引种驯化，并供观赏、游憩及开展科普活动的绿地。

④ 历史名园：是指历史悠久，知名度高，体现传统造园艺术并被审定为文物保护单位的园林。

⑤ 风景名胜公园：是指位于城市建设用地范围内，以文物古迹、风景名胜点（区）为主形成的具有城市公园功能的绿地。

⑥ 游乐公园：是指具有大型游乐设施，单独设置，生态环境较好的绿地（绿化占地比例应≥65%）。

⑦ 其他专类公园：是指除以上各种专类公园外具有特定主题内容的绿地。包括雕塑园、盆景园、体育公园、纪念性公园等（绿化占地比例应≥65%）。

（4）带状公园。带状公园沿城市道路、城墙、水滨等，具有一定游憩设施的狭长形绿地。

（5）街旁绿地。街旁绿地位于城市道路用地之外，是相对独立成片的绿地，包括街道广场绿地、小型沿街绿化用地等（绿化占地比例应≥65%）。

2. 生产绿地 是指为城市绿化提供苗木、花草和种子的苗圃、花圃、草圃等圃地。

3. 防护绿地 是指城市中具有卫生、隔离和安全防护功能的绿地。包括卫生隔离带、道路防护绿地、城市高压走廊绿带、防风林、城市组团隔离带等。

4. 附属绿地 是指城市建设用地中绿地之外各类用地中的附属绿化用地。包括居住用地、公共设施用地、工业用地、仓储用地、对外交通用地、道路广场用地、市政设施用地和特殊用地中的绿地。

（1）居住绿地。城市居住用地内社区公园以外的绿地，包括组团绿地、宅旁绿地、配套公建绿地、小区道路绿地等。

（2）公共设施绿地。公共设施用地内的绿地。

（3）工业绿地。工业用地内的绿地。

（4）仓储绿地。仓储用地内的绿地。

（5）对外交通绿地。对外交通用地内的绿地。

（6）道路绿地。道路广场用地内的绿地，包括行道树绿带、分车绿带、交通岛绿地、交通广场和停车场绿地等。

（7）市政设施绿地。市政公用设施用地内的绿地。

（8）特殊绿地。特殊用地内的绿地。

5. 其他绿地 是指对城市生态环境质量、居民休闲生活、城市景观和生物多样性保护有直接影响的绿地。包括风景名胜区、水源保护区、郊野公园、森林公园、自然保护区、风景林地、城市绿化隔离带、野生动植物园、湿地、垃圾填埋场恢复绿地等。

三、城市园林绿地的评价指标

（一）城市园林绿地定额指标的概念及作用

城市园林绿地定额指标，是指城市中平均每个居民所占的城市园林绿地面积和城市绿地面积与城市其他用地面积的比例，用以反映一个城市绿化数量和质量的好坏，用以评价一个时期的城市经济发展水平、城市居民生活福利保健水平的高低，也标志着一个城市的环境质量和城市居民精神文明的程度，它为城市规划学科提供了可比的数据。

（二）影响城市园林绿地指标的因素

随着国民经济的发展、人民物质文化生活的改善和提高，人们对环境的质量要求越来越高。城市规模的大小也影响着绿地指标的高低。大城市人口密集，工业多，建筑密度高，居民远离郊区自然环境，故绿地指标相应高些，每人应占 $10\sim12m^2$。人口数量在 5 万人左右的城市，郊区自然环境好，绿地指标可适当低些。以风景旅游、休疗养性质为主的城市以及钢铁、化工工业及作为交通枢纽的城市和干旱地区的城市，其绿地指标都应适当增加以利改善、美化环境，适应城市发展的需要。

（三）城市绿地计算原则与方法

1. 城市绿地计算原则 计算城市现状绿地和规划绿地的指标时，应分别采用相应的城市人口数据和城市用地数据；规划年限、城市建设用地面积、规划人口应与城市总体规划一致，统一进行汇总计算。绿地应以绿化用地的平面投影面积为准，每块绿地只应计算一次。绿地计算的所用图纸比例、计算单位和统计数字精确度均应与城市规划相应阶段的要求一致。

2. 城市绿地计算方法

（1）人均公园绿地面积。人均公园绿地面积是指城市中每个市民平均占有公园绿地的面积。

$$A_{g1m}=A_{g1}/N_p$$

式中：A_{g1m}——人均公园绿地面积，$m^2/$人；

A_{g1}——公园绿地面积，m^2；

N_p——城市人口数量，人。

（2）人均绿地面积。人均绿地面积是指城市中每个市民平均占有绿地的面积。

$$A_{gm}=(A_{g1}+A_{g2}+A_{g3}+A_{g4}+A_{g5})/N_p$$

式中：A_{gm}——人均绿地面积，$m^2/$人；

$\qquad A_{g1}$——公园绿地面积，m^2；

$\qquad A_{g2}$——生产绿地面积，m^2；

$\qquad A_{g3}$——防护绿地面积，m^2；

$\qquad A_{g4}$——附属绿地面积，m^2；

$\qquad A_{g5}$——其他绿地面积，m^2；

$\qquad N_p$——城市人口数量，人。

（3）城市绿地率。城市绿地率是指城市各类绿地（含公园绿地、生产绿地、防护绿地、附属绿地和其他绿地等五类）总面积占城市用地面积的比率。

$$\lambda_g=[(A_{g1}+A_{g2}+A_{g3}+A_{g4})/A_c]\times100\%$$

式中：λ_g——绿地率，%；

$\qquad A_{g1}$——公园绿地面积，m^2；

$\qquad A_{g2}$——生产绿地面积，m^2；

$\qquad A_{g3}$——防护绿地面积，m^2；

$\qquad A_{g4}$——附属绿地面积，m^2；

$\qquad A_c$——城市的用地面积，m^2。

（4）城市绿化覆盖率。城市绿化覆盖率是指城市绿化覆盖面积占城市的用地面积的比率。

$$\lambda_1=A_{g1}/A_c\times100\%$$

式中：λ_1——绿化覆盖率，%；

$\qquad A_{g1}$——城市内全部绿化种植垂直投影面积，m^2；其中乔木、灌木投影面积下的草坪面积不得计入在内；

$\qquad A_c$——城市的用地面积，m^2。

（5）城市绿地统计表（表1-1）。

表1-1　城市绿地统计

序号	类别代码	类别名称	绿地面积（hm²）		绿地率（%）（绿地占城市建设用地比例）		人均绿地面积（m²/人）		绿地占城市总体规划用地比例（%）	
			现状	规划	现状	规划	现状	规划	现状	规划
1	G1	公园绿地								
2	G2	生产绿地								
3	G3	防护绿地								
	小　计									
4	G4	附属绿地								
	中　计									
5	G5	其他绿地								
	合　计									

备注：①＿＿＿＿年现状城市建设用地＿＿＿＿hm²，现状人口＿＿＿＿万人；

　　　②＿＿＿＿年规划城市建设用地＿＿＿＿hm²，规划人口＿＿＿＿万人；

　　　③＿＿＿＿年城市总体规划用地＿＿＿＿hm²。

2005 年新修订的《国家园林城市标准》中各项指标见表 1-2。

表 1-2 园林城市基本指标

指标类型	区域	100 万以上人口城市	50 万~100 万人口城市	50 万以下人口城市
人均公共绿地 （m²/人）	秦岭淮河以南	7.5	8	9
	秦岭淮河以北	7	7.5	8.5
城市绿地率 （%）	秦岭淮河以南	31	33	35
	秦岭淮河以北	29	31	34
城市绿化覆盖率 （%）	秦岭淮河以南	36	38	40
	秦岭淮河以北	34	36	38

注：国家生态园林城市标准（暂行）中相关指标是：建成区绿化覆盖率≥45%，建成区人均公共绿地≥12m²，建成区绿地率≥38%。

四、城市园林绿地系统布局

（一）城市园林绿地系统规划的目的

城市园林绿地系统规划的最终目的：创造优美自然、清洁卫生、安全舒适、科学文明的现代城市的最佳环境系统。具体目的：保护与改善城市的自然环境，调节城市的小气候，保持城市生态平衡，增加城市景观与增强审美功能，为城市提供生产、生活、娱乐、健康所需要的物质方面与精神方面的优越条件。

（二）城市园林绿地系统规划的原则

为了使城市绿地能对城市环境的改善起明显的作用，就要对城市中的绿地系统进行研究，研究它的用地比例、布局方式及绿地的生态效应，所以要对城市的绿地进行系统布局，并置于城市总体规划之中。

1. 综合考虑，全面安排 城市园林绿地规划应结合城市其他各组成部分的规划，综合考虑，统筹安排。由于城市用地紧张，而且用于城市绿地建设的投资有限，再加上树木本身不断生长的特性，所以园林绿地规划要与城市其他用地详细规划密切配合，全面安排，不能孤立地进行。

2. 结合实际，因地制宜 城市园林绿地规划，必须从实际出发，结合当地特点，因地制宜。我国地域辽阔，各城市的自然条件差异很大，城市的绿地基础、习惯、特点也各不相同。所以，各类绿地的布置方式、面积大小、指标高低，要从实际需要出发，切忌生搬硬套，片面追求某种形式。

3. 均衡分布，功能多样 我国多数城市的市级公园绿地，一般只有两个左右，很难做到均匀分布，但对区级公园及居住区游园，要求做到均匀分布，并使服务半径合理，方便居民活动。城市各种绿地的分布要做到点、线、面相结合，大、中、小相结合，集中与分散相结合，重点与一般相结合，构成有机的整体。规划时应将园林绿地的环保、防灾、娱乐与审美等多种功能综合考虑，充分发挥绿地的最佳生态效益、经济效益和社会效益。

4. 远近结合，创造特色 根据城市的经济实力、施工技术条件及项目的轻重缓急，制定长远目标，做出近期安排，使总体规划得到逐步实施。如远期规划为公园的地段，近期可作为苗圃，既为将来改造为公园创造条件，又可起到控制用地的作用。各类城市的园林绿化应各具特色，才能反映出各城市的不同风俗，如北方城市的园林绿地规划，以防风沙为主要目的，应突出防护功能的特色；南方城市则以通风、降温为主要目的，应突出透、秀的特色；风景疗养城市以自然、秀丽、幽雅为主要特色；文化名城，以名胜古迹、传统文化及相应的绿地造型、环境配置为主要特色。

（三）城市园林绿地系统布局的形式和方法

1. 城市园林绿地系统布局的形式　城市园林绿地的形式根据各城市不同条件，常有块状、环状、楔形、混合式、片状（或带状）等几种。见图1-1。

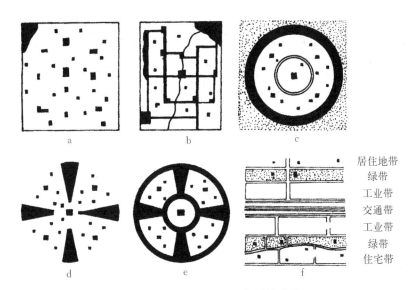

图1-1　城市园林绿地布局的形式
a. 块状式　b. 绿道式　c. 环状式　d. 楔状放射式　e. 混合式　f. 片状（或带状）

（1）块状绿地布局。这种布局多数出现在旧城改建中，在城市规划总图上，公园、花园、广场绿地呈块状、方形、不等边多角形均匀分布于城市中，其优点可以做到均衡分布，方便居民使用，但因分散独立，不成一体，对综合改善城市小气候作用不显著。我国的上海、天津、武汉等城市均属于块状绿地布局。

（2）环状绿地布局。围绕全市形成内外数个绿色环带，将公园、花园、林荫道等绿色统一在环带中，使城市在绿色环带包围之中，但环与环之间联系不够，略显孤立，居民使用也不便。

（3）楔形绿地布局。城市中通过林荫道、广场绿地、公园绿地的联系从郊区伸入市中心的由宽到狭的绿地，称为楔形绿地，如合肥市。这种绿地布局尽管将市区和郊区联系起来，使绿地深入市中心可以改善城市小气候，但它把城市分割成放射状，不利于横向联系。

（4）混合式绿地布局。将块状、环状、楔形三种绿地布局系统配合，使全市绿地呈网状布置，与居住区接触面最大，方便居民使用，市区的带状绿地与郊区绿地相连，有利于城市通风和输送新鲜空气，有利于表现城市的艺术面貌。

（5）片状绿地布局（或带状绿地布局）。指将市内各地区绿地，相对加以集中，形成片状，适于大城市，依各种工业为系统所形成的工业区带状绿地；依生产与生活相结合，组成相对完整地区的片状绿地；结合市区的道路、河流水系、山地等自然地形现状，将城市分为若干区，各区外围以带状绿地环绕，这种绿地布局灵活，可起到分割城区的作用，具有混合式的优点。

以上五种布局形式，每个城市应根据各自特点和具体条件，认真探讨，选择最合理的布局形式。

2. 城市园林绿地布局手法 城市中有各种类型绿地，每种绿地所发挥的功能有所不同，但在绿地布局中只有采取点、线、面结合的形式，将城市绿地形成一个完整的统一体，才能充分发挥其群体的环境效益和社会效益（图1-2）。

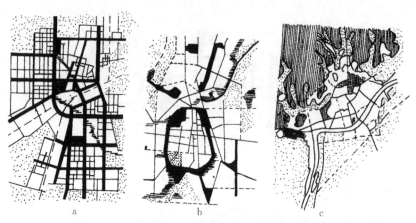

图1-2 城市园林绿地布局形式举例

a. 郑州市园林绿地系统规划（带状）

b. 合肥市园林绿地系统规划（环状、楔形）

c. 会城园林绿地系统规划（片状）

（1）点。主要指城市中的公园、小花园布局，其面积不大，而绿化质量要求较高，是市民游览休憩、开展各种游乐活动的场所。区级公园在规划中要均匀分布于城市的各个区域，服务半径以居民步行 10～20min 到达为宜。儿童公园应安排在居住区附近，动物园要稍微远离城市，以免污染城市和传染疾病。在街道两旁、湖滨河岸，可适当多布置一些小花园，供人们就近休息。

（2）线。主要指城市街道绿化、游憩林荫带、滨河绿带、工厂及防护林带等的布局，将这些带状绿地相互联系组成纵横交错的绿带网，以美化城市街道，起到保护路面、防风、防尘、防噪、促进空气流通等作用。

（3）面。指城市的居住区、工厂、机关、学校、卫生等附属绿地的布局。它是由小块绿地组成的分布最广、面积最大的城市绿地。在市区内搞好每个机关、企事业单位的绿化工作，对整个城市的环境影响十分重要。对城郊绿化布局应与农、林、牧的规划相结合，将郊区土地尽可能地用来绿化植树，使城市包围在绿色环带之中。

五、城市园林绿化树种规划

树种规划是城市园林绿地系统规划的一个重要内容，它关系到绿化建设的成败，绿化成效的快慢，绿化质量的高低，绿化效应的发挥等问题。树种规划完成后，可以有计划地加速育苗，提高绿化速度。如果树种规划不当，树木种后不易成活或生长不良，不仅造成经济上的浪费，还耽误绿化建设的时间，影响绿化效益的发挥。

（一）树种规划的依据

（1）依照国家、省市有关城市园林绿化的文件、法规。

（2）遵照本市自然气象、土壤、水文等自然条件，因地制宜。

（3）从本市的环境污染源及污染物的实际出发进行规划。

（4）参照本市园林绿化现状，现有绿化树种生产、生长的实际情况进行规划。

（二）树种规划的一般原则

我国土地幅员辽阔，南方和北方，沿海和内陆，高山和平原气候条件各不相同，特别是各地城市内土壤情况更是复杂。而树木种类繁多，生态特性各异，因此树种选择要从本地实际情况出发，根据树种特性和不同的生态环境情况，因树制宜地进行规划。

（1）应选择本地区乡土树种。乡土树种最适应当地的自然条件，具有抗性强、耐旱、抗病虫害等特点，为本地群众所喜闻乐见，也能体现地方风格。但是为了避免单调，创造丰富多彩的绿化景观，还要注意对外来树种的引种驯化和研究，只要对当地生态条件比较适应，实践证明是好的树种，也应积极地采用。

（2）要注意选择树形美观、卫生、抗性较强的树种，更好地美化市容，改善环境，促进人民的身体健康。从乔、灌木的比例来说，应以乔木为主，乔、灌木结合形成复层绿化；从速生树和慢生树的比例来说，着眼于慢生树，积极采用快生树合理配合，以便早日取得绿化效果，又能保证绿化长期稳定；从常绿树和落叶树的比例来说，应以常绿树为主，以达到一年四季常青，又富于变化的目的。

（3）注意选择经济树种。在提高各类绿地质量和充分发挥其各种功能的情况下，还要注意选择那些经济价值较高的树种，以便获得木材、果品、油料、香料等经济收益。

（三）树种规划的方法

1. 调查研究 调查的范围应以本市中各类园林绿地为主。调查的重点是各种绿化植物的生态习性、对环境污染物及病虫害的抗性和在园林绿化中的用途等。具体内容有：城市乡土树种调查；古树名木调查；外来树种调查；边缘树种调查；特色树种调查；抗性树种调查；临近的"自然保护区"森林植被调查；附近城市郊区、山地、农村野生树种调查。

2. 树种选定 在以上调查研究的基础上，应进一步准确、稳妥、合理地选定重点树种、一般树种，适宜各类园林绿地的树种。重点树种有基调树种、骨干树种。

3. 制定主要树种比例 由于各个城市所处的自然气候带条件不同，土壤水文条件各异，各城市的植物选择的数量比例也应有所差异，有利于创造各自的特色。如：乔木、灌木、藤本、草本植物之间的比例；落叶树与常绿树的比例；阔叶树与针叶树的比例等。

4. 树种规划文字编制

（1）前言。

（2）城市自然地理条件概述。

（3）城市绿化现状。

（4）城市园林绿化树种调查。

（5）城市园林绿化树种规划。

5. 附表

（1）古树名木调查表。

（2）树种调查统计表（乔木、灌木、藤本）。

（3）草坪、地被植物调查统计表。

（四）树种选择的原则

（1）符合本市所处的自然气候带森林植物的生长规律。

（2）选择乡土树种或多年来适应本市自然条件的外来树种。

（3）选择抗逆性强的树种。

（4）满足城市各类园林绿地多功能的要求，并在可能情况下解决好园林结合生产的问题。

（5）应考虑近期和远期相结合、速生树种与慢生树种的交替衔接。

（6）能反应本市在植物栽植方面的地方特色和历史文化传统。

（五）中国不同区域代表性树种

1. 东北地区 主要树种有红松、樟子松、鱼鳞云杉、辽东冷杉、紫杉、落叶松、山杨、蒙古栎、水曲柳、春榆、胡桃楸、紫椴、糠椴、黄檗、大青杨、茶条槭、槭、大果榆、白榆、悬钩子、西伯利亚杏、毛山荆子、稠李、文冠果、沙柳等。

2. 华北地区 主要树种有华山松、油松、赤松、白皮松、侧柏、桧柏类、银杏、栎类、枫杨、白榆、国槐、刺槐、泡桐、臭椿、毛白杨、楸树、香椿、黄连木、苹果、梨、枣、柿、核桃、板栗、桃、杏、桑树、柳、元宝枫、栾树、白蜡、蒙椴、小叶朴、黄檀、悬铃木、楝树、杞柳等。

3. 华东、华中地区 主要树种有雪松、黄山松、巴山松、湿地松、龙柏、铅笔柏、马尾松、柏木、铁杉、水杉、红豆杉、池杉、柳杉、孝顺竹、慈竹、淡竹、紫竹、斑竹、桂竹、毛竹、刚竹、箬竹、矢竹、大明竹、唐竹、油茶、山茶、漆树、粗榧、杜鹃、棕榈、女贞、苦槠、紫楠、重阳木、栲树、木荷、石槠、椎树、红楠、木莲、黄山木兰、厚朴、桤木、红豆树、杨梅、柑橘、小叶杨、柳类、白榆、槐树、桑、皂荚、枫杨、梧桐、桉树、刺楸、珊瑚朴、七叶树、槲栎、三角枫、湖北花楸、乌桕、杜仲、泡桐、枫香、茅栗、灯台树、椴树、榔榆、糙叶树、朴树、流苏、鹅耳枥、糯米条、梓树、悬铃木、大叶榉、薄壳山核桃、浙江紫荆、黄葛树、白辛树等。

4. 华南地区 主要树种有苏铁、南洋杉、假槟榔、散尾葵、蒲葵、海南五针松、罗汉松、麻竹、绿竹、青皮竹、栲栗、米槠、岭南青冈、厚壳桂、木荷、山杜英、橄榄、黄桐、火力楠、竹柏、桉树、木麻黄、秋茄树、擎天树、榕树、银桦、南洋楹、水松、夜合花、荷花玉兰、白兰花、阳桃、海桐、山茶、木棉、木芙蓉、蓝花楹、银合欢、羊蹄甲、凤凰木、柠檬、九里香、鸡蛋花、橡皮树、柚木、蝴蝶树、大叶胭脂、黄樟、刺栲、海桑、杧果、木菠萝、番木瓜、荔枝等。

5. 西南地区 主要树种有云南松、高山松、云南红豆杉、珙桐、白皮石栎、昆明榆、山玉兰、毛果栲、高山栲、油桐、漆树、蓝桉、毛叶合欢、滇楸、山茶花、桂花、杜鹃、昆明朴、苍山冷杉、云南铁杉、连香树、金钱槭、糙皮桦、木荷、川桂、香叶树、乌药、厚朴、桢楠、箭竹等。

6. 西北地区 主要树种有华山松、油松、侧柏、桧柏、冷杉、西伯利亚云杉、西伯利亚落叶松、苦杨、新疆杨、银白杨、胡杨、崖柳、白柳、新疆大叶榆、白榆、沙枣、白蜡、桑树、沙棘、沙柳、槲栎、虎榛子、胡枝子、锦鸡儿、杠柳、辽东栎、苹果、杏、楸树等。

7. 青藏高原地区 主要树种有雪松、乔松、西藏红杉、西藏冷杉、巨柏、西藏长叶松、喜马拉雅红杉、萍婆、羽叶楸、木棉、羊蹄甲、光叶桑、八宝树、红栲、印度栲、野桐、紫珠、毛叶黄桤、西藏石栎、罗青冈、大叶杨、绿毛杨、林芝云杉、黄牡丹、杜鹃、花楸、西藏忍冬、刺毛忍冬等。

第二节　中外园林概述

园林是人类社会发展到一定阶段的产物。由于文化传统的差异，东、西方园林发展的进程也不相同。东方园林以中国园林为代表，中国园林已有数千年的发展历史，有优秀的造园艺术传统及造园文化传统，中国被誉为"世界园林之母"。中国园林从崇尚自然的思想出发，发展出山水园林。西方古典园林以意大利台地园和法国园林为代表，把园林看作建筑的附属和延伸，强调轴线、对称，发展出具有几何图案美的园林。到了近代，东、西方文化交流增多，园林风格互相融合渗透。

一、中国园林发展经历的几个历史阶段及其历史文化背景

中国古典园林的历史悠久，大约从公元前 11 世纪的奴隶社会后期直到 19 世纪末封建社会解体为止。在三千余年的漫长的、不间断的发展过程中形成了世界上独树一帜的风景式园林体系。这个园林体系作为中国古代文化的一个重要组成部分，它不像同一时期西方园林那样，呈现出各个时代的迥然不同的形式、风格而是在漫长的历史进程中自我完善。它的发展表现为极缓慢的、持续不断的演进，形成了独具特色的中国古典园林艺术特色。

（一）园林的生成期——商、周、秦、汉

中国园林的兴建是从商殷时期开始的，当时商代国势强大，经济发展也较快。文化上，甲骨文是商代巨大的成就，文字以象形字为主。在甲骨文中就有了园、囿、圃等字，而从园、囿、圃的活动内容，可以看出囿最具有园林的性质。在商代，帝王、奴隶主盛行狩猎游乐。《史记》中记载了银洲王"益广沙丘苑台，多取野兽蜚鸟置其中。……乐戏于沙丘"。囿不只是供狩猎，同时也是欣赏自然界动物活动的一种审美场所。因此说，中国园林萌芽于殷周时期。最初的形式"囿"，是就一定的地域加以范围，让天然的草木和鸟兽滋生繁育，还挖池筑台，供帝王们狩猎和游乐。

春秋战国时期，出现了思想领域"百家争鸣"的局面，其中主要有儒、道、墨、法、杂家等。绘画艺术也有相当的发展，开拓了人们的思想领域。当时神仙思想最为流行，其中东海仙山和昆仑山最为神奇，流传也最广。东海仙山的神话内容比较丰富，对园林的影响也比较大。于是模拟东海仙境成为后世帝王苑囿的主要内容。

秦始皇统一中国后，建立了中央集权的秦王朝封建帝国，开始以空前的规模兴建离宫别苑。这些宫室营建活动中也有园林建设如《阿房宫赋》中描述的阿房宫"覆压三百余里，隔离天日……长桥卧波，未云何龙，复道形空，不霁何虹。"

汉代，在囿的基础上发展出新的园林形式——苑，其中分布着宫室建筑。苑中养百兽，供帝王涉猎取乐，保存了囿的传统。苑中有观、有宫，成为建筑组群为主体的建筑宫苑。汉武帝时，国力强盛，政治、经济、军事都很强大，此时大造宫苑，把秦的旧苑上林苑加以扩建。"汉上林苑地跨五县，周围三百里""中有苑三十六，宫十二，观三十五"。建章宫是其中最大、最重要的宫城，"其北治大池，渐台高二十余丈，名曰太液池，中有蓬莱、方丈、

瀛洲，壶梁象海中神山、龟鱼之属。"这种"一池三山"的形式，成为后世宫苑中池山之筑的范例。

到东汉时，私家园林见于文献记载的已经比较多了。《后汉书·梁统列传》所记载的梁冀的两处私园——"园圃"和"菟园"，其中园林假山的构筑方式，可能是中国古典园林中见于文献记载的最早的例子。

园林的功能由早先的狩猎、通神、求仙、生产为主，逐渐演化为后期的游憩、观赏为主。但无论是天然山水园还是人工山水园，建筑物只是简单的散步、铺陈、罗列在自然环境中。建筑作为造园要素之一，与其他要素之间的联系还不是很大。在这一时期，园林建设总体比较粗放，造园活动并未完全达到艺术创作的境地。

（二）园林转折期——魏、晋、南北朝时期

小农经济受到豪族庄园经济的冲击，北方落后的少数民族南下入侵，帝国处于分裂状态。而在意识形态方面则突破了儒学的正统地位，呈现出诸家争鸣、思想活跃的局面。民间的私家园林异军突起，佛教和道教的流行使寺观园林也开始兴盛，奠定了中国风景式园林大发展的基础。

魏、晋、南北朝时期属于园林史上的转折期。这一时期是历史上的一个大动乱时期，是思想、文化、艺术上有重大变化的时代。这些变化引起园林创作的变革。西晋时已出现山水诗和游记。这时，对自然景物的描绘，只是用山水形式来谈玄论道。到了东晋，例如在陶渊明的笔下，自然景物的描绘已是用来抒发内心的情感和志趣。反映在园林创作中，则追求再现山水，有若自然。南朝地处江南，由于气候温和，风景优美，山水园别具一格。这个时期的园林穿池构山而有山有水，结合地形进行植物造景，因景而设园林建筑。北朝对于植物、建筑的布局也发生了变化。如北魏官吏茹皓营华林园，"经构楼馆，列于上下。树草栽木，颇有野致。"从这些例子可以看出南北朝时期园林形式和内容的转变。园林形式从粗略地模仿真山真水转到用写实手法再现山水；园林植物由欣赏奇花异木转到种草栽树，追求野致；园林建筑不再徘徊连属，而是结合山水，列于上下，点缀成景。南北朝时期园林是山水、植物和建筑相互结合组成的山水园。这时期的园林可称为自然（主义）山水园或写意山水园。

佛寺丛林和游览胜地开始出现。南北朝时佛教兴盛，广建佛寺。佛寺建筑可用宫殿形式，宏伟壮丽并附有庭园。尤其是不少贵族官僚舍宅为寺，原有宅院成为寺庙的园林部分。很多寺庙建于郊外，或选山水胜地进行营建。这些寺庙不仅是信徒朝拜进香的胜地，而且逐步成为风景游览的胜区。此外，一些风景优美的胜区，逐渐有了山居、别业、庄园和聚徒讲学的精舍。这样，自然风景中就渗入了人文景观，逐步发展成为今天具有中国特色的风景名胜区。

（三）园林的全盛期——隋、唐

中国园林在隋、唐时期达到成熟，这个时期的园林主要有隋代山水建筑宫苑、唐代宫苑和游乐地、唐代自然园林式别业山居、唐代写意山水园、北宋山水宫苑。

1. 隋代山水建筑宫苑　隋炀帝杨广即位后，在东京洛阳大力营建宫殿苑囿。别苑中以西苑最著名，西苑的风格明显受到南北朝自然山水园的影响，采取了以湖、渠水系为主体，将宫苑建筑融于山水之中。这是中国园林从建筑宫苑演变到山水建筑宫苑的转折点。

2. 唐代宫苑和游乐地　唐代国力强盛，长安城宫苑壮丽。大明宫北有太液池，池中蓬莱山独踞，池周建回廊四百多间。兴庆宫以龙池为中心，围有多组院落。大内三苑以西苑最为优美。苑中有假山，有湖池，渠流连环。

3. 唐代自然园林式别业山居　盛唐时期，中国山水画已有很大发展，出现了寄兴写情的画风。园林方面也开始有体现山水之情的创作。盛唐诗人、画家王维在蓝田县天然胜区，利用自然景物，略施建筑点缀，经营了辋川别业，形成既富有自然之趣，又有诗情画意的自然园林。中唐诗人白居易游庐山，见香炉峰下云山泉石胜绝，因置草堂，建筑朴素，不施朱漆粉刷。草堂旁，春有绣谷花（映山红），夏有石门云，秋有虎溪月，冬有炉峰雪，四时佳景，收之不尽。这些园林创作反映了唐代自然园林式别业山居，是在充分认识自然美的基础上，运用艺术和技术手段来造景、借景而构成优美的园林境域。

4. 唐代写意山水园　从《洛阳名园记》一书中可知唐宋宅园大都是在面积不大的宅旁地里，因高就低，掇山理水，表现山壑溪流之胜。点景起亭，揽胜筑台，茂林蔽天，繁花覆地，小桥流水，曲径通幽，巧得自然之趣。这种根据造园者对山水的艺术认识和生活需求，因地制宜的表现山水真情和诗情画意的园，称为写意山水园。

文人参与造园活动，将其立意通过工匠的具体操作而得以实现，"意"与"匠"的联系更为紧密。山水画、山水诗文、山水园林这三个艺术门类已经开始互相渗透，使中国古典园林具有了诗画的情趣。

（四）园林的成熟前期——宋、元、明、清初

宋、元、明、清初时期，中国封建社会的特征已发育定型，农村的地主小农经济稳步成长，城市的商业经济空前繁荣，市民文化的勃兴为传统的封建文化注入了新鲜血液。封建文化的发展虽已失去汉、唐的闳放风度，但却转化为在日益缩小的精致境界中实现着从总体到细节的自我完善。相应地，园林的发展亦出盛年期，而升华为富于创造精神的完全成熟的境地。园林建设取得长足发展，出现了许多著名园林，私家园林达到了艺术成就的高峰，并呈现前所未有的百花争艳的局面。

两宋各地造园活动兴盛，文献记载不胜枚举。以北宋东京为例。有关文献所登录的私家、皇家园林的名字就有一百五十余个，其中最有名气的是宋徽宗时建成的艮岳。艮岳是一座由叠山、理水、花木和建筑完美结合的具有浓郁诗情画意而较少皇家气派的人工山水园，它代表了宋代皇家园林的风格特征和宫廷造园艺术的最高水平。

宋代的皇家园林集中在东京和临安两地，若论园林的规模和造园的气魄，远不如隋、唐，但规划设计的精致则过之。园林的内容比之隋、唐，较少皇家气派，更多地接近于私家园林，南宋皇帝就经常把行官御苑赏赐臣下，或者把臣下的私园收归皇家作为御苑。1271年，蒙古族的元王朝统一全国，元代的统治不到一百年便为明代所取代。明代的理学强化了以三纲五常为核心的封建礼制，又从意识形态上巩固了皇帝的至高无上的地位。宫苑建设当然也会反映这种政治体制和社会思想的变化。因而明代的皇家园林与宋代有所不同：一是规模又趋于宏大；二是突出皇家气派，著上更多的宫廷色彩。1644年，清王朝入主中原，建立以宗族血缘关系为纽带的君主高度集权统治的封建帝国。皇家园林的宏大规模和皇家气派，比之明代当然会表现得更为明显。

皇家园林受到私家园林的影响，比任何时期都更接近私家园林，从而冲淡了园林的皇家气派；寺观园林由世俗化而更进一步文人化，与私家园林之间的差异，除了尚保留一点烘托佛国、仙界的功能之外，基本上已完全消失了；某些私家园林和皇家园林定期向社会开放，

具有了公共园林的功能。

叠石、置石均显示其高超技艺;理水已能够缩移、模拟大自然界全部的水体形象,与石山、土石山、土山的经营相配合而构成园林的地貌骨架;观赏植物具有丰富的品种,为成林、丛植、片植、孤植的植物造景提供了多样的选择余地;园林建筑已经具备后世所见的几乎全部形象,作为造园要素之一,对于园林的成景起着重要作用,尤其是建筑小品、建筑细部等。

文人更广泛地参与造园,个别的甚至成为专业的造园家。丰富的造园经验不断积累,再由文人或文人出身的造园家总结,为理论著作刊行于世,如明代计成所著的《园冶》。

园林创作普遍重视造园技巧——建筑技巧、叠山技巧、植物配置技巧,形成其积极的一面。

(五)园林的成熟后期——相当于清中叶到清末

清代的乾隆时期是中国封建社会的最后一个繁盛时代,表面的繁盛掩盖着四伏的危机。道光、咸丰以后,随着西方帝国主义势力入侵,封建社会盛极而衰逐渐趋于解体,封建文化也愈来愈呈现衰颓的迹象。一方面园林的发展继承前一时期的成熟传统而更趋于精致,表现了中国古典园林的最高成就;另一方面则暴露出某些衰颓的倾向,逐渐流于烦琐、僵化,已多少丧失前一时期的积极、创新精神。清末民初,封建社会完全解体,历史发生急剧变化,西方文化大量涌入,中国园林的发展亦相应地产生了根本性的转变,结束了它的古典时期,开始进入现代园林的阶段。

这个时期的园林实物被大量完整地保留下来,大多数都是经过修整后开放为公众观光游览,因此,一般人们所了解、看到的"中国古典园林",其实就是成熟后期的中国园林,如颐和园(图1-3)。

在这个时期里,皇家园林经历了大起大落的波折,从一个侧面反映了中国封建王朝末世的盛衰消长。大型园林的总体规划、设计有许多创新,全面地引进江南民间的造园技艺,形成南北园林艺术的大融揉,为宫廷造园注入了新鲜血液。离宫御苑这个类别的成就尤为突出,出现了一些具有里程碑性质的、优秀的大型园林作品,如堪称宫廷造园三大杰作的避暑山庄、圆明园、清漪园。

民间私家园林承袭上代的发展水平,形成江南、北方、岭南三大地方风格鼎峙的局面,其他地区的园林也受到了三大风格的影响。造园理论探索停滞不前,再没有出现像明末清初那样的有关园林和园艺的略具雏形的理论著作,更谈不到进一步科学化的发展。许多精湛的造园技艺始终停留在匠师们口授心传的原始水平上,未能得到系统的总结、提高而升华为科学理论。

随着国际、国内形势变化,西方园林文化开始进入中国。乾隆年间,任命供职内廷如意馆的欧洲籍传教士主持修造圆明园内的西洋楼,西方的造园艺术首次引进中国宫苑。

中国园林如同我国的文化传统一样,千百年来是在一种与外部世界交流较少的环境里,通过世世代代的摸索、探求、总结而逐步生长、完善、流传下来的。这种历史上相对孤立、闭塞的状态,一方面使中国园林长期处于一种逐步积累、相对稳定、相当保守的渐进式发展过程中;另一方面,也使它有可能创造出与其他民族迥然不同的、具有浓厚的本民族特征的园林作品,成为东方园林的典型代表。而作为后人的我们应该真正做到从中取其精华、弃其糟粕,融汇于新的园林体系之中,发扬光大,并对今后多极化世界的园林文化的发展做出新的贡献。

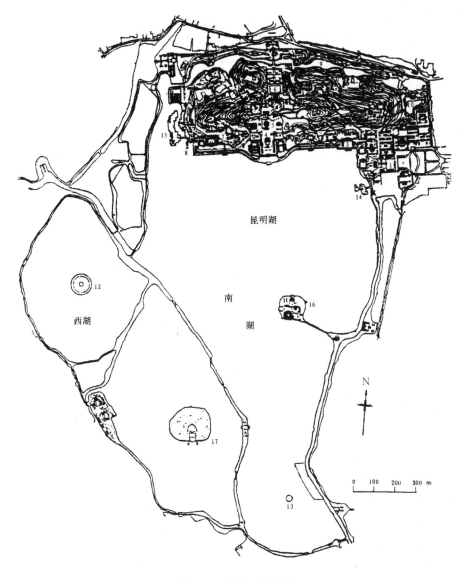

图 1-3 颐和园平面图

1. 东宫门 2. 德和园 3. 乐寿堂 4. 排云殿 5. 佛香阁 6. 须弥 7. 画中游

8. 清晏舫 9. 后湖(后溪河) 10. 谐趣园 11. 龙王庙 12. 治镜阁

13. 凤凰墩 14. 知春岛 15. 小西泠 16. 南湖岛 17. 藻鉴堂

(六) 新兴期——中华人民共和国成立以后

这一时期主要是指 1949 年中华人民共和国成立以后营建、改建和整理的城市公园。新中国成立后,党和政府非常重视城市园林绿化建设事业,把它视为现代文明城市的标志。城市园林绿化得到了前所未有的发展,取得了空前的成就。截至 1959 年全国的绿地面积达128 000hm²。但是,由于认识上的原因,在发展的过程中也走过了一条曲折的道路。20 世纪 80 年代以来,随着改革开放的发展,园林绿化事业被提高到两个文明建设的高度来抓,国家制定了一系列方针政策,园林绿化事业迅速发展,展现出了一派欣欣向荣的局面,园林绿化事业走上了健康发展的道路。城市公园建设正向纵深发展，新公园的建设和公园景区、景点的改造、充实、提高同步进行，小园和园中园的建设得到重视，出现了一批优秀园林作品，受到广大群众的欢迎。如北京的双秀园、雕塑公园、陶然亭公园中的华夏名亭园、紫竹院公园中的筠石园，上海的大观园，南京的药物园，洛阳的牡丹园等，都取得很大成功。

在公园建设中，以植物为主造园越来越受到重视，用植物的多彩多姿塑造优美的植物景观，满足了生态、审美、游览、休息的多种功能。

总之，改革开放以来，我国园林绿化事业得到蓬勃发展，成果丰盛。政府部门因势利导，于1992年决定在全国范围内开展园林城市创建活动，各城市政府积极响应，由此激发了城市人民群众的爱花护绿、发展绿色和保护环境、热爱城市的热情。许多城市把创建园林城市作为工作目标，将城市园林绿化同整个城市环境建设、城市地位的提高和促进经济的发展紧密结合起来，列入"市长工程""民心工程"或"实事工程"，建设了一大批骨干工程、精品工程，形成了一大批精品绿化广场、公园、绿地，涌现出一批省、市级园林式庭院、小区、单位、城镇，极大地促进了城市园林绿化事业的发展，造园艺术水平得到大幅度提高，市容市貌大为改观，城市环境质量明显改善，使城市园林绿化事业进入快速、健康、全面发展的新阶段，园林绿化事业呈现出前所未有的良好发展态势。截至2013年2月1日，共有16批232个城市被评为国家园林城市，5个国家园林城区。

二、我国传统园林艺术特点

中国园林艺术是伴随着诗歌、绘画艺术而发展起来的，因而它表现出诗情画意的内涵，我国人民又有着崇尚自然、热爱山水的风尚，所以又具有师法自然的艺术特征。

1. 造园之始，意在笔先　这是由画论移植而来的。意，可是为意志、意念或意境。它强调在造园之前必不可少的意匠构思，也就是指导思想、造园意图。

2. 相地合宜，构园得体　古今中外，概不例外。凡造园林，必按地形、地势、地貌的实际情况，考虑园林的性质、规模，构思其艺术特征和园景结构。只有合乎地形骨架的规律，才有构园得体的可能。

3. 因地制宜，随势生机　通过相地，可以取得正确的构园选址，然而在一块土地上，要想创造多种景观的协调关系，还要因地制宜，随时生机和随机应变的手法，进行合理布局，这是中国造园艺术的一大特征，也是中国画论中经营位置原则之一。

4. 巧于因借，精在体宜　"因"者，使就地审势的意思，"借"者，景不限内外，所谓"晴峦耸秀，绀宇凌空；极目所至，俗则屏之，嘉则收之，不分町疃，尽为烟景……"，这种因地、因时借景的做法，大大超越了有限的园林空间。用现代语言来说，就是汇集所有的外围环境的风景信息，拿来为我所利用，取得事半功倍的艺术效果。

5. 欲扬先抑，柳暗花明　在造园时，运用影壁、假山水景等作为入口屏障；利用绿化树丛作隔景；创造地形变化来组织空间的渐进发展；利用道路系统的曲折引进，园林景物的依次出现，利用虚实院墙的隔而不断，利用园中园、景中景的形式等，都可以创造引人入胜的效果。它无形中拉长了游览路线，增加了空间层次，给人们带来柳暗花明，绝路逢生的无穷情趣。

6. 起结开合，步移景异　就是创造不同大小、不同类型的空间，通过人们在行进中的视点、视线、视距、视野、视角等反复变化，产生审美心理的变迁，通过移步换景的处理，增加引人入胜的吸引力。风景园林是一个流动的游赏空间，善于在流动中造景，也是中国园林的特色之一。

7. 小中见大，咫尺山林 小中见大，就是调动内景诸要素之间的关系，通过对比、反衬，造成错觉和联想，达到扩大空间感，形成咫尺山林的效果。这多用于较小的园林空间。

8. 虽有人作，宛自天开 无论是寺观园林、皇家园林或私家庭园，造园者顺应自然，利用自然和仿效自然的主导思想始终不移。

9. 文景相依，诗情画意 中国园林艺术之所以流传古今中外，经久不衰，一是符合自然规律的人文景观；二是具有符合人文情义的诗、画文学。"文因景成，景借文传"的说法是有道理的。正是文、景相依，才更有生机。同时，也因为古人造园，寓情于景，人们游园又触景生情，到处充满了情景交融的诗情画意，才使中国园林深入人心，流芳百世。

10. 胸有丘壑，统筹全局 写文章要胸有成竹，而造园者必须胸有丘壑，把握总体，合理布局，贯穿始终。只有统筹兼顾，一气呵成，才有可能创造出一个完整的风景园林体系。造园者必须从大处着眼摆布，小处着手理微，利用隔景、分景划分空间，用主、副轴线对位关系突出主景，用回游线路组织游览，用统一风格和意境序列，贯穿全园。这种原则同样适用于现代风景园林的规划工作，只是现代园林的形式与内容都有较大的变化幅度，以适应现代生活节奏的需要。

三、国外园林发展概况及其造园特点

世界园林有东方、西亚和欧洲三大系统。东方园林以中国园林为代表，影响日本、朝鲜和东南亚诸国。西亚园林以叙利亚、伊拉克为代表。欧洲园林以意大利、法国、英国和俄罗斯为代表。而古埃及、古印度园林介于三大系统之间。这些古代园林对当今各国园林艺术风格的形成有较大的影响，同时由于各国文化、历史背景、发展速度等因素的不同，导致了各国园林在长期的演变和建设中形成了各自的特色。

(一) 日本庭园

日本气候湿润多雨，山清水秀，为造园提供了良好的客观条件，日本民族崇尚自然，喜好户外活动。中国的造园艺术传入日本后，经过长期实践和创新，形成了日本独特的园林艺术。

日本历史上早期虽有掘池筑岛，在岛上建造宫殿的记载，但主要是为了防御外敌和防范火灾。后来，在中国文化艺术的影响下，庭园中出现了游赏的内容。钦明天皇十三年，佛教东传，中国园林对日本的影响扩大。日本宫苑中开始造须弥山、架设吴桥等，朝廷贵族纷纷建造宅园。20世纪60年代，平城京（日本历史名城奈良的古称）考古发掘表明，奈良时代的庭园已有曲折的水池，池中设岩岛，池边置叠石，池岸和池底敷石块，环池疏布屋宇。平安时代前期庭园要求表现自然，贵族别墅常采用以池岛为主题的"水石庭"。到平安时代后期，贵族邸宅已由过去具有中国唐朝风格的左右对称形式，发展成为符合日本习俗的"寝造殿"形式。这种住宅前面有水池，池中设岛，池周布置亭、阁和假山，是按中国蓬莱海岛（一池三山）的概念布置而成的。在镰仓时代和室町时代，武士阶层掌握政权后，武士宅园仍以蓬莱海岛式庭园为主。由于禅宗很兴盛，在禅与画的影响下，枯山水式庭园（图1-4）发展起来。这种庭园规模一般较小，园内以石组为主要观赏对象，用白沙象征水面和水池，或者配置以简素的树木。在桃山时期多为武士家的书院庭园和随茶道发展而兴起的茶室和茶亭。江户时期发展起来了草庵式茶亭和书院式茶亭，特点是在庭园中各茶室间用"回游道路"和"露路"连通，一般都设在大规模园林之中，如修学院离宫、桂离宫（图1-5）等。

明治维新以后，随着西方文化的输入，在西方造园思想的影响下，日本庭园出现了新的转折。一方面，庭园从特权

图1-4　日本京都龙安寺枯山水庭园

阶层私有专用转为开放公有，国家开放了一批私园，也新建了大批公园；另一方面，西方的园路、喷泉、花坛、草坪等也开始在庭园中出现，使日本园林除原有的传统手法外，又增加

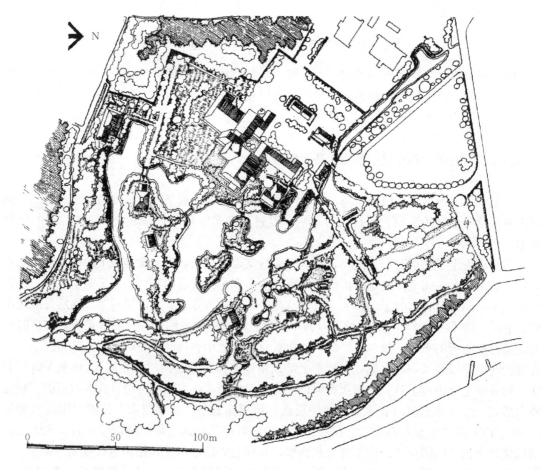

图1-5　桂离宫庭园平面图

了新的造园技艺。日本庭园的种类主要有林泉式、筑山庭、平庭、茶亭和枯山水。

（二）古埃及与西亚园林

埃及与西亚邻近，埃及的尼罗河流域与西亚的幼发拉底河、底格里斯河流域同为人类文明的两个发源地，园林出现也最早。

埃及早在公元前 4000 年就跨入了奴隶制社会，公元前 28—公元前 23 世纪，形成法老政体的中央集权制。法老（即埃及国王）死后都兴建金字塔作王陵，成为墓园。金字塔浩大、宏伟、壮观，反映出当时埃及科学与工程技术已很发达。金字塔四周布置规则对称的林木；中轴为笔直的祭道，控制两侧均衡；塔前留有广场，与正门对应，形成庄严、肃穆的气氛。奴隶主的私园把绿荫和湿润的小气候作为追求的主要目标，把树木和水池作为主要内容。

西亚地区的叙利亚和伊拉克也是人类文明的发祥地之一。早在公元前 3500 年时，已经出现了高度发达的古代文化。奴隶主在宅园附近建造各式花园，作为游憩观赏的乐园。奴隶主的私宅和花园，一般都建在幼法拉底河沿岸的谷地草原上，引水注园。花园内筑有水池或水渠，道路纵横方直，花草树木充满期间，布置非常整齐美观。基督教《圣经》中记载的伊甸园被称为"天国乐园"，就在叙利亚首都大马士革城附近。在公元前 2000 年的巴比伦、亚述或大马士革等西亚地区有许多美丽的花园。尤其距今 3000 年前新巴比伦王国宏大的都城有五组宫殿，不仅异常华丽壮观，而且在宫殿上建造了被誉为世界七大奇观之一的"空中花园"。

西亚的亚述有猎苑，后来演变成游乐的林园。巴比伦、波斯气候干旱，重视水的利用。波斯庭园的布局多以位于十字形道路交叉点上的水池为中心，这一手法为阿拉伯人继承下来，成为伊斯兰园林的传统，流布于北非、西班牙、印度，传入意大利后，演变为各种水法，成为欧洲园林的重要内容。

（三）欧洲园林

古希腊是欧洲文化的发源地。古希腊的建筑、园林开欧洲建筑、园林之先河，直接影响着罗马、意大利、法国、英国等国的建筑、园林风格。后来英国吸取了中国山水园的意境，融入造园之中，对欧洲造园也有很大影响。

公元前 3 世纪，希腊哲学家伊壁鸠鲁在雅典建造了历史上最早的文人园，利用此园对门徒进行讲学。公元 5 世纪，希腊人渡海东游，从波斯学到了西亚的造园艺术，最终发展成了柱廊园。希腊的柱廊园，改进了波斯在造园布局上结合自然的形式，而变成喷水池占据中心位置，使自然符合人的意志，成为有秩序的整形园，把西亚和欧洲两个系统的早期庭园形式与造园艺术联系起来，起到了过渡桥的作用。

古罗马继承希腊庭园艺术和亚述林园的布局特点，发展成了山庄园林。欧洲中世纪时期，封建领主的城堡和教会的修道院中建有庭园。修道院中的庭园同建筑功能相结合，如在教士住宅的柱廊环绕的方庭中种植花卉，在医院前辟设药铺，在食堂厨房前辟设菜圃，此外，还有果园、鱼池、游憩的园地等。在今天，欧洲一些国家还保存着这种传统。

在文艺复兴时期，意大利的佛罗伦萨、罗马、威尼斯等地建造了许多别墅园林。以别墅为主体，利用意大利的丘陵地形，开辟成整齐的台地，逐层配置灌木，并把它修剪成图案式的植坛，顺山势利用各种水法（流泉、瀑布、喷泉等），外围是树木茂密的林园。

这种园林统称为意大利台地园。台地园在地形整理、植物修剪艺术和水法技法方面都有很高的成就。

法国继承和发展了意大利的造园艺术。1638年法国J.布阿依索著有西方最早的园林专著《论造园艺术》。他认为："如果不加以条理化和安排整齐，那么，人们所能找到的最完美的东西都是有缺陷的。"17世纪下半叶，法国造园家A.勒诺特尔提出要"强迫自然接受匀称的法则"。他主持设计的凡尔赛宫苑（图1-6），根据法国这一地区地势平坦的特点，开辟大片草坪、花坛、河渠，创造了宏伟华丽的园林风格，被称为勒诺特尔风格，各国竞相效仿。

18世纪欧洲文学艺术领域中兴起了浪漫主义运动。在这种思潮的影响下，英国开始欣赏纯自然之美，重新恢复传统的草地、树丛，于是产生了自然风景园。初期的自然风景园对自然美的特点还缺乏完整的认识。18世纪中叶，中国园林造园艺术传入英国。18世纪末，英国造园家H.雷普顿认为自然风景园不应任其自然，而

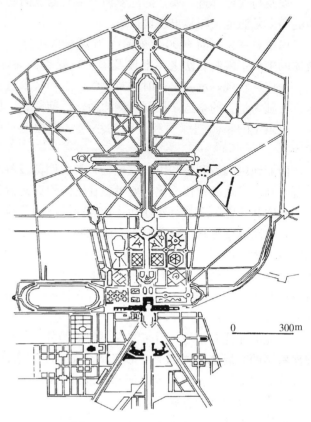

图1-6 法国凡尔赛宫苑平面图

要加工，以充分显示自然的美而隐藏它的缺陷。他并不完全排斥规则式布局形式，在建筑与庭园相接地带也使用行列栽植的树木，并利用当时从美洲、东亚等地引进的花卉丰富园林色彩，把英国自然风景园推进了一步。

自17世纪开始，英国把贵族的私园开放为公园。18世纪以后，欧洲其他国家也纷纷效法。

（四）外国近现代园林

17世纪中叶，英国爆发了资产阶级革命，武装推翻了封建王朝，建立起土地贵族与大资产阶级联盟的君主立宪制政权，宣告资本主义社会制度的诞生。不久，法国也爆发了资产阶级革命，继而，革命的浪潮席卷全欧。在资产阶级"自由、平等、博爱"的口号下，新兴的资产阶级没收了封建领主及皇室的财产，把大大小小的宫苑和私园都向公众开放，并统称为公园（Public Park）。这就为19世纪欧洲各大城市产生一批数量可观的公园打下了基础。

此后，随着资本主义近代工业的发展，城市逐步扩大，人口大量增加，污染日益严重。在这样的历史条件下，资产阶级对城市也进行了某些改善，新辟的一些公共绿地并建设公园就是其中的措施之一。

然而，从真正意义上进行设计和营造的公园则始于美国纽约的中央公园（图 1 - 7）。1858 年，政府通过了由欧姆斯特德（Frederick Law Olmsted，1822—1903）和其助手沃克斯（Calvert Vaux，1824—1895）合作设计的公园设计方案，并根据法律在市中心划定了一块约 340hm² 的土地作为公园用地。在市中心保留这样大的一块公园用地是基于这样一种考虑，即将来的城市不断发展扩大后，公园会被许多高大的城市建筑所包围。为了是市民能够享受到大自然和乡村景色的气息，在这块较大面积的公园用地上，可创作出乡村景色的片断，并可把预想中的建筑实体隐蔽在园界之外。因此，在这种规划思想的指导下，整个公园的规划布局以自然式为主，只有中央林荫道是规则式的。纽约中央公园的建成受到了社会的瞩目和赞赏，从而影响了世界各国，推动了城市公园的发展。但是，由于各国地理环境、社会制度、经济发展、文化传统以及科技水平的不同，在公园规划设计的做法与要求上表现出较大的差异性，呈现出不同的发展趋势。

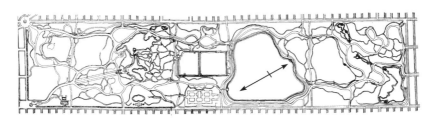

图 1 - 7　纽约中央公园平面图

四、世界园林的发展趋势

　　纵观 20 世纪尤其是近几十年来世界城市公园的发展，不难看出，由于社会经济发展以及公众对环境认识的提高，城市公园有了较大的发展，主要表现在以下四个方面：

　　1. 公园的数量不断增加，面积不断扩大　如日本，1950 年全国仅有公园 2596 个，而1976 年则增加到 23477 个，数量增加了 9 倍多。

　　2. 公园的类型日趋多样化　近年来国外城市除传统意义上的公园、花园以外，各种新颖富有特色的公园也不断地涌现。如美国的宾夕法尼亚州开辟了一个"知识公园"，园中利用茂密的树林和起伏的地形布置了多种多样的普及自然常识的"知识景点"，每个景点都配有讲解员为游客服务。此外，世界各国富有特色的公园还有：丹麦的童话乐园、美国的迪斯尼乐园、奥地利的音乐公园、澳大利亚的袋鼠公园等。

　　3. 公园布局，体现自然风貌　在公园的规划布局上，普遍以植物造景为主，建筑的比重较小，以在追求真实、朴素的自然美，最大限度地让人们在自然的气氛中自由自在地漫步以寻求诗意、重返大自然。

　　4. 进行科学的养护管理　在园容的养护管理上广泛采用先进的技术设备和科学的管理方法，植物的园艺养护、操作一般都实现了机械化，广泛运用计算机进行监控、统计和辅助设计。

　　5. 园林界的国际交流越来越多　随着世界性交往的日益扩大，园林界的交流也越来越多。各国纷纷举办各种性质的园林、园艺博览会、艺术节等活动，极大地促进了园林的发展。如在我国昆明举办的世界园艺博览会，就吸引了几十个国家来参展。

第三节 园林艺术及布局

一、园 林 美

园林是一种综合大环境的概念，它是在自然景观基础上，通过人为的艺术加工和工程措施而形成的。园林艺术是指导园林创作的理论。进行园林艺术理论研究，应当具备美学、艺术、绘画、文学等方面的基础理论知识，尤其是美学知识的运用。

园林美源于自然，又高于自然景观，是大自然造化的典型概括，是自然美的再现。它随着文学绘画艺术和宗教活动的发展而发展，是自然景观和人文景观的高度统一。

园林美具有多元性，表现在构成园林的多元要素之中和各要素的不同组合形式之中。园林美也具有多样性，主要表现在其历史、民族、地域、时代性的多样统一之中。风景园林具有绝对性与相对性差异，这是因为它包含着自然美和社会美的缘故。

园林美是形式美与内容美的高度统一，它的主要内容有以下几个方面：

1. 山水地形美 包括地形改造、引水造景、地貌利用、土石假山等，形成园林的骨架和脉络，为园林植物种植、游览建筑设置和视景点的控制创造条件。

2. 借用天象美 借日月雨雪造景。如观云海霞光，看日出日落，设朝阳洞、夕照亭、月到风来亭、烟雨楼、听雨打芭蕉、泉瀑松涛、造断桥残雪、踏雪寻梅意境等。

3. 再现生境美 效仿自然，创造人工植物群落和良性循环的生态环境，创造空气清新、温度适中的小气候环境。花草树木永远是生境的主题。

4. 建筑艺术美 风景园林中由于游览景点、服务管理、维护等功能的要求和造景需要，要求修建一些园林建筑。建筑不可多，也不可无，古为今用，外为中用，简洁便用，画龙点睛，建筑艺术往往是民族文化和时代潮流的结晶。

5. 工程设施美 园林中，游道廊桥、假山水景、电照光影、给水排水、挡土护坡等各项设施，必须成龙配套，要注意艺术处理而区别于一般的市政设施。

6. 文化景观美 风景园林常为宗教圣地或历史古迹所在地，其中的景名景序、门楹对联、摩崖石刻、字画雕塑等无不浸透着人类文化的精华。

7. 色彩声响美 风景园林是一幅五彩缤纷的天然图画，蓝天白云、花红叶绿、粉墙灰瓦、雕梁画栋、风声雨声、欢声笑语、百籁争鸣。

8. 造型艺术美 园林中常运用艺术造型来表现某种精神、象征、礼仪、标志、纪念意义，以及某种形体、线条美。如图腾、华表、标牌、喷泉及各种植物造型等。

9. 旅游生活美 园林是一个可游、可憩、可赏、可居、可学、可食的综合活动空间，满意的生活服务，健康的文化娱乐，清洁卫生的环境，交通便利与治安保证，都将怡悦人们的性情，带来生活的美感。

10. 联想意境美 联想和意境是我国造园艺术的特征之一。丰富的景物，通过人们的接近联想和对比联想，达到见景生情，体会弦外之音的效果。意境就是通过意向的深化而构成心境迎合、神形兼备的艺术境界，也就是主客观情景交融的艺术境界。

二、形 式 美

自然界常以其形式美取胜而影响人们的审美感受，各种景物都是由外形式和内形式组成的。外形式是由景物的材料、质地、体态、线条、光泽、色彩和声响等因素构成；内形式是由上述因素按不同规律而组织起来的结构形式或结构特征。如一般植物都是由根、茎、叶、花、果实、种子组成的，然而它们由于其各自的特点和组成方式的不同而产生了千变万化的植物个体和群体，构成了乔、灌、藤、花卉等不同的形态。

形式美是人类社会在长期的社会生产实践中发现和积累起来的，它具有一定的普遍性、规律性和共同性。但是人类社会的生产实践和意识形态在不断改变，并且还存在着民族、地域性及阶级、阶层的差别。因此，形式美又带有相对性和差异性。但是，形式美发展的总趋势是不断提炼和升华的，表现出人类健康、向上、创新和进步的愿望。

从形式美的外形式方面加以描述，其表现形态主要有线条美、图形美、形体美、光影色彩美、朦胧美等几个方面。

人们在长期的社会劳动实践中，按照美的规律塑造景物外形，逐步发现了一些形式美的规律性：

（一）整齐一律

指景物形式中多个相同或相似部分之间的重复出现，或是对等排列与延续，其美学特征是创造庄重、威严、力量和秩序感。如园林中整齐的绿篱与行道树，整齐的廊柱门窗等。

（二）对称与均衡

对称与均衡是形式美在量上呈现的美。对称是以一条线为中轴，形成左右或上下均等，在量上的均等。它是人类在长期的社会实践活动中，通过对自身，对周围环境观察而获得的规律，体现着事物自身结构的一种规律的存在方式。而均衡是对称的一种延伸，是事物的两部分在形体布局上不相等，但双方在量上却大致相当，是一种不等形但等量的特殊的对称形式。也就是说，对称是均衡的，但均衡不一定对称，因此，就分出了对称均衡和不对称均衡。

1. 对称均衡　又称静态均衡。就是景物以某轴线为中心，在相对静止的条件下，取得左右（或上下）对称的形式，在心理学上表现为稳定、庄重和理性。对称均衡在规则式园林绿地中常被采用。如纪念性园林，公共建筑前的绿化，古典园林前成对的石狮、槐树，甚至路两边的行道树、花坛、雕塑等。

2. 不对称均衡　又称动态均衡、动势均衡、疑对称均衡。不对称均衡创作法一般有以下几种类型：

（1）构图中心法。即在群体景物之中，有意识的强调一个视线构图中心，而使其他部分均与其取得对应关系，从而在总体上取得均衡感。

（2）杠杆均衡法。又称动态平衡法。根据杠杆力矩的原理，使不同体量或重量感的景物置于相对应的位置而取得平衡感。

（3）惯性心理法。又称运动平衡法。人在劳动实践中形成了习惯性重心感，若重心产生偏移，则必然出现动势倾向，以求得新的均衡。人体活动一般在立三角形中取得平衡。根据这些规律，在园林造景中就可以广泛地运用三角形构图法（图1-8），园林静态空间与动态空间的重心处理等，它们均是取得景观均衡的有效方法。

不对称均衡的布置小至树丛、散置山石、自然水池，大至整个园林绿地、风景区的布局。它常给人以轻松、自由、活泼、变化的感觉。所以广泛地应用于一般游憩性的自然式园林绿地中。

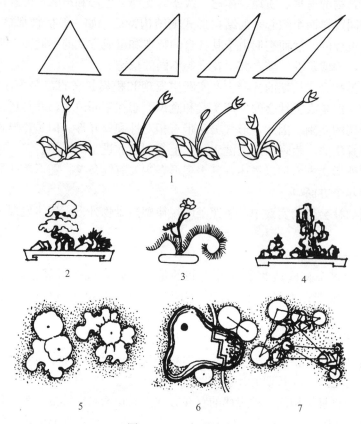

图 1-8 三角形均衡
1. 三角形由静态均衡到动态均衡　2. 树石盆景　3. 插花　4. 水面盆景
5. 乔、灌木配置　6. 水池布置　7. 石、树配合

（三）对比与协调

对比是比较心理的产物。对风景或艺术品之间存在的差异和矛盾加以组合利用，取得相互比较、相辅相成的呼应关系。协调是指各景物之间形成了矛盾统一体，也就是在事物的差异中强调了统一的一面，使人们在柔和宁静的氛围中获得审美享受。园林景象要在对比中求协调，在协调中有对比，使景观丰富多彩、生动活泼，又风格协调、突出主题。

对比与协调只存在于统一性质的差异之间，要有共同的因素，如体量的大小，空间的开敞与封闭，线条的曲直，色调的冷暖、明暗，材料质感的粗糙与细腻等，而不同性质的差异之间不存在协调对比，如体量大小与色调冷暖就不能比较。

（四）比例与尺度

比例要体现的是事物的整体之间、整体与局部之间、局部与局部之间的一种关系。这种关系使人得到美感，就是合乎比例。比例具有满足理智和眼睛要求的特征。

与比例相关联的是尺度，比例是相对的，而尺度涉及具体尺寸。园林中构图的尺度是景物、建筑物整体和局部构件与人或人所见的某些特定标准的尺度感觉。

比例与尺度受多种因素和变化的影响，典型的例子如苏州古典园林，多是明清时期的私家宅园，各部分造景都是效法自然山水，把自然山水提炼后缩小到园林中。建筑道路曲折有致，大小适合，主从分明，相辅相成，无论在全局上，还是局部上，它们相互之间以及与环境之间的比例尺度都很相称。就当时的少数人起居游赏来说，其尺度是合适的，但是现在随着旅游事业的发展，国内外游客大量增加，假山显得低而小，游廊显得矮而窄，其尺度就不符合现代游赏的需要。所以不同的功能要求不同的空间尺度，不同的功能也要求不同的比例。

（五）节奏与韵律

节奏产生于人本身的生理活动，如心跳、呼吸、步行等。在建筑和风景园林中，节奏就是景物简单的反复连续出现，通过时间的运动而产生美感，如灯杆、花坛、行道树等。而韵律则是节奏的深化，是有规律但又自由地抑扬起伏变化，从而产生富于感情色彩的律动感，使得风景、音乐、诗歌等产生更深的情趣和抒情意味。由于节奏与韵律有着内在的共同性，故可以用节奏与韵律表示它们的综合意义。

（六）多样统一

这是形式美的基本法则，其主要意义是要求在艺术形式的多样变化中，要有其内在的和谐与统一关系，既显示形式美的独特性，又具有艺术的整体性。多样而不统一，必然杂乱无章；统一而无变化，则呆板单调。多样统一还包括形式与内容的变化与统一。风景园林是多种要素组成的空间艺术，要创造多样统一的艺术效果，可通过许多途径来达到。如形体的变化与统一、风格流派的变化与统一、图形线条的变化与统一、动势动态的变化与统一、形式内容的变化与统一、材料质地的变化与统一、线形纹理的变化与统一、尺度比例的变化与统一、局部与整体的变化与统一等。

三、园林布局的形式

园林布局的形式是园林设计的前提，有了具体的布局形式，园林内部的其他设计工作才能逐步进行。

园林布局形式的产生和形成，是与世界各民族、各国家的文化传统和地理条件等综合因素的作用分不开的。英国造园家杰利克（G. A. Jellicoe）在1954年召开的国际风景园林家联合会第四次大会上致词中说"世界造园史三大流派：中国（东方）、西亚和古希腊（欧洲）"。上述三大流派归纳起来，可以把园林的形式分为三类：规则式、自然式和混合式。

（一）规则式园林

规则式园林又称整形式、几何式、建筑式园林。整个平面布局、立体造型以及建筑、广场、道路、水面、花草树木等都要求严整对称。在18世纪英国风景园林产生之前，西方园林主要以规则式为主，其中以文艺复兴时期意大利台地园和19世纪法国勒诺特（Le Notre）平面几何图案式园林为代表。我国的北京天坛、南京中山陵都采用规则式布局。规则式园林给人以庄严、雄伟、整齐之感，一般用于气氛较严肃的纪念性园林或有对称轴的建筑庭园中（图1-9、图1-10）。

1. 中轴线　全园在平面规划上有明显的中轴线，并大抵以中轴线的左右前后对称或拟对称布置，园地的划分大都成为几何形体。

2. 地形　在开阔、较平坦地段，由不同高程的水平面及缓倾斜的平面组成；在山地及丘陵地段，由阶梯式的大小不同的水平台地倾斜平面及石级组成，其剖面均为直线所组成。

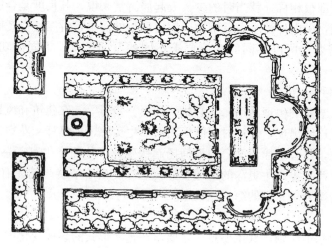

图 1-9　规则式园林（一）

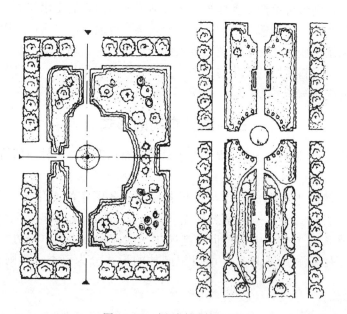

图 1-10　规则式园林（二）

3. 水体　其外形轮廓均为几何形，主要是圆形和长方形，水体的驳岸多整形、垂直，有时加以雕塑；水景的类型有整形水池、整形瀑布、喷泉、壁泉及水渠运河等。古代神话雕塑与喷泉构成水景的主要内容。

4. 广场和道路　广场多为规则对称的几何形，主轴线和副轴线上的广场形成主次分明的系统，道路均为直线形、折线形或几何曲线形。广场与道路构成方格形、环状放射形、中轴对称或不对称的几何布局。

5. 建筑　主体建筑群和单体建筑多采用中轴对称均衡设计，多以主体建筑群和次要建筑群形成与广场、道路相组合的主轴、副轴系统，形成控制全园的总格局。

6. 种植设计　配合中轴对称的总格局，全园树木配置以等距离行列式、对称式为主，树木修剪整形多模拟建筑形体、动物造型，绿篱、绿墙、绿柱为规则式园林较突出的特点。园内常运用大量的绿篱、绿墙和丛林划分和组织空间，花卉布置常为以图案为主要内容的花坛和花带，有时布置成大规模的花坛群。

7. 园林小品　园林雕塑、瓶饰、园灯、栏杆等装饰点缀了园景。西方园林的雕塑主要以人物雕像布置于室外，并且雕像多配置于轴线的起点、焦点或终点。

雕塑常与喷泉、水池构成水体的主景。规则式园林的设计手法，从另一角度探索，园林轴线多视为是主体建筑室内中轴线向室外的延伸。一般情况下，主体建筑主轴线和室外轴线是一致的。

（二）自然式园林

自然式园林（图1-11）又称风景式、不规则式、山水派园林。中国园林从周代开始，经历代的发展，不论是皇家宫苑还是私家宅园，都是以自然山水园林为源流，发展到清代。保留至今的皇家园林，如北京颐和园、承德避暑山庄；私家宅园，如苏州的拙政园、网师园等都是自然山水园林的代表作品。自然式园林从6世纪传入日本，18世纪后传入英国。自然式园林以模仿再现自然为主，不追求对称的平面布局，立体造型及园林要素布置均较自然和自由，相互关系较隐蔽含蓄。这种形式较适合于有山有水有地形起伏的环境，以含蓄、幽雅的意境深远见长。

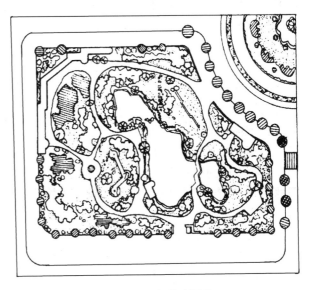

图1-11　自然式园林

1. 地形　自然式园林的创作讲究"相地合宜，构园得体。"主要处理地形的手法是"高方欲就亭台，低凹可开池沼"的"得景随形"。自然式园林最主要的地形特征是"自成天然之趣"，所以，在园林中，要求再现自然界的山峰、山巅、崖、岗、岭、峡、岬、谷、坞、坪、洞、穴等地貌景观。在平原，要求自然起伏、和缓的微地形。地形的剖面线为自然曲线。

2. 水体　这种园林的水体讲究"疏源之去由，察水之来历"，园林水景的主要类型有湖、池、潭、沼、汀、溪、涧、洲、渚、港、湾、瀑布、跌水等。总之，水体要再现自然界水景。水体的轮廓为自然曲折，水岸为自然曲线的倾斜坡度，驳岸主要用自然山石驳岸、石矶等形式。在建筑附近或根据造景需要，部分用条石砌成直线或折线驳岸。

3. 广场与道路　除建筑前广场为规则式外，园林中的空旷地和广场的外形轮廓为自然式布置。道路的走向和布列多随地形。道路的平面和剖面多为自然起伏曲折的平面线和竖曲线组成。

4. 建筑　单体建筑多为对称或不对称的均衡布局；建筑群或大规模的建筑组群，多采用不对称均衡的布局。全园不以轴线控制，但局部仍有轴线处理。中国自然式园林中的建筑类型有亭、廊、榭、舫、楼、阁、轩、馆、台、塔、厅、堂、桥等。

5. 种植设计　自然式园林中植物种植要求反映自然界的植物群落之美，不成行成列栽植。树木一般不修剪，植物配置以孤植、丛植、群植、密林为主要形式。花卉的布置以花丛、花群为主要形式。庭院内也有花台的应用。

6. 园林小品　园林小品有假山、石品、盆景、石刻、砖雕、石雕、木刻等形式。其中雕像的基座多为自然式，小品的位置多配置于透视线集中的焦点。

（三）混合式园林

所谓混合式园林（图1-12），主要指规则式、自然式交错组合，全园没有或形不成控制全园的主轴线和副轴线，只有局部景区、建筑以中轴对称布局，或全园没有明显的自然山水骨架，形不成自然格局。一般情况，多结合地形，在原地形平坦处，根据总体规划需要安排规则式的布局。在原地形条件较复杂，具备起伏不平的丘陵、山谷、洼地等，结合地形规划成自然式。类似规则式与自然式两种不同形式规划的组合即为混合式园林。

图1-12　混合式园林

（四）园林布局形式的确定

1. 根据园林的性质　不同性质的园林，必然有相对应的不同的园林形式，力求园林的形式反映园林的特性。纪念性园林、植物园、动物园、儿童公园等，由于各自的性质不同，决定了各自与其性质相对应的园林形式，如以纪念历史上某重大历史事件中英勇牺牲的革命英雄、革命烈士为主题的烈士陵园，较著名的有中国广州起义烈士陵园（图1-13）、南京雨花台烈士陵园、长沙烈士陵园、德国柏林的苏军烈士陵园、意大利的都灵战争牺牲者纪念碑园等，都是纪念性园林。这类园林的性质，主要是缅怀先烈革命功绩，激励后人发扬革命传统，起到爱国主义、国际主义思想教育的作用。这类园林布局形式多采用中轴对称、规则严整和逐步升高的地形处理，从而创造出雄伟崇高、庄严肃穆的气氛。而动物园主要属于生物科学的展示范畴，要求公园给游人以知识和美感，所以，从规划形式上，要求自然、活泼，创造寓教于游的环境。儿童公园更要求形式新颖、活泼，色彩鲜艳、明朗，公园的景色、设施与儿童的天真、活泼性格协调。园林的形式服从于园林的内容，体现园林的特性，表达园林的主题。

2. 根据不同文化传统　由于各民族、国家之间的文化、艺术传统的差异，决定了园林形式的不同。中国由于传统文化的沿袭，形成了自然山水园的自然式园林。而同样是多山国家的意大利，由于意大利的传统文化和本民族固有的艺术水准和造园风格，即使是自然山地条件，意大利的园林也采用规则式布置。

3. 意识形态的不同决定园林的表现形式　西方流传着许多希腊神话，神话把人神化，描写的神实际上是人。结合西方雕塑艺术，在园林中把许多神像规划在园林空间中，而且多

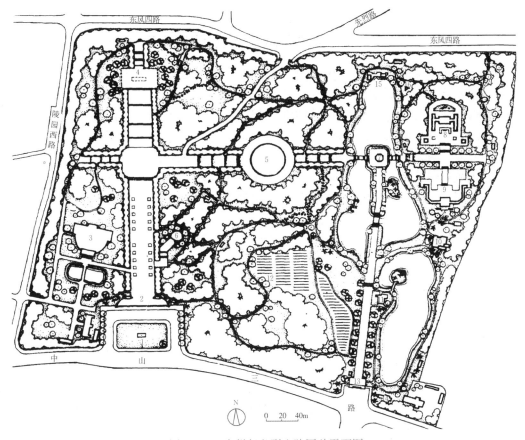

图 1-13　广州起义烈士陵园总平面图

1. 草坪、旗杆　2. 正门　3. 博物馆　4. 纪念碑　5. 墓包　6. 四烈士墓　7. 湖心亭　8. 中苏血谊亭
9. 中朝血谊亭　10. 茶室　11. 管理室　12. 花圃　13. 东门　14. 摄影部　15. 艇部　16. 三角亭

数放置在轴线上，或轴线的交叉中心。中国传统的道教，传说描写的神仙则往往住在名山大川中，所有的神像在园林中的应用一般供奉在殿堂之内，而不展示于园林空间中。上述事实都说明不同的意识形态决定不同的园林表现形式。

4. 根据不同的环境条件　由于地形、水体、土壤气候的变化，环境的不一，公园规划实施中很难做到绝对规则式和绝对自然式。往往对建筑群附近及要求较高的园林种植类型采用规则式进行布置，而在远离建筑群的地区，自然式布置则较为经济和美观。如北京中山公园。在规划中，如果原有地形较为平坦，自然树少，面积小，周围环境规则，则以规则式为主。如果在原有地形起伏不平或丘陵、水面和自然树木较多处，面积较大，则以自然式为主。林荫道、建筑广场、街心公园等多以规则式为主；大型居住区、工厂、体育馆、大型建筑物四周绿地则以混合式为宜；森林园林、自然保护区、植物园等多以自然式为主。

第四节　园林空间艺术原理

园林空间艺术布局是在园林艺术理论指导下对所有空间进行巧妙、合理、协调、系统安排的艺术，目的在于构成一个既完整又开放的美好境界。而布局的关键在于设计规划布置。

常从静态、动态、色彩等方面进行空间艺术布局（构图）。

一、园林静态空间艺术构图

静态空间艺术是指相对固定空间范围内的内外审美感受。

（一）静态空间艺术的类型

一般按照活动内容，静态空间可分为生活居住空间、游览观光空间、安静休息空间、体育活动空间等；按照地域特征分为山岳空间、台地空间、谷地空间、平地空间等；按照开朗程度分为开朗空间、半开朗空间和闭锁空间等；按照构成要素分为绿色空间、建筑空间、山石空间、水域空间等；按照空间的大小分为超人空间、自然空间和亲密空间。还有依其形式分为规则空间、半规则空间和自然空间。根据空间的多少分成单一空间和复合空间等。

（二）静态空间的视觉规律

在一个相对独立的环境中，随着诸多因素的变化，使得人的审美感受各不相同。有意识地进行构图处理，就会产生丰富多彩的艺术效果。

局部空间与大环境的交接面就是风景界面。风景界面是由天地及四周景物构成的。风景界面组成的各种空间感，多半是由人的视觉、触觉或习惯感觉而产生的。经过科学分析，利用人的视觉规律，可以创造出预想的艺术效果。

1. 景物的最佳视距 一般正常人的清晰视距为 25～30cm，能够看清景物细部的距离为 30～50m，能识别景物类型的视距为 250～300m，能辨认景物轮廓的视距为 500m，但这已经没有最佳的观赏效果。利用人的视距规律进行造景设计，将取得事半功倍的效果。

2. 景物的最佳视阈 正常的眼睛在观察静物时，垂直视角为 130°，水平视角为 160°，但是看清景物的最佳垂直视角小于 30°、水平视角小于 45°，即人们静观景物的最佳视距为景物高度的 2 倍、宽度的 1.2 倍。以此定位设景则景观效果最佳。但是，即使在静态空间内，也要允许游人在不同部位赏景。建筑师认为，对景物观赏的最佳视点有三个位置，即垂直视角为 18°（景物高的 3 倍距离）、27°（景物高的 2 倍距离）、45°（景物高的 1 倍距离）。如果是纪念雕塑，则可以在上述三个视点距离位置为游人创造较开阔平坦的游览场地。

（三）不同视角的风景效果

1. 仰视风景 一般认为视景仰角分别为大于 45°、大于 60°、大于 90°时，由于视线的消失程度可以产生高大感、宏伟感、崇高感和威严感。若大于 90°，则产生下压的危机感。这种视景法又称虫视法。在中国皇家宫苑和宗教园林中常用此法突出皇权神威，或在山水园中创造群峰万壑、小中见大的意境。如北京颐和园中的中心建筑群，在山下德辉殿后看佛香阁，则仰角为 62°，产生宏伟感，同时，也产生自我渺小感。

2. 俯视风景 居高临下，俯瞰大地，为人们的一大游兴。园林中也常利用地形或人工造景，创造制高点以供人俯视。绘画中称之为鸟瞰。俯视也有远视、中视和近视的不同效果。一般俯视角小于 45°、小于 30°、小于 10°时，则分别产生深远、深渊、凌空感。当小于 0°时，则产生欲缀危机感。登泰山而一览众山小，居天都而有升仙神游之感，还可以产生人定胜天之感。

3. 平视风景 以视平线为中心的 30°夹角视阈，可向远方平视。利用或创造平视观景的机会，将给人以广阔宁静的感受，坦荡开朗的胸怀。因此，园林中常要创造宽阔的水面。平缓的草坪、开敞的视野和远望的条件，这就把天边的水色云光，远方的山廓塔影借来身边，一饱眼福。

仰视、俯视、平视的观赏，有时不能截然分开。如登高楼、峻岭，先自而上，一步一步攀登，抬头观看是一组一组的仰视风景，登上最高处，向四周平望或俯视，然后一步一步向下，眼前又是一组一组的俯视景观，故各种视觉的风景安排应统一考虑，使四面八方、高低上下都有很好的风景观赏，又要着重安排最佳观景点，让人在此体验绝妙的风景。北海公园静心斋北部景区地形变化较大，人在其中可借视角的改变而获得不同角度的景观效果（图1-14）。

1.自座落在山石之上的六角亭俯视的东部景区

A-A'剖面图

北海静心斋平面图

2.自低洼的池岸向上仰视园西北角的楼阁

3.自斜桥的东北端向上仰视六角亭

4.自园东西看，左侧为俯视，右侧为仰视

图1-14　北海公园静心斋观赏视线分析

二、园林动态空间布局方法

园林对于游人来说是一个流动的空间，一方面表现为自然风景的时空转换；另一方面表现在游人步移景异的过程中。前面提到园林空间的风景界面构成了不同的空间类型，那么不同的空间类型组成有机整体，并对游人构成丰富的连续景观，这就是园林景观的动态序列。如同写文章一样，有起有结，有开有合，有低潮有高潮，有发展也有转折。

（一）园林空间的展示程序

中国古典园林多半有规定的出入口及行进路线，明确的空间分隔和构图中心，主次分明的建筑类型和游憩范围，就像《桃花源记》中描述的樵夫寻幽的过程那样，形成了一种景观的展示程序。

1. 一般序列　一般简单的展示程序有两段式或三段式之分。两段式的程序就是从起景逐步过渡到高潮而结束，其终点就是景观的主景，如一般纪念陵园从入口到纪念碑的程序。中国抗日战争纪念馆，从巨型雕塑"醒狮"开始，经过广场，进入纪念馆达到高潮而结束。三段式的程序可以分为起景→高潮→结景三个段落，在此期间还有多次转折，由低潮发展为高潮景序，接着又经过转折、分散、收缩以至结束。如北京颐和园的佛香阁建筑群中，以排云殿为"起景"，经石阶向上，以佛香阁为"高潮"，再以智慧海为"结景"，其中主景是在高潮的位置，是布局的中心。

2. 循环序列　为了适应现代生活节奏的需要，多数综合性公园或风景区采用了多向入口、循环道路系统，多景区景点划分（也分主次景区），分散式游览线路的布局方法，以容纳成千上万游人的活动需求。因此现代综合性公园或风景区一般采用主景区领衔，次景区辅佐，多条展示序列。各序列环状沟通，以各自入口为起景，以主景区主景物为构图中心。以综合循环游憩景观为主线以方便游人，满足园林功能需求为主要目的来组织空间序列，这已成为现代综合性园林的特点。

3. 专类序列　以专类活动内容为主的专类园林有着其各自特点。如植物园多以植物演化系统组织园景序列。如从低等植物到高等植物，从裸子植物到被子植物，从单子叶植物到双子叶植物或按照哈钦森、恩格勒、克朗奎斯特系统等。还有不少植物园因地制宜创造自然生态群落景观形成其特色。某些盆景园也有专门的展示序列，如盆栽花卉与树桩盆景、树石盆景、山水盆景、水石盆景、微型盆景和根雕艺术等，这些都为空间展示提出了规定性序列要求，故称其为专类序列。

（二）风景园林景观序列的创作手法

景观序列的形成要运用各种艺术手法，而这些手法又多半离不开形式美法则的范围。同时，对园林的整体来说固然存在着风景序列，然而在园林的各项具体造型艺术上，也还存在着序列布局的影子，如林荫道、花坛组、建筑群组、植物群落的季相配置等。

1. 风景序列的主调、基调、配调和转调　风景序列是由多种风景要素有机组合，逐步展现出来的，在统一基础上求变化，又在变化之中见统一，这是创造风景序列的重要手法。以植物景观要素为例（图1-15），作为整体背景或底色的树林可谓基调，作为某序列前景和主景的树种为主调，配合主景的植物为配调，处于空间序列转折区段的过渡树种为转调，过渡到新的空间序列区段时，又会出现新的基调、主调和配调，如此逐渐展开就形成了风景序列的调子变化，从而产生不断变化的观赏效果。

2. 风景序列的起结开合　作为风景序列的构成，可以是地形起伏、水系环绕，也可以是植物群落或建筑空间，无论是单一的还是复合的，总应有头有尾，有收有放，这也是风景序列创作常用的手法。以水体为例（图1-16），水之来源为起，水之去脉为结，水面扩大

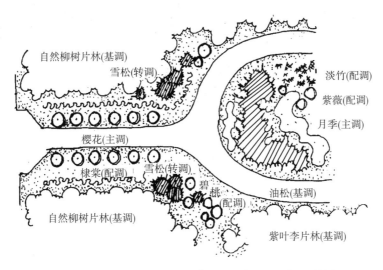

图 1-15 某绿地入口区绿化基调、主调、配调、转调

或分支为开，水之溪流又为合。这和写文章相似，用来龙去脉表现水体空间之活跃，以收放变换而创造水之情趣，这种传统的手法，在古典园林中常见。例如北京颐和园的后湖，承德避暑山庄的分合水系。

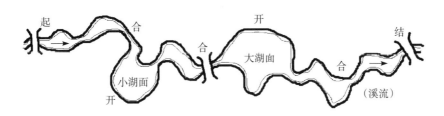

图 1-16 风景空间序列的起结开合

3. 风景序列的断续起伏 利用地形起伏变化而创造风景序列是风景序列创造中常用的手法，多用于风景区或郊野公园。一般风景区地势起伏，游程较远，将多种景区景点拉开距离，分区段布置，在游步道的引导下，景序断续发展，游程起伏高下，在游人视野中的风景时隐时现、时远时近，从而达到步移景异、引人入胜、渐入佳境的效果（图 1-17）。

图 1-17 风景空间序列的断续起伏

4. 园林植物景观序列的季相与色彩布局 园林植物是风景园林景观的主体，然而植物又有其独特的生态规律，在不同的立地条件下，利用植物个体与群落在不同季节的外形与色彩变

化，再配以山石水景、建筑道路等，必将出现绚丽多姿的景观效果和展示序列。如扬州个园内春植翠竹配以石笋，夏种广玉兰配太湖石，秋种枫树、梧桐配以黄石，冬植蜡梅、南天竹配以白色英石，并把四景分别布置在游览线的四个角落里，则在咫尺庭院中创造了四时季相景序。一般园林中，常以桃红柳绿表春、浓阴白花主夏、黄叶红果属秋、松竹梅花为冬。

三、园林色彩艺术构图

（一）色彩的分类与感觉

色彩的产生和人们对它的感受，是物理学、生理学和心理学的复杂过程。色彩对人们的感觉是极为复杂的。园林色彩千变万化，仔细分辨，各有差别，有些差别是明显的，如色相之间的差别，有些差别是很轻微的，如同一色相与不同纯度之间的差别。

1. 色彩的分类 太阳光线是由红、橙、黄、绿、青、蓝、紫七种颜色光组成的。当物体被阳光照射时，由于物体本身的反射与吸收光线的特性不同而产生不同的颜色。在没有光照的园林内，花草树木的颜色无从辨认，因此，在一些夜晚使用的园林内，光照就显得特别重要。

红、黄、蓝三种颜色称为三原色，由这三种颜色的任何两种颜色等量（1∶1）调和后，可以产生另外三种颜色，即红＋黄——橙，红＋蓝——青，黄＋蓝——绿，这三种颜色称为三原减色，这六种颜色称为标准色。

把三原色中的任意两种颜色按照2∶1

图 1-18 十二色相环

的比例调和，又可以产生另外六种颜色，把这 12 种颜色用圆周排列起来就形成了 12 种色相，每种色相在圆环上占据 30°（1/12）圆弧，这就是十二色相环（图 1-18）。在色相环上，两个角度互为 180°的颜色称为补色，而角度相差 120°以上的两种颜色称为对比色，其中互为补色的两种颜色对比性最强烈，如红与绿为补色，红与黄为对比色，而角度小于 120°的两种颜色称为类似色，如红与橙为类似色。

2. 色彩的感觉 园林的色彩对园林的构图关系密切，了解色彩对人的心理效应——感觉是十分重要的，这些感觉主要包括以下几个方面：

（1）色彩的温度感。在标准色中，红、橙、黄三种颜色能使人们联想起火光、阳光的颜色，因此具有温暖的感觉，称之为暖色系。而蓝色和青色是冷色系，特别是对夜色、阴影的联想更增加了其冷的感觉。而绿色是介于冷、暖之间的一种颜色，故其温度感适中是中性色。人们用"绿杨烟外晓寒轻"的诗句来形容绿色是十分确切的。

在园林运用时，春、秋宜采用暖色花卉，严寒地区更应该多用，而夏季宜采用冷色花卉，可以引起人们的凉爽的联想。但由于植物本身花卉的生长特性的限制，冷色花的种类相对少，这时可用中性花来代替，例如白色、绿色也属中性色，因此，在夏季应是以绿树浓阴为主。

（2）色彩的距离感。一般暖色系的色相在色彩距离上有向前接近的感觉，而冷色系的色相有后退及远离的感觉。六种标准色的距离感由远至近的顺序是紫、青、绿、红、橙、黄。

在实际园林应用中，作为背景的景观色彩为了加强其景深效果，应选用冷色系色相的植物。

（3）色彩的重量感。不同色相的重量感与色相间亮度差异有关，亮度强的色相重量感轻，反之则重。例如青色较黄色重，而白色的重量感较灰色轻，同一色相中，明色重量略轻，暗色重量感重。

色彩的重量感在园林建筑中关系较大，一般要求建筑的基础部分采用重量感强的暗色，而上部采用较基础部分轻的色相，这样可以给人一种稳定感，另外，在植物配置方面，要求建筑的基础部分种植色彩浓重的植物种类。

（4）色彩的面积感。一般橙色系色相，主观上给人一种扩大的面积感，青色系的色相则给人一种收缩的面积感，另外，亮度高的色相面积感大，而亮度弱的色相面积感小，同一色相，饱和的较不饱和的面积感大，如果将两种互为补色的色相放在一起，双方的面积感均可加强。

色彩的面积感在园林中应用较多，在相同面积的前提下，水面的面积感最大，草地的面积感次之，而裸地的面积感最小，因此，在较小面积园林中，设置水面比设置草地可以取得扩大面积的效果。在色彩构图中，多运用白色和亮色，同样可以产生扩大面积的错觉。

（5）色彩的运动感。橙色系色相可以给人一种较强烈的运动感，而青色系色相可以使人产生宁静的感觉，同一色相的明色运动感强，暗色调运动感弱，而同一色相饱和的运动感强，不饱和的运动感弱，互为补色的两个色相组合在一起时，运动感最强。

在园林中，可以运用色彩的运动感创造安静与运动的环境，例如在园林中，休息场所和疗养地段可以多采用运动感弱的植物色彩，为人们创造一种宁静的气氛，而在运动性场所，如体育活动区、儿童活动区等，应多选用具有强烈运动感色相的植物，创造一种活泼、欢快的气氛。

（二）色彩的感情

色彩容易引起人们的思想感情的变化。色彩的感情是通过色彩美的形式表现的，色彩的美可以引起人们的思想变化。色彩的感情是一个复杂、微妙的问题，对不同的国家、不同的民族、不同的条件和时间，同一色相可以产生许多种不同的感情。

红色：给人以兴奋、热情、喜庆、温暖、扩大、活动及危险、恐怖之感；

橙色：给人以明亮、高贵、华丽、焦躁之感；

黄色：给人以温和、光明、纯净、轻巧之感；

绿色：给人以青春、朝气、和平、兴旺之感；

紫色：给人以华贵、典雅、忧郁、恐惑、专横、压抑之感；

白色：给人以纯洁、神圣、高雅、寒冷、轻盈及哀伤之感；

黑色：给人以肃穆、安静、坚实、神秘及恐怖、忧伤之感。

以上只是简单介绍几种色彩的感情。这些感情不是固定不变的，同一色相用在不同的事物上会产生不同的感觉。不同民族对同一色相所引起的感情也是不一样的，这点要特别注意。

四、色彩在园林中的应用

（一）天然山水和天空的色彩

在园林设计中，天然山水和天空的色彩不是人们能够左右的，因此一般只能作背景使用。天空的色彩在早晚间及阴晴天之时是不同的，一般早晨和傍晚天空的色彩比较丰富，可以利用朝霞和晚霞作为园林中的借景对象。在园林中还把一些高大的主景用天空来增加其景观效果，如青铜塑像、白色的建筑等。

园林中的水面颜色与水的深度、水的纯净程度、水边植物、建筑的色彩等关系密切，特别是受天空颜色影响较大。通过水面映射周围建筑及植物的倒影，往往可以产生奇特的艺术效果，在以水面为背景或前景布置主景时，应着重处理主景与四周环境和天空的色彩关系，另外要注意水的清洁，否则会大大降低风景效果。

（二）园林建筑、街道和广场的色彩

这些园林要素虽然在园林中所占比例不大。但它与游人关系密切，它们的色彩在园林构图中起着重要的作用。由于这些园林要素都是人为建造的，所以其色彩可以人为控制，建筑的色彩一般要求注意以下几点：

（1）结合气候条件设置色彩，南方地区以冷色为主，北方地区以暖色为主。

（2）考虑群众爱好与民族特点，例如南方有些少数民族地区喜好白色，而北方地区群众喜欢暖色。

（3）与园林环境关系取得既有协调，又有对比。布置在园林植物附近的建筑，应以对比为主，在水边和其他建筑边的色彩以协调为主。

（4）与建筑的功能相统一，休息性的建筑以具有宁静感觉的色彩为主，观赏性的建筑以醒目色彩为主。

街道及广场的色彩多为灰色及暗色的，其色彩是由建筑材料本身的特性决定的，但近年来，由人工制造的地砖、广场砖等色彩多样，如红色、黄色、绿色等，将这些铺装材料用在园林街道及广场上，丰富了园林的色彩构图。一般来说，街道的色彩应结合环境设置，不宜将其色彩过于醒目，在草坪中的街道可以选择亮一些的色彩，而在其他地方的街道应以温和、暗淡的色彩为主。

（三）园林植物的色彩

在园林色彩构图中，植物是主要的成分，植物的确可以将世界点缀得很美，但植物在园林中要发挥其丰富的色彩作用，还必须与周围其他建筑与环境取得良好的关系。因此，要把众多的植物种类合理地安排在园林中，创造秀丽的园林景观效果，是设计者必须注意的问题。园林植物色彩构图的处理方法有：

1. 单色处理　以一种色相布置于园林中，但必须通过个体的大小、姿态取得对比，例如绿草地中的孤立树，虽然均为绿色，但在形体上是对比，因而取得较好的效果。另外，在园林中的块状林地，虽然树木本身均为绿色，但有深绿、淡绿及浅绿等之分，同样可以创造出单纯、大方的气氛。

2. 多种色相的配合　其特点是植物群落给人一种生动欢快活泼的感觉，如在花坛设计中，常用多种颜色的花卉配于一起，创造出一种欢快的节日气氛。

3. 两种色彩配置在一起　如红与绿，这种配合给人一种特别醒目、刺眼的感觉。在大面积草坪中，配置少量红色的花卉更具有良好的景观效果。

4. 类似色的配合　这种配合常用在从一个空间向另一空间过渡的阶段，给人一种柔和安静的感觉。

（四）观赏植物配色

园林植物中，绿色是最多的一种颜色。绿色的乔木、灌木、草坪组合在一起，可以产生清新宜人的感觉。但如果只有绿色，又会使人感到单调乏味，因此，在实际的园林绿地中，经常以少量的花卉布置于绿树和草坪中，丰富园林的色彩。

1. 观赏植物补色对比应用　　在绿色中，浅绿色落叶树前，宜栽植大红色的花灌木或花卉，可以得到鲜明的对比，例如红叶碧桃、红花的美人蕉等。草本花卉中，常见的同时开花的品种配合有玉簪与萱草、桔梗与黄波斯菊、郁金香中黄色与紫色、三色堇的黄色与紫色等。具体哪些花卉可以使用，必须熟悉各种花的开花习性及色彩，才能在实际应用中得心应手。

2. 邻补色对比　　用邻补色对比，可以得到活跃的色彩效果，凡是金黄色与大红色、青色与大红色、橙色与紫色的鲜花配合等均属此类型。

3. 冷色花与暖色花　　暖色花在植物中较常见，而冷色花则相对较少，特别是在夏季，而一般要求夏季炎热地区，要多用冷色花卉，这给园林植物的配置带来了困难，常见的夏季开花的冷色花卉有矮牵牛、桔梗、羽扇豆等。在这种情况下可以用一些中性的白色花来代替冷色花，效果也是十分明显的。

4. 类似色的植物应用　　园林中常用片植方法栽植一种植物，如果是同一种花卉且颜色相同，势必产生没有对比和节奏的变化。因此，常用同一种花卉不同色彩的花卉种植在一起，这就是类似色，如金盏菊中的橙色与金黄色品种配置、月季的深红色与浅红色配置等，这样可以使色彩显得活跃。

在木本植物中，阔叶树叶色一般较针叶树浅，而阔叶树中，在不同的季节，叶色也有很大变化，特别是秋季。因此，在园林植物的配置中，就要充分利用这富于变化的叶色，从简单的组合到复杂的组合，创造丰富的植物色彩景观。

5. 夜晚植物配置　　一般在有月光和灯光照射下的植物，其色彩会发生变化，比如月光下，红色花变为褐色，黄色花变为灰白色。因此在晚间，植物色彩的观赏价值变低，在这种情况下，为了使月夜景色迷人，可采用具有强烈芳香气味的植物，使人真正感到"疏影横斜水清浅，暗香浮动月黄昏"的动人景色。可选用的植物有晚香玉、月见草、白玉兰、含笑、茉莉、瑞香、丁香、蜡梅等，这些植物一般布置于小广场、街心花园等夜晚游人活动较集中的场所。

第五节　园林造景

园林造景，即人为地在园林绿地中创造一种既符合一定使用功能，又有一定意境的景点。人工造景要根据园林绿地的性质、功能、规模，因地制宜地运用园林空间艺术原理进行规划设计。

一、主景与配景

园林绿地无论大小均有主景与配景之分。主景是园林绿地的核心，是空间构图中心，往往体现该园林绿地的功能与主题，是全园视线的控制焦点，在艺术上富有感染力。一般一个园林由若干个景区组成，每个景区都有各自的主景，但各景区中，有主景区与次景区之分，而位于主景区中的主景是园林中的主题和重点；配景起衬托作用，像绿叶与红花的关系一样。主景必须突出，配景则必不可少，但配景不能喧宾夺主。突出主景的方法有：

1. 主体升高　　为了使构图主题鲜明，常常把集中反映主题的主景在高程上加以突出，使主景主体升高。升高的主景，由于背景是明朗简洁的蓝天，使主景的造型、轮廓、体量鲜明的衬托出来，而不受或少受其他环境因素的影响。但升高的主景，在色彩和明暗上，一般要和明朗的蓝天取得对比。例如北京北海公园的白塔、颐和园万寿山景区的佛香阁等均属于此类型（图1-19）。

图1-19　通过主体升高突出主景（颐和园佛香阁）

2. 对比与调和　对比是突出主景的重要手法之一。园林中，配景经常通过对比的形式来突出主景，这种对比可以是体量上的对比，也可以是色彩上的对比、形体上的对比等。例如，园林中常用明朗的蓝天作为青铜像的背景；在堆山时，主峰与次峰是体量上的对比；规则式的建筑以自然山水、植物作陪衬，是形体的对比等。

单纯运用对比，能强调和突出主景。但是突出主景仅是构图的一方面的要求，构图还有另一方面的要求，即配景和主景的调和与统一。因此，对比与调和经常要相互渗透、综合运用，使配景和主景达到对立统一的最佳效果。

3. 运用轴线和风景视线的焦点　轴线是园林风景线或建筑群发展、延伸主要方向，一般常把主景布置在中轴线的终点。此外，主景常布置在园林主、副轴线的相交点、放射轴线的焦点或风景透视线的焦点上。例如，北海白塔布置在全园视线的焦点处，北京天安门广场建筑群也是采用这种构图方法，另外，一些纪念性公园也常采用这种方法来突出主体，如印度泰姬陵（图1-20）。

4. 空间构图的重心处理　在园林构图中，

图1-20　印度泰姬陵

常把主景放在整个构图的重心上，来突出主景。规则式园林构图，主景常放在几何中心，例如，天安门广场的人民英雄纪念碑就是放在广场的几何中心，突出了其主体地位。自然式园林构图，主景常布置在构图的自然重心上，例如中国传统假山，就是把主峰放在偏于某一侧的位置，主峰切忌居中，即主峰不设在构图的几何中心，而有所偏，但必须布置在自然空间的重心上，并且要和四周景物取得协调。

5. 动势向心　一般四面环抱的空间，例如水面、广场、庭院等周围次要的景色往往具有动势，趋向一个视线的焦点上，主景最适合安排在这个焦点处。为了不使构图显得呆板，主景不一定正对空间的几何中心，而偏于一侧。例如青岛五四广场的"五月的风"主题雕塑，便成了"众望所归"的焦点，格外引人注目（图1-21）。

图1-21　通过动势向心突出主景（青岛五四广场）

6. 抑扬　中国传统园林的特色是反对一览无余的景色，主张"山重水复疑无路，柳暗花明又一村"的先藏后露的造园方法，这种方法与欧洲园林的"一览无余"形式形成鲜明的对比，苏州的拙政园就是典型的例子，进了腰门以后，对面布置一处假山，把园内景观屏障起来，通过曲折的山洞，便有豁然开朗之感、别有洞天之界，大大提高了园内风景的感染力。

二、景的层次

景就距离远近、空间层次而言，有前景、中景、背景之分（也称近景、中景和远景）。一般前景、背景都是为了突出主景。这样的景，富有层次的感染力，给人以丰富而不单调的感觉。

在植物种植设计中，要注意前景、中景和背景的组织，如以常绿的雪松（或龙柏）丛作背景，衬托以樱花、红枫等形成的中景，再以月季和其他时令花卉引导作为前景，就可组成一处完整统一的景观。

根据不同的造景需要，前景、中景、背景不一定全部具备。如在纪念性园林中，需要主景宏伟大气，空间广阔豪放，选用低矮的前景简洁的背景就比较合适。另外在一些大型建筑物前，为了突出建筑物的高大，使游客的视线不被遮挡，可以设计一些低于视平线的水池、花坛或草地作为前景，用蓝天白云作为背景。

三、借　　景

根据园林周围环境特点和造景需要，把园外的风景组织到园内，成为园内风景的一部分，称为借景。《园冶》中提到借景是这样描写的："园虽别内外，得景则无拘远近，晴峦耸秀，钳隅凌空，极目所至，俗则屏之，嘉则收之"。"园林巧于因借，精在体宜"。所以在借景时必须使借到的景是美景，对于不好的景观应"屏之"，使园内、园外相互呼应。

（一）借景的内容

1. 借形组景　主要采用对景、框景、渗透等构图手法，把有一定景观价值的远、近建筑物，以及山、石、花草树木等景物纳入画面。

2. 借声组景　自然界声音多种多样，园林中所需要的是能激发感情，怡情养性的声音。在我国园林中，远借寺庙的暮鼓晨钟，近借溪谷泉声、林中鸟语，秋借雨打芭蕉，春借柳岸莺啼，均可为园林空间增添诗情画意。

3. 借色组景　对月色的因借在园林中应用较多。如杭州西湖的"三潭印月""平湖秋月"，避暑山庄的"月色江声""梨花伴月"等，都以借月色组景而得名。皓月当空是赏景的最佳时刻。

除月色之外，天空中的云霞也是极富色彩和变化的自然景色，云霞在许多名园佳景中作用是很大的，如在武夷山风景区游览的最佳时刻莫过于"翠云飞送雨"的时候，在雨中或雨后远眺"仙游"满山云雾紫绕，飞瀑天降，亭阁隐现，顿添仙居神秘气氛，画面很为动人。

植物的色彩也是组景的重要因素，如白色的树干、黄色的树叶、红色的果实等。

4. 借香组景　在造园中如何运用植物散发出来的幽香以增添游园的兴致是园林设计中一项不可忽视的因素。广州兰圃以兰花著称，每当微风轻拂，兰香馥郁，为兰园增添了几分雅韵。

（二）借景的方法

（1）远借。把远处的园外风景借到园内，一般是山、水、树林、建筑等大的风景（图1-22）。

（2）邻借（近借）。把邻近园子的风景组织到园内，一般的景物均可作为借景的内容。

（3）仰借。利用仰视来借景，借到的景物一般要求较高大，如山峰、瀑布、高阁等。

（4）俯借。指利用俯视所借景物，一般在视点位置较高的场所才适合于俯借。

（5）应时而借。利用一年四季、一日四时，由大自然的变化和景物的配合而成。对一日来说，日出朝霞、晓星夜月；以一年四季来说，春光明媚，夏日原野，秋天丽日，冬日冰雪。就是植物也随季节转换，如春天

图 1-22　苏州拙政园远借园外之北寺塔

的百花争艳、夏天的浓阴覆盖、秋天的层林尽染、冬天的树木姿态，这些都是应时而借的意境素材，许多名景都是应时而借为名的。如"苏堤春晓""曲院风荷""平湖秋月""断桥残雪"等。

四、对　　景

位于园林轴线及风景线端点的景物称对景。对景可以使两个景观相互观望，丰富园林景

色，一般选择园内透视画面最精彩的位置，用作供游人逗留的场所。例如，休息亭、树等。这些建筑在朝向上应与远景相向对应，能相互观望、相互烘托。

对景可以分为严格对景和错落对景两种。严格对景要求两景点的主轴方向一致，位于同一条直线上，例如，颐和园内谐趣园的饮绿亭与涵远堂两个景观互为严格对景。而错落对景比较自由，只要两景点能正面相向，主轴虽方向一致，但不在一条直线上即可，例如，颐和园内佛香阁与湖心岛上的涵虚堂就属于错落对景，两建筑的轴线不在一条直线上。

<h2 style="text-align:center">五、分　　景</h2>

我国园林多含蓄有致，忌"一览无余"，所谓"景愈藏，意境愈大。景愈露，意境愈小"。为此目的，中国园林多采用分景的手法分割空间，使之园中有园，景中有景，湖中有湖，岛中有岛，园景虚虚实实，实中有虚，虚中有实，半虚半实，空间变化多样，景色丰富多彩。分景按其划分空间的作用和艺术效果，可分为障景和隔景。

1. 障景　障景的手法是我国造园特色之一，通过这种手法，园中美景的一部分只能让人隐约可见，可望而不可即，使游人产生欲穷其妙的向往和悬念，达到引人入胜的效果。在园林中，由于其位置与环境的影响，使园外一些不好的景观很容易引到园内来，特别是园外的一些建筑等，与园内风景格格不入，这时，可以用障景的方法把这些劣景屏障起来（图1-23）。障景务必高于视线，否则无障可言。障景常用山、石、植物、建筑物（构筑物）等，例如，颐和园内苏州河景区就是利用土山与树木把园外的景观挡在墙外。多数用于入口处，或自然园路交叉处，或河湖港转弯处，使游人不经意间视线被阻挡而组织到引导的方向。

2. 隔景　将园林内的风景分为若干个区，使各景区相互不干扰，各具特色。隔景是园林造景中采取的重要方式之一。隔景可以用透迤的山体、萦绕的溪涧、茂密的树林等把不同的景区分开。例如，北京

图1-23　障　景

颐和园就是利用山体把苏州河景区与其他景区分开的。

运用隔景手法划分景区时，不但把不同意境的景物分隔开来，同时也使景物有了一个范围，一方面可以使注意力集中在该范围的景区内；另一方面也使这个景区与另一个不同主题的景区互不干扰，感到各自别有洞天，自成一个单元，而不致像没有分隔时那样，有骤然转变和不协调的感觉。

<h2 style="text-align:center">六、框景、夹景、漏景、添景</h2>

园林绿地在景观立体画面的前景处理上，还有框景、夹景、漏景和添景等手法。

1. 框景　园林的景观要以完美的结构展示在游人面前，本身要有完美的组织构图，才能形成如画的风景，还要使观赏者的注意力集中到画面最精彩的部分。框景是造景时常用的方式。

框景就是把真实的自然风景用类似画框的门、窗洞、框架或有乔木的冠环抱而成的空

隙，把远景框起来，形成类似于画的风景图画，这种造景方法称之为框景（图1-24）。

图1-24 框 景

在设计框景时，应注意使观赏点的位置距景框直径2倍以上，同时视线与框的中轴线重合时效果最佳。

2. 夹景 当远景的水平方向视阈很宽时，将两侧并非动人的景物用树木、土山或建筑物屏障起来，只留合乎画意的远景，游人从左右配景的夹道中观赏风景，称为夹景。夹景一般用在河流及道路的组景上，夹景可以增加远景的深度感，苏州河中的苏州桥采用这种夹景的方法，成排的树木也可形成夹景（图1-25）。

3. 漏景 漏景是由框景发展而来，框景景色全观，而漏景若隐若现。漏景是通过围墙和走廊的漏窗来透视园内风景。漏景在中国传统园林中十分常见（图1-26）。

图1-25 成排的树木形成的夹景　　　　　　　图1-26 漏 景

4. 添景　当风景点与远方的对景之间没有中景时，容易缺乏层次感，常用添景的方法处理，添景可以为建筑一角，也可以为树木花丛。例如，在湖边看远景时可以用几丝垂柳的枝条作为添景（图1-27）。

七、点　景

我国园林善于抓住每一个景观特点，根据它的性质、用途，结合环境进行概括。常作出形象化、诗意浓、意境深的园林题咏。其形式有匾额、对联、石碑、石刻等，它不但丰富了景的欣赏内容，增加了诗情画意，点出了景的主题，给人以联想，还具有宣传和装饰等作用，这种方法称为点景。点景是诗词、书法、雕刻、建筑艺术的高度综合（图1-28）。

图1-27　添　景

图1-28　点　景

本章小结

园林规划设计概述的内容非常多，各部分内容联系紧密。城市园林绿地系统决定了园林规划设计的场所及其周边环境，中外园林概述阐述了几千年来人类进行园林建设的成就及其优良传统，园林艺术及其原理剖析了园林艺术的园林美、自然美、生活美、艺术美、形式美内涵，了解了规则式园林、自然式园林和混合式园林等不同布局的特点，从而得到确定园林的形式要充分考虑园林的性质、不同的文化传统、不同的意识形态和不同的环境条件。园林空间艺术布局从静态空间、动态空间、色彩空间及园林植物的色彩表现等方面详细进行了讲解，园林造景列举了进行造景的方法和基本特点，只有认真进行基础知识的学习，才能继承前人的经验，设计出理想的园林作品。

复习思考题

1. 城市园林绿地有哪些功能？
2. 我国城市园林绿地有哪几种类型？各类绿地有何特征？
3. 城市园林绿化树种选择的原则是什么？
4. 中国园林的发展分哪几个阶段？各时期的特点是什么？
5. 简述我国传统园林的艺术特点。
6. 简述日本园林的特点。
7. 试述园林美得概念和特征。
8. 什么是形式美的规律？
9. 简述静态空间艺术布局的特点。
10. 园林布局的形式有哪些？各有何特点？
11. 风景序列创作有哪些手法？
12. 如何进行园林植物的色彩布局？
13. 什么是借景？什么是对景？什么是框景？

实训一　园林艺术及布局

[实训目的]

（1）明确园林形式的种类。

（2）明确规则式园林的基本特征。

（3）明确自然式园林的基本特征。

（4）明确混合式园林的基本特征。

[实训内容]

综合所学园林艺术及布局的基本知识，通过实际测绘学校周边的典型的规则式、自然式和混合式绿地，绘制三种形式绿地的现状图。

实训题目：园林布局的三种形式。

实训面积：三处典型的绿地。

实训学时：2~4学时。

[实训要求]

（一）实训建议

在教学前，教师应提前安排好实训的地点，带领学生进行现场考察，准备好测绘工具，学生课前预习实训内容，教师讲解实训的重点和难点，指导学生实训过程，使学生在规定的时间内完成实训内容，同时对设计内容进行评价、修改和提出自己的见解。

（二）实训条件

（1）掌握了园林美和形式美的原理。

（2）掌握了园林布局的形式。

（3）1号图纸和相应的绘图工具。

（三）实训要求

（1）图纸大小及绘图比例自定义。

（2）要对设计的内容上墨线，并进行色彩渲染。

（3）绘制三处绿地的平面图，测绘在一张图纸上。

（4）在各种图例的绘制过程中，要注意其美观性。

（5）总体的图面布局要合理。

[实训工具]

电子经纬仪、标杆、皮尺、测绳、木桩、pH试纸、记录本、绘图板、绘图纸、丁字尺、三棱比例尺、三角板、圆模板、量角器、铅笔、绘图墨水笔、鸭嘴笔、彩色铅笔（或马克笔）、铅笔刀、橡皮、擦图片、曲线板、圆规、透明胶带、毛刷、图面材料等。

[方法步骤]

（1）相关资料收集与调查。主要包括土壤条件、环境条件、社会经济条件、人口及其密度、知识层次分析、现有植物状况等。

（2）实地考察测量，通过考察与测量，绘制现状图。

（3）根据现状图，对比三种绿地的设计思路。

[成果要求]

（1）三处绿地的现状图。

（2）编制设计说明书。

[实训考核]

实训考核评分标准见附录1。

实训二　园林空间艺术原理

[实训目的]

（1）明确园林静态空间的艺术构图原理。

（2）掌握园林静态空间的视觉视距规律。

（3）掌握园林动态空间的布局方法。

（4）掌握园林色彩的艺术构图方法。

（5）掌握色彩在园林中的应用。

[实训内容]

综合所学园林空间艺术的基本知识，通过实际测绘学校里的一处空地，进行园林空间艺术布局练习，绘制该处绿地的方案图。

实训题目：×××绿地方案设计。

实训面积：约500m^2。

实训学时：2～4学时。

[实训要求]

（一）实训建议

在教学前，教师应提前安排好实训的地点，带领学生进行现场考察，准备好测绘工具，学生课前预习实训内容，教师讲解实训的重点和难点，指导学生实训过程，使学生在规定的时间内完成实训内容，同时对设计内容进行评价、修改和提出自己的见解。

（二）实训条件

（1）掌握了园林空间艺术的基本知识。

（2）掌握了测绘的方法。

（3）1号图纸和相应的绘图工具。

（三）实训要求

（1）图纸大小及绘图比例自定义。

（2）要对设计的内容上墨线，并进行色彩渲染。

（3）绘制方案图，并进行钢笔淡彩处理。

（4）在各种图例的绘制过程中，要注意其美观性。

（5）总体的图面布局要合理。

[实训工具]

电子经纬仪、标杆、皮尺、测绳、木桩、pH 试纸、记录本、绘图板、绘图纸、丁字尺、三棱比例尺、三角板、圆模板、量角器、铅笔、绘图墨水笔、鸭嘴笔、彩色铅笔（或马克笔）、铅笔刀、橡皮、擦图片、曲线板、圆规、透明胶带、毛刷、图面材料等。

[方法步骤]

（1）相关资料收集与调查。主要包括土壤条件、环境条件、社会经济条件、人口及其密度，知识层次分析，现有植物状况等。

（2）实地考察测量，通过考察与测量，绘制现状图。

（3）根据现状图，绘制方案图。

[成果要求]

（1）绘制绿地设计方案图。

（2）编制设计说明书。

[实训考核]

实训考核评分标准见附录1。

实训三　园林造景手法

[实训目的]

（1）掌握主景与配景，以及突出主景的方法。

（2）掌握景的层次。

（3）掌握什么是借景，如何使用借景。

（4）掌握对景和分景。

（5）掌握框景、夹景、漏景、添景的应用。

[实训内容]

综合所学园林造景手法的基本知识，通过到古典园林学习考察，领会园林造景手法的实际应用。实际测绘古典园林里典型的风景，进行园林造景手法的学习。

实训题目：×××（古典园林）造景应用。

实训面积：一处古典园林。

实训学时：2～4 学时。

[实训要求]

（一）实训建议

在教学前，教师应提前联系好实训的地点，带领学生进行现场参观，准备好测绘工具，学生课前预习实训内容，教师讲解实训的重点和难点，指导学生实训过程，使学生在规定的时间内完成实训内容，同时对设计内容进行评价、修改和提出自己的见解。

（二）实训条件

（1）掌握了园林造景的基本知识。

（2）掌握了测绘的方法。

（3）1 号图纸和相应的绘图工具。

（三）实训要求

（1）图纸大小及绘图比例自定义。

（2）要对设计的内容上墨线，并进行色彩渲染。

（3）绘制景点平面图，并进行钢笔淡彩处理。

（4）绘制景点效果图。

（5）总体的图面布局要合理。

[实训工具]

电子经纬仪、标杆、皮尺、测绳、木桩、pH 试纸、记录本、绘图板、绘图纸、丁字尺、三棱比例尺、三角板、圆模板、量角器、铅笔、绘图墨水笔、鸭嘴笔、彩色铅笔（或马克笔）、铅笔刀、橡皮、擦图片、曲线板、圆规、透明胶带、毛刷、图面材料等。

[方法步骤]

（1）调查了解所选择的古典园林的历史知识、相关资料等。

（2）实地考察测量，通过考察与测量，绘制景点的平面图和效果图。

（3）至少绘制 5 处景点，要包含所学的各种造景手法。

[成果要求]

（1）绘制 5 处景点的平面图和效果图。

（2）文字说明各处景点的造景手法。

[实训考核]

实训考核评分标准见附录 1。

第二章

园林构成要素及设计

【内容提要】

在一定的地块范围内，动物、植物、建筑（构筑）物、山石和水体共同构成了园林实体的物质要素。园林的本质依旧是协调人与环境的关系，大至风景名胜区，小到庭院绿化，园林各要素之间根据不同绿地的功能需求，遵循一定的科学原理和美学规律，通过工程技术和艺术手段，相辅相成，共同构筑可游、可居、可憩、可赏环境空间。园林构成要素表现在设计情境中，主要可以分为以下工作任务：园林地形设计、园林植物种植设计、园路及广场铺装设计、园林水景设计、园林建筑和小品设计以及园林照明设计。

【知识点】

1. 园林构成要素的内容和形式。
2. 园林地形的类型及图纸表达，园林地形的功能及其设计的原则和方法。
3. 假山置石的布局设计。
4. 园林植物的功能，园林植物种植设计的基本原则和应用形式。
5. 园路、铺装广场的类型及布局设计的原则和要点。
6. 园林水体的功能，园林水景的表现形式和设计方法。
7. 园林建筑与小品的类型和特点，园林建筑与小品的创作要求，园林个体建筑与小品的布局设计，园林规划设计程序方法以及园林各构成要素之间相互联系、相互制约的关系。

【技能点】

1. 能够结合实训任务，熟练完成各类中小型园林绿地地形方案设计。
2. 能够结合具体的现状环境，根据设计要求，科学合理地进行园林绿化树种的选择和园林植物种植设计。
3. 能够进行各类中小型园林绿地园路系统的交通组织和广场铺装的布局设计。
4. 能够合理选择园林水景的表现形式，掌握园林水体的布局要点和设计手法。
5. 能够理解园林建筑与小品的创作要求，独立完成各园林个体建筑与小品的方案布局设计。
6. 熟练掌握园林绿地各构成要素的规划设计方法和程序。

第一节　园林地形设计

地形主要构成园林的骨架，是风景园林师设计之初时重点考虑的工作内容。不同的地形、地貌不仅反映了不同的景观特征，而且可以作为植物、水景、建筑小品等园林要素的基底和依托，影响着园林的布局和设计风格。因此，园林地形设计是否恰当，处理是否巧妙，不仅是一个工程技术方面的问题，也是能否创造出优美园林景观的关键因素。

一、地形的形式与应用

地形是地貌的近义词，简而言之，就是地表的外观，地球表面的起伏变化。从园林应用来讲，地形的形式通常涉及平地、凸地形、凹地形以及微地形。

1. 平地　园林中坡度比较平坦的用地统称为平地，其坡度一般介于1‰~7‰。此类地形形成的空间较为开朗，易于布置各类园林要素，可作为集散广场、休闲文化广场、草地、园林建筑等方面的用地，以接纳和疏散人群，组织各类活动或供游人游览和休息。但平坦地形缺少竖向空间的变化，设计时根据功能需求，可借用其他园林要素进行分隔，以形成丰富多变的园林空间（图2-1~图2-4）。

图2-1　美国纽约的中央公园一角

图2-2　老人们在草地上快乐地健身

图2-3　重庆园博会主入口集散广场

图2-4　景墙、廊将平地划分成多个不同的空间

2. 凸地形 视线开阔，具有一定的凸起感和高耸感。相对于平坦地形而言，更具有动感和变化。凸地形往往具有划分、组织空间和丰富园林景观等功能，因其比周围环境地势高，通常成为理想的视线焦点和观赏景观的佳处，或成为某个区域的视觉中心，适宜布置标志性景观元素（图2-5～图2-7）。

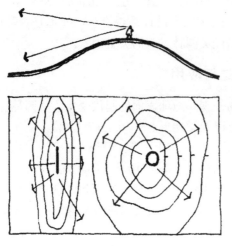

图2-5 凸地形：视线开阔、发散　　　　　图2-6 凸地形：更具有动感和变化

3. 凹地形 凹地形在空间形态上类似碗状，相比周围环境的地形低，视线通常较封闭，空间呈内向积聚性，受外界干扰相对较少，给人一种分隔感、封闭感和幽静私密感。凹地形可以改造设计成下沉式广场或特色活动空间，多处凹地形也可以改造形成大小不同形状的水体，或者充当蓄水池，用于植物维护（图2-8～图2-10）。

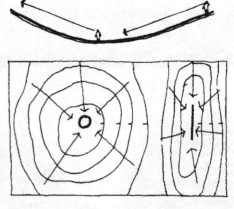

图2-7 颐和园佛香阁创造景观视线焦点　　图2-8 凹地形：视线封闭、汇聚

4. 微地形 微地形是起伏最小的地形。和平地比较，竖向空间上有一定的层次变化，可以通过控制景观视线来构成不同的局部空间，能够增加视觉景观自然和曲线的柔美感，也是区域环境营造中师法自然的一种常用景观处理手法（图2-11）。

在园林工程项目规划设计中，对于地形的设计，常常因地制宜，在尊重原有地形地貌的基础上，通过改造设计，挖掘或填充土方，来进一步地生成和划分空间，形成多样化的空间形态和丰富多变的景观效果。

图 2-9　凹地形：内聚，可形成水系　　　　　图 2-10　形成大小不同形状的水面空间

图 2-11　微地形：创造出丰富的空间层次变化，增加了视觉景观自然和曲线的柔美感

二、地形的表现方式

地形在平面图纸上的表现方式主要有等高线法、高程标注法、模型表示法等多种。其中，等高线法最为常用，高程标注法主要用来标注地形上某些特殊点的高程。

（一）等高线法

等高线是一组垂直间距相等、平行于水平面的假象面，与自然地貌相交切所得的交线在平行面上的投影。等高线可以表示地形的高低陡缓、峰峦位置、坡谷走向及溪池的深度等（图 2-12～图 2-14）。它具有以下性质：

（1）在同一条等高线上的所有点，其高程都相等。

（2）每一条等高线都是闭合的。由于园界或图框的限制，在图纸上不一定所有的等高线都能闭合，但实际情况它们还是闭合的。

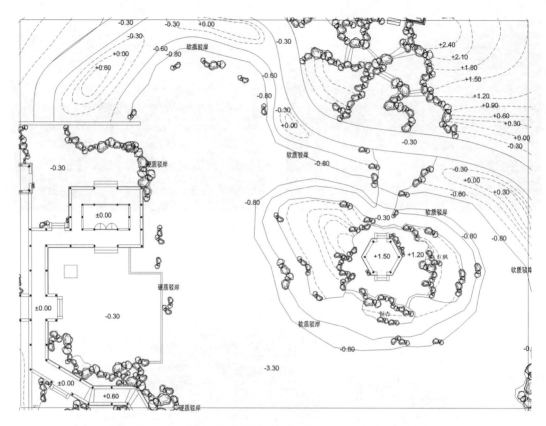

图 2-12 第二届中国绿化博览会"江苏园"局部竖向地形设计图

图 2-13 施工过程图

图 2-14 竣工实景效果图

（3）等高线的水平间距的大小，表示地形的陡缓。如密则陡，疏则缓。等高线的间距相同，表示该坡面的角度相同，如果该组等高线平直，则表示该地形是一处平整过的同一坡度的斜坡。

（4）等高线一般不相交或重叠，只有在垂直地平面的地方（如道牙），等高线才有可能出现相交或重叠情况。

(5) 等高线在图纸上不能直穿横过河流和道路等。

（二）高程标注法

所谓高程标注法就是指高于或低于水平参考平面的某一特定点的高程。通常标高点在平面上的标记是一个"＋"或"－"字记号，并同时配有相应的数值，由于标高点常位于等高线之间而不在等高线之上，因而常用小数点表示，如图2-12，重檐六角亭底平面标高为＋1.50。标高点最常用在地形改造、平面图和其他工程图上。一般也用来描绘某一具体地点的高度，如建筑物的墙角、顶点、低点、栅栏、台阶顶部和底部以及墙体高度等。

（三）模型表示法

模型表示法表现直观、形象、具体，但制作费工费时，投资较多。制作地形模型的材料可以是陶土、木板、软木、泡沫板，厚纸板或者聚苯乙烯酯。制作材料的选取，要依据模型的预想效果以及所表示地形的复杂性而定（图2-15）。

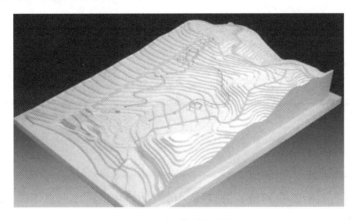

图2-15 模型表示法

（四）其他表示方法

1. 比例法 就是用坡度的水平距离与垂直高度变化之间的比例来说明斜坡的倾斜度（如4：1，2：1）。第一个数表示斜坡的水平距离，第二个数（通常将因子简化为1）则代表垂直高差。比例法常用于规模小的绿地设计上（图2-16）。

2. 百分比法 坡度的百分比通过斜坡的垂直高差除以整个斜坡的水平距离而获得。例如，一个斜坡在水平距离为45m内上升15m，那么其坡度百分比就应为33%（图2-17）。

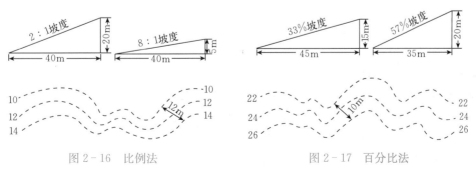

图2-16 比例法　　　　　图2-17 百分比法

三、地形的功能

(一) 基础与骨架作用

地形是构成园林景观的基本骨架。建筑、植物、水体等景观常常都以地形作为基地和依托。如北京北海的建筑依山而建（图2-18）。若借助于地形的高差建造瀑布或跌水，更具有自然感。在意大利台地园中，自然起伏的地形十分利于建造动态的水景，如朗特庄园的水台阶就是利用自然起伏的地形建造的（图2-19）。

图2-18　北京北海依山而建的建筑　　　图2-19　朗特庄园借助地形建造水景

(二) 划分空间作用

利用地形可以有效地、自然地划分空间，再借助植物，可以形成不同功能或景观特点的区域。如避暑山庄（图2-20）就是按照地形地貌特征进行选址和总体设计的，它因山就势，按照地形分为宫殿区、湖泊区、平原区和山峦区四大部分。宫殿区位于湖泊南岸，地形平坦，是皇帝处理朝政和生活起居的地方；湖泊区位于宫殿区的北面，由8个小岛屿将湖面分割成大小不同的区域，层次分明，富有江南鱼米之乡的特色；平原区位于湖区北面的山脚下，地势开阔，是一片碧草茵茵，林木茂盛，具有茫茫草原风光的区域；山峦区位于山庄的西北部，面积占全园的4/5，这里山峦起伏，沟壑纵横，众多楼堂殿阁、寺庙点缀其间。整个山庄东南多水，西北多山，是中国自然地貌的缩影，形成源于自然，高于自然的园林艺术景观效果。

(三) 景观作用

1. 地形造景　地形可被当作景观要素来使用。在大多数情况下，土壤具有可塑性，它能被塑造成具有各种特性及美学价值的实体。如设计中将地形做成圆（棱）台、半圆环体等规则的几何形体或相对自然的曲面体，以此形成别具一格的视觉形象（图2-21）。

2. 控制视线　地形能在景观中将视线导向某一特定点，影响人们浏览的可视景物和可见范围，形成连续观赏的景观序列，或形成完全封闭的景观空间。如为了能在环境中使视线停留在某一特殊焦点上，我们可以在视线的一侧或两侧将地形增高，使得视线周边犹如视野屏障，从而使视线集中到景物上（图2-22）。

3. 影响旅游线路和速度　地形可被用在外部环境中，影响行人和车辆运行的方向、速度和节奏。在园林设计中，可用地形的高低变化、坡度的陡缓以及道路的宽窄、曲直变化等来影响和控制游人的游览线路及速度（图2-23）。

图2-20 河北承德避暑山庄鸟瞰图

图2-21 将地形塑造为棱台状，形成视觉焦点

（四）生态作用

地形可影响某一区域的光照、温度、风向和湿度等。从采光方面来说，朝南的坡面一年中大部分时间都保持较暖和和宜人的状态。从风的角度而言，地形可以有效阻挡刮向某一场地的冬季寒风；反过来，地形也可被用来引导夏季风（图2-24）。此外，地形还可以有效

园林规划设计

阻隔外部的噪声，形成视觉及听觉屏障（图2-25）。

图2-22　抬高两侧地形，形成视觉焦点

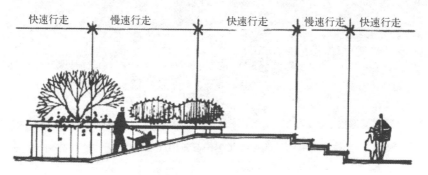

图2-23　行走的速度受到地面坡度的影响

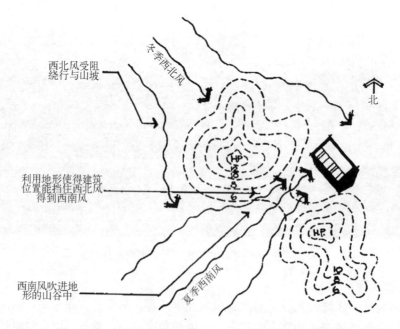

图2-24　利用地形使建筑能得到夏季微风和阻碍冬季风

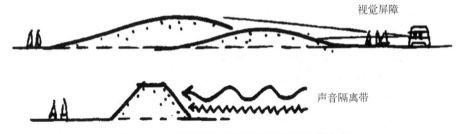

视觉屏障

声音隔离带

图 2-25 利用地形有效屏障视觉和阻隔噪声

四、园林地形设计的原则

地形设计是对原有地形、地貌进行工程结构和艺术造型的改造设计。园林绿地的原始地形千差万别，在设计时处理得是否合理，关系到各种效果的体现和功能的发挥。在地形设计中，应注意以下几个原则：

(一) 因地制宜

在地形设计中，首先要考虑对原有地形的利用。对于自然风景类型如山岳、丘陵、草原、江河湖海等，在原有地形的基础上，只要稍加人工点缀，便能成为风景独特的景观（图 2-26）。而对于与设计意图有差距的地形，则应结合基地调查和分析的结果，在考虑经济因素的情况下，进行改造。可进行"挖湖堆山"，也就是"挖低处，堆高处"的基本原则，使土方工程量降到最小限度，力求达到土方平衡。

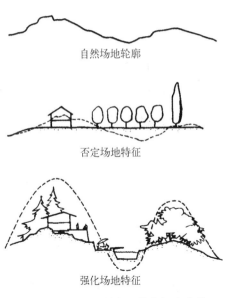

自然场地轮廓

否定场地特征

强化场地特征

图 2-26 因地制宜地结合场地地形塑造景观建筑空间

(二) 满足园林的性质和功能的要求

园林性质不同，其功能就不一样，对园林地形的要求也就不尽相同。因此，在地形设计时，要尽可能为游人创造出各种游憩活动所需求的地形地貌环境。如广场活动区，要求地形平坦；划船、游泳等水上活动区，需要有一定面积的水面；登高眺望区，需要有山地登临之处；安静休息区，则要求有山林溪流创造幽静环境等（图 2-27）。

(三) 满足园林景观的要求

地形设计要符合美学要求，从视觉上让游人得到美的体验。如利用起伏地形，可以代替景墙以"隔景"；如适当加大高差至超过人的视线高度（1700mm），按"俗则屏之"原则，可进行障景（图 2-28）。

(四) 符合园林工程的要求

地形设计在满足功能和景观需要的同时，还必须满足园林工程技术上的要求。如地面排水、各种地形的稳定性等。一般来说，坡度小于1%的地形易积水，地表面不稳定；坡度介于1%～5%的地形排水较理想，适合于大多数活动内容的安排，但是当同一坡面过长时，

图 2-27　地形结合广场、水体、山体等塑造不同性质功能的场所

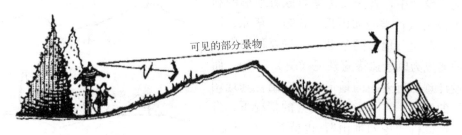

可见的部分景物

图 2-28　地形起伏创造了"隔景"和"障景"

显得较单调，易形成地表径流；坡度介于5%～10%的地形排水良好，而且具有起伏感；坡度大于10%的地形只能局部小范围地加以利用。

（五）符合园林植物栽植的要求

丰富的园林地形，可形成不同的小环境、小气候，从而有利于不同生态习性的园林植物的生长。因此，在进行园林设计时，要通过地形利用和改造设计，为植物的生长发育创造良好的环境条件。如地形的南坡宜种植阳性植物，北坡可选择耐阴植物，水边或池中可选择耐湿、沼生、水生等植物。

五、园林地形设计的方法

（一）平地造景

平地造景的限制性因素最小。但平地创造的场地缺少私密感，景观容易单调，需要结合其他景观要素（植物、建筑小品等）加以改造（图2-29）。

平地的造景项目主要有：建筑用地、集散广场、露天剧场、体育运动场、停车场、花坛群、草坪等（图2-30）。在进行地形塑造时，要有1%～7%的排水坡度。

（二）坡地造景

凸地形和凹地形都是由一定的坡地构成的。坡地具有动态的景观特性。坡地不仅可以以景观植物为依托，创造起伏的林冠线变化，还可以作为园林建筑及小品的依托，形

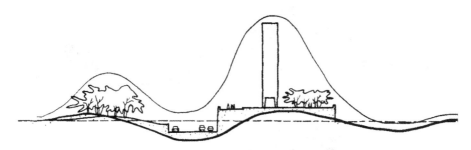

图 2-29 平地单调的地方造景,可结合植物、建筑等对地形加以改造

图 2-30 平地创造的建筑景观、集散广场、露天剧院、体育运动场等

成烘托气氛、跌宕起伏的立面及视线变化,坡地还可以结合瀑布水系创造动态观赏景观(图 2-31)。

根据坡度值,坡地可以分为以下三种类型:

(1)缓坡地形(3%～10%):缓坡开始有起伏感,适合安排用地范围不大的活动内容,如疏林草地,观叶、观花风景林等。

(2)中坡地形(10%～25%):只能局部小范围地加以利用。从植物造景角度来说是比较有利的地形,可设计风景林。从使用角度来说,设置园路适宜做成梯道;设置场地需结合等高线做局部改造,形成阶梯状的空间;设置溪流水景,则需要考虑护坡措施。

(3)陡坡地形(>25%):这种坡度较陡峭,大多数不适合安置除植物以外的其他园林要素。如若设置人的使用空间,可做成较陡的梯步道路,利用岩石隙地栽种耐旱的灌木,适宜点缀占地少的亭、廊、轩等风景性建筑。因存在滑坡甚至塌方的可能性,要考虑护坡措施。

表 2-1 列出园林绿地中极限和常用坡度范围:

A.地形作为植物景观的依托，地形的起伏产生了林冠线的变化

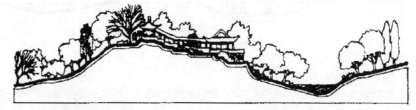

B.地形作为园林建筑的依托，能形成起伏跌宕的建筑立面和丰富的视线变化

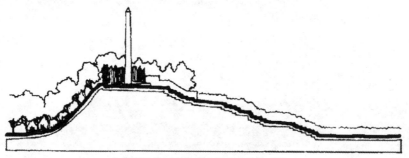

C.地形作为纪念性内容气氛渲染的手段

D.地形作为瀑布、山涧等园林水景的依托

图 2-31　坡地与不同景观要素的设计组合

表 2-1　极限和常用坡度范围

项目	极限坡度（%）	常用坡度（%）	项目	极限坡度（%）	常用坡度（%）
主要道路	0.5～10	1～8	停车场地	0.5～8	1～5
次要道路	0.5～20	1～12	运动场地	0.5～2	0.5～1.5
服务车道	0.5～15	1～10	游戏场地	1～5	2～3
边　道	0.5～12	1～8	平台和广场	0.5～3	1～2
入　口	0.5～8	1～4	铺装明沟	0.25～100	1～50

（续）

项目	极限坡度（%）	常用坡度（%）	项目	极限坡度（%）	常用坡度（%）
步行坡道	≤12	≤8	自然排水沟	0.5～15	2～10
停车坡道	≤20	≤15	铺草坡面	≤50	≤33
台 阶	25～50	33～50	种植坡面	≤100	≤50

注：① 铺草与种植坡面的坡度取决于土壤类型。

② 需要修理的草地，以25%的坡度为好。

③ 当表面材料滞水能力较小时，坡度可酌情下降。

④ 最大坡度还应考虑当地的气候条件，较寒冷、雨雪较多地区，坡度上限应相应地降低。

⑤ 在使用中还应考虑当地的实际情况和有关标准。

（三）假山设计与布局

凡在园林中人工堆砌的山一律称为假山。人们所称的假山，实际包括假山和置石两个部分。假山可分为土山、石山、土石相间等三种类型。园林中的假山是模拟真山，在造型上呈现巧夺天工之美。

1. 假山的造型 假山的造型艺术要求可以归纳为：一是要有宾主；二是要有层次；三是要有起伏；四是要有来龙去脉；五是要有曲折回抱；六是要有疏密、虚实，达到"一峰山则太华千寻"的境界（图 2-32）。

图 2-32 南京瞻园假山

在堆山时，要做到石材不可杂，纹理不可乱，块不可匀，缝不可多，要有地方特色。园林堆山所用材料应因地制宜，就近取材，节省成本。常用的石类有湖石类、黄石类、青石类、卵石类、剑石类、砂片石类等。近些年很多采用的人工制作的假山石，既节约成本，又克服了石类资源紧缺的问题，应用比较普遍。

2. 假山的布局

（1）假山作对景：假山的体量要与空间相适应，假山与建筑之间要有一定的视距，在视距范围内可布置水池和草坪，形成垂直与虚实对比，使山体更显高耸于灵秀。

(2) 假山布置在场地周围：结合花草树木，围合相对独立的园林空间。

(3) 假山布置在场地中心：成"之"字形布置，把园林分隔成既相互独立又相互流通的空间。

(4) 假山布置在园中一角：以墙为背景，靠墙布置，配以花草树木，形成生动的画面。

(5) 假山与水景结合布置：虚实相生。

3. 置石　置石是以山石为材料作独立或附属性的造景布置，主要表现山石的个体美或局部组合美。置石用料不多，体量小而分散，布置随意，且结构简单，不需要完整的山形，但要求造景的目的性强，起到"画龙点睛"的作用（图 2-33）。

置石的形式主要有以下几种：

(1) 特置山石。是指由或玲珑或奇巧或古拙的单块山石独立设置的形式。常安置于园林中作局部小景或局部构图中心，多用在入口、路旁、园路尽头等处，作对景、障景、点景只用。

(2) 散置山石。即"攒三聚五""散漫理之"的布置形式。布局要求将大小不等的山石零星布置，有聚有散、有立有卧、主次分明、顾盼呼应，通常布置在墙前、山脚、水畔等处。

(3) 群置山石。指几块山石成组的摆在一起，作为一个群体来表现。群置山石也要有主有从、主从分明。配置方式有墩配、剑配、卧配。

图 2-33　南京瞻园置石

第二节　园林植物种植设计

植物是园林中有生命的要素，使园林充满生机。植物也是构成园林景观的主要素材，在改善人居生态环境、提高社会生活和人文思想水平方面去满足人们的多种需要。其中，改善城市生态环境、提供生活空间、营造视觉景观和构筑审美意境是园林植物种植设计四项最基本而主要的功能。

一、园林植物的功能

（一）改善城市生态环境

园林种植能有效地改善城市环境小气候。有关资料显示，夏季 7～8 月城市内草地气温比柏油路面低 8～16℃，树林下气温比没有遮阴的裸土地低 3～5℃。盛夏时有垂直绿化的外墙面表面温度比没有垂直绿化的墙面低 10℃ 左右，公园湿度比一般城市地区高 20%～30%，行道树能提高相对湿度10%～20%。园林植物通过吸收、转化、分解或合成污染物，吸附粉尘和杀灭细菌而达到净化空气、土壤和水体环境的作用。植物在进行光合作用时放出氧气，在进行呼吸作用时吸收氧气。有资料显示，平均每公顷园林绿地每天能吸收二氧化碳1 767kg，放出氧气1 230kg。因此，植物对位居人口密集、工业发达的城市环境，处于碳氧失衡最严重的地区，在局部环境的碳氧平衡方面发挥着重要作用。植物还能通过对声波的吸收、反射而降低噪音污染。由此可见，园林植物在协调城市生活中人与自然共存关系，改善城市生态环境的作用是极其明显的。

（二）提供生活空间

通过一定的园林种植，能形成符合人类社会生活习惯或行为心理的活动空间与生活资源。人类对植物价值的最初认识就是从这种功能开始的。早期的人类，特别在南方潮湿地区，树栖是一种重要的居住方式；林中空地是人们休息、集会的重要场所（图2-34）；部分植物的花、果、叶、根、茎或汁液是原始人类最重要的食物资源之一；许多植物可作药用……这些利用方式大部分在园林中继续得到了应用，它们是园林植物受人欢迎的原因之一。

图2-34 林中空地是人们休息、集会的重要场所，东京都新宿御苑是赏樱胜地

（三）营造视觉景观

植物类型多样，形态、色彩十分丰富。园林植物的树形、叶、花、果、干、根等都具有重要的观赏作用，园林植物的形、色、姿、味也有独特而丰富的景观功能。按照一定的艺术法则，可以形成多姿多彩的植物景观。园林植物可以孤植观赏，独立成景，也可以树丛、树群、花坛或花境等形式出现，构成富有情趣的植物空间和景观；还可以作为建筑和构筑物、假山置石的配景，雕塑小品的前景或背景，或者与多种造景元素一起构成综合性景观。"接天莲叶无穷碧，映日荷花别样红"（宋·杨万里）是描写由荷花构成的夏景，"疏影横斜水清浅，暗香浮动月黄昏"（宋·林和靖）则是对冬日梅景的吟咏。植物景观通过游览者视觉感受，给人以艺术的享受。园林植物群体也是一个独具魅力的观赏

对象，如大片的茂密树林、平坦开阔的草坪、成片鲜艳的花卉等，均给人们带来强烈的视觉感受。随着气候的变化，园林植物群体还呈现不同季相的变化：春天山花灿烂，秋天层林尽染等（图2-35）。

图2-35　层林尽染的秋季植物景观

同一种植物，能够使得两个无关联的元素在视觉上联系起来，形成统一的效果（图2-36）。

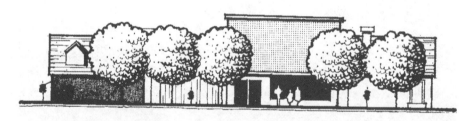

图2-36　植物统一了街景，协调了不同形式建筑之间的关系

中国古典园林讲究"山穷水尽、柳暗花明"，通过植物遮挡，使得视线无法通达，起到障景的作用（图2-37）。同时，植物还可以通过组合栽植，引导游人视线，形成框景（图2-38）、漏景、夹景等作用。

图2-37　植物通过组合栽植，起到障景作用

图 2-38 植物通过组合栽植，起到框景作用

(四) 构筑审美意境

园林植物具有优美的姿态、丰富的色彩、沁人的芳香、美丽的芳名，千百年以来，其蕴涵的文化特质和象征比喻意义，一直是园林意境创作的主要素材。如竹被视作最有气节的君子，是中国文人最喜爱的植物，因其"未曾出土先有节，纵凌云处也虚心"，所以苏东坡有"宁可食无肉，不可居无竹"，松竹绕屋也成为古代文人喜爱之处。再如"万花敢向雪中出，一树独先天下春"的梅花精神，"出淤泥而不染，濯清涟而不妖"的荷花写照，李清照心目中的桂花则更为高雅："暗淡轻黄体性柔，情疏迹远只香留"。植物所代表的象征意义还被上升为地区文明的标志和城市文化的象征。如椰子树就是典型的南国风光的代表，而在北方城市的白杨树则象征着无畏的精神；又如上海的市花白玉兰，象征着勇于开拓、奋发向上的精神，而广州的木棉花，则象征着蓬勃向上的事业和生气。在吸收古典园林意境美的基础上，把时代所赋予的植物文化内涵与园林景观有机地结合在一起，能创造富有特色及文化内涵的现代园林植物景观。

二、园林植物种植设计的基本原则

从增大绿量和生态的视角，结合节约型园林绿地的要求，种植设计应以乔木为主，常绿与落叶，速生与慢生，乔、灌、地被和草坪地有机结合，师法自然，形成稳定的植物群落景观。在种植设计中必须遵循一定的原则，才能充分保证和发挥园林植物的景观效果和功能作用。

(一) 功能性原则

园林植物种植设计，首先要从园林绿地的性质和主要功能出发。园林绿地的种类不同、要求不同、位置不同，其性质和功能就不相同，即使同一园林绿地的不同区域其性质和功能也可能不同。如街道绿地的主要功能是庇荫、吸尘、隔音、美化等，因此要选择易活，对土、水、肥要求不高，耐修剪，树冠高大挺拔，叶密荫浓，生长迅速，抗性强的树种作行道树，同时也要考虑组织交通和市容美观的问题；综合性公园，从其多种功能出发，要有集体活动的广场或大草坪，有遮阴的乔木，有艳丽的成片的灌木，有安静休息需要的密林、疏林等；医院庭园则应注意周围环境的卫生防护和噪声隔离，在周围可种植密林，而在医院病房附近的庭园多植花木供休息观赏；工厂绿化的主要功能是防护，而工厂的厂前区、办公室周围应以美化环境为主；远离车间的休息绿地主要是供休息；烈士陵园要注意纪念意境的创造等。

（二）艺术性原则

完美的植物景观必须具备科学性与艺术性两方面的高度统一，既满足植物与环境在生态适应上的统一，又要通过艺术构图原理体现出植物个体及群体的形式美，及人们欣赏时所产生的意境美。植物景观中艺术性的创造是极为细腻复杂的，需要巧妙地利用植物的形体、线条、色彩和质地进行构图，并通过植物的季相变化来创造瑰丽的景观，表现其独特的艺术魅力。

1. 园林植物配置要符合园林布局形式的要求 任何一个好的艺术景观的产生都是人们主观感情和客观环境相结合的产物。不同的园林形式决定了不同立意方式。如节日广场，应营造出欢快、喜庆的氛围，色彩上以暖色调为主（图 2-39）；烈士陵园应以庄严、肃穆为基调，色彩以冷色调为主。因此，园林植物种植设计应结合园林特色，选取与氛围及要表达的意境一致的植物组合，做到与园林形式的协调统一。

图 2-39 体现节庆氛围的植物立体花坛设计

2. 合理设计园林植物的季相景观 园林植物季相景观的变化，能给游人明显的气候变化感受，体现园林的时令变化，表现出园林植物特有的艺术效果。如春季山花烂漫（图 2-40）；夏季荷花涟涟；秋季硕果满园，层林尽染；冬季梅花傲雪等。园林植物的季相景观需在设计时总体规划，根据不同的景观特色精心搭配。因为季相景观是随季节变化而产生的暂时性景观，具有周期性，设计时要兼顾季相后的景色。如樱花开时花色烂漫，但花谢后却平淡，因此要做好与其他植物的搭配，使得四季有景。

3. 充分发挥园林植物的观赏特性 园林植物个体的形、色、香、姿以及群体景观都是丰富多彩的。在园林植物组合搭配时，要考虑个体的观赏特性，充分发挥植物本身的美化效益（图 2-41）。

4. 注重植物的群体景观设计 园林植物种植设计不仅仅表现个体美，还要考虑植物群体景观。乔、灌、草、花合理搭配，形成多姿多彩、层次丰富的植物景观。如将不同树形巧妙配合，形成良好的林冠线和林缘线（图 2-42）。

5. 注重与其他园林要素的配合 在植物配置时，要考虑植物与山体、水体、建筑、道路等园林要素之间的关系，使之成为一个有机整体（图2-43）。

图2-40　植物的季相景观：春季山花烂漫

图2-41　荷花群体形、色、姿的观赏性

图2-42　植物乔、灌、草合理搭配，形成林冠线和林缘线丰富变化的景观

图2-43　植物与山石、水体、建筑有机组合

（三）科学性原则

1. 因地制宜，满足园林植物的生态要求　植物是有生命的活体，不同的植物有不同的功能、习性和对立地条件的要求，包括土壤、温度、气候、移栽季节、光照、耐干湿性以及生长速度等。顺应植物的生长规律，按照植物的生态要求来科学地进行植物配置，是设计中首先应该考虑的问题。其次，要尽量选用乡土树种，适当选用已经驯化成功的外来树种。同时，不同城市、不同自然、文化、经济、社会状况，园林植物的设计也应有所不同，园林植物的选择和配

图2-44　海南独具地域文化特征的标志性植物景观

置应是城市植物文化和其他特征的显著标志（图2-44）。

2. 合理设计种植密度，创造稳定的植物群落　植物种植的密度是否合适，直接影响到绿化功能的发挥。从长远考虑，应根据成年树冠大小来决定种植株距。若要在短期内取得较好的绿化效果，可适当密植，将来再移植。另外，在进行植物搭配和确定密度时，要兼顾常绿树与落叶树、速生树与慢生树、乔木与灌木、木本植物与草本花卉之间的比例，充分利用不同生态位植物对环境资源需求的差异，正确设计植物的组成和结构，以保证一定时间内形成稳定的植物群落（图2-45、图2-46）。

图2-45　密度适当的乔灌木　　　图2-46　依据不同生态位植物需求建构人工植物群落

（四）经济性原则

植物配置要在节约成本、方便管理的基础上，以最少的投入获得最大的生态效益和社会效益，为改善城市环境、提高城市居民生活环境质量服务。如可以保留园林绿地原有树种，慎重使用大树造景，按照节约型园林绿地建设的要求，大量使用乡土树种和应用自衍花卉等，减少种植后的养护和管理费用。

三、园林植物种植设计的基本形式

（一）种植方式

1. 规则式　规则式种植布局具有整齐、秩序、庄严、雄伟、开朗空间氛围。在平面上，中轴线大致左右对称，具一定的种植株行距，并且按固定方式排列。在规则式种植中，草坪往往被严格控制高度和边界。花卉布置成以图案为主题的模纹花坛，利用植物本身的色彩，营造出大手笔的色彩效果。乔木常以对称式或行列式种植为主，有时还刻意修剪成各种几何形体。灌木也常常等距直线种植，或修剪成规整的图案作为大面积的构图，或作为绿篱，具有严谨性和统一性（图2-47）。

图2-47　规则式种植

2. 自然式 自然式种植以模仿自然界森林、草原、草甸、沼泽等景观及农村田园风光，结合地形、水体、道路来组织植物景观，不要求严整对称，没有突出的轴线，没有过多修剪成几何形的树木花草，布局上讲究步移景异，利用自然的植物形态，运用夹景、框景、障景、对景、借景等手法，形成有效的景观控制。自然式种植体现了宁静、深邃、活泼的气氛（图2-48）。

图2-48 自然式种植

3. 混合式 混合式种植既有规则式，又有自然式。有时为了造景或立意的需要，一方面，利用植物规则式种植来强化入口、建筑、道路或广场等规整的几何空间；另一方面，利用乔木、灌木等有机组合，保留自然式园林的特点（图2-49、图2-50）。

图2-49 某公园中结合跌水广场的规则式种植

图2-50 同一公园中田园自然式种植

（二）种植类型

1. 乔木和灌木 在整个园林植物中，乔、灌木是骨干材料，在城市的绿化中起骨架支柱作用，乔木形体高大，枝叶繁茂，绿量大，生长年限长，景观效果突出，在种植设计中占有举足轻重的地位。灌木在园林植物群落中属于中间层，起着乔木与地面、建筑物与地面之间的连贯和过渡作用。

园林植物乔、灌木的种植类型通常有以下几种：

（1）孤植。孤植是指在空旷地上孤立地种植一株或几株同一种树木紧密地种植在一起，来表现单株栽植效果的种植类型。孤植树在园林中常作主景构图，展示个体美，如树木奇特的姿态，浓艳的花朵，硕大的果实等。孤植树的种植地点要求空间比较开阔，而且要尽可能与天空、水面、草坪、树林等色彩单纯而又有一定对比变化的背景加以衬托（图2-51）。适合作孤植树的植物种类有：香樟、雪松、白皮松、银杏、白玉兰、鸡爪槭、合欢、元宝枫、木棉、凤凰木、枫香等。

（2）对植。对植是指用两株或两丛相同或相似的树，按一定的轴线关系，左右两边均衡对称栽植。在构图上形成配景或夹景，很少作主景。对植多应用于大门的两边，建筑物入口、广场或桥头的两旁。例如，在公园门口对植两株体量相当的树木，可以对园门及其周围

图2-51 孤 植

的景观起到很好的引导作用。如广州中山纪念堂前左右对称栽植的植物（图2-52）。对植对植树的选择不太严格，无论是乔木、灌木，只要树形整齐美观均可采用。对植的树木在形体大小、高矮、姿态、色彩等方面应与主景和环境协调一致。

（3）丛植。丛植通常是由几株到十几株乔木，或乔、灌木按一定要求栽植而成。树丛有较强的整体感，是园林绿地中常用的一种种植类型，它以反映树木的群体美为主，从景观角度考虑，丛植须符合多样统一的原则，所选树种的形态、姿势及其种植方式要多变，所以要处理好株间、种间的关系。整体上要密植，局部又要疏密有致。树丛作为主景时四周要空旷，有较为开阔的观赏空间和通透的视线，或栽植点位置较高，使树丛主景突出（图2-53）；树丛可作为假山、雕塑、建筑物或其他园林要素的配景或背景。

图2-52 对 植

图2-53 丛 植

（4）群植。群植是由十几株到二三十株的乔、灌木混合成群栽植而成的类型。群植可以由单一树种组成，也可由数个树种组成。由于树群的树木数量多，特别是对较大的树群来说，树木之间的相互影响、相互作用会变得突出，因此在树群的配置和营造中要注意各种树木的生态习性，创造满足其生长的生态条件。从生态角度考虑，高大的乔木应分布在树群的中间，亚乔木和小乔木在外层，花灌木在更外围。要注意耐阴种类的选择和应用；从景观营

造角度考虑，要注意树群林冠线起伏，林缘线要有变化，主次分明，高低错落，有立体空间层次，季相丰富（图 2-54）。

图 2-54　群　植

（5）林植。凡成片、成块大量栽植乔、灌木，以构成林地和森林景观的称为林植。林植多用于大面积公园的安静区、风景游览区或休、疗养区以及生态防护林区和休闲区等。根据树林的疏密度可分为密林和疏林。

① 密林。郁闭度 0.7～1.0，阳光很少透入林下，所以土壤湿度比较大，其地被植物含水量高、组织柔软、脆弱、经不住踩踏，不便于游人做大量的活动，仅供散步、休息，给人以葱郁、茂密、林木森森的景观享受（图 2-55）。

② 疏林。郁闭度 0.4～0.6，常与草地结合，故又称疏林草地。疏林中的树种应具有较高的观赏价值，树冠宜开展，树荫要疏朗，生长要强健，花和叶的色彩要丰富，树枝线条要曲折多变，树干要有欣赏性，常绿树与落叶树的搭配要合适。树木的种植要三五成群，疏密相间，有断有续，错落有致，构图上生动活泼。林下草坪应含水量少，坚韧而耐践踏，游人可以在草坪上活动（图 2-56）。

图 2-55　林植——密林

图 2-56　林植——疏林

(6) 列植。列植是指乔、灌木按一定的直线或弯曲线排成行的栽植。列植可以是单行，又可以是多行，其株行距的大小决定于树冠的成年冠径。列植的树种从树冠形态看最好是比较整齐。枝叶稀疏树冠不整齐的树种不宜用。由于行列栽植的地点一般受外界环境的影响大，立地条件差在树种的选择上，应尽可能采用生长健壮、耐修剪、树干高、抗病虫害的树种。在种植时要处理好和道路、建筑物、地下和地上各种管线的关系（图2-57）。

图2-57 列 植

(7) 篱植。绿篱是耐修剪的灌木或小乔木，以相等距的株行距，单行或双行排列而组成的规则绿带，是属于密植行列栽植的类型之一。它在园林绿地中的应用很广泛，形式也较多。在园林中常作边界、空间划分、屏障，或作为花坛、花境、喷泉、雕塑的背景与基础造景等（图2-58）。绿篱按照高度可分为：绿墙（160cm以上）、高绿篱（120～160cm）、绿篱（50～120cm）、矮绿篱（50cm以下）。按修建方式绿篱可分为规则式及自然式两种；从观赏和实用价值来讲，又可以分为常绿篱、落叶篱、彩叶篱、花篱、观果篱、编篱、蔓绿篱等多种。

图2-58 篱 植

2. 草本花卉 草本花卉可分为一二年生草花、多年生草花及宿根花卉。株高一般在10～60cm。草本花卉表现的是植物的群体美，适用于布置花坛、花池、花境等，主要作用是烘托气氛、丰富园林景观。

(1) 花坛。在具有一定几何轮廓的种植床内，种植各种不同色彩的观花、观叶与观景的园林的植物，从而构成一副富有鲜艳色彩或华丽纹样的装饰图案以供观赏，就称之为花坛。花坛在园林构图中常作为主景或配景，它具有较高的装饰性和观赏价值。

① 花坛分类。花坛按照形式可分为独立花坛、组合花坛、立体花坛；按照种植材料可分为盛花花坛、草皮花坛、木本植物花坛、混合花坛。

② 花坛设计。花坛突出的是植物的色彩和图案构图，多采用一二年生草本花卉，少采用木本和观叶植物。花坛用花要求花期一致、开花繁茂、株型整齐、花色鲜艳、开花时间长的品种，常用的有三色堇、金盏菊、金鱼草、紫罗兰、福禄考、石竹类等。种植时要距离紧凑，在开花时，达到只见花、不见叶的效果。

花坛的体量与布置位置都要与周围环境相协调。花坛常作为园林局部的主景，一般布置在广场中心、公共建筑前、公园出入口空旷地、道路交叉口等处。花坛可以独立布置，也可以与雕塑、喷泉或树丛等结合布置。花坛布置时要从花坛的形式、色彩、风格等方面遵循美学原则，同时展示文化内涵（图 2-59）。

图 2-59　公园入口立体花坛展示

（2）花带。将花卉植物成线状布置，形成带状的彩色花卉线。一般布置于道路两侧，沿着道路向绿地内侧排列，形成层次丰富的多条色彩效果（图 2-60）。

（3）花地。花地是指较大面积的花卉景观群体，常布置在坡地上、林缘或林中空地以及疏林草地中（图 2-61）。花地设计讲究花卉平面形态布置的艺术性及色彩的搭配。

图 2-60　花　带　　　　　　　　　　　图 2-61　花　地

（4）花境。花境是指将多年生宿根花卉、球根花卉及一二年生花卉、灌木等植物材料，根据自然界林缘地带多种野生花卉交错生长的规律，通过艺术加工，以带状形式为主，组合栽植在林缘、路缘、水旁及建筑物前等处，以营造一种自然、生态的园林花卉景观。花境设计讲究构图完整，高低错落，一年四季季相变化丰富又看不到明显的空秃。配置在一起的各种花卉不仅彼此间色彩、姿态、体量、数量等应协调，而且相邻花卉的生长强弱、繁衍速度也应大体相近，植株之间能共生而不能互相排斥（图 2-62）。

图 2-62 花 境

3. 攀缘植物 攀缘植物是茎干柔弱纤细，自己不能直立向上生长，须以某种特殊方式攀附于其他植物或物体之上以伸展其躯干，有利于吸收充足的雨露、阳光，才能正常生长的一类植物，正是由于攀缘植物的这一特殊的生物学习性，使攀缘植物成为园林绿化中进行垂直绿化的特殊材料。攀缘植物与其他植物一样，有一二年生的草质藤本，也有多年生的木质藤本，有落叶类型，也有常绿类型。若按照攀缘方式的不同可分为自身缠绕、依附攀缘和复式攀缘三大类。在园林植物种植设计时，配置攀缘植物，应充分地考虑到各种植物的生物学特性和观赏特性（图 2-63）。

4. 地被植物及草坪设计 地被植物是指那些株丛密集、低矮，经简单管理即可用于代替草坪覆盖在地表、防止水土流失，能吸附尘土、净化空气、减弱噪声、消除污染并具有一定观赏和经济价值的植物（图 2-64）。

图 2-63 不同攀缘植物形成的花墙

图 2-64 与灌木结合的地被植物

草坪在现代各类园林绿地中应用广泛，其主要功能是为园林绿地提供一个有生命的底色，因草坪低矮、空旷、统一，能同植物及其他园林要素较好地结合，草坪的应用更为广泛。草坪的设计类型及应用多种多样。按功能不同，草坪可分为观赏草坪、游憩草坪、体育草坪、护坡草坪、飞机场草坪和放牧草坪。按组成的不同，可分为单一草坪、混合草坪、缀花草坪。按规划设计的形式不同，可分为规则式草坪、自然式草坪。

四、园林植物种植设计的技法

在园林发展的历史过程中，人们不断地从经验中总结出许多常能引起游赏者美感的规律，在设计时因地制宜地运用这些规律，造园家通常称为技法。为了便于说明各种技法的运用场合以及在美学、心理方面的使用，下面从园林植物的个体特性在种植设计中的应用、种植设计的空间围合、平面布置、立面构图等几方面加以阐述。

（一）园林植物的个体特性在种植设计中的应用

1. 色彩　色彩是对景观欣赏最直接、最敏感的接触。在植物景观的创造中，植物不但是绿化的颜料，而且也是万紫千红的渲染手段。植物可以以其本身所具有的色彩及季相变换的色彩渲染景观空间。园林植物的色彩在设计中，应起到突出植物的尺度和形态的作用。在处理整体景观空间所需要的色彩时，应结合色彩原理，以绿色为主，其他色调为辅，彰显大自然的绿色生态之美（图 2-65、图 2-66）。

图 2-65　季相色彩变幻的乔、灌木组合搭配　　　　图 2-66　花卉植物的色彩搭配

2. 芳香　一般艺术的审美感知，多强调视觉的感受，唯园林植物中的"嗅觉"更具独特的审美效应。园林中很多景点都是体现花香的，如虎丘的冷香阁，在阁前植蜡梅数株，当万木萧瑟落叶的寒冬，阵阵蜡梅的清香迎面而来，充满生机。芳香植物在应用中应注意的问题：

（1）注意功能性问题。芳香植物在园林中应用时首先应考虑绿地的功能性。据有关资料报道，心理学家、医生针对 260 多种带有各种气味的物质对 5000 多人进行测试，发现气味对人的情绪产生强烈的影响，以此把气味分为四大类：①使人感到清新、平静、温和，如水仙；②能起到积极刺激，使人轻松、舒适，如茉莉；③使头脑过于兴奋而眩晕，甚至反应迟钝、麻木，如暴马丁香；④给人带来愉快的感觉，使人产生抑制不住想获得的愿望，如玫瑰、柠檬、橙子。种植设计师了解这些就能更科学地种植，如科研所、学校等地办公楼、教室的窗前不宜于种植暴马丁香一类的植物；而儿童活动区应少用玫瑰、橙子、柠檬等植物。安静休息区应选择香气能使人镇静的植物种类，如紫罗兰、薰衣草、水仙等，在娱乐活动区可选择茉莉、百合、丁香等能使人兴奋的植物种类。

（2）注意香气的搭配。芳香植物的种类众多，香气复杂，在同一花期可确定1～3种为主要的香气来源，避免出现多种香气混杂的状况。

（3）注意控制香气的浓度。在露天环境下，空气流动快，香气易扩散而达不到预期的效果，因此可通过人为措施创造小环境使香气能维持一定的浓度和时间，如把植物种植在低凹处。同时还应把芳香植物种植在上风口，对于一些香气特别浓重的植物，如暴马丁香，则不宜大片种植，否则易使人出现兴奋过度而眩晕、胸闷等身体不适。

3. 姿态　大自然的植物千姿百态，各种植物各具其姿，或亭亭玉立，或横亘曲折，或倒悬下垂，或柔和，或古拙。植物的姿态是园林植物的观赏特性之一，它在植物的构图和布局上，影响着统一性和多样性。在一个设计中可采用某一种占主导地位的植物姿态可以使整个种植设计达到统一的效果。多种植物姿态的综合运用可以创造、限定、提升、塑造外部空间，同时也可起到引导观赏者感受设计空间方式的作用。在以姿态作为园林设计要素中，园林设计师应当不拘泥于单株植物（单一姿态），而应运用植物群（组合姿态）来达到种植设计的目标（图2-67）。

图2-67　不同姿态的植物组合搭配，形成了层次分明、林冠线丰富的景观效果

除此以外，园林植物在质感、体量以及与自然景观的巧妙配合等方面，均影响园林整体环境的塑造。

（二）园林植物的空间设计

园林植物空间是指园林中以植物为主体，经过艺术布局，组成适应园林功能要求和优美植物景观的空间环境。园林植物种植空间按照其组成形式、与游人视线控制的关系，可以分为以下几种类型。

（1）开放性空间（开敞空间）。园林植物形成的开放性空间是指在一定区域范围内，人的视线高于四周景物的植物空间，一般在地面上种植低矮的灌木、地被植物、花卉及草坪而形成开敞空间（图2-68）。这种空间没有私密性，是开敞、外向型的空间。另外，在较大面积的开阔草坪上，除了低矮的植物以外，有几株高大乔木点缀其中，并不阻碍人们的视线，也为开放性空间（图2-69）。但是，在庭园中，由于尺度较小，视距较短，四周的围墙和建筑高于视线，即使是疏林草地的配置形式，也不能形成有效的开放性空间（图2-70）。开敞空间在开放式绿地、城市公园等园林类型中非常多见，像大草坪、开阔水面等，视线通透，视野辽阔，容易使游人感觉心情舒畅，产生轻松自由的满足感。

图 2-68　低矮植物组合搭配，形成开敞空间

图 2-69　开阔草坪形成的开敞空间

图 2-70　庭院草坪，视距较短未能形成开敞空间

（2）半开放性空间（半开敞空间）。半开放性空间是指在一定区域范围内，四周不完全开敞，而是某些部分用植物或者构筑物阻挡了游人的视线。这种空间具有一定的私密性，游人在景观中处于半暴露的状态，即不同方向上的通透与遮蔽状态（图 2-71）。如从公园的某一个区域进入另一个区域，设计者常会采用先抑后扬的手法，在两个区域之间设计植物组团遮蔽人们的视线，使人们一眼难以穷尽，待人们穿过植物组团，进入另一个区域就会豁然开朗，心情愉悦（图 2-72）。

图 2-71　半开敞空间，视线朝向敞开面，一侧为障景

（3）封闭空间。封闭空间是指在游人所处的区域范围内，四周用植物材料封闭，垂直方向用树冠遮蔽的空间。此时游人视距缩短，视线受到制约，近景的感染力加强，景物历历在目，容易产生亲切感、宁静感和安全感。小庭园的植物配置可以在局部适当地采用这种较封闭的空间造景手法（图 2-73）。而在一般性的绿地中，这样小尺度的封闭空间，私密性最强，视线不通透，适宜于年轻人私语或者人们独处和安静休憩。

（4）冠下空间（覆盖空间）。冠下空间通常位于树冠下方与地面之间，通过植物树干的分枝点高低、树冠的浓密来形成空间感。高大的常绿乔木是形成覆盖空间的良好材料，此类

图 2-72 半开敞空间

图 2-73 封闭空间

植物不仅分枝点较高，树冠庞大，而且具有很好的遮阳效果，树干占据的空间较小，所以无论是几株、一丛，还是成片栽植，都能够为人们提供较大的树冠下活动空间和遮阳休息的区域。游人的视线在此类空间中水平方向是通透的，但垂直方向是遮蔽的（图 2-74、图 2-75）。此外，攀缘植物利用花架、拱门、木廊等攀附在其上生长，也能够构成有效的冠下空间。

图 2-74 冠下空间

（5）竖向空间（垂直空间）。用植物封闭垂直面，开敞顶平面，就形成了竖向空间。分枝点较低、树冠紧凑的中小乔木形成的树列，修剪整齐的高树篱等，都可以构成竖向空间（图 2-76）。由于竖向空间两侧几乎完全封闭，视线的上部和前方较开敞，极易产生"夹景"效果，以突出轴线景观，狭长的垂直空间可以起到引导游人行走路线，适当的种植具有加深空间感的作用（图 2-77）。

通常在一个园林中，往往会有以上各种空间的组合形式。而植物空间具有的不同特性，可在不同功能分区中加以应用。如儿童活动区不需要有太多的私密性，要方便家长的看管、寻找、关注，因此多应用开放性空间；小型建筑亭、榭、廊等具有观景、聊天等功能，多置于半开放空间中；老人活动区、休闲广场、停车场多采用冠下空间，既满足人们的活动需

图 2-75 树冠创造的林荫广场

求，又可以起到遮蔽烈日的作用；恋爱角由于私密性较强，而多用封闭性空间以满足青年人谈恋爱所需要的环境氛围；园路、甬道则多用竖向空间，以加强指向性。

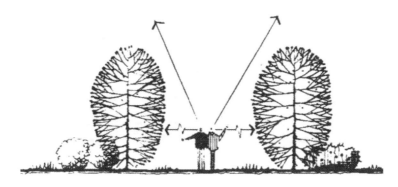

图 2-76 竖向空间

图 2-77 植物绿墙创造的竖向空间，突出轴线，引导视线

（三）园林植物种植设计的平面布置

（1）植物配置在平面上，要做到疏密关系的变化，这样空间上就会产生对比变化，从而丰富空间的体验，同时利用这种疏密的对比关系，也容易体现出设计的空间开合感。

（2）植物配置的平面布局，不能过分线形化，而要形成一定群体以及厚度，同时，不同植物种类宜以成组布置，并相互渗透融合。

（3）植物配置在平面构图上的林缘线布置要有曲折变化感。相同面积的地段经过林缘线设计，利用曲折变化的林缘线可以划分成或大或小、或规则或多变的空间形态；或在大空间中划分小空间，或组织透景线，增加空间的景深（图 2-78）。

图 2-78　某居住区绿地的植物种植设计平面图

（四）园林植物种植设计的立面布置

园林种植设计成功与否，除了空间上安排合理、平面上布置精细外，还要求植物景观"立"起来以后的立面效果优美如画，使人产生美感。要做到立面构图优美如画，就应遵循一些美学原则。

1. 立面构图在遵循美学法则的基础上，突出主景　立面构图首先要建立秩序，保证立面构图在视觉上的平衡，做到统一与变化、协调与对比、动势与均衡、节奏与韵律。同时，在保证立面构图统一性的基础上，突出主体或主景（图 2-79）。

2. 立面设计要注重林冠线的设计，注重层次变化　林冠线是指树林或树丛空间立面构图的轮廓线。不同高度的乔、灌木所组合成的林冠线，决定着游人的视野，影响着游人的空间感觉。林冠线的形成决定于树种的构成以及地形的变化。同一高度的树种形成等高的林冠线，不同高度的树种构成的林冠线则高低起伏多变，如果地形平坦，可通过变化的林冠线和色彩来增加环境的观赏性；如果地形起伏，则可通过同种高度或不同高度的树种构成的林冠线来表现、加强或减弱地形特征。

林冠线是在立面层次中最高处树冠形成的轮廓线。在种植设计中，乔木、灌木以及地被的搭配在立面上表现的则为种植的层次。一般而言，种植设计的层次是根据设计意图而决定的。如需要形成通透的空间，则种植层次要少，可仅为乔木层，如为了形成动态连续的具有远观效果的植物景观，则需要多层的植物种植（图 2-80）。

图 2-79 立面设计在视觉平衡的基础上，突出主景

图 2-80 林冠线及植物层次的变化

第三节 园路、广场铺装设计

园路、广场铺装是构建园林的基本组成要素之一，是园林平面构图的重要元素，均属于硬质景观。它与人在园林中的活动密切相关，在园林工程设计中占有重要地位。本节将园路界定为在园中起交通组织、引导游览等作用的带状、狭长形的硬质地面；而广场铺装则专指相对较为宽广，提供人流集散、休憩等功能的硬质铺装地面。

一、园 路

(一) 园路的功能和类型

1. 园路的功能 园路像人体的脉络一样，是贯穿全园的交通网络，是联系各个景区和景点纽带和风景线，是组成园林风景的造景要素。园路的走向对园林的通风、光照、环境状况都有一定的影响。因此，无论在实用功能上，还是在美观方面，均发挥着重要的作用。

（1）组织交通。园路同其他道路一样，具有基本的交通功能，它承担着游人的集散、疏导、组织交通作用（图 2-81）。此外还满足园林绿化建设、养护、管理等工作的运输任务，具备人、机动车辆和非机动车辆的通行作用。

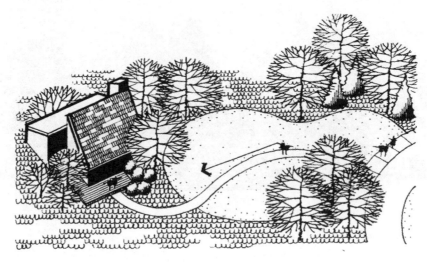

图2-81　园路引导、组织交通

（2）划分空间。园林中常常利用地形、建筑、植物、道路把全园分隔成各种不同功能的景区，同时又通过道路，把各景区、景点联系成一个整体。园路本身是一种线性狭长的空间，因园路的穿插划分，把园林其他空间划成不同形状、不同大小的一系列空间。通过大小、形状的对比，极大丰富园林空间的形象，增强空间的艺术性表现。

（3）引导游览。因景设路，因路得景，园路是园林中各景点之间相互联系的纽带，它不仅解决园林的交通问题，而且还是园林景观的导游脉络，引导游人从一个景区到另一个景区，从一个风景点到另一个风景点。园路中的主路和一部分次要道路，被赋予明显的导游性，能自然而然地引导游人按照预定路线有序进行，使园林景观像一幅幅连续的图画，不断呈现在游人面前。

（4）构成景观。在园林中，园路和地形、植物、建筑等，共同构成园林艺术的统一体，园路也参与园林的造景。一方面随地形地势的变化，各种不同姿态的蜿蜒起伏的道路，可以从不同方面、不同角度与园内各种建筑和植物共同组合成景；另一方面，园路本身的曲线、质感、色彩、尺度等，都给人以美的享受。

另外园路也能进行某种园林意境的创造。利用园路的形式和铺装的材料在某种特定的环境中能渲染出特定的园林气氛，从而产生一定的园林意境（图2-82）。

图2-82　杭州花港观鱼牡丹亭梅影路

（5）排水功能。园路是园林绿地当中主要明渠排水途径。一般路面应有8%以下的纵坡和1%～4%的横坡，以保证园路的排水需求。

2. 园路的类型 从不同方面考虑，园路有不同的分类方法，但最常见的有功能等级分类、铺装材料分类等。

（1）根据功能等级分类。一般园路可分三类，即主干道、次干道和游步道（表2-2）。

① 主干道：是园林绿地道路系统的骨干，与园林绿地主要出入口、各功能分区以及主要建筑物、重点广场和风景点相联系，是游览的主线路，也是各分区的分界线，形成整个绿地道路的骨架，多呈环形布置，一般为3.5～7.0m。

② 次干道：为主干道的辅助道路，呈支架状，是贯穿各功能分区、联系各景区内重要景点和活动场所的道路，路宽可为主园路一半，一般宽度为2.0～3.5m。

③ 游步道：是园路系统的最末梢，是供游人休憩、散步、游览的通幽曲径，是各景区内连接各个景点、通达园林各个角落的游览小路，能够融入绿地及幽景，是通达广场、园景的捷径，引导游人深入景点，一般宽度为1.0～2.0m，有些游览小路宽度甚至会小于1.0m，具体因地、因景、因人流多少而定。

表2-2 园路分类与技术标准

分类		路面宽度 （m）	游人步道宽 （路肩）（m）	车道数 （条）	路基宽度 （m）	红线宽 （含明沟）（m）	车速 （km/h）
园路	主干道	3.5～7.0	≤2.5	2	8～9	—	20
	次干道	2.0～3.5	≤1.0	1	4～5	—	15
	游步道	1.0～2.0	—	—	—	—	—

（2）根据铺装材料，所形成的园路类型也非常多，但大体上有以下几种类型：

① 整体路面：由水泥混凝土或沥青混凝土整体浇筑而成的路面，这类路面也是在园林建设中应用最多的一类。整体路面平整、耐压、耐磨，具有强度高，结实耐用，整体性好的特点，但不便维修且观赏性一般。适用于通行车辆或人流集中的公园主路和出入口。

② 块料路面：用大方砖、石板、各种天然块石或各种预制板铺装而成的路面，这类路面坚固、平稳、简朴大方、防滑，能减弱路面反光强度，并能铺装成形态各异的图案花纹，同时也便于进行地下施工时拆补，适用于广场、游步道和通行轻型车辆的路段，在绿地中被广泛应用。

③ 碎料路面：用各种碎石、瓦片、卵石及其他碎状材料组成的路面，称为碎状路面。这类路面铺路材料廉价，能铺成各种花纹，图案精美，表现内容丰富，做工细致，巧夺天工。主要用于庭园和各种游步道中。

④ 简易路面：由碎石、三合土等组成的临时性或过渡路面。

（二）园路的设计

园路的路形设计应根据园林绿地的特点和性质进行，路面铺装应根据道路的功能要求进行设计，总体要求是美观、实用、经济。

1. 园路的布局形式 园路的布局取决于园林的规划形式。一般所见的园路系统布局形式有棋盘式、套环式、条带式、树枝式。

（1）棋盘式园路系统。棋盘式园路也叫网格式。这种园路系统的特征是：有明显的轴线控制整个道路的布局，一般主路为整个布局的轴线，次路和其他道路沿轴线对称，组成闭合的"棋盘"。这种道路系统适合规则式园林，道路规整、规律性强，由道路所划分的地块可大可小，都形成规则的地块。但这种道路较为单调，有时会受到山地的限制，出现对地形进行改造等问题，较为适合平地使用（图 2-83）。

（2）套环式园路系统。套环式园路系统的特点是：由主路构成一个闭合的大型环路或一个"8"字形的双环路，再由很多的次路和游步道从主路上分出，并且相互穿插、连接与闭合，构成另一些较小的环路。主路、次路和小路构成的环路之间的关系，是环环相套、互通互连的关系，其中少有尽端式道路。因此，这样的道路系统可以满足游人在游览中不走回头路的愿望。套环式园路是最适应公共园林环境，并且在实践中也是最为广泛应用的一种园路系统（图 2-83）。

（3）条带式园路系统。在地形狭长的园林中，采用条带式园路系统较为合适。这种园路布局形式的特点是：主路呈条带状，始端和尽端各在一方，并不闭合成环。在主路的一侧或两侧，可以穿插一些次路和游步道，次路和小路相互之间可以局部闭合成环路（图 2-83）。

（4）树枝式园路系统。在山谷、河谷地形为主的园林或风景区，主路一般只能布置在谷地，沿着河沟从下往上延伸。两侧的山坡上的多数景点都是从主路分出一些支路相连，甚至再分一些小路继续加以连接。支路和小路可以是尽端式，也可以成环路，但多数为尽端式。游人到达景点后，从原路返回到主路再向上行。因此，从游赏的角度看，它是游览性最差的一种布局形式，是在受到地形限制时，不得已而采用的一种道路布局形式（图 2-83）。

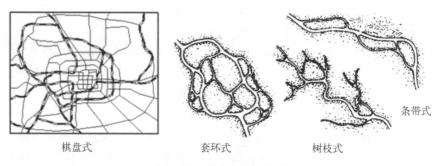

棋盘式　　　　　套环式　　　　树枝式　　　条带式

图 2-83　道路的布局形式

2. 园路布局设计的原则　要使设计的园路充分体现实用功能和造景功能，达到和谐，充分展现艺术美，必须遵循以下几方面的原则。

（1）因地制宜的原则。园路的布局设计，除了依据园林工程建设的规划形式外，还必须结合地形地貌设计。一般园路宜曲不宜直，贵在合乎自然，追求自然野趣，依山随势，回环曲折；曲线要自然流畅，犹若流水，随地势就形。

（2）满足实用功能，体现以人为本的原则。在园林中，园路设计须遵循供人行走为先的原则。也就是说设计修筑的园路必须满足导游和组织交通的作用，要考虑到人总喜欢走捷径的习惯，所以园路设计必须首先考虑为人服务、满足人的需求（图 2-84）。

（3）综合园林氛围进行布局设计的原则。园路是园林工程建设造景的重要组成部分，园路的布局设计一定要坚持路为景服务，要做到因路通景，同时也要使路和其他造景要素很好地结合，使整个园林更加和谐，并创造出一定的意境来。比如，为了适宜中老年人游览，应设计轻松悠闲的园路氛围；为了迎合园林的肃静气氛，应设计拘谨严肃的园路氛围；为了适宜青少年好历险的心理，宜在园林中设计紧张急促的园路氛围（图 2-85）。

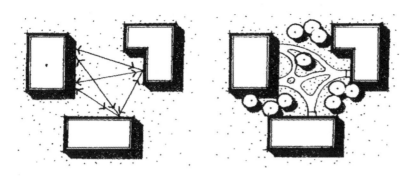

图 2-84　捷径线连接建筑的主要入口，步道根据捷径线来铺设

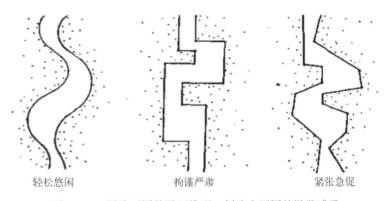

| 轻松悠闲 | 拘谨严肃 | 紧张急促 |

图 2-85　园路不同的平面线型，创造出不同的游览感受

3. 园路布局设计的方法　园路设计遵循以下方法步骤：

（1）对收集来的设计资料及其他图面资料进行充分的分析研究，从而初步确定园路布局风格与特点。

（2）对公园或绿地规划中的景点、景区进行认真分析研究。

（3）对公园或绿地周边的交通景观等进行综合分析，必要时可与有关单位联合分析。

（4）研究设计区内的植物种植设计情况。

（5）通过以上的分析研究，确定主干道的位置布局和宽窄规格。

（6）以主干道为骨架，用次干道进行景区的划分，并通达各区主景点。

（7）以次干道为基点，结合各区景观特点，具体设计游步道。

（8）形成布局设计图。

4. 园路布局设计应注意的问题　要使园路布局合理，除遵循以上原则外，还应注意以下几方面的问题。

（1）两路相交所成的角度一般不宜小于60°。若由于实际情况限制，角度太小，可以在交叉处设立一个三角绿地，使交叉所形成的尖角得以缓和，见图2-86A。

（2）由主干道上发出来的次干道分叉的位置，宜在主干道凸出的位置处，这样就显得流畅自如，见图2-86B。

（3）道路需要转换方向时，离原交叉点要有一定长度作为方向转变的过渡。如果两条直线道路相交时，可以正交，也可以斜交。为了美观实用，要求交叉在一点上，对角相等，这样就显得自然和谐，见图 2-86C。

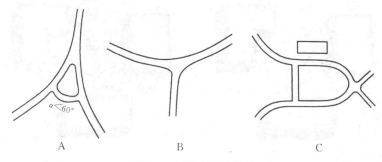

图 2-86 园路布局设计

（4）若三条园路相交在一起时，三条路的中心线应交汇于一点上，否则显得杂乱。

（5）在较短的距离内道路的一侧不宜出现两个或两个以上的道路交叉口，尽量避免多条道路交接在一起。如果避免不了，则需在交接处形成一个广场。

（6）凡道路交叉所形成的大小角都宜采用弧线，每个转角要圆润。

（7）自然式道路在通向建筑正面时，应逐渐与建筑物对齐并趋垂直，在顺向建筑时，应与建筑趋于平行。

（8）两条相反方向的曲线园路相遇时，在交接处要有较长距离的直线，切忌是 S 形。

二、广场铺装

（一）广场铺装的功能

1. 提供活动和休憩场所 游人在园林中的主要活动场所，毫无疑问应该是园路和各种铺装地。园林中硬质地面的比例控制，规划时会按照相关因素给予确定。大型的活动场地需要一定面积的铺装地支持，当铺装地面以相对较大并且无方向性的形式出现时，它会暗示着一个静态停留感，无形中创造出一个休憩场所（图 2-87）。

2. 引导和暗示地面的用途 铺装地可以提供方向性，引导视线从一个目标移向另一目标。铺装材料及其在不同空间中的变化，都能在室外空间中表示出不同的地面用途和功能。改变铺装材料的色彩、质地或铺装材料本身的组合，空间的用途和活动的区别也由此而得到明确（图 2-88）。

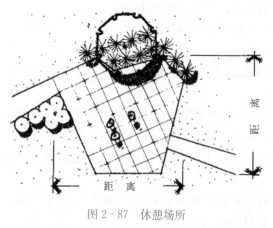

图 2-87 休憩场所

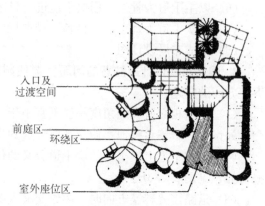

图 2-88 不同铺装表达不同功能空间

3. 对空间比例产生一定的影响 在外部空间中，铺装地面的另一功能是能影响空间的比例。每块铺装材料的大小以及铺砌形状的大小和间距等，都能影响铺面的视觉比例。形体较大、较舒展，会使空间产生宽敞的尺度感。而较小、紧缩的形状，则使空间具有压缩感和亲密感（图2-89）。

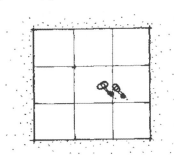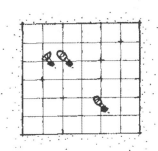

图2-89 铺装材料的大小对空间尺度感的影响

4. 统一和背景作用 铺装地面有统一协调设计的作用。它是利用其充当与其他设计要素和空间相关联的公共因素来实现的。即使在设计中，其他因素在尺度和特性上有着很大的差异，但在总体布局中，因处于共同的铺装之中，相互之间便连接成一个整体。当铺装地面具有明显或独特的形状，易被人识别和记忆时，可谓是最好的统一者。在景观中，铺装地面还可以被看作是一张空白的桌面或一张白纸，为其他焦点物的布局和安置提供基础（图2-90）。

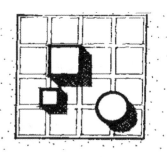

图2-90 铺装可以统一其他设计要素，起到背景的作用

5. 构成空间个性，创造视觉趣味 铺装地面具有构成和增强空间个性的作用。用于设计中的铺装材料及其图案和边缘轮廓，都能对所处的空间产生重要影响（图2-91）。不同的铺装材料和图案造型，都能形成和增强这样一些空间个性，产生不同的空间感。就特殊的材料而言，方砖能赋予空间以温暖亲切感；有角度的石板会形成轻松自如、不拘谨的气氛；而混凝土则会产生冷清、无人情味的感受。

图2-91 铺装构筑空间个性

（二）广场铺装的设计

1. 材料的运用 由于铺装地面应用广泛，因此在铺装材料的选取方面应该加以仔细考虑，着重于弄清和掌握住不同材料的类型和特点，这样才能为预期的用途和外貌选择出正确的材料。另外，还应根据不同气候条件选择不同性能的铺装材料，如在南方炎热多雨，应采用吸水性强、表面粗糙的材料，在雨季起防滑作用；而在北方寒冷地区，应选择吸水性差表面粗糙且坚硬的材料，防滑防冻，不易损坏（表2-3）。

表2-3 砌块面层材料、特点及适用场合

类别	名称	基本规格要求	特征	适用场合
天然硬质砌块材料	石板	规格大小不一，但角块不宜小于200～300cm，厚度不宜小于50cm	破碎或成一定形状的砌板，粗犷、自然，可拼成各种图案	适用于广场或重要的活动场所，不宜通行重车
	块石条石	大石块面大于200 厚30～60cm，小石块面80～100cm，厚30～60cm	坚固、古朴、整齐的块石铺地肃穆，庄重	适用于建筑入口、广场、大型游憩场所等场地
	拳石小料石	规格大小不一，一般小于150cm，厚度在30～90cm	耐磨、独特的表面质感古朴、粗犷，质感凹凸变化可平滑可粗糙	适用于几何变化丰富、有弧度变化的广场、人行步道
	碎大理石片	规格不一	质地富丽、华贵、装饰性强	适于露天园林铺地，表面光滑不宜用于坡地
	卵石	根据需要规格	细腻圆润、耐磨、色彩丰富、装饰性强，排水性好	适于各种通道，庭院铺装，但易松动滑落，施工时应注意长、扁拼配，以便清扫
人工硬质砌块材料	混凝土砖	机砖 400cm×400cm×75cm 400cm×400cm×10cm 小方砖 250cm×250cm×250cm	坚固、耐用、平整、反光率大、路面要保持适当的粗糙度	可做成各种彩色路面，适应于广场、庭院、公园干道
	面砖	规格形状不一	质坚、容量小，耐压耐磨，能防潮	自然厚重的颜色和烧制的微妙色彩及上釉变化，色调丰富
	青砖、大方砖	机砖 240cm×115cm×53cm 500cm×500cm×100cm	端庄典雅、耐磨性差	在冰冻不严重的地域使用较宜。但不宜用于坡度地和阴湿地段，易生青苔跌滑

2. 广场铺装的图案形式 以点、线、面为基本形态要素，很多纹样都是在几何纹样的基础上变化和发展起来的，进而丰富了铺地景观空间。关于铺地的图案形式，主要有以下几种类型：

（1）文字纹样。在我国古代铺地中，经常将一些如"福""寿"等的吉祥文字以及一些诗词歌赋结合几何纹样、植物纹样运用在地面的图案中。

（2）几何纹样。几何图案是最简洁、最概括的纹样形式，可运用各种排列方法，通过分解与重构成无数新的图形。几何纹图案通常利用砖、瓦、石等材料互相结合。几何纹图案有

多种，其中包括八角灯景、人字纹套六方、套八方、六角冰裂纹、八角橄榄景等，它们在铺地中形成不同的艺术效果。

（3）动物纹样。龙、麒麟、马、鸟、鱼、蝙蝠、昆虫都是常见的动物纹样。古代人们通常将这些寓意祥瑞或象征权贵的动物造型运用到铺地图案中，表达吉祥的寓意或显示情趣。

（4）植物纹样。铺地中运用植物纹样显得非常美观，而且不同的植物都具有其特别的含义。如花卉象征着飘香四溢的环境（图2-92）；石榴、葡萄等植物果实象征着丰收等。

（5）综合纹样。在一些地位尊贵、规模大的建筑景观中通常会用到一些有叙述性的大型单元铺地图案。这些铺地图案的元素一般都会有风景、动物、植物、人物等形象，故称为综合纹样，这些图案的内容往往是一些生肖形象、历史故事、典故或者神话传说等，如在故宫的铺地纹中，就有三国故事、十二生肖图等；颐和园内还有暗八仙集锦地纹等。

图2-92　植物纹样

3. 广场铺装的色彩设计　色彩是视觉艺术造型语言和情感媒介，远看色彩近看花，色彩具有"诱目性"，起着先声夺人的作用。对于铺装色彩的选择和应用，应符合色彩的统一变化原则，产生适度的均衡美效果。

同一色彩的轻度变化可以丰富大面积的单色调的地面（图2-93）；色彩素雅的铺装为休息场地营造出轻松，无视觉负担的环境；儿童活动游戏场所可以用色彩鲜明或者充满童趣的趣味铺装；对于一些烈士陵园等严肃场所则可选用一些灰色调的铺装。一些不宜清洗的室外空间，由于空气环境质量不好，如大面积的选用深色调表面质感光滑的铺装会感觉有灰尘

图2-93　铺装色彩

很脏，影响空间环境质量效果。中国特色古典园林的地面铺设多为灰色基调，但并没有死气沉沉的感觉，因为在其采用的铺地材料有着天然纹理，尽管存在于同一的色调，却隐约透露着些色彩明亮、形态活泼的花纹。

4. 广场铺装的尺度与比例　协调的尺度体系是形成协调、和谐的景观整体环境不可少的条件。对于一项具体的铺装景观设计工程，由于使用功能不同，设计思想不同，周围环境风格不同，相应的尺度比例选择也应该有所不同（图2-94、图2-95）。例如，娱乐休闲广场、商业街儿童广场等的生活步行空间应该选用亲切的人体尺寸布置，而对于一些市政广场、纪念广场可以通过简洁的大尺度铺装设计来烘托其庄重严肃、宏伟壮观的气氛。

图2-94　大尺度铺装设计　　　　　　　　图2-95　小尺度铺装设计

好的铺装设计能够充分地体现出广场的尺度与线形特点，并加以突出和强调，在进行铺装设计时要考虑广场的使用情况，合理选择铺装材料和施工工艺，艺术搭配色彩，做到实用性与装饰性的有效结合，实现物质使用功能和艺术精神功能。

总之，在室外环境中，铺装地面既能满足实用功能的需要，又能达到美学的需要。它可以简单地被用来满足加强地面的承受力和耐磨的需要，以及从结构上供行人和车辆的使用，还可以因其色彩、质地以及铺设形式的变化，为室外空间提供所要求的情感和个性。在园林规划设计中，应与其他要素统筹考虑，精心设计。

第四节　园林水景设计

水是园林艺术中不可缺少的、最富魅力的一种园林要素。古人称水为园林中的"血液""灵魂"，形成了"无水不成园"的境况，如颐和园的昆明湖、拙政园中大小不同且相连的水体、扬州瘦西湖的带状水体等。在国外，也广泛运用水体进行造景，尤其西方园林体系中，规则式布局呈笔直的水渠、水道、几何形水池、喷泉等。

一、水体的特性

1. 水的可塑性 水是无色、无味的液体，水本身无固定形状，其形状是由容器的形状所造成。丰富多彩的水体，取决于水体的大小、形状、色彩和质地等。因此，从这个意义上讲，园林里水设计其实是设计一个"容器"。做一定形状的水体，必须先设计容器的类型，这样才能得到所需的水体形象。

2. 水的状态 水受地球引力的作用，或相对静止，或运动。因此，水可以分为静水和动水两类。静水：宁静、安详，它能形象地反映周围的景物。给人以轻松、温和和享受。动水：潺潺流水，逗人喜爱；波光晶莹，色彩缤纷，令人欢快；喷射变化的水花令人兴奋、激动；瀑布轰鸣，使人兴奋和激昂。因此，从这个意义上讲，水的设计是情趣和趣味的设计。

3. 水的声响 运动着的水，无论是流动还是跌落撞击，都会发出各自的声响。依照水的流量和形式，可以创造出多种多样的声响效果，来完善和增加室外空间的观赏特性，而且水声也能直接影响人的情绪，或使人温和，或使人激动、兴奋，因此从这一角度讲，水的设计包含了声响的设计。

4. 水的倒影 水能形象地映出周围环境的景物。平静的水面像一面镜子，在镜面上能再现周围的形象，所反映的景物清晰鲜明，如真似换地令人难以辨别真伪。

二、水体的功能

（一）景观功能

1. 基底作用 平静的水面，无论是规则式的，还是自然式的，都可以像草坪铺装一样，作为其他园林要素的背景和前景。同时，平静的水面还能映照出天空和主要景物的倒影，如建筑、树木、雕塑和人。

2. 纽带作用 在园林中，水体可以作为联系全园景物的纽带。例如，扬州瘦西湖的带状水面延绵数千米，众多景物或临水而建，或三面环水，水体使全园景物逐渐展开，相互联系，形成有机整体。而苏州拙政园中的许多单体建筑或建筑组群都与水有着不可分割的联系，水面将不同的建筑组合成为一个整体，起到统一的作用（图 2-96）。

图 2-96　水体起到的基底和纽带的作用

3. 焦点作用 流动的水通常令人神往，如瀑布和喷泉激越的水流和声响引人注目，会成为某一区域的焦点。充分发挥此类水景的焦点作用，可形成园林中的局部小景或主景（图2-97）。

图2-97　水体成为主景，构成视觉焦点

（二）生态功能

1. 影响和控制小气候　大面积的水域能影响其周围环境的空气温度和湿度。在夏季，由水面吹来的微风具有凉爽的作用，这就使在同一地区有大面积水面与无水面的地方有着不同的温差。较小的水面有着同样的效果。水的蒸发，使水面附近的空气温度降低，所以无论是池塘、河流或喷泉，其附近空气的温度低于没有水的地方。如果有风直接吹过水面，吹到人们活动的场所，则更加增强了水的降温效果。

2. 控制噪声　水能使室外空间减弱噪声，特别是在城市中有较多的汽车、人群和工厂的嘈杂声，可经常用水来隔离噪声。利用瀑布或流水的声音来减少噪声干扰，造成一个相对宁静的气氛。

（三）娱乐功能

亲水是人的天性，而作为设计师就要挖掘这种天性，提供一个可以让人们亲水的活动场所。水体可以提供娱乐条件，可作为游泳、钓鱼、赛艇和溜冰场所等（图2-98）。

图2-98　水体的娱乐功能

三、园林水体的设计方式

城市绿地的水景设计应以总体布局及当地的自然条件、经济条件为依据，因地制宜合理布局水景的种类、形式；水景多以天然水源为主。

水景设计方式，按动静可分为静水和动水两大类。静态的水景，平静、幽深、凝重，其艺术构图常以倒影为主；而动态的水景则明快、活泼，其形式丰富多样且形声兼备，可以缓冲、软化城市中"凝固的建筑物"和硬质地面，以增加城市环境的生机，有益于身心健康并满足视觉艺术的需要。

按水体的外缘轮廓或其他承载物的形态，可分为自然式、规则式和混合式三种。自然式水体是模仿天然形成的河、湖、溪、涧、泉、瀑等，水体在园林中随承载物的变化，有聚有散、有曲有直、有高有下、有动有静；规则式水体是人工开凿成几何形状的水面，如运河、水渠、圆池及几何形体的喷泉、瀑布等；混合式水体是自然式和规则式两种形式的交替穿插或协调使用。

四、水体设计的手法

水景的设计是景观设计的难点，它需要根据园林的不同性质、功能和要求，结合水体周围的其他园林要素，综合考虑工程技术、景观的需要等来确定水体在园林中的体量大小和布局形式。

水体在环境设计中主要分为静水和动水。水体的形式不同其基本特征也有所不同，根据不同的水体特征，结合具体的地形和周围环境，创造不同的水体景观。

（一）静水设计

1. 水池　水景中水池的形态种类众多，深浅和池壁、池底的材料也各不相同。按其形态可分为规则式严谨的几何式和自由活泼的自然式；另外还有浅盆式与深水式；还有运用节奏韵律的错位式、半岛式与岛式、错落式、池中池、多边形组合式、圆形组合式等。更有在池底或池壁运用嵌画、隐雕、水下彩灯等手法，使水景在工程配合下，在白天和夜间得到更奇妙的景象。

水池用于规则式园林中，水体的外形轮廓为有规律的直线或曲线闭合而成几何形，大多采用圆形、方形、矩形、椭圆形、梅花形、半圆形或其他组合类型，线条轮廓简单，常采用垂直水岸（图 2 - 99）。

图 2 - 99　规则式水池

自然式水池的外形轮廓由无规律的曲线组成。设计水体的岸线应该以平滑流畅的曲线为主，体现水的流畅柔美。驳岸及池底尽可能以天然素土为主，而且与地下水沟通，可以大大降低水体的更新及清洁的费用（图 2 - 100）。自然式水池的驳岸常结合假山石进行布置。

水池除本身外形轮廓的设计外，与环境的有机结合也是水池设计的一个重点。主要表现在获取水中倒影方面，水面波光粼粼，利用水池水面的倒影作借景，能丰富景物的层次，扩大视觉空间，增强空间的韵味，从而产生一种朦胧的美感。但须确定好观赏点位置、水面大小与其他形成倒影的园林要素之间的关系。

2. 湖　湖也属于静水，同水池一样，也可获取倒影、扩展空间。湖在园林绿地中往往面积比

图 2-100　自然式水池

较大，视野开阔，在构图上起到主要的作用。园林中的静态湖面，设计应丰富，切忌空而无物。通常通过岛、桥、矶、礁等来分隔大水面空间而形成水体景观，增加水面的层次与景深，扩大空间感；或者通过在水中植莲、养鱼或水禽等避免大水面空洞呆板，增添园林的景致与趣味（图 2-101）。

图 2-101　南京玄武湖：被岛分隔的湖体

（二）动水设计

1. 溪、涧及河流　溪、涧及河流都属于流水。在自然界中，水自源头集水而下，到平地时，流淌向前，形成溪、涧及河流水景。一般溪浅而阔，涧狭而深，流水汩汩而前。在平面设计上，应蜿蜒曲折，有分有合，有收有放，构成大小不同的水面或宽窄各异的河流。在立面设计上，随地形变化，形成不同高差的跌水（图 2-102）。同时应注意，河流在纵深方面上的藏与露。

2. 瀑布 瀑布主要是利用地形落差和砌石构成的落水。利用不同的落差、水流量的大小和落水的声音，组成独特的水景图。自然界中，水总是集于低谷，顺谷而下，在平坦地便为溪水，逢高差明显便成瀑布。在人工创造瀑布景观时，是模拟自然界中的瀑布，按园林中的地形情况和造景需要，创造不同的瀑布景观。最基本的瀑布由五个部分构成：上游水流、落水口、瀑身、受水潭、下游泄水，其中落水口决定瀑身，而主要观赏的是瀑身的景观，但也受水量大小的影响。因此在瀑布的设计上通过水泵来设计水量，设定

图 2-102 跌落的小溪

落水口的大小，形成预期的瀑布景观。瀑布按形象的势态分为直落式、叠落式、散落式、水帘式、薄膜式、喷射式。按瀑布的大小分为宽瀑、细瀑、高瀑、短瀑、涧瀑。综合瀑布的大小与势态形成多种瀑布景观，如有直落式高瀑、直落式宽瀑等（图 2-103）。

图 2-103 人工创造的直落式宽瀑

3. 喷泉 喷泉又称为喷水，是理水的重要手法之一，常用于城市广场、公园、公共建筑或作为建筑、园林小品，广泛地应用于室内外空间。它常与水池、雕塑同时设计，结合为一体，起装饰和点缀园景的作用。喷泉在现代园林中应用非常广泛，其形式有涌泉形、直射形、雪松形、牵牛花形、蒲公英形、雕塑形等。另外，喷泉又可分为一般喷泉、时控喷泉、声控喷泉群、灯火喷泉等。

喷泉的位置选择以及布置喷水池周围的环境时，首先要考虑喷泉的主题、形式，要与环境相融合协调，把喷泉和环境统一考虑，用环境渲染和烘托喷泉，以达到装饰环境，或借助于喷泉的艺术联想，创造意境（图 2-104）。在一般情况下，喷泉的位置多于建筑、广场的轴线焦点或端点处，也可根据环境特点，做一些喷泉小景，装饰室内外的空间。喷泉主要是

用动力系驱动水流，利用喷射的速度、方向、水花等变化创造出不同的丰富的水形，配以灯光音乐的变化，给人以神奇的感受。喷泉水姿多种多样，有直射形、编织形、集射形、放射形、散射形、鼓泡形、混合形、球形等。随着现代技术的发展，出现光、电、声控以及电脑自动控制的喷泉，致使喷泉的形式更加丰富多样。人工设置的喷水形式有：水池喷水、旱池喷水、浅池喷水、舞台喷水、自然喷水、水幕影像等。

图 2-104　道路一侧喷泉与跌落水池相结合，营造活跃气氛

第五节　园林建筑与小品设计

一、园林建筑与小品的功能

园林建筑是建造在公园绿地中供人们游憩或观赏用的建筑物，常见的有亭、榭、廊、阁、轩、楼、台、舫、厅堂等建筑物。园林建筑在园林中主要起到以下几方面的作用：一是造景，即园林建筑本身就是被观赏的景观或景观的一部分；二是为游览者提供观景的视点和场所；三是提供休憩及活动的空间；四是提供简单的使用功能，诸如小卖部、售票、摄影等；五是作为主体建筑的必要补充或联系过渡。

园林小品是园林中供休息、装饰、照明、展示和方便游人之用及园林管理的小型建筑设施。一般没有内部空间，体量小巧，造型别致。园林小品既能美化环境，丰富园趣，为游人提供文化休息和公共活动的方便，又能让游人从中获得美的感受和良好的教益。无论是在古典园林，还是在现代化游乐场所，园林建筑与小品均在造景中匠心独运。例如，一樘通透的花窗，一组精美的隔断，一盏灵巧的园灯，一座构思独特的雕塑，乃至小憩的座椅，小溪的折桥，湖边的汀步等，它们不论是依附于景物或建筑之中或是相对独立，均能构成一幅幅优美动人的园林景致。

园林各要素是有机组合在一起的，具有整体性和统一性。因此，在设计布置园林建筑与小品时，切忌不能孤立而存在，要考虑其与环境相协调，对整体空间和视觉景观效果起到画龙点睛的作用。如 2009 年第七届中国花卉博览会北京园入口广场设计的雕塑小品——"姊妹争艳"，设计师采用北京市花月季和菊花抽象组合而成，"姊妹争艳"的设置，与花博会的主题和整体环境形成很好的呼应。再如苏州工业园区白塘植物园主入口的枫叶雕塑，以及北京天安门广场的国庆造型立体花坛——"祖国万岁"大花篮，都与环境取得很强的协调性。（图 2-105～图 2-107）。

图 2-105　"姊妹争艳"雕塑小品与整体环境协调一致

| 图 2-106　白塘植物园主入口的枫叶雕塑 | 图 2-107　国庆立体花坛——"祖国万岁"大花篮 |

二、园林建筑与小品的创作要求

园林建筑与小品因受到休憩、娱乐、生活的多样性和观赏性强的影响，在设计时受约束的强度小，设计灵活度大。其造型活泼多样，姿态千差万别，设计的布局地点、材料、颜色等都是因景而设，体现浓郁的艺术文化风格。设计创作时通常要满足以下要求：

1. 立其意趣　根据自然景观和人文风情，做出景点中小品的设计构思。

2. 合其体宜　选择合理的位置和布局，做到巧而得体，精而合宜。

3. 取其特色　充分反映建筑小品的特色，把它巧妙地融合在园林环境之中。

4. 顺其自然　不破坏原有风貌，做到涉门成趣，得景随形。

5. 求其因借　通过对自然景物形象的取舍，使造型简练的小品获得景象丰满充实的效应。

6. 饰其空间　充分利用建筑小品的灵活性、多样性以丰富园林空间。

7. 巧其点缀　把需要突出表现的景物强化起来，把影响景物的角落巧妙地转化成为游赏的对象。

8. 寻其对比　把两种明显差异的素材巧妙地结合起来，相互烘托，显出双方的特点。

三、园林个体建筑与小品设计

(一) 花架

1. 花架的功能与作用

(1) 遮阴功能。花架是攀缘植物的棚架，又是人们消夏庇荫的场所，可供游人休息、乘凉、坐赏周围的风景。

(2) 景观效果。花架在造园设计中往往具有亭、廊的作用，进行长线布置时，就像游廊一样能发挥建筑空间的脉络作用，形成导游路线；也可以来划分空间，增加风景的深度。进行点状布置时，就像亭子一般，形成观赏点。此外，花架本身优美的外形，也对环境起到装饰作用。

(3) 花架在建筑上能起到纽带的作用，也可以联系亭、台、楼、阁，具有组景的功能。

2. 花架的类型与形式　花架主要是由立柱和顶部格条组成。目前公园绿地中，花架所用立柱经常可见的有木柱、生铁柱、砖柱、石柱、水泥柱等。无论何种立柱，其下部基础一般都用砖石砌筑或钢筋混凝土浇筑。顶部过去普遍使用钢筋混凝土预制格条，因为其价格低廉，但表面较为粗糙，目前已经很少使用。如今较常见的为木条，也有追求特殊的景观效果而使用竹竿、铸铁条、不锈钢格条的。

（1）结构形式。花架的结构十分简单。主要有简支式（图2-108）和悬臂式（图2-109）两种，如今为了体现现代气息也有使用拱门式钢架等结构的，有时为了特殊的要求也可以将数种结构予以组合，以丰富景观。

图2-108　简支式 　　　　　　　　　　　　　　　图2-109　悬臂式

简支式花架也有称其为双柱式，其剖面是在两个立柱上架横梁，梁上承格条。悬臂式或称单柱式，其剖面是在立柱上端置悬臂梁，梁上承格条。悬臂梁和格条组成的花架，可以是单挑（图2-110)，也可以是双挑（图2-111)。

图2-110　单挑 　　　　　　　　　　　　　　　图2-111　双挑

（2）平面形式。将花架组合，可以构成丰富的平面形式（图2-112）。

多数的花架为直线形，如果将其组合，就能形成三边形、四边形乃至多边形。也有将平面设计成弧形，由此也可以组合成圆形、扇形、曲线型等。如果用这样的结构构筑成独立的小型花架，则就是西方古典园林中所谓的"凉亭"。

（3）垂直支撑形式（图2-113）。最常见的是立柱式，它可分为独立的方柱、长方柱、

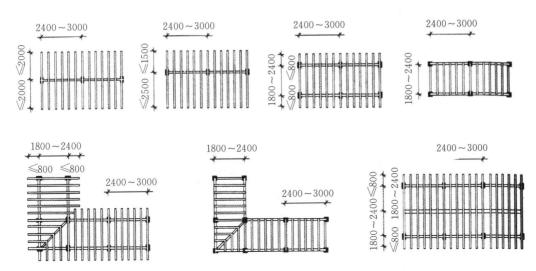

图 2 - 112　花架组合，可以构成丰富的平面形式（单位：mm）

小八角、海棠截面柱等。为增添艺术效果，可由复柱替代独立柱，又有平行柱、V 形柱等。也有采用花墙式花架，其墙体可用清水花墙、天然红石板墙、水刷石或白墙等。

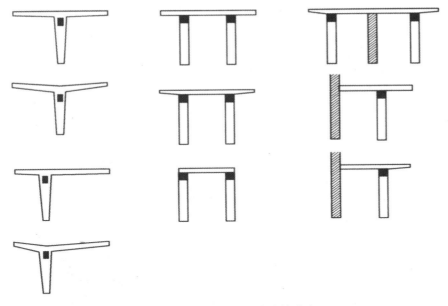

图 2 - 113　花架的垂直支撑形式

3. 花架搭配的植物材料　花架的植物材料选择要考虑花架的遮阴和景观作用两个方面，多选用藤本蔓生并且具有一定观赏价值的植物，如常春藤、络石、紫藤、凌霄、地锦、南蛇藤、五味子、木香等，也可以考虑使用一定经济价值的植物如葡萄、金银花、猕猴桃等。

（二）亭榭

1. 亭榭的功能　"亭者停也"。亭是供人作短暂休息、逗留的建筑物。原初被置于大路之旁，故有"十里一长亭，七里一短亭"。后被广泛用在园林中，其数量最多，几乎可以说无园不亭。榭其实并不是特定的建筑类型，而是依据所处的位置而定。故古人认为，"榭者，藉也。藉景而成者也。或水边或花畔，制亦随态"。所以在现代公园绿地中，也有将规模较大的临水的茶室、展厅称为"榭"的。这里所述主要指一些小型建筑，其意义与亭十分接近，故也可称其为"亭榭"（图2-114、图2-115）。

图2-114 亭

图2-115 榭

园林之中，亭榭是为数最多的建筑物之一，其作用可以概括为两个方面，即"观景"和"景观"。从亭榭的原义说，它是供人休息的建筑。在园林中，亭榭也常常作为游人停留、小憩的场所。当人们在游园时，适当的地方有一处亭榭，能让他们稍事休息，并可以避免日晒、雨淋，应该是亭榭的最基本功能。

然而与亭榭原义稍有不同的地方是，亭榭除了为游人提供休息场所外，还要考虑游人的游览需要，因为游园与赶路不同，人们在赶路途中的休息主要为了恢复体力，而游园之时，观览四周景致有时较休息更为重要，所以园林中的亭榭要结合园林的地形、环境来建造。如山巅立亭榭，需要能够俯瞰全园；山腰建亭榭，则须前景开阔，以利于眺望；水际置亭榭，应可以远观对岸的洲渚堤桥；小园设亭榭，虽然未必周览全园，也须让一部分有特色的园景展现于前。在园景构成中，因人们的观赏特点，亭榭与其他园林建筑一样，常常会成为视线的焦点，所以亭榭的设置常被当作重要的点景手段。由于亭榭造型优美、形式多变，因而山巅水际、花间竹里若置一亭榭，往往会增添无限诗意。此外在许多还有为特定的目的而建造的亭榭，如传统名胜、园林中的碑亭（图2-116）、井亭、纪念亭、鼓乐亭等；现代公园中，亭榭被赋予了更多的用途，如书报亭、茶水亭、展览亭、摄影亭等。

图2-116 碑 亭

2. 亭榭的类型与形式　亭榭是园林中造型最为丰富的一种建筑小品，其形式变幻，数不胜数，如果要将它们予以分类，大致可以分为传统样式和现代样式两大类。

我国历史悠久、地域广袤，即便是普遍使用的木构建筑，不同时期、不同地区具有各自独特的建筑技术传统，致使亭榭构造形成较大的差异。一般来说，北方的亭榭造型粗壮、风格雄浑，而南方的亭榭体量小巧、形象俊秀。如今较为常见的是北方园林的清式亭榭和以江南园林为代表的苏式亭榭。

传统亭榭的平面有方形、圆形、长方形、六角形、八角形、三角形、梅花形、海棠形、扇面形、圭角形、"十"字形、方胜、套方等诸多形式（图2-117），屋顶亦有单檐、重檐、攒尖、歇山、十字脊、"天方地圆"等样式。其中方形、圆形、长方形、六角形、八角形为最常用的基本平面形式，其余都是在这基础上经过变形与组合而成。同样最常见的屋顶形式为攒尖和歇山，一些较为复杂的也都是由简单屋顶组合而成。如承德避暑山庄的莺啭乔木亭，方形的平面增添了四出抱厦，形成了"亞"字形平面，其屋顶为两个歇山十字相交，形成了"十字脊"，而抱厦的屋面呈歇山形，于是整个屋顶便得十分华丽而复杂。

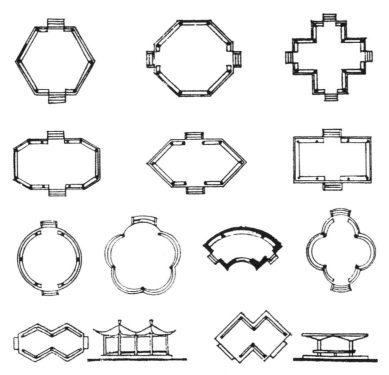

图2-117　传统亭榭的平面形式

亭的立体造型，从层数上看，有单层和两层。中国古代的亭本为单层，两层以上应算作楼阁，但后来人们把一些两层或三层类似亭的阁也称之为亭，并创作了一些新的两层的亭式。

亭的立面有单檐和重檐之分，也有三重檐的。亭顶的形式则多采用攒尖顶、歇山顶，也有用盝顶式的，现代园林中用钢筋混凝土作平顶式亭较多，也有不少仿攒尖顶、歇山顶等形式的。在建筑材料的选用上，中国传统的亭子以木结构瓦顶的居多，也有木构单顶及全部是石构的。现代园林多用水泥、钢木等多种材料，制成仿竹、仿松木的亭，有些山地名胜地，用当地随手可得的树干、树皮、条石构亭，亲切自然，与环境融为一体，更具地方特色，造型丰富，形式多样，具有很好的效果。

3. 亭在园林中的位置选择　亭在园林布局中，其位置的选择及其灵活，不受格局所限，可独立设置，也可依附于其他建筑物而组成群体，更可结合山石、水体、大树等，得其天然之趣，充分利用各种奇特的地形基址创造出优美的园林意境。

（1）山上建亭。山上建亭，常选用的位置有山巅、山腰台地、悬崖峭峰、山坡侧旁、山洞洞口、山谷溪涧等处。亭与山的结合可以共筑成景，成为一种山景的标志。亭立于山顶以升高视点俯瞰山下景色，如颐和园万寿山前坡佛香阁两置亭有幽静深邃的意境，如北京植物园内拙山亭；山上建亭还有的是为了与山下的建筑取得呼应，共同形成更美的空间。只要选址得当、形体合宜，山与亭相结合能形成特有的景观。颐和园和承德避暑山庄全园大约有1/3数量的亭子放在山上，绝大部分取得很好的效果（图2-118）。

图2-118　山上建亭

（2）临水建亭。水际边放亭在中国传统园林中有很多优秀的实例。临水的岸边、水边石矶、水中小岛、桥梁之上等处都可设立。

水边设亭，一方面是为了观赏水面景色；另一方面，也可丰富水景效果。水面设亭，一般应尽量贴近水面，宜低不宜高，突出亭三面或四面环水的景观效果。

凸入水中或完全临架于水面之上的亭，也常立基于岛、半岛或水中石台之上，以堤、桥与岸相连。如颐和园的知春亭。完全临水的亭，应尽可能贴近水面，切忌用混凝土柱墩把亭子高高架起，使亭子失去了与水面之间的贴切关系，比例失调。为了造成亭子有漂浮于水面的感觉，设计时还应尽可能把亭子下部的柱墩缩到挑出的底板边缘的后面去，或许选用天然的石料包住混凝土柱墩，并在亭边的沿岸和水中散置叠石，以增添自然情趣（图2-119）。

水际安亭需要注意选择好观水的视角，还要注意亭在风景画面中的恰当位置。水面设亭在体量上的大小主要由它所面对的水面大小而定。位于开阔湖面的亭子尺度一般较大，有时为了强调一定的气势和满足园林规划的需要，还把几个亭子组织起来，成为一组亭子组群，形成层次丰富、体型变化的建筑形象，给人以强烈的印

图2-119　临水建亭

象。桥上置亭，也是我国园林艺术处理上的一个常见手法。

（3）亭与植物结合。亭子与植物结合往往能产生较好的效果。中国古典园林中，有很多亭直接引用植物名，如牡丹亭、桂花亭、仙梅亭、荷风四面亭等。亭名因植物而出，再加上诗词牌匾的渲染，可以使环境空间有声有色，如无锡惠山寺旁的听松亭以松涛为主题，创造出"万壑风生成夜响，千山月照挂秋阴"的意境，拙政园中荷风四面亭的题联为"四面荷花三面柳，半潭秋水上房山"。亭旁种植植物应有疏有密，精心配置，要有一定欣赏、活动空间。

（4）亭与建筑的结合。亭与建筑的结合有两种类型：一种类型是亭与建筑相连，亭是建筑群中的一部分，建筑群是一个完整的形象；另外一种类型是，亭与建筑分离，亭是一个空间中的组成部分，作为一个独立的单体存在，亭与建筑组配在一个空间中，它可以起到几种效果：在建筑群前轴线两侧列亭，左右对称，强化建筑的庄重、威严。很多庙宇前设钟鼓亭就有这种效果，如山西大同华严寺钟鼓亭、北京北海琼岛南坡永安寺前的亭等，有的把亭置于建筑群的一角，使建筑组合更加活泼生动，如北京长春园中玉玲珑馆的西南角安放四方亭，在玉玲珑馆的东南隔岸映清斋后也安放四方亭。两亭虽大小不同，却可使两组建筑互相呼应；扬州寄啸山庄湖心亭位于三面建筑环抱的水池中，在空间中增加了层次。

除了以上常见的位置外，亭还经常设立于密林深处、庭院一角、花间林中、草坪中、园路中间以及园路侧旁等平坦处。

（三）廊

1. 廊的功能

（1）联系功能。廊将园林中的各景区、景点联成有序的整体，虽散置但不零乱，廊将单体建筑联成有机的群体，使主次分明、错落有致，廊可配合园路，构成全园交通、游览及各种活动的通道网络，以"线"联系全园。

（2）分隔空间并围合空间。在花墙的转角、尽端划分出小小的天井，以种植竹石、花草构成小景，可使空间互相渗透，隔而不断，层次丰富；廊又可将空旷开敞的空间围成封闭的空间，在开朗中有封闭，热闹中有静谧，使空间变换的情趣倍增。

（3）组廊成景。廊的平面可自由组合，廊的体态又通透开畅，尤其是善于与地形结合，"或盘山腰，或穷水际，通花度壑，蜿蜒无尽"（《园冶》），与自然融为一体，在园林景色中体现出自然与人工结合之美（图2-120）。

图2-120　廊分隔了空间，同时与植物融合形成景观，又可供人休息

（4）实用功能。廊具有系列长度的特点，最适于作展览用房。现代园林中各种展览廊，其展出内容与廊的形式结合的尽善尽美，如金鱼廊、花卉廊、书画廊等，极受群众欢迎。此外，廊还有防雨淋、防晒的作用，形成休憩、赏景的佳境。

廊在近现代园林中，还经常被运用到一些公共建筑（如旅馆、展览馆、学校、医院等）的庭院内，它一方面作为交通联系的通道，另一方面又作为一种室内外联系的"过渡空间"，把室内、外空间紧密地联系在一起，互相渗透、融合，形成生动诱人的一种空间环境。

2. 廊的类型与形式 公园绿地中所使用的游廊大多为传统形式，但也有多种变化。

最为常见的是一种靠墙的游廊，单坡屋面，也有人称其为半廊（图2-121）。它一面紧贴墙垣，另一面向园景开敞。也有无墙的游廊，两坡屋面，称为空廊（图2-122）。它蜿蜒于园中，将园林空间中分为二，丰富了园景层次，人行其中又可以两面观景。空廊也用于分隔水池，廊子低临水面，两面可观水景，人行其上，水流其下，有如"浮廊可渡"。

图2-121 半 廊

图2-122 空 廊

上述两种游廊可以单独使用，也可组合布置，从而形成景观的变化。

如将两条半廊合一，或将空廊中间沿脊檩砌筑隔墙，墙上开设漏窗，则称复廊。复廊两侧往往分属不同的院落或景区，但园景彼此穿透，若隐若现，从而产生无尽的情趣。

游廊随地势起伏，有时可直通两层楼阁，这种游廊常被称作爬山廊（图2-123），爬山廊可以是半廊，也可以是空廊。如果地势不是太过陡峻，游廊屋顶大多顺坡作转折，形成折廊；不然则顺势作跌落状，称为跌落廊；少数将屋顶做成竖曲线形，称竖曲线廊，但这种游廊无法用传统材料制作。

图2-123 爬山廊

另外还有一种上下双层的游廊，用于楼阁间的直接交通，或称边楼，这在我国古代的早期则名之为复道，即古书所谓"复道行空"，故也称复道廊。

3. 廊在园林中的位置选择　在园林的平地、水边、山坡等各种不同的地段上建廊，由于不同的地形与环境，其作用及要求亦各不相同。

（1）平地建廊。常建于草坪一角、休息广场中、大门出入口附近，也可沿园路或用来覆盖园路，或与建筑相连等。在园林的小空间或小型园林中建廊，常沿界墙及附属建筑物以"占边"的形式布置。

平地上建廊，还作为景观的导游路线来设计，经常连接于各风景点之间，廊在平面上的曲折变化完全视其两侧的景观效果和地形环境来确定，随形而弯，依势而曲，蜿蜒透逸，自由变化。有时，为划分景区，增加空间层次，使相邻空间造成既有分割又有联系的效果，也常常选用廊子作为空间划分的手段。或者把廊、墙、花架、山石、绿化互相配合起来进行。在新建的一些公园或风景区的开阔空间环境中建游廊，利用廊的围合组织空间，并于廊两侧柱间设置座椅，提供休息环境，廊的平面方向则面向主要景物。

（2）水边或水上建廊。一般称之为水廊，供欣赏水景及联系水上建筑用，形成以水景为主的空间。水廊有位于岸边和完全凌驾水上两种形式。

位于岸边的水廊，廊基一般紧接水面，廊的平面也大体贴紧岸边，尽量与水接近，在水岸曲折自然的情况下，廊多沿着水边成自由式格局，顺自然之势与环境相融合。

驾临水面之上的水廊，以露出水面的石台或石墩为基，廊基一般宜低不宜高，最好使廊的底板尽可能贴近水面，并使两边水面能穿经廊下面互相贯通，人们漫步水廊之上，左右环顾，宛若置身水面之上，别有情趣。

（3）山地建廊。供游山观景和联系山坡上下不同标高的建筑用，也可借以丰富山地建筑的空间构图。爬山廊有的位于山的斜坡，有的依山势蜿蜒转折而上。

（四）园桥

1. 园桥的作用　园林中的桥，可以联系风景点的水陆交通，组织游览线路，变换观赏视线，点缀水景，增加水面层次，兼有交通和艺术欣赏的双重作用。园桥在造园艺术上的价值，往往超过交通功能。

2. 园桥的分类

（1）平桥。外形简单，有直线形和曲折形，结构有梁式和板式。板式桥适于较小的跨度，如北京颐和园谐趣园瞩新楼前跨小溪的石板桥，简朴雅致。跨度较大的就需要设置桥墩或柱，上安木梁或石梁，梁上铺桥面板。曲折形的平桥为中国园林中所特有，不论三折、五折、七折、九折，通称九曲桥。其作用不在于便利交通，而是要延长游览行程和时间，以扩大空间感，在曲折中变换游览者的视线方向，做到"步移景异"；也有的用来陪衬水上亭榭等建筑物。

（2）拱桥。造型优美，曲线圆润，富有动态感，既丰富了水面的立体景观，又便于桥下通船。单拱的如北京颐和园玉带桥，拱券呈抛物线形，桥身用汉白玉，桥形如垂虹卧波。多孔拱桥适于跨度较大的宽广水面，常见的多为三孔、五孔、七孔，著名的颐和园十七孔桥，长约 150m，宽约 6.6m，连接南湖岛，丰富了昆明湖的层次，成为万寿山的对景。河北赵州桥的"敞肩拱"是中国首创，在园林中仿此形式的很多。

（3）亭桥、廊桥。加建亭廊的桥，称为亭桥或廊桥，可供游人遮阳避雨，又增加桥的形体变化。亭桥如扬州瘦西湖的五亭桥，多孔交错，亭廊结合，形式别致。廊桥有的与两岸建筑或廊相连，如苏州拙政园"小飞虹"。

（4）其他。汀步，又称步石、飞石。浅水中按一定间距布设块石，微露水面，使人跨步而过。园林中运用这种古老渡水设施，质朴自然，别有情趣。将步石美化成荷叶形，称为莲步。

3. 园桥的布局　在自然山水园林中，桥的布置同园林的总体布局、道路系统、水体面积占全园面积的比例、水面的分隔或聚合等密切相关。园桥的位置和体型要和景观相协调。大水面架桥，又位于主要建筑附近的，宜宏伟壮丽，重视桥的体型和细部的表现；小水面架桥，则宜轻盈质朴，简化其体型和细部。水面宽广或水势湍急者，桥宜较高并加栏杆；水面狭窄或水流平缓者，桥宜低并可不设栏杆。水陆高差相近处，平桥贴水，过桥有凌波信步亲切之感；沟壑断崖上危桥高架，能显示山势的险峻。水体清澈明净，桥的轮廓需考虑倒影；地形平坦，桥的轮廓宜有起伏，以增加景观的变化。此外，还要考虑人、车和水上交通的要求。

（五）园桌、园椅、园凳

园椅、园凳是供游人坐息、赏景用的，一般布置在人流较多、景色优美的地方，如树荫下，河湖水体边、路边、广场、花架下等。有时还可设置园桌，供游人休息娱乐用。同时，这些桌椅本身的艺术造型也可以装点园林景色。

1. 基本尺寸　园椅、园凳的高度宜在 30cm 左右，不宜太高，否则游人坐息有不安全之感，基本尺寸见表 2-4。

表 2-4　园椅、园凳的基本尺寸

使用对象	高（cm）	宽（cm）	长（cm）
成人	37～43	40～45	180～200
儿童	30～35	35～40	40～60
兼用	35～40	38～43	120～150

2. 形式　园椅、园凳要求造型美观，坚固舒适，构造简单，易清洁，耐日晒雨淋。其图案、色彩、风格要与环境协调。常见形式有直线长方形、方形；曲线环形、圆形；直线加曲线；仿生与模拟形等，此外还有多边形或组合形。

3. 材料　圆桌、园椅、园凳可用多种材料制作，有木、竹材料，还有钢铁、铝合金、钢筋混凝土、塑胶以及石材、陶、瓷等。有些材料制作的桌椅还必须用油漆、树脂涂抹或瓷砖、马赛克等装饰表面，其色彩要与周围环境相协调。

（六）墙垣

1. 墙垣的功能　墙垣有隔断、划分组织空间的作用，也具有围合、标识、衬景的功能。本身还具有装饰、美化环境、制造气氛并获得亲切安全感等多种作用。故园墙也被视为具有景观作用的小品予以设计。

2. 墙垣的基本构造　墙垣通常有基础、墙身和压顶三部分组成。

传统园墙的墙体厚度都在 330mm 以上，且因墙垣较长，所以墙基需要稍加宽厚。一般墙基埋深约为 500mm，厚为 700～800mm。可用条石、毛石或砖砌筑。现代园林大多用

"一砖"墙，厚240mm，其墙基厚度可以酌减。

传统园墙的墙体之上通常都用墙檐压顶。墙檐是一条狭窄的两坡屋顶，中间还筑有屋脊。北方的压顶墙檐直接在墙顶用砖逐皮挑出，上加小青瓦或璃梳瓦，做成墙帽。江南则在压顶墙檐之下往往要做"抛仿"，也就是一条宽300～400mm的装饰带，抛仿可以用纸筋粉出，较讲究的则用清水砖贴面，边缘刨出线脚。

现代园墙的基础和墙身的做法基本相似，但有时因砖墙较薄而在一定距离内加筑砖柱墩。压顶大多做简化处理，不再有墙檐。

园墙的整体高度一般在3.60m左右。

3. 洞门 园林墙垣尤其是园林内部的围墙通常都要开设洞门（又称墙洞，图2-124）、空窗（又称月洞，图2-125）、漏窗（又称漏墙或花墙窗洞，图2-126）等。墙体上的这些门窗往往被作为空间的分隔、穿插、渗透、陪衬的手段，通过它们可以增加景深变化，扩大空间，使方寸之地能小中见大，并在园林艺术上又巧妙地作为取景的画框，随步移而景换，不断地框取一幅幅园景，遮移视线又成为情趣横溢的造园障景。

洞门的形式变化多端，概括起来可以分为：

（1）几何形：圆形、横长方、直长方、圭角、多角形、复合形等（图2-127）。

（2）仿生形：海棠形、桃、李、石榴水果形、葫芦、汉瓶、如意等（图2-128）。

图2-124 洞门（又称墙洞）

图2-125 空窗（又称月洞）

图2-126 漏窗（又称漏墙或花墙窗洞）

4. 景窗 景窗包括什锦窗、漏窗和空窗。

北方传统园林的园墙上，大多使用一种称之为"什锦窗"（图2-129）的景窗，这种景窗面积较小，正面呈圆形、长方形、圭角形、桃形、李形、海棠、石榴、葫芦、汉瓶、如意等形状，窗洞用木板做成框宕，外面加装宽边窗套，框宕两侧有时还镶嵌玻璃，以备晚间游园之时，可在里面燃灯照明。

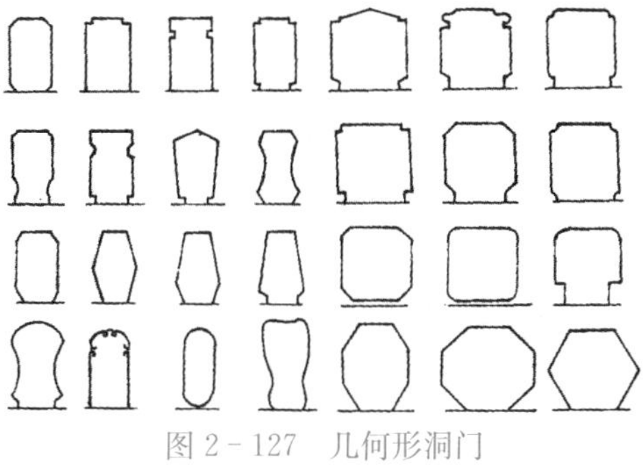

图2-127 几何形洞门

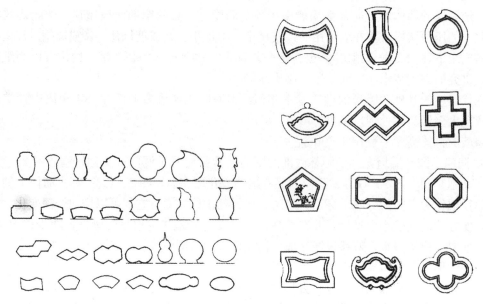

图 2-128 仿生形洞门   图 2-129 什锦窗样式

江南园林则在园墙上安设漏窗（图 2-130）。传统漏窗是在墙体上开设框宕，内用砖、瓦、木片、竹筋做成图案花格，以使墙外景致、光影透过花格的间隙被引入到园内。如今也有用混凝土预制花格来做漏窗，这是对传统园林的发展。

现代公园绿地的园墙上，更多使用的是空窗，它仅仅是一个精致的窗宕，可作取景框并能使空间互相穿插、渗透，扩大了空间效果和景深。空窗式样多设计成为横长或直长、方形等。

（七）雕塑

雕塑广泛运用于园林绿地的各个领域，园林雕塑是一种艺术作品，不论从内容、形式和艺术效果上都是十分考究。

1. 雕塑的类型 雕塑在园林中有表达园林主题，组织园景，点缀和装饰，丰富游览路线等功能，因此雕塑可分为如下几种：

（1）纪念性雕塑。一般设计在纪念性园林绿地之内和有关历史名城之中。如上海虹口公园的鲁迅座像，南京新街口广场的孙中山铜像等。

（2）主题性雕塑。按照某一主题创造的雕塑，如杭州花港公园的"莲莲有鱼"雕塑，突出观鱼，借以表达园林主题。北京全国农业展览馆，用丰收图群雕，突出农业新技术，新成就的应用效果，借以表达主题。

（3）装饰性雕塑。这类雕塑常与树、石、喷泉、水池、建筑物等结合建造，借以丰富园林景观，供人观摩。如塑金鱼、天鹅、海豹、长颈鹿等。

2. 雕塑的制作材料 可采用大理石、汉白玉、花岗岩和混凝土、金属等材料进行制作，还可应用钢筋混凝土塑造假山、建筑小品和小型设施（如果壳箱）。

3. 雕塑的设置 雕塑一般设立在园林主轴线上或风景透视线的范围内。也可将雕塑建于广场、草坪、桥畔、山麓、堤坝旁等。雕塑既可孤立设置，也可与水池、喷泉等搭配。有时，雕塑后方可密植常绿树丛，作为衬托，则可使所塑形象特别鲜明突出。

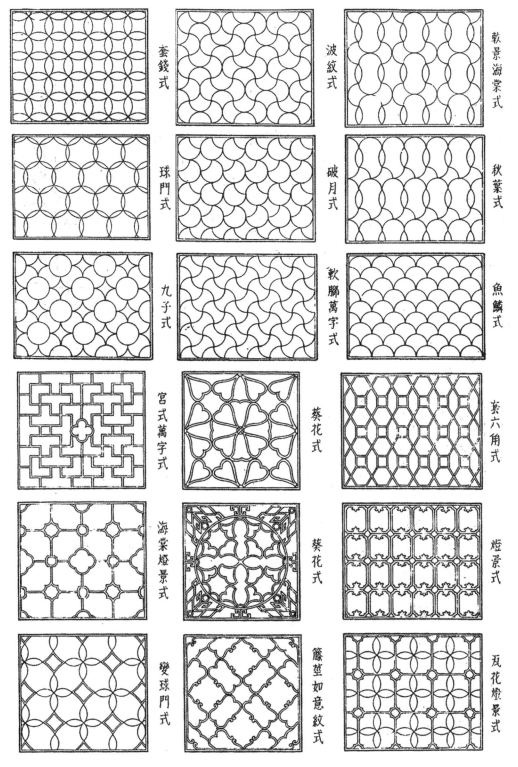

图 2 - 130　漏窗样式

（八）栏杆

栏杆是由外形美观的短柱和图案花纹按一定间隔（距离）排成栅栏状的构筑物。

1. 栏杆的作用　栏杆在园林中主要起防护、分隔作用，同时利用其节奏感，发挥装饰园景的作用。有的台地栏杆可呈座凳形式，既可防护又可供坐息。栏杆的式样虽然繁多，但造型的原则相同，即须与环境协调。例如，在雄伟的建筑环境内，须配坚实而具庄重感的栏杆；在花坛边缘或园路边缘或园路边可配灵活轻巧、生动活泼的装饰性栏杆等。

2. 栏杆的高度　栏杆的高度随不同环境和不同功能要求，有较大的变化，可为15～120cm，例如，防护性栏杆，可达85～95cm；广场花坛旁栏杆，不宜超过30cm；设在水边、坡地的栏杆，高度在60～85cm；而在悬崖上装置栏杆，其高度则远远超过人体的中心，一般应在110～120cm；座凳式栏杆的高度以40～45cm为宜。

3. 栏杆的材料　制造栏杆的材料很多，有木、石、砖、钢筋混凝土和钢材等。木栏杆一般用于室内，室外宜用砖、石建造的栏杆。钢制栏杆轻巧玲珑，但易于生锈，防护较麻烦，每年要刷油漆，可用铸铁代替，钢筋混凝土栏杆坚固耐用，且可预制装饰性花纹，装配方便，维护管理简单。石制栏杆坚实牢固，又可精雕细刻，增强艺术性，但造价较昂贵。此外，还可用钢、木、砖及混凝土等组合制作栏杆。

（九）宣传牌、宣传廊

宣传牌、宣传廊是在园林中对游客进行政治思想教育、普及科学知识与技术的园林设施。它具有形式灵活多样、体型轻巧玲珑、占地少、造价低廉和美化环境等特点，适于各类园林绿地中布置。

1. 设置地点与位置　为获得较好的宣传效果，这类设施多设置在游人停留较多之处。如广场的出入口、大广场、道路交叉口、建筑物前、亭廊附近、休憩座椅旁等。此外，还可与挡土墙、围墙围合，或与花坛、花台相结合。

宣传牌宜立于人流量大之处，但又不可妨碍行人来往，故须设在人流路线之处，牌前应留有一定空地，作为观众参观展品的空间，该处地面必须平坦，并且有绿树庇荫，以便游人阅览。人们一般的视线高度为1.4～1.5m，故宣传牌的主要阅览面，应置于人们视线高度的范围内，上下边线宜在1.2～2.2m，可供一般人平视阅读。

2. 宣传廊的主要组成部分　宣传廊主要由支架、板框、檐口和灯光设备组成。支柱为主要承重结构，板框附在支架上，作为装饰展品用。板框外一般加装玻璃，借以保护展品，檐口可防雨水渗漏。顶板应有5%的玻璃坡度向后倾斜，以便雨水向后方排去。灯光设备，通常隐藏于挑檐内部或框壁四周；为了避免直接光源发出炫光的缺点，可用毛玻璃遮盖，或用乳白灯罩，使光线散射。

（十）园灯

1. 园灯的作用　园灯属于园林中的照明设备，主要作用是供夜间照明，点缀黑夜的景色，同时，白天园灯又可起到装饰作用。因此，各类园灯不仅在照明质量与光源选择上有一定的要求，而且对灯头、灯杆、灯座造型上都必须加以考虑。

2. 园灯的设置　园林内须设置园灯的地点很多，如园林出入口、广场、道旁、桥梁、建筑物、花坛、踏步、平台、雕塑、喷泉、水池等地，均须设灯。园灯处在不同的环境下，有着不同的要求。在开阔的广场和水面，可选用发光效率高的直射光源，灯杆高度可依广场大小而定，一般 5～10m。道路两旁的园灯，一般要求光照度均匀，由于路边行道树遮挡，一般不宜过高，以 4～6m 为好，间距以 30～40m 为宜，不可太远或太近，常采用散射光源，以免直射光使行人耀眼而目眩，在广场和草坪中的雕塑、花坛、喷水池等处，可采用探照灯、聚光灯或霓虹灯装饰，有些大型喷水池，可在水下装设彩色投光灯，造成五光十色，在水面上形成闪闪的光点。园林道路交叉口或空间转折出，宜设指示灯，以便黑夜指示方向。

3. 园灯的式样　园灯的式样大体可分为对称式、不对称式、几何形、自然形等。形式虽然繁多，但以简洁大方为原则，园灯的造型不宜复杂，切记施加烦琐的装饰，通常以简单的对称式为主。

第六节　园林规划设计程序

城镇园林绿地系统规划的主要任务有：确定城市园林绿地系统规划的原则；选择和合理布局城市各项园林绿地，确定其位置、性质、范围、面积；根据国民经济计划，生产和生活水平及城市发展规模，研究城市园林绿地建设的发展速度与水平，拟定城市绿地的各项指标；提出城市园林绿地系统的调整、充实、改造、提高的意见；提出园林绿地分期建设及重要修建项目的实施计划；划出需要控制和保留的绿地；编制城市园林绿地系统的图纸和文件。

对于重点、大型的公共绿地，还须提出示意图和规划方案。根据实际情况，应提出重点园林绿地的设计任务书，内容包括绿地的性质、位置、周围环境、服务对象、估计游人量、布局形式、艺术风格、主要设施的项目与规模、完成建设年限、建设的投资估算等，作为园林绿地详细规划的依据。

此处我们所谈的园林规划设计程序是指在建造某具体绿地之前，设计者根据城镇绿地系统规划及当地的具体情况，把要建造这块绿地的想法，通过各种图纸简要说明，把它表达出来，使大家知道这块绿地将建成什么样，以及施工人员根据这些图纸和说明，可以将这块绿地建造出来。这一系列技术经济过程就是园林规划设计程序。

整个设计程序可以很简单地由一两个步骤就可以完成，也可以是较复杂的，要分几个阶段才能完成。一般地说，一块附属于其他部分的绿地，设计程序较简单，如居住区绿地、街道绿地等。但是要建造一个独立的公园就比较复杂，这里简要介绍建设一个独立园林绿地的规划设计程序。

一、搜集和调查有关资料

在规划和设计时，首先必须对建设地区的自然条件、周围环境和城市规划的有关资料进行搜集调查和深入研究，内容包括三个方面：

（一）自然条件的调查

1. 气象方面　包括每月最高气温、最低气温及平均气温，每月降水量，无霜期、结冰期和化冰期，冻土厚度，风力、风向及风向玫瑰图。

2. 地形方面　调查地表起伏状况，包括山的形状、走向、坡度、位置、面积、高度及土石情况，平地、沼泽地状况。

3. 土壤方面　土壤的物理、化学性质，坚实度，通气性，透水性，氮、磷、钾的含量，土壤的 pH, 土层深度等。

4. 水质方面　现有水面及水系范围, 水底标高, 河床情况, 常水位、最低水位及最高水位, 水流方向, 水质及岸线情况, 地下水状况。

5. 植被调查　现有园林植物、古树、名树的种类、数量、分布、高度、覆盖范围、生长情况、姿态及观赏价值的评定等。

（二）社会条件调查

1. 交通　即调查公园与城市交通的关系, 游人来向、数量, 以便确定公园的服务半径及公园设施的内容。包括交通线路、交通工具、停车场、码头、桥梁等状况的调查。

2. 现有设施调查　如给排水设施、能源、电源、电讯的情况; 用房调查, 原有建筑物的位置、面积、用途; 城市文化娱乐体育设施的调查。

3. 工农业生产情况调查　主要调查对公园发生影响的工业或农业, 如公园周围有什么工厂, 工厂有无污染, 污染的方向、程度等。

4. 城市历史、人文资料的调查　涉及公园的内容, 如公园内根据城市的历史、人文资料及名胜古迹, 可设墓园、纪念馆等。

（三）设计条件调查

1. 城市规划资料的调查　包括比例为 1∶5000～1∶10000 的城市现状图和规划图。比例为 1∶5000～1∶10000 的城市规划图上必须有城市绿地系统的规划, 对于绿地系统和公园, 在规划上的要求, 与城市规划的关系等, 应附详细说明。

2. 公园的地形及现状图

(1) 进行总体规划所需的测量图地。画出原有地貌、水系、道路、原建筑物等。公园面积在 8hm² 以下, 比例 1∶500。等高距的设置: 在平坦地形、坡度为 10% 以下时为 0.25m; 地形坡度在 10% 以上时为 0.50m; 在丘陵地, 坡度在 25% 以下的地形用 0.50m, 坡度在 25% 以上的地形用 1～2m。

公园面积在 8～100hm² 以下时, 比例为 1∶1000～1∶2000。等高距视比例不同而异: 大比例, 等高距可以小些; 小比例, 等高距应大些。当比例为 1∶1000, 坡度在 10% 以下的部分, 等高距可用 0.50m; 坡度在 10%～25% 时, 等高距可用 1m; 坡度在 25% 以上的部分, 等高距可用 2m。

公园面积在 100hm² 以上时, 比例为 1∶2000～1∶5000 等高距可视地形坡度及比例不同而异, 可在 1～5m 变化。

(2) 技术设计所需的测量图。比例为 1∶500～1∶200, 最好进行方格测量, 方格距离为 20～50m, 等高距离为 0.25～0.5m。并标出道路、广场水平地面、建筑物地面的标高。画出各种建筑物、公用设备网、岩石、道路、地形、水面、乔木、灌木群的位置。

(3) 施工平面测量图。比例为 1∶200～1∶100, 按 20～50m 设立方格木桩。平坦地方格距可大些, 复杂地形方格距可小些, 等高距为 0.25m, 必要的地点等高距为 0.1m。画出原有乔木的种植位置及树冠大小, 成群及独立的灌木、花卉植物的轮廓和面积。图内还应包括各种地下管线及井位等, 对于地下管线, 除地下图外还需要有剖面图, 并需注明管径的大小、管底、管顶的标高、坡度等。

二、编制设计任务书

这是设计的前期阶段, 确定建设任务初步设想, 应由建设方提供。任务书要说明建设的要求和目的，建设的内容和项目、设计期限，设计任务书是确定建设项目和编制设计文件的重要依据。按规定，没有批准的设计任务书，设计单位不能进行设计。

设计任务书具体应说明的项目有：①城市绿地系统中公园的地位、作用及公园的服务半径、使用效率。②公园的位置、方向、自然环境、地貌、植被及原有设施的状况。③公园面积、容人量。④公园的性质、政治、文化、娱乐体育活动的大项目。⑤建筑物的面积、朝向、材料及造型要求。⑥公园规划布局及在风格上的特点。⑦公园施工和卫生条件要求。⑧公园建设近期、远期的投资匡算。⑨地貌处理和种植规划要求。⑩公园分期实施的程序。

三、总体规划

根据设计任务书，进行公园的总体设计工作，设计工作包括图纸和文字材料。

（一）设计说明书

说明建设方案的规划设计思想和建设规模，总体布置中有关设施的主要技术指标，建设征用土地范围、面积、数量、建设条件与日期。

（二）图纸

1. 位置图 原有地形图或测量图，标出公园在此区域内的位置，可由城市总体规划过程中抄得。比例 1：5000～1：10000。

2. 现状图 比例 1：500～1：2000。根据已掌握的全部资料，经分析、整理、归纳后，分成若干空间。可用圆形图或抽象图将其概括地表现出来。

3. 分区图 根据总体设计的原则、现状，分析不同游人的活动规律及需要，确定不同的区域，分区满足不同的功能要求，用示意说明的方法，使其功能、形式、相互关系得到体现。

4. 总体规划设计图 比例 1：500、1：1000～1：2000。

5. 地形设计图 比例 1：200、1：500～1：1000。全面反映公园的地形结构，进行空间组织，根据造景需要确定山地形体、制高点、山峰、山脉走向、岗、坞、岘、湖、池、涧、溪、滩等的造型、位置、标高等。

6. 道路、给水、排水、用电管线布置图及其他图面材料 如主要建筑物的平面图、立面图、剖面图，透视图，种植规划设计图，全园鸟瞰图。

（三）建设概预算

园林土建工程概算（工程名称、构造情况、造价、用料量）；园林绿化工程概算，初步设计完成后，由建设单位报有关部门审核批准。

四、技术设计阶段

技术设计是根据已批准的初步设计编制的，技术设计所需研究和决定的问题与初步设计相同，不过是更深入、更精确的设计。

（一）平面图

首先，根据公园或工程的不同分区，划分若干局部，每个局部根据总体设计的要求，进行局部详细设计，一般比例尺为 1：500，等高线距离为 0.5m，用不同等级粗细的线条，画出等高线、园路、广场、建筑、水池、湖面、驳岸、树林、草地、灌木丛、花坛、花卉、山石、雕塑等。

详细设计平面图要求标明建筑平面、标高及与周围环境的关系，道路的宽度、形式、标高；主要广场、地坪的形式、标高；花坛、水池面积大小和标高；驳岸的形式、宽度、标高。同时平面上标明雕塑、园林小品的造型。

（二）横纵断面图

为更好地表达设计意图，在局部艺术布局最重要部分，或局部地形变化部分，做出断面图，一般比例尺为 1∶200～1∶500。

（三）局部种植设计图

在总体设计方案确定后，着手进行局部景区、景点详细设计的同时要进行 1∶500 的种植设计工作，一般 1∶500 比例尺的图纸上能较准确地反应乔木的种植点、栽植数量、树种。树种主要包括密林、疏林、树群、树丛、园路树、湖岸树的位置，其他种植类型，如花坛、花镜、水生植物、灌木丛、草坪等的种植设计图可选用 1∶300 或 1∶200 比例尺。

（四）施工设计阶段

在完成局部详细设计的基础上，才能着手进行施工设计。

1. 施工设计图纸要求

（1）图纸规范。图纸要尽量符合《建筑制图标准》的规定。一般情况下，不允许变化图纸规格，特殊情况下，可加长，但加长部分应为变长的 1/8 及其倍数。

（2）施工设计平面的坐标网点及基点、基线。一般图纸均应明确画出设计项目范围，画出坐标网点及基点、基线位置，以便作为施工放线的依据。基点基线的确定应以地形图上的坐标图或现状图上的每个方格网交点所确定的坐标，作为施工放线的依据。

（3）施工图纸要求内容。图纸要注明图头、图例、指北针、比例尺、标题栏及简要的图纸设计内容说明。图纸要求字迹清楚、整齐、不得潦草，图面清晰、整洁、图线要求分清粗实线、中实线、点划线、折断线等线形，并准确表达对象。图纸上文字、阿拉伯数字最好用打印字剪贴复印。

2. 施工放线总图 主要标明各设计元素之间具体的平面关系和相对位置。图纸内容包括保留利用的建筑物、构筑物、树木、地下管线等，设计的地形等高线、标高点、水体、驳岸、山石、建筑物、构筑物位置、道路、广场、桥梁、涵洞，树种设计的种植点、园灯、园椅、雕塑等设计内容。

3. 地形设计图 地形设计的主要内容：平面图上应确定制高点、山峰、台地、丘陵、缓坡、平地、微地形、丘阜、坞、岛及湖、池、溪流等的岸边、池底的具体高程，以及入水口、出水口的标高，此外，各区的排水方向，雨水汇集点及各景区园林建筑、广场的具体高程。地形改造过程中的填方、挖方内容，全园的挖方、填方数量，说明应进园土方或运出土方的数量及挖、填土之间土方调配的运送方向和数量。力求全园挖、填土方取得平衡，除了平面图，还要求画出剖面图。主要部位地形的轮廓线及高度、平面距离等，要注明剖面的起讫点、编号，以便与平面图配套。

4. 水系设计 除了陆地上的设计，水系设计也是重要的组成部分。平面图应标明水体的平面位置、形状、大小、类型、深浅以及工程设计要求。进水口、溢水口或泄水口的位置；主、次湖面、堤、岛、驳岸造型，溪流、泉水等及水体附属物的平面位置，以及水池循环管道的平面图，纵剖面图要表示出水体驳岸、池底、山石、汀步、堤、岛等工程做法图。

5. 道路、广场设计 平面图要根据道路系统的总体设计，在施工总图的基础上，画出各种道路、广场、地坪、台阶、盘山路、山路、汀步、道桥等的位置，并注明每段的高程、纵坡、横坡的数字。除了平面图，还要求用1∶20的比例绘出剖面图，主要表示各种路面、山路、台阶的宽度及其材料、道路的结构层（面层、垫层、基层）厚度做法。

6. 园林建筑设计   要求包括建筑的平面设计（反应建筑的平面位置、朝向、周围环境的关系），建筑底层面、屋顶平面、必要的大样图、建筑结构图等。

7. 植物配置   种植设计图上应表现树木花草的种植位置、品种、数量、种植类型、种植距离以及水生植物等内容。植物配置比例尺一般采用1∶500、1∶300、1∶200，也可根据具体情况而定。大样图可用1∶100的比例尺，以便准确地表示出重点景点的设计内容。

8. 假山及园林小品   假山及园林小品（如雕塑等）也是园林造景中的重要因素，一般最好做成山石施工模型或雕塑小样，便于施工过程中，能较理想地体现设计意图，在设计中应主要指出设计意图、高度、体量、造型构思、色彩等内容，以便与其他行业相配合。

9. 管线及电讯设计   在管线规划图的基础上，上水（造景、绿化、生活、卫生、消防）、下水（雨水、污水）、暖气、煤气等，应按市政设计部门的具体规定和要求正规出图。主要注明每段管线的长度、管径、高程及如何结头，同时注明管线及各种井的具体位置、坐标。同样，在电气规划图上将各种电器设备、（绿化）灯具位置、变电室及电缆走向位置等具体标明。

五、编制设计说明书及公园工程预算

（一）设计说明书的编制

公园建设的服务对象是广大人民群众，公园设计面对的是非本行业人员，为了更系统、准确地表达设计者的设计构思，必须对个阶段布置内容的设计意图、经济技术指标、工程安排以及设计图上难以表达清楚的内容等，用图表及文字形式进行描述、说明，使规划设计内容更加完善。

对于一般性质的园林设计，编制设计说明书主要包括以下方面的内容。

（1）园地概况。园地所属单位的性质、特点、园地内的现状（包括位置、形状、面积、范围、地形）及其周围环境情况，当地气候、土壤、水分与自然状况。

（2）规划设计的原则、特点及设计意图。

（3）公园总体布局及各分区、景点的设计构思。

（4）公园入口的处理方法及全园道路系统、游览线的组织。

（5）园地四周防护绿地的建设。

（6）植物配置与树种选择。

（7）绿地经济技术指标。总的规划面积、绿地面积、道路广场面积、水面面积、绿化覆盖率、游人量、游人分布、每人使用面积等。

（8）需要说明的其他问题。如某些公园设施使用的材料、色彩、质感要求，对建园单位或个人提出的合理化建议等。

（二）公园建设工程概算

1. 种植工程

（1）苗木购置费。根据设计图纸列出所需各种苗木的规格、数量、单价，按株算出苗木购置费 A。

（2）草皮购置费。绿化设计通常规定有"黄土不露天"原则，公园绿地中除了运用各类乔木、花灌木外，在接近地面的下层，一般要求大量运用草皮及其他的地被植物、草木花卉进行覆盖。这部分通常按单位面积造价计算出所需费用 B。

（3）苗木、草皮的挖掘、运输、栽植费用。这些工程费用一般按购置费的 30% 计算，即 $(A+B)\times30\%=C$。

（4）种植总造价 $D=A+B+C$。

2. 公园工程设施

（1）园林建筑、构筑物及小品。这部分费用可以根据单位面积造价或使用材料造价计算，E。

（2）公园道路广场。根据铺设面积大小及所用材料造价多少计算，F。

（3）水景工程。一般根据水池面积大小计算，配有泉涌、喷泉等机电设备的另算，G。

（4）照明设施。根据所用地下电缆的长短，园林灯具以及附属设备的价格计算，H。

（5）各项工程设施施工费用为 I；工程设施直接费 $J=E+F+G+H+I$；综合管理费 $K-J\times15\%$；工程设施总造价 $L=J+K$。

3. 其他费用

（1）公园规划设计费。根据国家有关规定，该项目费用按整个绿化投资为 $3\%\sim6\%$ 的标准收取，即 $M=(D+L)\times(3\%\sim6\%)$。

（2）不可预见费 $N=(D+L+M)\times5\%$。

4. 公园绿化工程总造价 $X=D+L+M+N$

本章小结

掌握构成园林的四大要素及其在园林设计中的基本要求，不同要素有其自身的特点，要详细地掌握其在园林设计中的应用形式及美学特点，由于不同的要素其特征区别较大，所以要从整体的观点出发，全面理解和掌握它们的核心型内容，正确把握它们的体量、形态、色彩、美学特点以及在园林绿地中的作用，并且通过实训锻炼学会在实际园林绿地设计中的应用，分析其在园林绿地中所起的作用，只有这样才能设计出功能合理、环境优美、效益显著的适应时代要求的园林绿地。

复习思考题

1. 园林地形有哪些功能和作用？如何进行地形设计？
2. 园林植物的造景作用有哪些？举例说明。
3. 园林植物种植设计的基本原则是什么？
4. 试分析乔灌木的规则式配置与自然式配置的不同。
5. 园林树木配置形式有哪些？
6. 花卉有哪些配置形式？
7. 如何进行园路设计？
8. 水体有哪些特征？如何进行水体设计布局？

9. 在园林设计中如何发挥水体的作用？

10. 园林建筑和小品有哪些特点和作用？如何进行园林建筑与小品的设计布局？

实训一　×××校园绿地地形与水体设计

[实训目的]

（1）掌握园林地形的类型及图纸表达。

（2）明确园林地形的功能及其设计的原则和方法。

（3）掌握假山置石的布局设计。

（4）了解园林水体的功能与作用。

（5）掌握园林水景的表现形式和设计方法。

[实训内容]

综合所学地形与水体设计的基本知识，利用校园现有绿地做模拟设计或真题设计。结合现状，因地制宜，使地形设计能够最大限度地发挥其景观功能，并为其他元素提供很好的基础。合理地进行水体布局，科学设计水体形式，充分发挥其景观功能，使设计科学美观。

实训题目：（各学校根据本校学时自行安排）。

实训学时：4～8学时。

[实训要求]

（一）实训建议

在实训前，教师提前安排好实训的地点及设计范围，带领学生进行现场考察，最好有设计需要的现状图或进行现状图的测量。实训前预习实训内容，在教师讲解实训的目的和重点、指导实训过程的基础上，能在规定的时间内完成实训内容。

（二）实训条件

（1）已掌握园林地形、水体设计的相关知识内容。

（2）图纸和相应的测量绘图工具齐全。

（三）图纸设计要求

（1）图纸要求：

① 图纸大小及绘图比例自定，总体的图面布局要合理。

② 图面构图合理，清洁美观；线条流畅，墨色均匀；并进行色彩渲染。

③ 图面图例、比例、指北针、设计说明、文字和尺寸标注、图幅等要素齐全，且符合制图规范。

（2）设计要求：

① 立意新颖，格调高雅，具有校园气息，与周边环境谐调统一。

② 根据校园绿地的使用情况，确定合适的绿地形式和内容设施，体现校园绿地的特色。

③ 合理地进行功能分区，确定绿地的地形设计和水体设计。

[实训工具]

电子经纬仪、标杆、皮尺、测绳、木桩、pH试纸、记录本、绘图板、绘图纸、丁字尺、三棱比例尺、三角板、圆模板、量角器、铅笔、绘图墨水笔、鸭嘴笔、彩色铅笔（或马克笔）、铅笔刀、橡皮、擦图片、曲线板、圆规、透明胶带、毛刷等。

[方法步骤]

(1) 根据现状特点及功能分区，制订该绿地的地形规划布局方案。

(2) 合理进行水体布局，并设计出水体形式。

(3) 绘制该绿地地形与水体设计的平面图。

[成果要求]

(1) 地形与水体设计平面图：比例 1：200～1：500，2 号或 3 号图纸。图中清楚显示山水、地形地貌。

(2) 地形设计的剖面图。

(3) 水体设计的剖面图：对于主要部分，要求做出比例为 1：20～1：50 的详细设计图。

(4) 编制设计说明书：要求写清设计指导思想、设计原则、地形及水体设计特色。

[实训考核]

实训考核评分标准见附录 1。

实训二　×××校园绿地植物设计

[实训目的]

(1) 了解园林植物的功能作用。

(2) 明确园林植物种植设计的基本原则和应用形式。

(3) 掌握园林植物的设计方法和表现形式。

[实训内容]

综合所学园林植物设计的基本知识，利用校园现有绿地做模拟设计或真题设计。结合现状，因地制宜，使植物设计能够最大限度地发挥其景观功能和生态功能，并为其他元素提供很好的基础。

实训题目：（各学校根据本校学时自行安排）。

实训学时：4～8 学时。

[实训要求]

(一) 实训建议

在实训前，教师提前安排好实训的地点及设计范围，带领学生进行现场考察，最好有设计需要的现状图或进行现状图的测量。实训前预习实训内容，在教师讲解实训的目的和重点、指导实训过程的基础上，能在规定的时间内完成实训内容。

(二) 实训条件

(1) 已掌握园林树木、园林花卉、生态学以及种植设计的相关知识内容。

(2) 图纸和相应的测量绘图工具齐全。

(三) 图纸设计要求

(1) 图纸要求：

① 图纸大小及绘图比例自定义，总体的图面布局要合理。

② 图面构图合理，清洁美观；线条流畅，墨色均匀；并进行色彩渲染。

③ 图面图例、比例、指北针、设计说明、文字和尺寸标注、图幅等要素齐全，且符合制图规范。

（2）设计要求：

① 立意新颖，格调高雅，具有校园浓郁的文化气息，与周边环境谐调统一。

② 完成给定方案的种植设计，发挥自己的想象力和创造力，结合设计现状将各种植物配置形式穿插其中，使该设计更加完善，内容更加丰富。

③ 植物景观设计要遵循因地制宜、适地适树的原则。在统一基调的基础上，考虑植物景观季相和色相变化，对有毒、有害、有刺、有飞毛、有浆果的植物科学使用。

[实训工具]

电子经纬仪、标杆、皮尺、测绳、木桩、pH 试纸、记录本、绘图板、绘图纸、丁字尺、三棱比例尺、三角板、圆模板、量角器、铅笔、绘图墨水笔、鸭嘴笔、彩色铅笔（或马克笔）、铅笔刀、橡皮、擦图片、曲线板、圆规、透明胶带、毛刷等。

[方法步骤]

（1）相关资料收集与调查：收集基础图纸资料，包括地形图、现状图等；调查土壤，现有古树名木等。

（2）按地形特点及功能区域，合理安排植物景观布局。

（3）绘制该绿地植物景观的平面图及苗木表的统计。

[成果要求]

（1）种植设计分区规划图。

（2）种植设计平面图：比例 1∶200～1∶500，2 号或 3 号图纸。

（3）种植设计剖面图：对于主要部分要求做出详细的剖面设计图。

（4）编制设计说明书：要求写清设计指导思想、设计原则、分区功能以及植物设计特色。

[实训考核]

实训考核评分标准见附录 1。

实训三　×××校园绿地园路及铺装广场设计

[实训目的]

（1）了解园路、铺装广场的类型。

（2）掌握园路、铺装广场的布局设计原则和要点。

[实训内容]

综合所学园路及铺装广场设计的基本知识，利用校园现有绿地做模拟设计或真题设计。根据所给场地现状进行分析，结合园路及铺装广场设计的要求和技巧，进行自然式园路设计及规则式的小型铺装广场设计。要求满足使用者要求，构图美观、合理，注意与其他园林要素的搭配与结合。

实训题目：（各学校根据本校学时自行安排）。

实训学时：4～8 学时。

[实训要求]

（一）实训建议

在实训前，教师提前安排好实训的地点及设计范围，带领学生进行现场考察，最好有设计需要的现状图或进行现状图的测量。实训前预习实训内容，在教师讲解实训的目的和重点、指导实训过程的基础上，能在规定的时间内完成实训内容。

(二) 实训条件

(1) 已掌握园路及铺装广场设计的相关知识内容。

(2) 图纸和相应的测量绘图工具齐全。

(三) 图纸设计要求

(1) 图纸要求：

① 图纸大小及绘图比例自定，总体的图面布局要合理。

② 图面构图合理，清洁美观；线条流畅，墨色均匀；并进行色彩渲染。

③ 图面图例、比例、指北针、设计说明、文字和尺寸标注、图幅等要素齐全，且符合制图规范。

(2) 设计要求：

① 立意新颖，格调高雅，具有校园气息，与周边环境谐调统一。

② 根据校园绿地空间的使用特点及绿地使用人群的行为习惯，确定合适的园路及广场铺装形式，体现校园绿地的特色。

③ 合理地进行功能分区，确定出入口的位置，布置适当的活动场地。

④ 园路及铺装广场设计要遵循因地制宜的原则。在统一基调的基础上，考虑材料的使用及组合搭配。

[实训工具]

电子经纬仪、标杆、皮尺、测绳、木桩、pH试纸、记录本、绘图板、绘图纸、丁字尺、三棱比例尺、三角板、圆模板、量角器、铅笔、绘图墨水笔、鸭嘴笔、彩色铅笔（或马克笔）、铅笔刀、橡皮、擦图片、曲线板、圆规、透明胶带、毛刷等。

[方法步骤]

(1) 根据地形特点及功能分区，制定该绿地的园路出入口位置以及小型活动广场的布局。

(2) 根据使用人群的需求，对园路及小型活动广场进行空间及形态设计。

(3) 根据园路及广场的规划设计构思，进行材料的选择及铺装纹样的详细设计。

(4) 完成园路和广场的布局图，以及各园路和广场铺装的大样设计图。

[成果要求]

(1) 园路及广场铺装总体布局图：比例1：200～1：500，2号或3号图纸。图中清楚显示山水、地形地貌、主次出入口、园路、广场等用地。

(2) 园路及广场铺装设计大样图：要求做出比例为1：20～1：50的园路和广场铺装的平面图、立面图、剖面图的设计。

(3) 编制设计说明书：要求写清设计指导思想、设计原则、园路和广场铺装的景观特色及用材名录。

[实训考核]

实训考核评分标准见附录1。

第三章

城市道路绿地规划设计

【内容提要】

　　城市道路是城市的骨架，是联系城市各个功能区的纽带，它体现了城市的交通功能，是城市结构布局的决定因素。城市道路绿地是城市道路的重要组成部分，在城市绿化覆盖率中占较大比例。随着城市化、城市生态建设的加速发展以及对园林景观设计要求的日益提高，道路绿地的规划设计对城市环境起了重要的推动作用。道路绿地的规划设计不仅要满足交通、运输功能外，还要体现生态保护功能、景观组织功能以及文化隐喻功能，符合行人、行车等多重需求。本章主要介绍城市道路绿地规划设计的基本知识和国家规范标准，各类城市道路绿地及其各构成部分的绿化设计方法及要点。

【知识点】

　　1. 了解城市道路绿地规划设计的基础知识。
　　2. 掌握城市道路绿地规划设计的原则、内容和程序。
　　3. 熟悉并掌握各类城市道路绿地的绿化设计方法。

【技能点】

　　1. 能够运用城市道路绿地设计的原则和程序，设计城市综合道路景观。
　　2. 能够灵活运用道路绿带的设计要点，进行道路绿带的绿地设计。
　　3. 能够灵活运用交通岛的设计要点，进行交通岛的绿地设计。
　　4. 能够灵活运用花园林荫道的设计要点，进行花园林荫道绿地设计。
　　5. 能够灵活运用高速公路的设计要点，进行高速公路绿地设计。

第一节　城市道路绿地概述

　　道路是人类活动及所使用交通工具的承载体，是联系各活动地点或区域的纽带。而道路绿地则是在建立了城市和城市交通，及有了交通空间的基础上发展起来的。道路绿地是城市绿地系统的重要组成部分，它不仅体现了一个城市的绿化风貌与景观特色，而且通过植物材料的运用，有效解决或缓解了道路与环境、道路与人类的矛盾。随着城市市政基础工程建设的迅速发展，道路的绿化美化建设也得到了空前的发展。

一、城市道路绿地的概念

城市道路绿地是指用园林植物材料（如乔木、灌木、花卉、攀缘植物、地被植物等），通过不同的布局形式和栽植手段，对各种不同性质、类别的道路进行装饰，以达到改善环境、组织交通、休闲散步、美化市容创造生态效应以及统一景观、环境、休憩三者功能为一体的作用（图3-1）。

图3-1　用园林植物装饰的城市道路

从用地的角度讲，道路绿化植物是指于道路绿地上的栽植植物。按《城市绿地分类标准》（CJJ/T 85—2002）的分类，道路绿地是城市园林绿地系统中的一个组成部分，属附属绿地（G4）中的道路绿地（G46），是指道路广场用地内的绿地，包括行道树绿带、分车绿带、交通岛绿地、交通广场和停车场绿地等。

人们对城市道路绿地的认识也有一个逐步加深的过程，就其概念来讲，人们最早只是将其单纯理解为一条道路两行行道树的简单模式。后来才发展为"道路绿地"。随着城市建筑、工业、交通的发展，面对着城市环境质量逐步恶化的现实，许多城市把绿化城市与保护人文生态环境结合起来，城市道路绿地也从单一元素发展为兼存多要素、多类型、多功能、多途径的综合元素。在这种理念的影响下，城市规划理论中曾出现的"花园城市""城市林带"和"绿色交通"等设想，也渐渐得以确立。而当下，可持续发展已逐渐成为现代化发展的主导潮流，而城市道路绿地规划建设，蕴含了当前可持续发展交通的全部内涵，除了实现交通、防灾、布置基础设施和界定区域等基本功能以外，还需要满足市民在公共活动空间进行交往、游赏、娱乐、散步和休息等要求。

二、城市道路绿地的功能

城市道路绿地设计首先必须考虑的问题是满足功能要求，尽管不同性质、等级、类别的道路绿地所起的功能有所差异，但总的来讲，道路绿地具有以下功能：

1. 生态保护功能　植物所具有的生物学和生态学特性，使得其在道路绿化中起到特有的生态保护作用：遮阴、保护路面、稳固路基、调节和改善道路环境小气候、净化空气、降低噪声等。

2. 交通辅助功能 植物在交通组织方面，具有显著的辅助功能：防眩、美化环境、减轻行车人的视觉疲劳、组织并引导车流以及标识道路等。

3. 景观组织功能 道路经过合理的设计，引入绿化，可使道路与绿化植物共同构成优美道路景观图（图3-2）；同时，道路是城市的骨架，穿梭于城市各区域，利用道路绿化植物可以对城市景观及游览路线进行合理的组织和安排。

4. 文化隐喻功能 道路绿化是城市的"门厅""过道"，人们日常出行活动，先映入视域的就是城市道路绿化景象。在城市道路空间中，除了塑造有当地文化内涵的街头小品、标识招牌，保留与展示文物古

图3-2 道路及绿化共筑优美景观

迹等使道路空间蕴含文化品位外，道路绿化可通过选用地带性植物，表现一定区域的文化特征（图3-3）；通过拟人化植物或通过植物的组合形成不同含义的图案，借此表达特定的设计思想、隐喻一定的文化内涵（图3-4）。

图3-3 具有热带、亚热带气息的街道绿化

图3-4 通过街角立体花坛的形式
隐喻一定的文化内涵

第二节 城市道路绿地规划设计基础知识

一、城市道路绿地设计专用术语

城市道路绿地设计专用术语是与城市道路绿地相关的一些专门术语，设计人员必须掌握。我国行业标准中的《城市道路绿化规划与设计规范》（CJJ 75—1997）对道路绿地的规定是指《城市用地分类与规划建设用地标准》（GBJ 137—1990）中确定的道路及广场用地范围内的可进行绿化的用地，包括道路绿带、交通岛绿地、广场绿地和停车场绿地（图3-5）。

1. 红线

（1）道路红线：指规划的城市道路（含居住区级道路）用地的边界线。

（2）建筑红线：城市道路两侧控制沿街建筑物（如外墙、台阶等）靠临街面的界线，又称建筑控制线。

建筑红线可与道路红线重合，也可退于道路红线之后，但绝不许超越道路红线，在红线内不允许建任何永久性建筑。

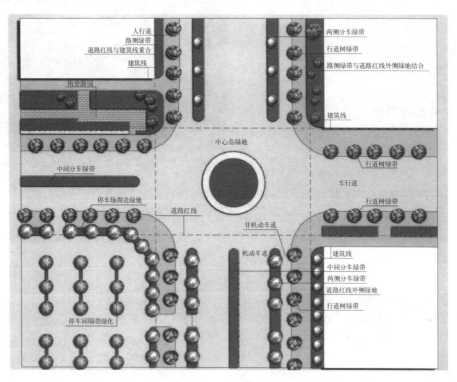

图 3-5　道路绿地名称示意

2. 道路分级　道路分级的主要依据是道路的位置、作用和性质，是决定道路宽度和线型设计的主要指标。目前我国大城市将城市道路分为四级（快速路、主干路、次干路、支路），中等城市分为三级（主干路、次干路、支路），小城市分为二级（干路、支路）。

3. 道路总宽度　也叫路幅宽度，即规划建筑线（红线）之间的宽度。是道路用地范围，包括横断面各组成部分用地的总称。

4. 道路绿地　道路及广场用地范围内的可进行绿化的用地。道路绿地分为道路绿带、交通岛绿地、广场绿地和停车场绿地。

5. 道路绿带　道路红线范围内的带状绿地。道路绿带分为分车绿带、行道树绿带和路侧绿带。

（1）分车绿带：车行道之间可以绿化的分隔带，其位于上行与下行机动车道之间的为中间分车绿带；位于机动车道与非机动车道之间或同方向机动车道之间的为两侧分车绿带。

（2）行道树绿带：布设在人行道与车行道之间，以种植行道树为主的绿带。

（3）路侧绿带：在道路侧方，布设在人行道边缘至道路红线之间的绿带。

6. 交通岛绿地　可绿化的交通岛用地。交通岛绿地分为中心岛绿地、导向岛绿地和立体交叉绿岛。

（1）中心岛绿地：位于交叉路口上可绿化的中心岛用地。

（2）导向岛绿地：位于交叉路口上可绿化的导向岛用地。

（3）立体交叉绿岛：互通式立体交叉干道与匝道围合的绿化用地。

7. 广场、停车场绿地　是指广场、停车场用地范围内的绿化用地。

8. 道路绿地率　是指道路红线范围内各种绿带宽度之和占总宽度的百分比。

9. 园林景观路　是指在城市重点路段，强调沿线绿化景观，体现城市风貌、绿化特色的道路。

二、城市道路绿化的断面布置形式

城市道路的绿化设计须依据道路类型、性质、功能与地理、建筑环境进行规划和安排布局。设计前，先要做周密的调查，弄清与掌握道路的等级、性质、功能、周围环境以及对投资能力、苗木来源、施工、养护技术水平等进行综合研究，将总体和局部结合起来，做出切实、经济、最佳的设计方案。

城市道路绿化断面布置形式是规划设计所用的主要模式，常用的有一板二带式、二板三带式、三板四带式、四板五带式及其他形式。

1. 一板二带式　这是道路绿化中最常用的一种形式，中间是车行道，在车行道两侧与人行道分割线上种植一行或多行行道树（图3-6）。其特点是：简单整齐，用地经济，管理方便。但当车行道过宽时行道树的遮阳效果较差，又不利于机动车辆与非机动车辆混合行驶时的交通管理，同时很难形成视觉上的美感。一板二带式绿地，多用于城市支路或次要道路。

图3-6　一板二带式

2. 二板三带式　即除了在车行道两侧的人行道上种植行道树外，中间以一条分车绿带分隔，形成双向行驶的两条车道。这种形式适于宽阔道路，绿带数量较大，生态效益较显著的道路绿化。一般多用于高速公路和入城道路。由于各种不同车辆，同向混合行驶，还不能完全解决互相干扰的矛盾（图3-7）。

图3-7　二板三带式

3. 三板四带式　利用两条分车绿带把车行道分成三块，中间为机动车道，两侧为非机动车道，连同车行道两侧的行道树共为四条绿带，故称三板四带式。此种形式占地面积大，却是城市道路绿化比较理想的形式，其绿化量大，夏季庇荫效果较好，组织交通方便，安全可靠，解决了各种车辆混合行驶互相干扰的矛盾，尤其在非机动车辆多的情况下更为适宜（图3-8）。

图3-8 三板四带式

4. 四板五带式 利用三条分车绿带将车道分为四条，而规划为五条绿化带，使机动车与非机动车辆均形成上行、下行各行其道，互不干扰，保证了行车速度和交通安全。若城市交通较为繁忙，而用地又比较紧张时，则可用栏杆分隔，以便节约用地（图3-9）。

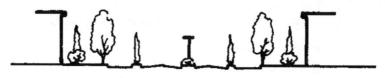

图3-9 四板五带式

5. 其他形式 按道路所处地理位置、环境条件特点，因地制宜地设置绿带，如山坡道。究竟以哪种形式，必须从实际出发，因地制宜，不能片面追求形式。尤其在街道狭窄，交通量大，只允许在街道的一侧种植行道树时，就应当以行人的庇荫和树木生长对日照条件的要求来考虑，不能片断追求整齐对称，而减少车行道数量。

三、城市道路绿地的种植类型

城市道路交通是一个由多层次构成的复杂系统，由多方面组成的不同路网。作为城市设计中重要的一环，道路绿地的规划设计，直接关系到城市的形象。城市道路绿地通过带状或者块状的"线"性组合，使城市绿地连成一个整体，成为建筑景观、自然景观以及各种人工景观之间的"软"连接。根据不同的种植目的，道路绿地可分为景观种植与功能种植两大类。

（一）景观种植

景观种植是从道路环境的美学观点出发，从树种、树形、种植方式等方面来研究绿化与道路、建筑协调的整体艺术效果，使绿地成为道路环境中有机组成的一部分。景观种植主要是从绿地的景观角度来考虑种植形式，可分为以下几种：

1. 密林式种植 沿路两侧形成浓茂的树林，可用乔木，或者乔木、灌木加上地被植物分层种植，行人或汽车走入其间如入森林之中，道路具有明确的方向性。这种形式一般用于城乡交界处、绕城高速公路或结合河湖布置（图3-10）。密林式种植要有一定的宽度，一般在50m以上。若是自然式种植，则比较适应地形现状，可结合丘陵、河湖布置。若是规则式种植，则可交替种植不同树木，形成富有韵律变化的美感，但变化不宜过多，否则容易失去规律性而变得杂乱。

2. 自然式种植　用自然式的绿地形式模拟自然景色，比较自由，主要根据地形与环境来决定。在一定宽度内布置自然树丛，树丛由不同植物种类组成，具有高低、浓淡、疏密和各种形体的变化，形成生动活泼的气氛。这种形式能很好地与附近景观融合在一起，增强街道的空间变化，但遮阳效果不如整齐式的行道树（图 3-11）。

图 3-10　密林式种植　　　　　　　　图 3-11　自然式种植

3. 花园式种植　沿道路绿带布置成大小不同的绿化空间，有广场，有绿荫，并设置必要的园林设施，供行人和附近的居民逗留小憩和散步。道路绿化可分段与周围的绿化相结合，在城市建筑密集、人口稠密、缺少绿地的情况下，可弥补城市绿地分布不均匀的缺陷（图 3-12）。

4. 田园式种植　道路两侧的园林植物都在视线以下，大都种草地，空间全面敞开。在郊区直接与农田、菜田相连，在城市边缘也可与苗圃、果园相邻。这种形式开朗、自然，富有乡土气息，极目远眺，可欣赏远山、白云、海面、湖泊或田园风光。在行车路上，视线较好（图 3-13）。

图 3-12　花园式种植　　　　　　　　图 3-13　田园式种植

（二）功能种植

城市的扩大，人口的增长，特别是现代交通的发展，给环境带来了很大的压力。城市环境遭到了污染和破坏，一些鸟类、树木逐渐减少，影响了生态平衡。道路绿地可以和其他绿地一起共同改善城市环境、净化空气、防减噪声、调节气候等。

功能种植是通过绿化栽植来达到某种功能上的效果。一般这种绿地设计都有明确的目的，如为了遮蔽、装饰、遮阴、防噪声、防风、防火、防雪、地面的植被覆盖等。但道路绿地功能并非唯一的要求，无论采用何种形式都应考虑多方面的效果，如功能栽植也应考虑到视觉上的效果，并成为街景艺术的一个方面。

1. 遮蔽式种植　遮蔽式种植，是考虑需要把视线的某一个方向加以遮挡，以免见其全貌。如街道某一处景观不好，需要遮挡；城市的挡土墙或其他构造物影响道路景观等，种上一些树木或攀缘植物加以遮挡。

2. 遮阴式种植　我国许多地区夏天比较炎热，街道上的温度也很高，所以对遮阴树的种植十分重视。不少城市道路两侧建筑多绿化遮挡也多出于遮阴种植的缘故。

3. 装饰种植　装饰种植可以用在建筑用地周围或道路绿化带、分隔带两侧做局部的间隔与装饰用。它的功能是作为界限的标志，防止行人穿过，遮挡视线，调节通风，防尘，调节局部日照等。

4. 地被种植　即使用地被植物覆盖地表面，如地坪等，可以防尘、防土、防止雨水对地面的冲刷，在北方还有防冰冻作用。由于地表面性质的改变，对小气候也有缓和作用。地被的宜人绿色可以调节道路环境的景色，同时反光少，不眩目，如与花坛的鲜花相对比，色彩效果则更好。

5. 其他栽植　如防噪声、防风、防眩光、防雨、防雪种植等。

四、城市道路绿地的环境条件及植物选择

（一）城市道路绿地的环境条件

道路绿地所处的环境与城市公园及其他公共绿地不同，有许多不利于植物生长的因素（图 3 - 14）。

1. 土壤条件　由于城市长期不断地建设，致使土壤非常贫瘠，完全破坏了土壤的自然结构。有的绿地地下是旧建筑的基础、旧路基或废渣土；有的土层太薄，不能满足所种植物生长对土壤的要求；有的因建筑碴土、工业垃圾或地势过低淹水等造成土壤 pH 过高，致使植物不能正常生长；有的由于人踩、车压、作路基时人为夯实等，致使土壤板结，透气性差；有的城市地下水位高，透水性差，土壤水分过高等，都能导致植物生长不良。另外，由于各城镇的地理位置不同，土壤情况也有差别。因此，各个城市的土壤条件特点不同，需要综合考虑。

2. 空气条件　城市道路广场附近的工

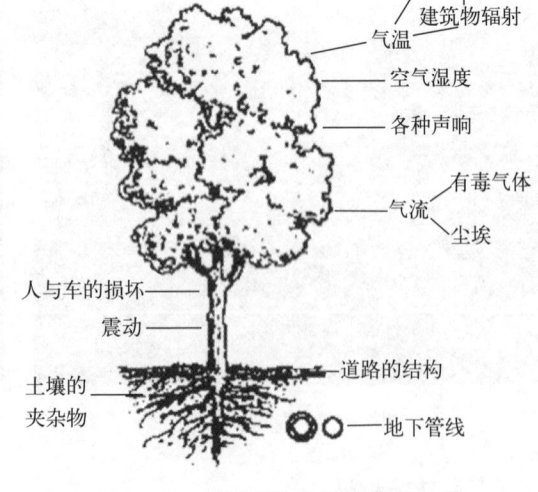

图 3 - 14　道路绿地的环境条件示意

厂、居住区及汽车排放的有害气体和烟尘，直接影响城市空气。有害气体和粉尘一方面直接

危害植物，出现大量污染病状，破坏植物的正常生长发育；另一方面降低了光照度，减少了光照时间，改变了空气的物理成分、化学结构，影响了植物的光合作用，降低了植物抵抗病虫害的能力。

3. 光照和温度条件 城市的地理位置不同，光照度、光照时间长度及温度也各有差异。影响光照和温度的主要因素有纬度、海拔高度、季节变化及城市污染状况等。道路的光照条件还受建筑物和道路方向的影响。我国多数城市处于北回归线以北，在盛夏季节，南北走向街道东边，东西走向街道北边受到日晒持续时间最长，尤其是下午两点左右更是灼热炙人，因此行道树应种在路东和路北为宜。在高寒地区还要考虑到冬季光照不足，所以不宜选用常绿乔木。此外，如果街道上不能种植行道树时，只能采取特殊的绿化方式，如摆设盆栽植物、垂直绿化等。此外，城市内的温度一般比郊区要高，因为城市中的建筑物表面和铺装路面反射热量，市内工厂、居住区和车辆等都会散发热量。在北方城市，早春树木的萌动一般比郊区早 7d 左右，而市内温度比郊区温度高 2~5℃。

4. 人为机械损伤和破坏 道路上人流和车辆繁多，往往会碰坏树皮、折断树枝或摇晃树干，有的重车还会压断树根。北方道路在冬季下雪时喷热风和喷洒盐水，渗入绿带内，对树木生长也造成一定影响。

5. 地上、地下管线 在道路上各种植物与管线虽有一定距离的限制，特别是架空线和热力管线，架空线下的树木要经常修剪，一些快长树尤其如此。热力管线使土壤温度升高，对树木的正常生长有一定影响。

（二）城市道路绿地的植物选择

道路绿化的植物选择，关系到植物能否正常生长发育，是影响道路绿化效果的主要因素。因此，道路绿化的植物选择应在分析道路所在地的气候、土壤、水文等条件的基础上，根据植物的生物学特性、生态习性、观赏特征，考虑道路的性质、功能要求和要表达的设计意念，从充分发挥道路绿化的综合效益出发，统筹兼顾、合理选择。

1. 选择原则

（1）适地适树，因地制宜。道路绿化首先应遵循植物的生长发育规律。不同城市所处的地理位置不同，其区域性气候、土壤及水文条件有差异；同一城市不同道路、不同路段，影响植物生长发育的环境因子（光、温、水、气、热等）也有差异。同时，植物在对环境条件的长期生态适应、变异和选择过程中，也有选择性和适应性，形成植物的区域分布特点。因此进行道路绿化植物选择时，必须选择能在该道路特定环境条件下生长的植物进行绿化，或者改良道路的某些环境条件来适应植物生长的需求，使植物能正常生长发育，达到绿化的效果。

（2）地带性植物与引进植物相结合。一般说来，地带性植物生长在本地，经过长期的自然选择，对当地自然环境条件的适应能力强，易于成活，生长良好，种源多，繁殖快，就地取材既能节省绿化经费，易于见效，又能反映地方风格特色，是首选的植物。然而，植物选择若仅局限于地带性植物种类，就难免有单调感。为了丰富道路绿化景观、增加物种的多样性，还可引进外来的优良植物种类，作为地带性植物的辅助和补充。

（3）近期效果和长期效果相结合。植物有其特有的生长发育规律。既有一年中的萌芽、发枝、开花、结果等年周期变化，又有一生中的幼年期、壮年期、老年期，最后到死亡等生命周期变化。不同植物在生命周期的不同阶段其外貌有一定差异，所形成的景观及发挥的效益也不同。因此，道路绿地规划设计要有长远观点，栽植树木要将近期效果与远期效果结合起来，有计划、有组织地周全安排，使其既能尽快发挥功能作用，又能在树木生长壮年保持较好的形态。

另外，植物的生长速度还有快慢之别。速生树种营造的景观见效快，但衰老也快；慢生树种生长慢但寿命长，能保持长久的景观效果。花灌木、花卉及草坪在道路绿化中形成视觉效果较快，行道树及垂直绿化的藤本要达到成荫及片绿的效果则较慢，绿化时可采用速生树种与慢生树种相结合的方式，或者速生树种中间种植大规格树种的方式，使得绿化效果近期、远期真正结合起来。

（4）生态效益与经济效益相结合。植物发挥生态作用的能力是选择植物的重要标准，同时植物本身也有较高的经济价值。因此在选择上，若植物能提供优良用材、果实、油料、药材、香料等副产品，则可一举多得。然而在选用这种植物时，必须兼顾养护管理及安全等因素，避免盲目性。

2. 各类绿化植物的选择

（1）乔木的选择。对于不同的道路，应根据道路的主要功能性质以及植物在道路中的主要作用分别对待。对遮阴要求高的人行道，应选冠大浓荫的树种；对强调当地文化特点的道路可选市树及具有文化寓意的树种；对遮阴要求不高而强调整齐、庄重气氛的道路，可选松柏类、棕榈类植物等。

此外，乔木的选择还要兼顾以下几点：

① 与当地生长环境相适宜，移植时成活率高，生长迅速而壮健的树种（最好是乡土树种）。

② 能适应管理粗放，对土壤、水分、肥料要求不高、耐修剪、病虫害少、抗性强的树种。

③ 树干端直、树形端正、树冠优美、冠大荫浓、遮阴效果好的树种。

④ 要求发叶早，落叶迟的树种。

⑤ 要求为深根性、无刺、花果无毒、无臭味、无飞毛、少根蘖的树种。

⑥ 适应城市生态环境、树龄长、病虫害少、对烟尘、风害等抗性强的树种。

（2）花灌木、绿篱植物和观叶灌木的选择。花灌木应选择花繁叶茂、花期长、生长健壮和便于管理的植物。绿篱植物和观叶灌木应选用萌芽力强、枝叶繁茂、耐修剪的植物。

花灌木的选择还要根据植物的种植形式（自然式、半自然式与规则式）和种植的位置（分车带、路侧绿带等）进行选择。种植在分车带的植物往往采用规则式的种植方式，讲究规整、图案化、强调片植的色彩效果，所以灌木宜选择萌发力强、耐修剪的色叶植物，或花大色艳、花期长的花灌木。而自然式种植的灌木与花卉的选择则较为灵活。

（3）地被植物的选择。地被植物应选择茎叶茂密、生长势强、病虫害少和易管理的木本或草本观叶、观花植物，其中草坪地被植物应选择萌发力强、覆盖率高、耐修剪和绿色期长的种类。

（4）垂直绿化植物的选择。垂直绿化植物需要枝繁叶茂，病虫害少，若花繁色艳者尤佳；同时，要有较强的耐旱性和耐瘠薄能力，抗性强，易栽培，管理方便。

第三节　城市道路绿地规划设计的原则、要点与程序

随着我国城市化进程和城市绿化建设的不断发展，城市道路绿地的规划设计要求也不断

提高。道路作为城市的交通要道或者生活街坊，是人们重要的城市公共空间之一，因此城市道路绿地除了要满足交通、运输功能外，还要考虑现代交通条件下，道路绿地所创造的视觉特点，综合多方面的需求因素进行协调，体现出城市的地方性、艺术性和相应的人文关怀，满足行人、行车、生态环境及园林景观等多种需求。

一、城市道路绿地的规划设计原则及要点

在规划道路红线宽度时，要确定道路的绿地率。中华人民共和国《城市道路绿化规划与设计规范》（CJJ 75—1997）明确规定了城市道路绿地率的指标要求：园林景观路绿地率不得小于40%；红线宽度大于50m的道路绿地率不得小于30%；红线宽度在40~50m的道路绿地率不得小于25%；红线宽度小于40m的道路绿地率不得小于20%。在此基础上，城市道路绿地的设计应遵循如下基本原则：

（一）科学性原则

1. 与城市道路的性质、功能及定位相适应　伴随着城市的诞生，交通也就随之和它联系在一起，现代化的城市交通已发展成一个多层次的系统。在进行绿化设计时，不同道路，由于其性质、功能的差异，绿化设计的指导思想有所不同。设计不仅要考虑城市的布局、地形、气候、地质、水文等方面的因素，还要注意不同城市路网、不同道路系统、不同交通环境以及不同地域文化对于道路绿化的要求。影响道路绿地的环境因子很多，主要有外部因子、自身因子和人文因子（图 3-15）。

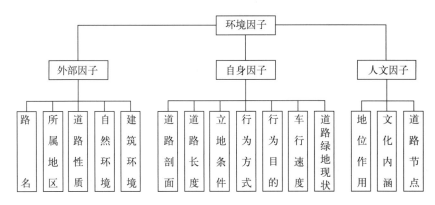

图 3-15　环境因子结构

（王浩，谷康，孙新旺，等．2005. 城市道路绿地景观规划设计）

因此，在进行具体的规划设计时，要根据城市道路性质、功能及定位确定其主要影响因子和一般影响因子，而后有针对性地进行道路绿化。如高速公路以安全与防护问题为首，绿地的安全防护功能尤为重要，所以车行速度与立地条件应为主导因子；城市道路则以创造富有特色的城市景观最为重要，所以它的建筑环境、自然环境等外部因子与人文因子为主导因子；对于快速干道，一般属于城市对外交通要道，则它的自然环境、车行速度与人文因子为主导因子。

2. 符合行车视线、行车净空、行车防眩的要求　道路绿地设计要符合行车视距的要求（表 3-1）。当有纵横两条道路呈平面交叉时，两个方向的停车视距构成一个三角形，常称视距三角形。绿化时，视距三角形内只能种植低于0.7m的植物；道路弯道转弯处的树木也

园林规划设计

不能影响驾驶员视线，要留有足够的通透空间，而弯道外侧的树木沿边缘可以整齐连续栽植，以预告道路线形变化，诱导行车视线；在互通式立体交叉范围内栽植植物时，应栽植不同植物以作为互通式立体交叉的特征标志。在出入口处，栽植引导视线的树木，在出口一侧可栽植灌木以缩小视野，间接引导驾驶者减速。

表 3-1　不同城市道路行车视距要求

序号	城市道路类型	行车视距（m）
1	主要的交通干道	75～100
2	次要的交通干道	50～70
3	一般的道路（居住区道路）	25～50
4	小区、街坊道路（小路）	25～30

另外，根据车辆行驶宽度和高度的要求，规定了车辆运行的空间，绿化植物的枝干、树冠和根系都不能侵入该空间，以保证行车的净空要求（表 3-2）。

表 3-2　城市车辆行车的净空高度

项　目	机动车辆			非机动车辆	
行驶车辆种类	各种汽车	无轨电车	有轨电车	其他非机动车	自行车、行人
最小净高（m）	4.5	5.0	5.5	3.5	2.5

在中央分车带上种植绿篱或灌木球，可防止相向行驶车辆的灯光照到对方驾驶员的眼睛而引起其目眩，从而避免或减少交通意外。如果种植绿篱，参照汽车司机的眼睛与汽车前照灯高度（表 3-3）。绿篱高度应比司机眼睛与车灯高度的平均值高，故一般采用 1.5～2.0m；如果种植灌木球、种植株距应不大于冠幅的 5 倍。

表 3-3　汽车司机眼睛高度、前照灯高度和照射角度

类　别	眼睛高度（cm）	前照灯高度（cm）	照射角度
轿车	120	80	12°
大客车、卡车	200	120	12°

（许冲勇，翁殊斐，吴文松．2005．城市道路绿地景观）

3. 在保证植物所需生长空间的基础上，做到与市政公共设施的统筹安排　各种树木生长需要有一定的地上、地下生存空间，以保障树木的正常发育、保持树姿和生长周期。而城市道路市政公共设施又对植物的种植具有一定的制约作用。如在分车绿带和行道树上方不宜设置架空线，必须设置时，应保证架空线下有不小于9m的树木生长空间。架空线下配置的乔木应选择开放型树冠或耐修剪的树种，树木与架空电力线路的最小垂直距离应符合相关规定（表 3-4）；新建道路或经改建后达到规划红线宽度的道路，其绿化树木与地下管线外缘的最小水平距离也应符合有关规定（表 3-5），行道树绿带下方不得铺设管线。树木与其他设施的最小距离应符合有关规定（表 3-6）。

表3-4　树木与架空电力线路的最小垂直距离

电压（kV）	1～10	35～110	154～320	330
最小垂直距离（m）	1.5	3.0	3.5	4.5

表3-5　树木与地下管线外缘最小水平距离

管线名称	距乔木中心距离（m）	距灌木中心距离（m）
电力电缆	1.0	1.0
电信电缆	1.5	1.0
给水管道	1.5	—
雨水管道	1.5	—
污水管道	1.5	—
燃气管道	1.2	1.2
热力管道	1.5	1.5
排水盲沟	1.0	—

表3-6　树木与其他设施最小水平距离

管线名称	距乔木中心距离（m）	距灌木中心距离（m）
低于2m的围墙	1.0	—
挡土墙	1.0	—
路灯灯柱	2.0	—
电力、电信灯柱	1.5	—
消防龙头	1.5	2.0
测量水焦点	2.0	2.0

　　因此，道路绿地中的树木与市政公用设施的相互位置应按有关规定统筹考虑，精心安排，布置市政公用设施应给树木留有足够的立地条件和生长空间，新栽树木应避开市政公用设施。此外，道路绿地应根据需要配备灌溉设施；道路绿地的坡向、坡度应符合排水要求并与城市排水系统结合，防止绿地内积水和水土流失。

　　（二）生态性原则

　　改善道路及其附近的地域小气候生态条件，降温遮阴、防尘减噪、防风防火、防灾防震是道路绿地特有的生态防护功能，是城市其他硬质材料无法替代的。因此，在规划设计时，可采用遮阴式、遮挡式、阻隔式手法，采用密林式、疏林式、地被式、群落式以及行道树式等栽植形式，并结合地形等因素，最大限度地发挥道路绿地的生态功能和对环境的保护作用。

　　同时，植物的选择要以抗污染、耐修剪、树冠圆整、树荫浓密为导向，做到乔木、灌木和地被植物的有机结合，以形成人工型的生态植物群落，丰富道路绿地景观。对于道路绿地范围内的各种古树名木，应注意保存和保护。

　　此外，在道路绿地的规划设计中，可以根据立地条件，采取如凹地形等生态措施，将雨水进行有效的收集。

(三）景观性原则

道路绿地的景观是城市道路绿地的重要功能之一。现代化的城市道路交通已成为一个多层次的复杂系统，不同的交通目的对于不同环境中的景观元素要求也不相同。因此，道路绿地的规划设计应与道路环境中的其他景观元素相协调，符合美学的要求。如道路两侧为商业性质的建筑，其绿化要兼顾商业气氛及人文需求；如果道路紧邻城市自然景色（地形、山峰、湖泊、绿地等）或历史文物（古建筑、古桥梁、塔等）等，就应把道路与环境作为一个景观整体加以考虑，并做出一体化的设计，创造有特色、有时代感的城市环境。

（四）以人为本原则

道路上的人流、车流等，都是在动态过程中观赏街景的，而且由于各自的交通目的和交通手段的不同，产生了不同的行为规律和视觉特性，设计应以人为本。

除了高速路以外，其他的道路在设计时不能只注重机动车的交通绿化设计，还应该留意道路中人行的安全及景观空间设计。绿化设计不仅要突出便捷、安全的步行网络，还应结合适当的指示系统及视觉形象识别系统，使人们行走在道路旁能够较好地体验城市生活。

二、城市道路绿地规划设计的程序

道路绿地规划设计应包括前期策划、中期设计和后期指导等几个阶段。在施工次序方面种植工作是在道路的土建工作完成后进行的。常有人误认为绿化设计也是在道路设计完后才进行的，使得专业间的差异和对设计要求的不同理解，造成了道路与绿地规划设计间的配合不够紧密，无法达到最佳的效果。所以，绿地规划设计工作应尽早参与前期道路规划设计的策划工作，使绿化与道路在功能、景观、生态等方面相得益彰，发挥高效的综合效益。

中期设计是绿地设计的主体。设计人员应在现状调查与资料收集工作的基础上，进行方案构思设计和造价概算，并向有关部门汇报征求意见，以便做进一步的修改完善。方案设计经主管部门与相关专业部门会审同意后进行施工图设计和造价预算，最后进行图纸文件汇编，上交。

后期指导是为了更好地演绎设计理念，使道路绿化施工以及施工后养护能达到设计要求。

道路绿地规划设计的工作内容和程序可概括如下：

（一）前期策划

前期策划首先应进行的是环境调查和资料收集，其主要内容如下：

1. 自然环境　道路周边的地形地貌、水体、气象、土壤、现有植被情况等。

2. 社会环境

（1）城市绿地总体规划。

（2）道路周边的环境（工厂、单位、周围景观）。

（3）道路与周边用地的现状（目前使用率、现有建筑物、交通情况、地上及地下管线情况、给排水情况）。

（4）与该道路有关的历史、人文资料。

3. 设计条件

（1）甲方对设计任务的具体要求、设计标准、投资额度。

（2）道路用地的现状图、地形图、设计区域面积、地上地下管线图、树木分布现状图。

4. 现场勘查 以行人身份，置身设计地段，感受该道路的周边环境情况，体察设计的实用功能。环境调查和资料收集工作将作为后期的方案设计的重要依据和设计着眼点。

整合所有的资料，提出道路绿地规划设计的初步构想，并征求相关部门的意见和建议，为下一步的方案设计确定好方向和目标。

（二）方案设计

1. 明确设计依据及目标 遵循相关的设计规范、任务书以及前期策划评审后的相关意见及建议；明确方案设计拟达成的目标。然后将此转化为设计的依据、目标和原则。

2. 确定主题 结合设计目标及道路的性质及功能，确定绿地主题。

（1）以功能为主：对于那些处于非重点地段的道路，景观和意境要求不高，仅仅考虑功能即可。对绿化的选择范围比较大，主要以造价工程低为准。

（2）以景观为主：对于重点地段，如城市的入口形象区域或者城市的主要道路区域，则以突出地方及区域的文化为主，可以预留较宽的绿地，在满足安全行车功能的基础上，进行绿化景观设计。

3. 功能或景观分区 根据前期策划、现状环境分析，根据不同区段的道路绿地类型及特点，根据使用者的需求，确定不同的分区。可以是基于功能出发的，也可以是基于景观需求的。功能分区图属于示意说明性质，主要反映不同空间、分区之间的关系，可以用抽象图形或配有分区主题文字的圆圈等予以表示。

4. 种植方式的确定及植物的选择（参见本章第三节）

5. 植物配置及其他主题景观元素的设计

（1）梳理并设计地形。

（2）根据主题、分区、立地条件以及苗木来源的情况，确定各区域的基调树种、骨干树种、造景树种，确定不同区域的乔、灌木及花卉、地被等植物的配置方式等。

（3）结合道路绿地的性质及功能和景观定位，以满足人们游憩休息和观景的需求为目标，在结合造价的基础上，设计各种园林建筑及小品等景观。

6. 完成道路绿化设计方案图纸绘制及设计说明书 经过一系列的分析思考和推敲，完成方案图纸及设计说明书。

主要图纸包括：总体平面图、分区图（功能或景观）、总体鸟瞰图、局部效果图、绿化设计图、给排水管线设计图以及和设计相关的分析图。

设计说明书主要包括：设计依据、目标、规模和范围、设计构思、设计要点、经济技术指标及工程概算等内容。

还可以附上需要在审批时决定的问题，如与城市规划的协调、拆迁、交通情况、施工条件、施工季节等。

（三）扩初及施工图设计

道路绿化方案设计完成后，由建设单位报有关部门审核批准。批准后，按照园林规划设计程序，进入扩初及施工设计阶段，完成图纸、设计说明书和编制工程预算，最终完成全套设计。

（四）后期施工指导与现场服务

本阶段主要是解决在施工过程中所出现的临时变更问题，以及现场实施的养护管理等问题，以保证方案的落地性。

第四节　城市道路绿地规划设计

我国行业标准中的《城市道路绿化规划与设计规范》（CJJ 75—1997）对道路绿地的规定是指《城市用地分类与规划建设用地标准》（GBJ 137—1990）中确定的道路及广场用地范围内的可进行绿化的用地，包括道路绿带、交通岛绿地、广场绿地和停车场绿地。

一、城市道路绿带设计

道路红线范围内的带状绿地。道路绿带又由分车绿带、行道树绿带和路侧绿带组成（图3-16）。

（一）分车绿带的种植设计

道路分车带是用于分隔道路上、下行车道和快、慢车道的隔离带，主要为车辆组织分向、分流，起到疏导交通、保障安全的作用。城市道路分车带主要有分车线、栏杆、隔离墩和绿化带等形式。车行道之间可以绿化的分隔带，称为分车绿带，也称为隔离绿带。

分车绿带有一定的绿化宽度，还可以为行人过街停歇、竖立路灯杆柱、设置交通标志以及公交车辆停靠等提供用地。总体来讲，分车绿带的绿化宽度根据道路的性质和总宽度而定，没有固定

图 3-16　城市道路绿带

的宽度值。《城市道路绿化规划与设计规范》中规定：种植乔木的分车绿带宽度不小于1.5m，乔木树干中心至机动车道路缘石外侧距离不宜小于0.75m；分车绿带宽度小于1.5m的，应以种植灌木为主，并应灌木、地被植物相结合；主干路上的分车绿带宽度不宜小于2.5m；分车绿带的植物配置应形式简洁，树形整齐，排列一致。

在城市慢速路上分车带可以种植常绿乔木或落叶乔木，并配以花灌木、绿篱等；但在快速干道的分车带及机动车分车带上不宜种植乔木，由于车速快，中间若有成行的乔木出现，树干就像电线杆一样映入司机视野，使司机产生眩目，容易发生事故；在一般干道的分车绿带上可以种植高度70cm以下的绿篱、灌木、花卉、草坪等。

1. 中央分车绿带　中央分车绿带是否种植乔木，要视其宽度而定，若宽度够宽，能满足行车安全距离又不会因为阳光照射形成的树影而造成对司机视线的影响时，应该种植乔木；如宽度较窄，则需种植行绿篱式栽植或种植灌木球，以有效阻挡相向行驶车辆的眩光，改善行车视野环境。在距相邻机动车道路面高度0.6~1.5m，植物应常年枝叶茂密，株距不得大于冠幅的5倍。中央分车绿带主要有绿篱式、整形式、图案式3种形式（图3-17）。

2. 两侧分车绿带　两侧分车绿带不仅可以滤减烟尘、减弱噪声，而且对非机动车和行人有庇护作用。因此，两侧分车带宽度大于1.5m时，应以种植乔木为主，并宜乔木、灌

木、地被植物相结合。其两侧乔木树冠不宜在机动车道上方搭接，避免形成顶部闭合空间，不利于汽车尾气及时向上扩散。两侧分车绿带宽度小于1.5m的，只能种植灌木、地被植物或草坪（图3-17）。

3. 分车绿带与人行横道的关系　被人行横道或道路出入口断开的分车绿带，其端部应采取通透式配置，通常以草坪或种植低矮灌木，使得穿越道路的行人或并入行驶的车辆容易看过往车辆和行人，利于交通安全。为了便于行人过街，分车带应适当分段，一般以75～100m

图3-17　中央分车绿带及两侧分车绿带

为宜，尽可能与人形横道、停车站、大型商业和人流集散比较集中的公共建筑出入口结合。

（二）行道树绿带的种植设计

行道树绿带是指布设在人行道与车行道之间，以种植行道树为主的绿带，其常见有两种形式：一种是按一定距离沿车行道成行栽植树木；另一种是行道树下成带状配置灌木、绿篱和地被植物等，形成复层种植绿带。无论是哪一种，在道路上都是路两侧成对称种植。在温带及暖温带北部为了夏季遮阴，冬天道路能有良好的日照，常常选择落叶树为行道树，在暖温带南部和亚热带则常常种植常绿树以起到较好的遮阴作用。

行道树种植和养护管理所需用地的最小宽度为1.5m，因此行道树绿带宽度不得小于1.5m，行道树树干中心至路缘石外侧最小距离为0.75m。行道树绿带宽度扩大时，应以乔木、灌木、地被植物相结合，形成连续的绿带，提高防护功能、加强绿化景观效果。

在道路交叉口视距三角形范围内，行道树绿带应采用通透式配置，在弯道上或者道路交叉口，行道树绿带上种植的树木，在距相邻机动车道路面高度0.9～3m时，其树冠不得进入视距三角形范围内，以免影响行车视距和交通安全。

1. 行道树种植方式

（1）树池式。在人行道狭窄或行人过多的街道上多采用树池种植行道树。方形和长方形树池较易和道路及建筑物取得协调，故应用较多；圆形树池则常用于道路圆弧转弯处。树池边长或直径不小于1.5m，长方形树池短边不小于1.5m。

树池之间的行道树绿带最好采用透气性路面铺装，如草坪砖或透水性路面铺地等，有利于渗水透气，保证行道树生长和行人行走。为防止行人踩踏池土，保证行道树的正常生长，一般把树池边做出高于人行道路面8～10cm，或者与人行道高度持平，上盖树池箅子或透水性树脂材料，或植以地被草坪并将石子散植其中，以增加透气效果。其中，树池箅子也属于人行道路面铺装材料的一部分，可以增加人行道的有效宽度，减少裸露土壤，美化街景（图3-18）。

树池式栽植，因其营养面积有限，影响树木生长，同时因增加了铺装而提高了造价，利用效率不高，而且要经常翻松土壤，增加管理费用，故在可能的条件下应尽量采取种植带式。

（2）种植带式。种植带是在人行道和车行道之间留出一条不加铺装的种植带。视其宽度种植乔木、灌木、绿篱、地被植物、草坪等。我国常见种植带宽度的最低限度为1.5m，除种植一行乔木用来遮阴外，在行道树之间还可以种植花灌木和地被植物，以及在乔木与铺装带之间种植绿篱来增强防护效果。宽度为2.5m的种植带可种植一行乔木，并在靠近车行道一侧再种植一行绿篱；5m宽的种植带则可交错种植两行乔木，靠近车行道一侧以防护为主，靠近人行道一侧以观赏为主，中间空地可栽植花灌木、花卉及其他地被植物（图3-19）。

图3-18　树池式行道树　　　　　　　图3-19　种植带式行道树

种植带在适当的距离和位置应留出铺装通道，便于行人来往。如有公交车停靠站，则要留出一定的距离和铺装，便于车辆停靠和行人候车。另外在人行横道处或人流比较集中的公共建筑前面，种植带应通透中断。

2. 行道树的选择、株距及定干高度

（1）行道树的选择。一般道路的行道树选择，请参见第二节；重点路段如城市历史古建筑区或商业区等，须结合文化特色及环境氛围，在满足基本标准的基础上，依据植物所展示的文化内涵及意境进行筛选。我国许多城市都以本市的市树作为重点地段的行道树栽植的骨干树种，如北京以国槐、南京以悬铃木作为行道树等，既发挥了乡土树种的作用，又突出了城市特色。同时每个城市根据城市的主要功能、周围环境、行人行车的要求采用不同的行道树，可以将道路区分开来，形成各道路的植物特色，给行人留下较深的印象。

（2）定植株距。正确确定行道树的株行距，有利于充分发挥行道树的作用，合理使用苗木及管理。一般来说，株行距要根据树冠大小来决定。但实际情况比较复杂，影响因素也较多，如苗木规格、生长速度、立地条件及交通市容需要等。行道树确定株距应根据行道树树种壮年期冠幅确定，最小种植株距应为3m。行道树树干中心至路缘石外侧最小距离宜为0.75m。现在道路绿地中趋向于使用大规格苗木和大距离株距，一般3～10m不等（表3-7）。

（3）定干高度。行道树定干高度应根据功能要求、交通状况、道路性质、宽度以及行道树与车行道的距离、树木分级等确定。苗木胸径在12～15m为宜，其分枝角度越大的，定干高度不得小于3.5m；分枝角度较小的，也不能小于2m，否则会影响交通。

在交通干道上栽植的行道树要考虑到车辆通行时的净空高度要求，为公共交通创造靠边停驶接送乘客的，行道树的定干高度不宜低于 3.5m，通行双层大巴的交通道路的行道树定干高度还应相应提高，否则就会影响车辆通行，降低道路的有效宽度。非机动车和人行道之间的行道树考虑到行人来往通行的需要，定干高度不宜低于 2.5m。

表 3-7　行道树的株距

树种类型	通常采用的株距（m）			
	准备间移		不准备间移	
	市区	郊区	市区	郊区
快长树（冠幅 15m 以下）	3～4	2～3	4～6	4～8
中慢长树（冠幅 15～20m）	3～5	3～5	5～10	4～10
慢长树	2.5～3.5	2～3	5～7	3～7
窄冠树	—	—	3～5	3～4

（三）路侧绿带的种植设计

路侧绿带是在道路侧方，布设在人行道边缘至道路红线之间的绿带。路侧绿带是道路景观的重要组成部分，其宽度因道路性质不同而大小不一，应根据相邻用地性质、防护和景观的要求进行设计，并保持在路段内的连续与完整的景观效果。

路侧绿带的园林景观设计以及植物配置中乔木和灌木的种植方式由绿带的宽度决定。在地上、地下管线影响不大时，宽度在 2.5m 以上的绿化带，可种植一行乔木和一行灌木；宽度大于 6m 时，可考虑种植两行乔木，或将大乔木、小乔木、灌木、地被植物等以复式方式种植；路侧绿带宽度大于 8m 时，可设计成开放式绿地，铺设游步道和休息设施及园林建筑小品，以供行人和附近居民的游憩使用，同时提高路侧绿地的功能和街景的艺术效果（图3-20）。开放式绿地中，绿化用地面积不得小于该段绿带总面积的 70％。路侧绿带与毗邻的其他绿地一起还可以创造为街旁小游园，这时应符合现行行业标准《公园设计规范》（CJJ 48—1992）的规定。濒临江、河、湖、海等水面的路侧绿地，应结合水面和水岸线地形设计成滨水绿带。此时，应在道路和水面之间留出透景线，或设置观赏平台或步

图 3-20　路侧绿带（开放式绿地）

道。道路护坡绿化应结合工程措施栽植地被植物或攀缘植物。

路侧绿带是带状狭长绿地，栽植形式可分为规则式、自然式以及规则与自然相结合的形式。规则式种植应用较多，多为绿带中间种植乔木，在靠车行道一侧种植绿篱阻止行人穿越。如绿带下土层较薄或管线较多时，可以以花灌木和绿篱植物为主，形成重复的有韵律的种植形式，或图案式种植。自然式种植往往因地形条件影响，以乔、灌木的配合、前后层次的处理，以及单株与丛植交替种植韵律的变化为基本原则（图 3-21）。

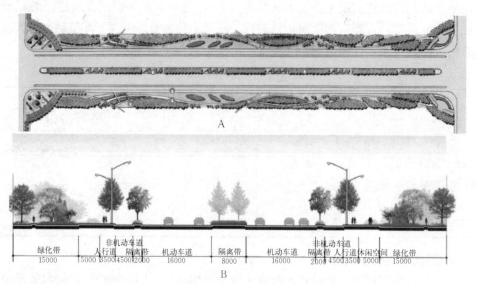

绿化带	非机动车道 人行道 隔离带	机动车道	隔离带	机动车道	非机动车道 隔离带 人行道 休闲空间	绿化带
15000	15000 3500 4500 2000	16000	8000	16000	2000 4500 3500 5000	15000

B

C

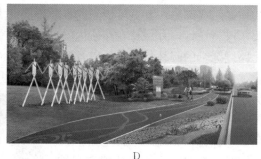

D

图 3-21 道路绿带设计实例

A. 平面图   B. 剖面图   C. 分车绿带局部效果图   D. 路侧绿带局部效果图

二、交通岛绿地的种植设计

(一) 安全视距

为保证行车安全，在进入道路弯道或交叉口时，必须在路的转角留出一定的距离，使司机在这段距离内能看到对面开来的车辆，并有充分的刹车时间和停车时间而不发生撞车等事故，这种从发觉对方汽车立即刹车而刚够停车的距离称为安全视距。

城市道路两条或两条以上相交之处，为了保证行车安全，设计绿地时须考虑安全视距。按道路的宽度大小、坡度，一般采用 30~35m 的安全视距。为了保证行车安全，道路交叉转弯处须空出一定距离，形成无障碍的视距三角形。视距三角形内不能有建筑物、构筑物、广告牌等遮挡视线的地面物。在视三角内布置的装饰性植物，其高度不超过 0.7m (图 3-22)；道路拐弯处的行道树，也须结合转弯半径留出一定范围的空间以保证行车安全 (图3-23)。

(二) 交通中心岛绿地的种植设计

交通中心岛绿地应保持各路口之间的行车视线通透，布置成装饰绿地；导向岛绿地应配置地被植物；立体交叉绿岛应种植草坪等地被植物。草坪上可点缀树丛、孤植树和花灌木，以形成疏朗开阔的绿化效果；桥下宜种植耐阴地被植物；墙面宜进行垂直绿化。

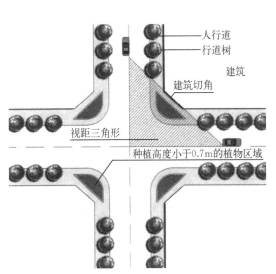

图 3 - 22　视距三角形及绿化种植示意　　　　图 3 - 23　弯道绿化示意

1. 交通中心岛　俗称转盘，设在道路交叉口处，主要是组织环形交通，使驶入交叉门的车辆一律绕岛作逆时针单向行驶。交通中心岛一般设计成圆形，其直径的大小必须保证车辆能按一定速度以交织方式行驶。由于受到环道上交织能力的限制，交通岛多设在车辆流量大的主干道路或具有大量非机动车、行人的交叉口。目前我国大中城市所采用的圆形交通岛直径一般为 40～60m，一般城镇的交通岛直径也不能小于 20m。交通中心岛因位置适中、人流、车流量大，是城市的主要景点，可在其中建筑雕塑、市标、组合灯柱、立体花坛、花台等成为构图中心（图 3 - 24）。但其体量、高度等不能遮挡视线。

若交通中心岛面积很大，也可布置成游园形式，但必须修建过街通道与道路连接，保证车行与游人安全。

2. 交通导向岛　也称渠化岛，位于道路平面交叉路口，用于分流直行和右转车辆及行人的岛状设施，一般面积较小，多为类似三角形状。导向岛绿地应配置灌木片植、地被植物或草坪，植物高度控制在 0.7m 以下，以保证车辆和行人的交通安全。

3. 立交交叉绿岛　立体交叉，可以是城市两条高等级的道路相交处或高等级跨越低等级道路，也可以是快速道路的入口处，这些交叉形式不同，交通量和地形也不相同，需要灵活处理（图 3 - 25）。

（1）在立体交叉处，绿地布置要服从该处的交通功能，使司机有足够的安全视距。例如，出入口可以有作为指示标志的种植，使司机看清入口；在弯道外侧，最好种植成行的乔木，以便引导司机的行车方向，同时使司机有一种安全的感觉。但在匝道和主次干道汇合的顺行交叉处，不宜种植遮挡视线的树种（图 3 - 26）。

（2）立交中的大片绿化地段称为绿岛，最容易成为人们视觉上的焦点，其绿化形式主要有三种：第一种是大型的模纹图案，花灌木根据不同的线条造型种植，形成大气简洁的植物景观。这种形式在北京地区相对较多。第二种是苗圃景观模式，人工植物群落按乔、灌、草的种植形式种植，密度相对较高，在发挥其生态和景观功能的同时，还兼顾了经济功能，为城市绿化发展所需的苗木提供了有力的保障。这种在城乡结合部或景观要求较低的地方适用。第三种是景观生态型模式，根据现场条件堆坡理水，运用丰富的景观营造手段创造丰富的生态景观。这多在景观要求较高的主要快速干道中使用。

图 3-24　交通中心岛绿地

图 3-25　立体交叉绿岛

（3）进行立交绿化整体布置时，还应遵循以下原则：

①立交绿化的实施对象是立交范围内的主线、匝道、三角区及其他空白地带，保证立交范围"黄土不见天日"，以达到片状绿色效果。

②立交绿化应根据立交所在的位置、环境、自然景观、功能及其结构造型的不同，采用不同的构图方式和配置方式，合理规划，适宜布置，使绿化效果各具特色，并能让立交增辉。

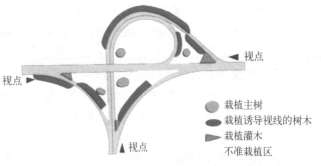

图 3-26　立交处绿化示意

③立交绿化既要强调平面完整有序，又要力求立面层次丰富，但要注意的是植被的布置决不能影响行车的通视条件。

④植被的图案和色彩不宜过分丰富，以免使司机"驻足"观赏，分散其注意力而影响行车安全。独特的植被色彩和图案仅作为点缀，以达到醒目的目的。

⑤立交植被应易栽、易活、易养、易管、耐寒耐热、固土保水。

三、停车场绿地的种植设计

随着人民生活水平的提高和城市发展速度的加快，机动车辆越来越多，城市对停车场的要求也越来越高。一般在较大的公共建筑物如剧场、体育馆、展览馆、影院、商场、饭店等附近都应设停车场。而在城市中沿着路边停车，将会影响交通，也会使车道变小。因此，还可在路边设凹入式的"停车港"，并在周围植树，使汽车在树荫下可以避晒，既解决了停车的要求，又增加了街景的美化效果。

《停车场绿化设计规范》要求：停车场周边应种植高大庇荫乔木，并宜种植隔离防护绿带；在停车场内宜结合停车间隔带种植高大庇荫乔木。停车场种植的庇荫乔木可选择行道树种。其树木分枝点高度应符合停车位净高度的规定：小型汽车为 2.5m；中型汽车为 3.5m；载货汽车为 4.5m。

停车场可分为三种形式：多层的、地下的和地面的。目前我国以地面停车场较多，具体可分为以下三种形式：

1. 周边式 较小的停车场适用于周边式，这种形式是四周种植落叶乔木、常绿乔木、花灌木、草地、绿篱或围以栏杆，场内地面全部硬质铺装。近年来，为了改善环境，提高绿化率，停车场纷纷采用草坪砖作铺装材料。

2. 树林式 较大的停车场为了给车辆遮阳，可在场地内种植成行、成列的落叶乔木，除乔木外，场内地面全部铺装或采用草坪砖铺装（图3-27）。

3. 建筑前的绿化带兼停车场 靠近建筑物而使用方便，是目前运用最多的停车场形式。这种形式的绿化布置灵活，多结合基础栽植、前庭绿化和部分行道树设计。设计时绿化既要衬托建筑，又要能对车辆起到一定的遮阳和隐蔽作用，故一般种植乔木和高绿篱或灌木结合。

图 3-27 树林式停车场

四、花园林荫道的种植设计

随着城市道路的多元化发展，还出现了与道路平行且具有一定宽度的带状绿地即花园林荫道。花园林荫道与人行道平行且具有一定宽度，是一个狭长的带状绿地，也可称为带状街头休息绿地。它主要供附近居民和行人做短时间休息散步，内有简单的园林设施，对改善城市小气候有较大作用，同时可以组织交通、丰富街景，增加绿地面积（图3-28）。

图 3-28 花园林荫道

（一）花园林荫道布置的几种类型

1. 设在道路中间的林荫道 布置在道路中轴线上，即两边为上下行的车行道，中间有一定宽度的绿化带，这种类型较为常见，多在交通量不大的情况下采用，不宜有过多出入口，例如北京正义路林荫道、上海肇嘉浜林荫道等，主要供行人和附近居民作暂时休息用。

优点：道路整齐对称美观，对组织上下行车流有利。

缺点：人们进入林荫道时必须横穿车道，对车辆行驶、人身安全不利，特别是儿童。

因此在交通干道上不宜采用，只适用步行为主或车辆稀少的道路。

2. 设在道路一侧的林荫道 道路一侧的花园林荫道由于设立在道路的一侧，减少了行人与车行路的交叉，在交通流量大的道路上多采用此种类型，有时也因地形情况而定。例如傍山、一侧滨河或有起伏的地形时，可利用借景方式将山、林、河、湖组织在内，创造出更加安静的休息环境。例如上海肇外滩绿地、杭州西湖畔的六和塔公园绿地等。

优点：行人不横穿街道就可进入。

缺点：缺乏对称感，在要求庄严、整齐的主干道上不宜采用。

3. 设在道路两侧的林荫道 道路两侧的花园林荫道设在道路两侧与人行道相连，可以使附近居民不用穿过道路就可达林荫道内，既安静，又使用方便。此类林荫道占地过大，目前应用较少。

此外，根据游憩林荫道用地宽度，有三种布置形式：①简单式游憩林荫道：用地最小宽度为 8m——两行乔木；②复式游憩林荫道：宽度>20m，通常规划两条游步道、三条绿带；③游园式游憩林荫道：宽度>40m，布置形式可为规则式，还可以自然式，有两条以游步道。

（二）花园林荫道的设计要点

1. 设置游步道 设置游步道的数量要根据具体情况而定，一般 8m 宽的林荫道内，设一条游步道；8m 以上时，设两条以上为宜，游路宽 1.5m 左右。

2. 设置绿色屏障 车行道与花园林荫道之间要有浓密的绿篱和高大的乔木组成的绿色屏障相隔，立面上布置成外高内低的形式较好，林荫道里面轮廓外高内低。

3. 设置园林建筑小品 林荫道中除了布置游步道外，还要考虑小型儿童游乐场、休息座椅、花坛、喷泉、阅报栏、花架等设施和建筑小品。

4. 设置出入口 林荫道可在长 75～100m 处分段设立出入口。人流量大的人行道、大型建筑前应设出入口。可同时在林荫道两端出入口处将游步道加宽或设小广场，形成开敞的空间。出入口布置应具有特色，作艺术上的处理，以增加绿化效果。

5. 植物配置 花园林荫道的植物配置应形成复层混交林结构，利用绿篱植物、宿根花卉、草本植物形成大色块的绿地景观。南方天气炎热需要更多的绿荫，故常绿树占地面积可大些，北方则落叶树占地面积大些。

6. 布置形式 林荫道要因地制宜，形成特色景观。如利用缓坡地形形成纵向景观通廊和侧向植被景观层次；利用大面积的平缓地段，可以形成以大面积的缀花草坪为主，配以树丛、树群与孤植树等的开阔景观。宽度较大的林荫道宜采用自然式布置，宽度较小的则以规则式布置为宜（图 3-29）。

图 3-29 花园林荫道方案实例

第五节 城市其他形式的道路绿地规划设计

一、城市步行街绿地设计

步行街是城市道路系统中专供步行者使用，禁止或限制车辆通行的道路。步行街的街道一般在市区中心商业、服务设施集中的地区，如北京王府井大街、上海南京路、武汉江汉路步行街、南京的狮子桥等。因此，步行街绿地设计不只是美化环境的一部分，而且还是繁荣城市商业活动和有机活力的重要手段（图 3-30）。

步行街主要以商业店铺为主，以装饰性强的地面硬化铺装为主，以绿化小品为辅。环境设计以座椅、灯、喷泉、雕塑等小品为主，而绿化只是作为点缀，占有很小的比重和很少的面积，多植大乔木以遮阴。但应保持步行街空间视觉的通透，不遮挡商店的橱窗、广告等。

步行街绿化形式要灵活多样，统一协调，结合步行街的特点，以行道树或花坛为主，适当结合建筑布置店前的基础绿化、角隅绿化、屋顶、平台绿化等形式，达到装点环境、方便

图 3-30 步行街绿地设计

行人的目的。行道树往往以树池或者树箱的形式出现，或者是围树座椅，花坛边沿设计成方便的行人坐憩的尺度，增加可移动的花钵、花车、花篮等花器，点以时令花卉，常年花开不断。

步行街的植物种植要特别注意其形态、色彩，与街道环境相结合；树形要整齐，乔木冠大荫浓、挺拔雄伟；花灌木无刺、无异味，花艳，花期长。

步行街上的公共设施如果皮箱、街灯、座椅等，和花坛、棚架、雕塑、水池等园林建筑小品都可作为构景要素，要和绿地有机结合。总之，步行街一方面要充分满足其功能需要，同时经过精心的规划与设计达到较好的艺术效果。

二、高速公路绿地设计

随着城市交通化的进程，高速公路在我国已经开始兴建，这种主要供汽车高速行驶的道路在绿化上一般与街道有不同的特点，功能与景观的结合问题十分突出。

高速公路多位于城郊及乡镇比较空旷的地方，其路面平整，车速一般为 80～120km/h。其土壤条件、日照等自然环境因素比城市优越。由于行人少，离居民点较远，对遮阳、降温等环境卫生方面的要求低于城市，绿地设计注意除防护效益外，应注意其经济效益。根据高速公路各地段的自然条件选择适宜生长、树形好的树种，合理密植，就地培育苗木，并应尽量与农田防护林带结合。高速公路上的绿地供人们观赏景观只是瞬间的，但却是持续的，因而讲究群体美，植物配置要简单明快，根据车辆的行车速度及视觉特性确定群植大小和变化节奏，以调节行车环境和减少司机疲劳。

因高速公路采用封闭式管理，树木养护难度大，为保证公路畅通、美观和绿地养护人员的安全，应选择易种、易管又有利于树木本身生长发育和发挥其绿化美化作用的树种（图 3-31）。

图 3-31　高速公路绿地设计

1. 高速公路出入口、交叉口、涵洞种植设计　高速公路出入口是汽车出入的地方，在出入口栽植的树木应该配置不同的骨干树种作为特征标志，引起汽车驾驶员的注意，便于加减速及驶出驶入。高速公路交叉口 150m 以内不栽植乔木；道路拐弯内侧会车视距内不栽植乔木；交通标志前、桥梁、涵洞前后 5m 内不栽高于 2m 的树木。

2. 中央分隔带种植设计　高速公路（中央）分车绿带是指车行道之间的绿化带，其主要功能是隔离车辆分道行驶，防止汽车驶入分隔带及阻挡对行车辆的眩光，诱导视线及美化道路环境，保证行车安全。中央分隔带种植整齐的花木、绿篱、低矮的灌木及矮小的整形常绿树，不仅可以有效遮挡相当车辆的灯光，起到防眩作用，有助于降低交通事故的发生。栽植的树种应该是四季常绿，生长缓慢，低矮，耐修剪，抗旱，抗寒，抗病虫害。

3. 防护带种植设计　高速公路两侧往往有防护带，其主要作用为防风隔音、纳污除尘、固土护坡、调节气候、涵养水源、引导视线、协调景观。防护带绿地的设计考虑到沿线景色变化对驾驶员心理上的作用，过于单调驾驶员容易产生疲劳、疏忽而导致交通事故，所以在修建高速公路时尽可能保护原有自然景观，并在道侧适宜点缀风景林群、树丛、宿根花齐群，采用外高内低，即远乔木、中灌木、近草坪的三层绿化体系，形成一个连续、密集的林带。有些地方栽植经济林作为防护带，既增加景色的变换，起到绿色屏障的作用，又带动了经济发展。

4. 边坡种植设计　边坡绿化的主要目的是为了保持水土，稳固边坡，改善高速公路景观，补偿施工对环境的破坏。挖方土质边坡可根据土质情况进行绿化设计；挖方石质边坡宜采用垂直绿化材料加以覆盖以增加美观，可选用阳性、抗性强的攀缘植物；填方区的绿化可采用种草坪及花灌木等固土护坡。对于挖方路段前的填方结合段的绿化，可采用密集绿化方式，从乔木过渡到中灌木、矮灌木，这样可减少光线的变化对驾乘员的影响，起到明暗过渡的作用。

5. 互通区种植设计　互通是高速道路交叉连接的重要形式。互通绿化景观设计的目的是引导驾驶员视线，保证行车安全以及美化环境。互通绿化内容包括：指示栽植，采用高大乔木，设在环道和夹角地带内，用来为驾驶员指示位置；缓冲栽植，采用灌木，设在桥台和分流地方，用来缩小视野，间接引导驾驶员降低车速，或在车辆因分流不及而失控时，缓和冲击，减轻事故损失；诱导栽植，采用小乔木，设在曲线外侧，用来预告高速公路线形的变化，引导驾驶员视线；禁止栽植，在立体交叉的合流处，为保证驾驶员的视线通畅，安全合流，不能种植树木。

互通绿化设计首先要服从交通功能，在保证交通安全、增加导向标志的前提下，可以根据互通式立体交叉的特点构图，图案简洁、空间开阔，适当点缀树丛、树群，注重整体感、层次感，形成开敞、简洁、明快的格调；或者选择一些常绿灌木进行大片栽植，构成宏伟图案，同时适当点缀一些季相有变的色叶木和花果植物，形成乔、灌、草相结合的复层搭配植物景观，赋予其一定的历史文化、民族风情等内涵。

6. 服务区种植设计　沿线服务区是指为过往车辆提供汽车修理、汽车加油以及司机和旅客暂停吃饭、购物、休息等综合服务的功能区。优美的环境能给司机和乘客以美的享受，减少旅途的疲劳。设计以庭院绿化形式为主，形式开敞，以现代形式结合局部自然式种植。可采用线条流畅、舒缓的剪型绿篱突出时代气息，局部的自然式植物配置便于服务区的人们近观品位。根据不同服务区的建筑风格，设计并创造出环境优雅、景观别致的绿化效果。

三、城市快速环道的绿化设计

随着我国经济建设的快速发展，城市化的速度也随之加快，大城市、特大城市日渐增多，中心城市、城市群亦随之形成。城市范围的不断扩大，要求城市内部的联系要更加密切、更加快捷，城市快速道路及其网络就应运而生了。城市快速干道作为城市道路的重要组成部分，它的交通系统通常具有全线采用互通式立交、道路全封闭、高车速等特点。绿化景观则具有线性空间和块状空间交错分布、绿化面积大、视线高程和方向变化多端的特性。城市快速干道的景观既是往来于城际的人们对城市的第一印象，也影响着本地居民的公共生活和人文精神。道路绿化在整个绿地系统中既是面，又是线，起着连接整个绿地生态系统的作用。

1. 城市快速环道的绿化设计　城市快速环道的绿化，主要包括分车带、行道树、路侧绿带、防护绿带、边坡的绿化等内容。城市快速环道的道路绿化植物种植设计介于城市道路和公路绿化之间，是车辆行驶速度较快的道路绿化。行道树绿带和分车绿带以及路侧绿带的种植设计都可以参考城市主干道路的绿化种植设计。在沿线有较多居住居民的位置，应考虑结合路侧绿带设置街头小游园，提供居民的日常游憩使用。但是快速环道的绿化设计也有其特点，特别是模纹造型变化的区段间隔要大一些，一般控制在 80～100m 为最合适。布置要简洁大方、视线通透，尤其是分车带绿化要用低矮植物，以草坪为主，花灌木点缀为辅，尽量体现城市快速环道的绿化特点和显示出园林建设新气象、高水平。

快速环道因为围绕于城市外围，可能要穿越山地、丘陵等较复杂的地形，往往要开山辟地，这种情况下还要做好道路两侧的边坡处理。边坡绿化的首要目的就是要防止水土流失，防止塌方，保证行车和行人安全，其次就是要达到较好的边坡绿化景观效果。边坡通常采用小灌木整形修剪、形成图案或色块效果，或者利用草坪或观赏草甚至是本地常见草本植物，也可以采用藤本攀缘植物及其他类型地被植物综合利用来进行边坡的绿化。

2. 城市外环路的防护林带绿化设计 在很多大城市的外围环城路以及北方风沙危害频繁或沿海台风袭击较严重的城市，外环路往往还要做好防护林带的种植设计。外环路的防护林带主要有生态防护型林带、风景观赏型林带、观光休闲型绿化林带三种形式。

3. 环城高速路的绿化设计 有些城市的最外围快速环道是设计成高速公路的形式，高速公路的横断面包括中央隔离带（分车绿带）、行车道、护栏、边沟、边坡、路侧绿带和护网等。中央分车绿带宽度不一，通常种植花灌木和常绿灌木，较窄的分车绿带采用较紧密种植，整形成绿篱形式，高度以可以挡住相向行车的灯光为宜，使夜间行车的司机不会受到相向行驶车辆的眩光干扰。分车绿带不宜种植乔木，以免影响高速行驶中司机的视线和内侧车道的行车空间。较宽的分车绿带可采用整形灌木、地被、草坪的复层植物配置，但也要达到防眩光干扰的功能要求。

【典型案例分析】

某城市道路绿地设计项目

江苏省镇江 338 省道镇南立交至葛村收费站段绿化设计项目起于镇南立交东匝道，沿 338 省道向东下穿沪宁铁路，跨越京杭运河，过松林山后偏移老路另辟新路，在丁岗镇北面绕越丁岗镇区，止于镇江新区与丹阳市交界处。道路全长 21.9km，按一级公路标准建设，道路红线宽 80m，路基宽 50m。道路全线为 4 板 5 带式，中央分隔带、机非隔离带、路侧绿地及节点绿地设计面积共约 110 万 m²。下面将选取项目其中一个标段"迎宾红"路段展开分析，内容涵盖城市道路绿地规划设计的步骤、方法及设计要点。

一、对项目的理解

（一）项目操作的步骤与方法

1. 思考视角 站在城市发展、品牌建立的高度思考设计；站在推陈出新、利于操作的角度展开设计。

道路作为搭建城市的基本骨架，体现着城市的建设水平和精神人文风貌。作为省道，还担负起城市对外展示窗口的重要职责，而随着城市的不断发展，338 省道将逐渐发展成为城市内部道路。因此，设计不能简单停留在绿化层面，而应该站在城市战略发展、城市品牌建立的高度进行思考，仔细研究区域自然风貌、城市历史人文，然后得出本案的设计定位、创意构思、建设目标。

2. 技术路线

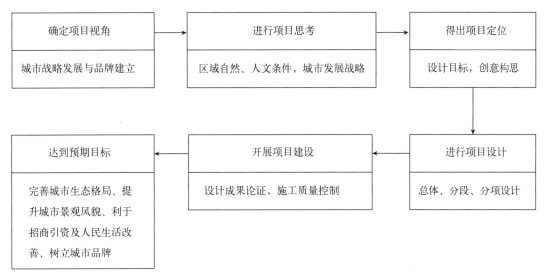

（二）设计目标

1. 完善城市生态格局　以景观生态学理论为指导，通过合理的绿化设计，构筑城市生态廊道，连接城市中心区与外围非建设用地，引导夏季微风导入，改善城市热岛效应。

2. 提升城市景观风貌　随着城市的发展和建设用地的不断拓展，338省道的周边部分区段将逐渐被纳入城市建设范围之内，由此，高标准的道路景观建设将大大提升城市整体景观风貌，与周边自然山水、人文历史风貌协调发展。

3. 利于招商引资及人民生活改善　完善的基础设施建设、良好的自然生态环境是引导招商引资的重要条件之一，338省道作为连接镇江与其他城区的交通枢纽，良好的景观风貌将提升城市形象，增强招投资信心，同时大大改善人民的生活环境，创造宜居宜业的环境氛围。

4. 树立城市品牌　338省道作为展示城市形象的一面窗口，其切合城市环境同时充满独特创意的景观设计，将作为城市标志存在，与城市其他自然及人文风光一并成为镇江城市品牌的重要组成部分。

（三）设计挑战

1. 如何平衡生态性与观赏性　生态植物栽植方式要求以乡土树种为主，按照地带性特点合理搭配乔、灌、草，形成稳定的群落结构。此种方式构筑的植物景观相对单一，以自然野趣为主，缺乏人为设计痕迹，观赏性较差。而本案例作为省级道路，在满足生态性的前提下，着重考虑车行视距的观赏需求，体现丰富性、艺术性和独特性。因此设计须首先取得生态性与观赏性的平衡，由此获得可持续发展动力。

2. 如何创造丰富而统一的植物景观　338省道规划段全长21.9km，考虑车行速度60～80km/h，全程需耗时30min左右。过长的行驶距离无论从安全性还是景观性方面考虑，都需要丰富、多变的景观打破沉闷、体现趣味性。而作为同一条道路，大气统一的总体景观氛围需要持续保持。因此设计须从统一中寻求多变，在和谐中创造差异。

3. 如何体现地域特色及镇江城市特色 338 省道作为镇江的城市道路，应与其他城市道路相区别，避免照搬照抄。设计应充分挖掘镇江自然及人文特色，将其转化为设计要素，在本案例中充分展现。因此如何进行构思巧妙、充满创意的设计成为本案需重点解决问题之一。

二、对所在地区建设条件的认识

（一）宏观层面

1. 自然条件

（1）气候条件。镇江属北亚热带南部季风气候区，四季分明，利于植物生长。

（2）土壤条件。镇江全市低山丘陵以黄棕壤为主，岗地以黄土为主，平原以潜育型水稻土为主。

（3）植物资源。镇江植物资源丰富，落叶阔叶树有麻栎、黄连木、枫杨等；常绿阔叶树有青风栎、苦槠、石楠等。药用植物有 700 多种。引进的树种有黑松、杉木、泡桐等。宝华山自然保护区有木兰科中最珍稀的宝华玉兰。

（4）水利资源。镇江水资源丰富，全市河流 60 余条，总长超过 700km，以人工运河为多。

2. 人文条件

（1）历史。镇江是一座具有 3500 多年历史的中国历史文化名城，历史上一直是重要的政治中心和兵家必争之地，镇江之名至今已沿用 800 多年。

（2）山水。"城在山中，山在城中"的"城市山林"，具有"一水横陈，连冈三面，做出争雄势"的景观风貌。

（3）名人。镇江受江南文化浸润，人杰地灵，自古以来名人辈出。

（4）遗迹。镇江境内历史遗存丰富，有享誉千古的金山江天禅寺，久付盛名的焦山碑林，别具风情的宋元古街，精巧独绝的过街石塔，隐于苍松翠柏中的昭明太子读书台，雕塑珍品六朝陵墓石刻，风景名胜西经古渡等。

3. 城市发展战略 镇江致力于打造"清新秀丽、充满灵气与活力的江南名城"，构筑"一体两翼"新形态，打造"南山北水"新景观，彰显名城保护新特色，营造宜人生活新环境。目前已初步构建起"一环两楔两洲"的生态体系框架。

（二）微观层面

1. 镇江城市道路绿化现状解读

（1）镇江现有城市道路绿化设计整体水平较低，植物搭配较为单调，品种缺乏，未能合理考虑竖向、立面、色彩、质感等方面的对比与协调，导致道路景观单调，缺乏吸引力。

（2）镇江现有城市道路未能很好地担负起"城市绿色廊道""通风廊道"等生态作用，绿量偏低、养护管理较差、植物搭配不够科学合理，未能营造稳定的植物群落结构。

（3）镇江现有城市道路未能很好地体现地域特色，绿化景观与硬质景观的搭配较为生硬，特色不够鲜明。

2. 基地周边用地性质分析

（1）项目区位。项目起于镇南立交东匝道，沿 338 省道向东下穿沪宁铁路，跨越京杭运河，过松林山后偏移老路另辟新线，在丁岗镇北面绕越丁岗镇区，止于镇江新区与丹阳市交界处。道路全长 21.9km。

（2）基地周边用地性质。基地位于镇江现有主城区以外，在近期建设用地规划里，基地周边用地性质主要为其他绿地，属于城市非建设用地类型，局部路段靠近工业用地（图3-32）。

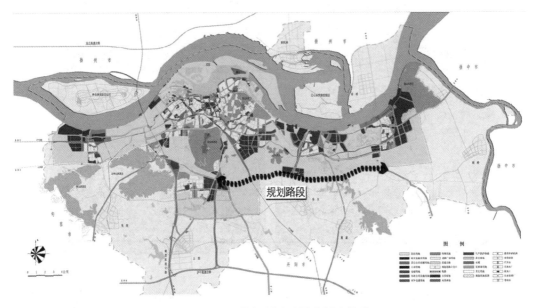

图 3-32　近期规划基地周边用地性质

（3）远景发展规划。随着城市的发展和城市建设的不断推进，基地周边将逐渐集聚生产性建设用地，以及与之配套的生活性建设用地，除此之外，其他绿地也占有较多的比例。

因此，通过对基地周边近期及远期用地性质的分析，结合镇江城市发展战略，可以得出，规划道路的性质近期为城市核心区外围交通干道，是一条连接镇江与其他城市的省级交通道路；而随着城市的发展，规划道路在远期将成为城市内部交通干道，连接核心生活区块与工业区块。道路绿化设计应从全局考虑，以前瞻性眼光，即解决近期省际快速路的景观需求，又满足未来作为城市内部干道的景观及功能需求。

3. 基地现状解读　现状植被以农田、大叶女贞、香樟、白杨、水蜡为主；规划区周边水体分布众多，大部分水体规模小，局部与将建道路绿化带产生交叉，最大的水系为京杭大运河；厂区多集中于道路中西侧地段，大多规模较小、景观利用度低；道路两侧民居点众多、建筑风格老旧，无特色民居村落；多条道路横穿基地，其中主要有 4 条城市干道，即：经十二路、谏辛路、雩龙公路、S241 省道；于 S338 老路西侧存在两处山体，山体植物景观风貌较好，植物生长茂盛（图3-33）。

三、总体方案设计

（一）总体方案设计

1. 主题定位　以镇江历史文脉及独特的自然山水风光为依托，融入新时期镇江城市发

图 3 - 33　基地现状

展新风貌，以色彩为主要表现载体，以植物为主要景观元素，通过乔、灌、草、宿根花卉等的合理搭配，在低碳生态的前提下，于统一中寻求丰富的色彩、季相、层次、质感变化，形成"迎宾红""人文蓝""生态绿""创意黄（金）""宜居紫"五个分段主题，从而打造充满镇江地域特色于人文气质的低碳五彩大道（图 3 - 34）。

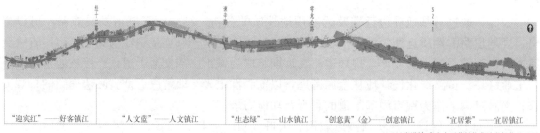

| "迎宾红"——好客镇江 | "人文蓝"——人文镇江 | "生态绿"——山水镇江 | "创意黄"（金）——创意镇江 | "宜居紫"——宜居镇江 |

338省道镇 南立交至葛村收费站段绿化总平面

图 3 - 34　分段示意

2. 景观设计手法

（1）中央隔离带。

① 关键词：简约纯净，视觉冲击，色块满铺。

② 植物配置手法：以规整式种植手法为主，高大乔木成林种植，弱化中层，下层满铺地被、灌木、花境植物，强调色彩、质感的和谐与对比，同时与大乔木形成竖向对比，由此形成巨大的视觉冲击力。

（2）路侧绿地。

① 关键词：线条流畅，大气丰富，生态背景林。

② 植物配置手法：以自然式种植手法为主，乔木片植，中层树种丛植，地被植物成片自然式满铺，同时以缓坡地形塑造空间效果，增加层次变化，结合纯净草坪及花境，形成上、中、下层次丰富、结构稳定的植物群落。

（3）机动车与非机动车隔离带。

① 关键词：规整挺拔，简约纯粹，林荫廊道。

② 植物配置手法：以规整式种植手法为主，列植大乔木，整齐划一，形成绿色行道树系统，发挥林荫效果，构筑绿色生态廊道。

3. 设计原则与指导思想

（1）生态优先。设计秉承生态学思想，将构建完善的生态廊道、降低城市热导效应、营造舒适宜人的绿色环境放在首位，设计以适地适树、乡土树种为主的植物品种选择，互惠互利的植物种间搭配，选择合适的种植间距，发挥物种多样性和空间多样性功能等方面进行综合考虑。

（2）文脉传承。在对镇江山水格局、历史人文透彻研究的基础上，通过合理的植物造景及硬质景观设计将历史文化、城市精神融入其中，从而传承文脉与场地记忆，使景观设计获得持续发展的动力。

（3）系统连续。338省道作为连通镇江与其他城区的绿色廊道，在生态上应连续贯通，形成物质流、能量流的绿色通道；在景观上应协调统一，展现出和谐连贯的景观开敞面，激发城市活力。

（4）主题鲜明。

① 分段与统一。按照338省道的长度，设计预计将其分成几段，安排不同的分段主题，从而构筑不同的植物景观特色，方显丰富多彩。而分段主题又必须与总体定位切合，在统一中寻找各自特色。

② 艺术性原则。选择和配置园林植物要符合景观艺术要求。既满足植物与环境在生态适应上的统一，又要通过艺术构图原理体现出植物个体及群体的形式美，及人们欣赏时所产生的意境美。

（二）分段设计

1. "迎宾红" 段绿地规划设计（图3-35～图3-40）

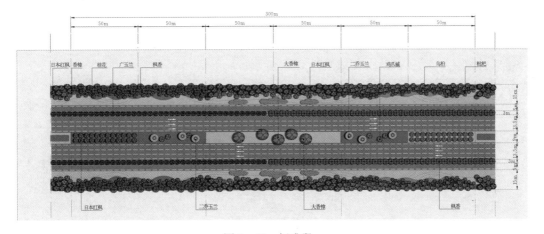

图 3-35　标准段一

园林规划设计

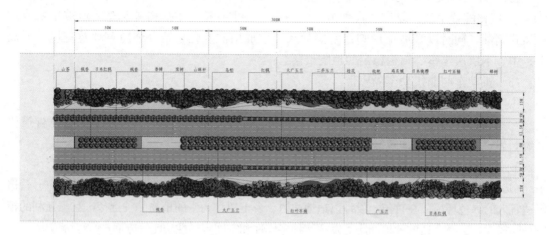

图 3-36　标准段二

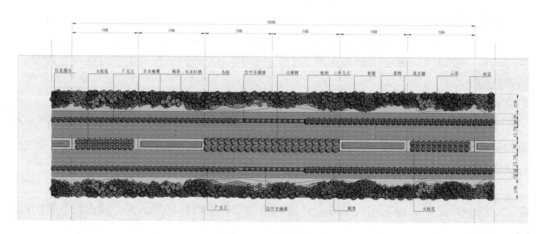

图 3-37　标准段三

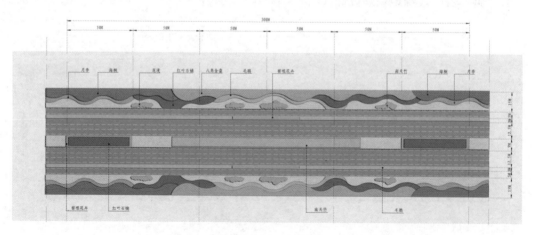

图 3-38　"迎宾红"下层植物平面图

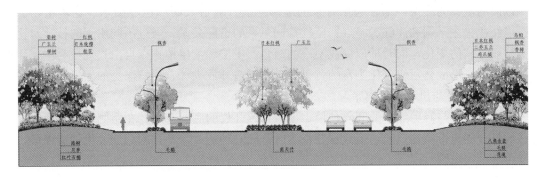

图 3-39 "迎宾红"剖面图

图 3-40 "迎宾红"效果示意

（1）文化主题：好客镇江。

（2）色彩主题："红"。

（3）关键词：热情红艳、宏伟大气、礼仪迎宾。

（4）设计手法。

① 中央隔离带。

标准段一——以几何修整的大面积红色叶灌木及常绿草坪为底，间隔搭配规整列植的双排大规格红色叶及常绿乔木，将红色主题尽情演绎，营造极具视觉冲击力的红色迎宾大道。

标准段二——在起始及收尾处列植双排红色叶乔木，延续红色主题，中间段采用纯净地被草坪，结合点植大乔木的手法，开放、纯净、现代，展示好客新镇江的独特魅力。

标准段三——前后用 40m 的常绿大灌木带作为标准段二与下一色彩主题的有机过渡，中段继续采用双排红色叶大乔木的设计手法，二者之间以红花宿根花卉，结合常绿草坪，努力做到过渡自然，气势宏大。

② 路侧绿地。

以简约流畅的线条，结合起伏有致的地形塑造，栽植大面积色叶灌木、花境植物、地被，以红色为主，调和浅红、暗红、紫红等同色系的搭配关系，通过不同质感的枝叶对比获得美妙而丰富的变化，同时辅以深浅不一的绿色。中层和上层植物以自由式栽植为主，注重成片的组合，形成林冠线变化丰富的背景林带，创造开放大气、热情洋溢的入口迎宾景观。

③ 机动车与非机动车隔离带。

以宿根花卉与修剪灌木的间隔种植，创造精致开放的底层空间，在路侧绿地种植宿根花卉区域打开隔离带植物空间，形成观花视线区，同时种植大叶型乔木，最大化创造绿量，打造绿色林荫大道。

（5）树种选择。

① 基调树种：日本红枫、榉树、乌桕、枫香。

② 搭配树种：香樟、广玉兰、桂花、玉兰。

③ 中层小乔木（大灌木）：桂花、日本红枫、二乔玉兰、枇杷、日本晚樱、红枫、鸡爪槭、红叶石楠、美人茶、红瑞木。

④ 地被色块：杜鹃（红花）、红花檵木、红叶石楠、南天竹、月季（红花）、海桐、龟甲冬青、麦东草、茶梅、八角金盘、红花系地被宿根花卉等。

2. "迎宾红——人文蓝"节点（图 3 - 41、图 3 - 42） 节点东西两侧延续各段色彩主题、西侧节点利用香樟及枫香形成色叶背景林带，中部栾树、广玉兰、鸡爪槭、桂花形成季相变化丰富的植物群落；东侧节点栽植传统树种，如香樟、白玉兰、重阳木、桂花、蜡梅、含笑、湿地松等，呈混合式组团种植，映衬设计主题。同时于节点处布置公共艺术品，展现城市荣誉，整个节点在两个标段的衔接中承上启下，有机过渡。

① 基调树种：榉树、香樟、枫香。

② 搭配树种：广玉兰、栾树、重阳木。

③ 中层小乔木（大灌木）：鸡爪槭、桂花、含笑、蜡梅、湿地松。

④ 地被色块：杜鹃、栀子花、茶梅、八角金盘、红叶石楠、葱兰、麦冬草、红花系及蓝花系地被宿根花卉等。

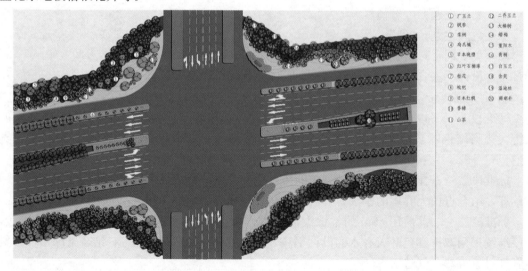

图 3 - 41 "迎宾红——人文蓝"节点平面图

图 3-42　"迎宾红——人文蓝"节点效果示意

（三）分项设计

1. 植物设计

（1）植物选择原则。根据总体设计、分段设计要求及设计原则与指导思想，结合基地的自然条件，确立主要植物品种。

（2）技术指标。根据基地自然环境条件，应以常绿树为主进行种植，增加秋季色叶植物和四季开花的乔木、灌木、草本植物和宿根花卉植物，体现季相变化，为城市道路增彩。植物栽植主要技术指标建议如下：

① 常绿落叶植物比例：3:7，即常绿植物占30%，落叶植物占70%。

② 针阔叶植物比例：1.5:8.5，即针叶树占15%，阔叶树占85%。

③ 速生慢生树比例：7:3，即速生树占70%，慢生树占30%。

④ 乔木、灌木、草本比例：5:3:2。

（3）植物品种选择。

① 基调树种：树干通直，树冠圆满，树形优美，生长迅速且在本区内长势良好，能够充分反映设计主题并迅速形成树大荫浓、绿意葱茏的植物景观，推荐作为基调树种。如：银杏、榉树、乌桕、枫香、紫玉兰、苦楝、香樟、无患子等。

② 搭配树种：选择树形圆整，冠大荫浓、树干通直，既有造景功能，又有好的遮阴效果的树种作为搭配树种。如：白玉兰、广玉兰、栾树、大叶女贞、黄连木、臭椿、孝顺竹等。

③ 补充树种：其他树种则作为补充树种，丰富植物种类，形成景观特色的群落式植物景观，并起到生态防护效应。如：复叶槭、刺槐、紫叶李、樱花、三角枫、丝绵木、黄连木、海棠、木瓜、杜梨、柿树、核桃、大叶黄杨等。

④ 草坪地被：针对镇江的气候和立地条件，选择冷季型草（早熟禾、高羊茅、黑麦草）、马尼拉、细叶麦冬作为基调草种，天堂草、紫花苜蓿、小叶扶芳藤、常春藤、鸢尾、萱草、金鸡菊、荷兰菊、麦冬、菊花、狼尾草等作为辅调品种，其他的则作为补充，这些地被植物景观

效果好且管理相对较为粗放，在不影响景观效果的前提下可以降低后期管护成本。

（4）树种规格和间距。为了在短期内达到较好的种植效果，路侧背景林部分宜以密林为主种植，并选择秋季色叶树为主进行搭配，形成层林尽染的效果。密林区大乔木（香樟、枫香、乌桕、榉树等）规格应在胸径 10cm 以上，种植间距 3.5～4.5m 比较适宜。小乔木（大叶女贞、樱花、枇杷等）规格应为地径 8cm 以上，种植间距 3～3.5m 比较适宜。大灌木冠幅不低于 150cm。小灌木（金叶女贞、龙柏苗、石楠苗等）则根据品种控制规格和密度。草坪结合点植大乔木区域，树种规格要大，才能表现较好的种植效果，乔木胸径宜在 30cm 以上，灌木冠幅宜在 200cm 以上。为了达到理想的道路植物景观效果，尽量要求全部带冠、带土球移植。

2. 公共艺术品设计（图 3-43、图 3-44）　公共艺术品的首要存在特征是与城市空间环境紧密结合，与城市文化、城市性格、建筑风格等特征协调一致。

图 3-43　入城标识意向图

（1）338 省道公共艺术品设计原则。

① 简洁大气，整体凸显。公共艺术品设计应采用现代简约风格，力求形象鲜明、主题突出。同时考虑车行观赏的视距及速度，公共艺术品设计应以凸显整体形象为主，线条流畅，可省略对细节的过多考虑。

② 文脉传承，主题切合。公共艺术品设计应与"低碳五彩大道"的总体定位相切合，同时结合各分段特色，凸显分段主题。同时公共艺术品表现手法丰富，可作为传承文脉、展现城市风貌特色的绝佳载体，与植物景观密切配合。

图 3-44　《城市金名片》设计示意

③ 本土材料，绿色环保。公共艺术品设计遵循低碳环保理念，选择当地易于获取的材料，凸显本土特色；同时设计应从人的观赏视距和观赏心理出发，体量不易过大，色彩与周围植物景观、自然环境相切合。

（2）"迎宾红"段设计要点。

关键词：色彩亮丽；现代大气；城市名片。

设计要点：将镇江城市的主要特色、城市荣誉、景观风貌用公共艺术品的形式进行展现，手法现代、简约大气，集中展现镇江的勃勃生机和发展势头。

（四）工程造价估算

编号	项目名称	单位	工程量	单价	总价（万元）
一	工程施工费				12971.4
1	特选大乔木	棵	300	30000	900.00
2	大乔木	棵	35718	800	2857.4
3	小乔木	棵	48600	400	1944
4	大灌木	棵	27850	300	835.5
5	地被灌木	m²	844500	50	4222.5
6	宿根花卉	m²	27500	40	110.00
7	草坪	m²	228000	15	342.00
8	土方	m³	11000000	16	1760.00
二	工程建设其他费用				990.348
（一）	建设管理费				
1	建设单位管理费			1.00%	129.714
2	建设管理其他费			1.00%	129.714
3	工程监理费			2.00%	259.428
（二）	前期工作研究费			0.50%	64.857
（三）	勘测费			1.80%	233.485
（四）	环评费			0.20%	25.94
（五）	劳动安全卫生评价费			0.035%	4.54
（六）	场地准备及临时设施费			0.80%	103.77
（七）	工程保险费			0.30%	38.9
三	预备费（一＋二）×10%			10.00%	1396.2
四	工程估算总额（一＋二＋三）				15357.9

四、对项目实施的合理化建议

设计阶段完成之后，项目将进入施工阶段，施工质量的好坏将在很大程度上决定项目建设的成果。施工完成之后，根据项目建设以植物造景为主的特点，还需要经过较长的养护管理时期。良好的养护管理能够巩固设计、施工的成果，提高植物成活率、防止病虫害、降低成本等。

（一）施工阶段

设计阶段完成之后，应根据图纸内容选择合适的季节、时间完成现场施工任务。施工质量的好坏在很大程度上决定了最终的道路景观效果，因此本案例就施工阶段中栽植时间、整地和换土、选苗和起苗、栽植、大树移植等技术措施的科学性与规范性做出要求。（具体内容略，请参阅相关书籍）。

（二）后期养护阶段

根据338省道中绿地所处位置和对交通环境的影响，可将绿地养护工作按重要性分为以下三类：

1. 安全重点区 中央分隔带及道路交叉口视野范围内的植物因交通安全必须保持植物高度，同时还要讲究园艺造型。因此，这部分植物除每年一次生理修剪（冬、春整形）外，还要从安全角度，依据植物生长状况进行及时修剪，确保安全性和美观度。

2. 形象重点区 "迎宾红"段即338省道的入口部分，以大面积流畅花境、地被为主，为保证良好的迎宾景观效果，应及时修剪，同时根据季节及时更换花境植物。除此之外，其他主题路段的重要景观区段，也应根据需求进行及时修剪整形，并更换花境植物。

3. 非重点区 如路侧绿地、边坡（坡脚）这些区域对交通安全影响不大，以自然式栽植为主，整形植物相对较少，每年在春、秋季进行一次整形及生理修剪即可。

同时，要注意加强水肥管理以及病虫害防治。

本章小结

城市道路绿化的设计是城市道路设计的重要组成部分，在城市绿化覆盖率中占较大比例，也是城市景观风貌的重要体现。随着城市的发展，城市道路绿地的建设模式和方法也在不断进步，城市地理位置的不同以及城市特色的多样化，在保证交通运输、生态环境、园林景观等的基础上，道路绿地的建设还要体现出城市的个性和人文特色，国内很多城市都有城市园林景观大道，给游者留下深刻的印象；分车绿带经常建成色彩丰富、图案精美的模纹式绿带，加上乔、灌木和地被植物的合理搭配，生态及景观效果较好；行道树和路侧绿带充分考虑行人的心理和行为需要，通常设计成带状休息绿地，结合街头小游园，使道路成为居民游览、休息、散步和健身等的优美场所，同时生态环境较好。

复习思考题

1. 城市道路绿化断面布置主要有哪几种形式？
2. 城市道路绿地规划设计应遵循哪些基本原则？
3. 城市道路绿地有哪几种类型？
4. 城市道路绿带包括哪几部分，设计上有哪些要求？
5. 交通岛绿地包括哪几部分，如何进行设计？
6. 花园林荫道有哪几种类型，设计原则是什么？
7. 高速公路的绿地包括哪些方面？如何进行设计？

实训一 城市道路绿地设计

[实训目的]

（1）明确城市道路绿地设计的原则。

（2）明确城市道路绿地设计的要求和内容。

（3）掌握城市道路绿地设计的方法和步骤。

（4）掌握城市道路的绿地设计，并能够结合其功能进行合理的植物配置和树种选择。

（5）增强城市道路的绿地设计技能，能够创造出优美、实用、有城市特色和人性化的道路绿地环境。

[实训内容]

结合所学的城市道路绿地设计基本理论知识，运用各种造园手法、园林的构成要素，按照园林绿地规划设计的程序，利用现有城市道路绿地或假设建设一条城市道路的绿地，设计一个包含有分车绿带、行道树绿带、路侧绿带的四板五带式城市道路绿地的绿化设计，并能够结合其功能进行合理的植物配置和树种选择。

实训题目：×××道路标准段绿化设计。

实训面积：道路标准段宽度不小于60m，长度不小于100m。

实训学时：8~10学时。

[实训要求]

（一）实训建议

在教学前，教师应提前安排好实训的地点（或虚拟各种环境），带领学生进行现场考察，最好有设计需要的现状图或进行现状图的测量。课前预习实训内容，在教师讲解实训的重点和难点、实训过程的基础上，在规定的时间内完成实训内容，同时对设计内容进行评价、修改和提出自己的见解。

（二）实训条件

（1）园林树木和花卉栽培内容已经熟练掌握并且会应用。

（2）有一定面积的城市道路平面图、断面图或需要进行绿地设计的道路绿化任务书。

（3）反映绿化用地范围内地上、地下环境的各种管线布置图。

（4）2号图纸和相应的绘图工具。

（三）实训要求

（1）图纸及设计要求：

① 图纸大小及绘图比例自定义。

② 要对设计的内容上墨线，并进行色彩渲染。总体的图面布局要合理。

③ 完成总体的绿化设计工作，在设计过程中要考虑居民对绿地的使用要求。

④ 在树种选择上，要考虑绿化美化的要求，设计图例应与树种相符。

⑤ 在各种图例的绘制过程中，要注意其美观性。

（2）植物配置和选择要求：

① 乔、灌木结合，植物种类不宜繁多，在统一的基调的基础上，树种力求变化。

② 植物景观设计上考虑季相和色相变化。

③ 在栽植上，除了需要行列栽植外，一般都要避免等距离的栽植，可采用孤植、对植、丛植等，适当运用对景。

④ 在种植设计中，充分利用植物的观赏特性，进行色彩的组合与协调。还要注重选用不同树形的植物，丰富林缘线和林冠线的变化。

⑤ 宜选择冠幅大，枝叶密，深根性，耐修剪，落果少、无飞毛、无毒、无刺、无刺激性的植物。宜选择发芽早落叶晚的植物。选择发芽早落叶晚的阔叶树可增加绿色期。要求分

枝点有一定的高度（一般 2m 左右）。

[实训工具]

电子经纬仪、标杆、皮尺、测绳、木桩、pH 试纸、记录本、绘图板、绘图纸、丁字尺、三棱比例尺、三角板、圆模板、量角器、铅笔、绘图墨水笔、鸭嘴笔、彩色铅笔（或马克笔）、铅笔刀、橡皮、擦图片、曲线板、圆规、透明胶带、毛刷、图面材料等。

[方法步骤]

（1）相关资料收集与调查。主要包括土壤条件、环境条件、社会经济条件、人口及其密度，知识层次分析，现有植物状况等。

（2）实地考查测量。通过考查与测量，绘制现状图、树木分布图。

（3）根据现状图、树木分布图进行方案研讨。

（4）构思设计总体方案及种植形式，完成初步设计（草图）。

（5）正式设计、绘制设计图纸。

（6）苗木统计表、编制设计说明书。

[成果要求]

① 总体平面设计图。

② 功能分区规划图。

③ 景观分析图。

④ 纵断面图、横断面图。

⑤ 局部效果图。

⑥ 苗木统计表、编制设计说明书。

[实训考核]

实训考核评分标准见附录1。

实训二　花园林荫道绿地设计

[实训目的]

（1）掌握花园林荫道绿地的特点和设计要求。

（2）学会总体平面设计、植物搭配、铺装材料的选用、附属设施的配备等。

[实训内容]

结合所学的花园林荫道绿地设计基本理论知识，运用各种造园手法、园林的构成要素，按照园林绿地规划设计的程序，利用现有城市花园林荫道绿地或建设一定面积、一定长度的花园林荫道，设计一个提供市民进行休息、游览、娱乐、健身等活动内容的花园林荫道的绿化设计，并能够结合其功能进行合理的植物配置和树种选择。

实训题目：×××花园林荫道绿地设计。

实训面积：80m×40m。

实训学时：6~8学时。

[实训要求]

（一）实训建议

在教学前，教师应提前安排好实训的地点（或虚拟各种环境），带领学生进行现场考察，最好有设计需要的现状图或进行现状图的测量。课前预习实训内容，在教师讲解实训的重点和难点、实训过程的基础上，在规定的时间内完成实训内容，同时对设计内容进行评价、修改和提出自己的见解。

（二）实训条件

（1）园林树木和花卉栽培内容已经熟练掌握并且会应用。

（2）有一定面积的城市道路平面图、断面图或需要进行绿地设计的道路绿化任务书。

（3）反映绿化用地范围内地上、地下环境的各种管线布置图。

（4）2号图纸和相应的绘图工具。

（三）实训要求

（1）图纸及设计要求：

①图纸大小及绘图比例自定义。

②要对设计的内容上墨线，并进行色彩渲染。

③在各种图例的绘制过程中，要注意其美观性，总体的图面布局要合理。

④完成总体的绿化设计工作，在设计过程中要考虑居民对绿地的使用要求。

⑤花园林荫道的绿化设计要与街道整体相协调。

⑥在树种选择上，要考虑绿化美化的要求。设计图例应与树种相符。

（2）植物配置和选择要求：

①乔、灌木结合，植物种类不宜繁多，在统一的基调的基础上，树种力求变化。

②植物景观设计上考虑季相和色相变化。

③在栽植上，除了需要行列栽植外，一般都要避免等距离的栽植，可采用孤植、对植、丛植等，适当运用对景。

④在种植设计中，充分利用植物的观赏特性，进行色彩的组合与协调。还要注重选用不同树形的植物，丰富林缘线和林冠线的变化。

⑤宜选择冠幅大，枝叶密，深根性，耐修剪，落果少、无飞毛，无毒、无刺、无刺激性的植物。宜选择发芽早落叶晚的植物。选择发芽早落叶晚的阔叶树可增加绿色期。要求分枝点有一定的高度（一般2m左右）。

［实训工具］

电子经纬仪、标杆、皮尺、测绳、木桩、pH试纸、记录本、绘图板、绘图纸、丁字尺、三棱比例尺、三角板、圆模板、量角器、铅笔、绘图墨水笔、鸭嘴笔、彩色铅笔（或马克笔）、铅笔刀、橡皮、擦图片、曲线板、圆规、透明胶带、毛刷、图面材料等。

［方法步骤］

（1）相关资料收集与调查。主要包括土壤条件、环境条件、社会经济条件、人口及其密度，知识层次分析，现有植物状况等。

（2）实地考查测量。通过考查与测量，绘制现状图、树木分布图。

（3）根据现状图、树木分布图进行方案研讨。

（4）构思设计总体方案及种植形式，完成初步设计（草图）。

（5）正式设计、绘制设计图纸。

（6）苗木统计表、编制设计说明书。

[成果要求]

（1）总体平面设计图。

（2）功能分区规划图。

（3）植物种植设计图。

（4）建筑景观的必要的剖、断面图。

（5）局部效果图。

（6）苗木统计表、编制设计说明书。

[实训考核]

实训考核评分标准见附录1。

第四章 ·················

城市广场规划设计

【内容提要】

现代城市广场是现代城市开放空间体系中最具公共性、最具艺术性、最具活力、最能体现都市文化和文明的开放空间。它是大众群体聚集的大型场所，也是人们进行户外活动的重要场所。现代城市广场还是点缀、创造优美城市景观的重要手段，从某种意义上说，体现了一个城市的风貌和灵魂，展示了现代城市的生活模式和社会文化内涵。

本章将从世界城市广场的产生、发展及广场的概念出发，阐述其类型划分、基本特点、设计原则，并结合有关实例，阐明进行广场空间设计和绿地规划设计的一般理论。

【知识点】

1. 了解城市广场的概念。
2. 掌握城市广场规划设计的原则。
3. 熟悉广场规划设计的程序。
4. 掌握广场设计的原理。
5. 了解城市广场绿地规划设计要点。

【技能点】

1. 掌握城市广场规划设计的原则、原理与程序。
2. 能够进行文化娱乐广场的设计。

第一节 城市广场的类型及特点

一、城市广场的发展概述

现代城市广场与城市公园一样是现代城市开放空间体系中的"闪光点"。它具有主题明确、功能综合、空间多样等诸多特点，备受现代都市人青睐。但其产生和发展却经历了漫长的历程，其概念（定义）也是一个逐步成熟的过程。

城市广场发展已有数千年的历史。

从西方看，从古希腊时期就出现了真正意义的城市广场，由于古希腊温和的气候条件和浓郁的政治民主气氛，人们喜欢在户外活动，不太注重室内空间，由此产生了室外社区交往空间。同时，人们把自己对空间的体验感受和审美情趣反馈到广场的规划设计中。早期主要是商品交换的市场，同时信息和意见的交流与货物的交换有着同等重要的作用。随着时间的推移，市场的功能越来越综合多样，有司法、行政、商业、生产、宗教、文化娱乐、社交等，形态也由杂乱、不规则逐渐趋于统一完整，成为城市中最重要、最富活力的因素。与市场并存的阿索斯广场在今天的土耳其，约建于公元前3世纪，便是一例。它是一个梯形广场，两边是敞廊，空间较封闭，在广场较宽的一端有庙宇，只在面对广场的主面上才有柱廊。广场布局反映了古希腊时期手工业和商业发达的经济文化特色。

古罗马的广场使用功能有了进一步的扩大。除了原先的集会、市场职能外，还包括审判、庆祝、竞技等。著名实例有罗马罗曼努姆广场、凯撒广场、奥古斯都广场和图拉真广场。有趣的是，这些广场互相组织在一起，成为一个广场群，即使用今天的眼光看，这也算得上是典型的城市广场设计与城市设计案例。

中世纪的意大利城市广场已经成为意大利城市空间中的"心脏"。几乎每一座意大利城市都拥有匀称得体、充满魅力的广场，有学者认为，"如果离开了广场，意大利城市就不复存在了"。从功能上讲，意大利广场主要分为市政、商业、宗教以及综合性等类型。中世纪城市具有一种高度密实的城市空间特征，随着教堂、修道院和市政厅的建设，人们逐渐感到应有某种开放空间与其功能相匹配，这种局部拓展的空间区域就成为广场的雏形，市民们在此参与城市的社会、政治、文化和商业活动。从规划设计角度看，中世纪城市广场大多具有较好的围合特性，规模尺度适合于所在的城市社区，地点多位于城市中心，周边建筑物一般具有良好的视觉、空间和尺度的连续性，从而创造出：一种所谓"如画的"城市景观。著名实例有锡耶纳、阿西西的圣弗朗西斯科广场等。

15世纪文艺复兴时期的城市广场的主要特点是：力图在城市建设和对现存的中世纪广场改造中体现人文主义的价值，追求人的视觉秩序和庄严雄伟的艺术效果。科学性、理性化程度明显得到加强，并运用了透视原理、比例法则和美学原理。世界闻名遐迩的威尼斯圣·马可广场就是在这一时期基本完成的。总之，文艺复兴的城市广场在具体规划设计方面建立了一种至今仍有效的广场空间设计美学规范。

巴洛克城市广场设计的主要贡献是：将广场空间最大限度地与城市道路体系连成一个整体，并使城市形态呈现为更加活泼和动态的格局。它强调塑造一种可以自由流动的连续空间，强调广场及其建筑要素的动态视觉美感，将地形以及城市道路对景有机结合。著名实例有罗马的波波罗广场和圣彼德广场。

中国古代真正意义的城市广场相对比较缺乏。中国从奴隶社会发展到封建社会，远远早于欧洲，封建时期长达2000余年，这个时期的广场大致可分为两大类型：一类是院落空间发展而成的广场。这类广场平面布局手法充分体现了中国传统建筑类型不重对称轴线的特征，以住宅院落扩大到大型宫殿及庙宇建筑群，还扩大到整个城市布局。各种城市广场又是这种建筑组群的封闭式大空间，也可以说是庭院的扩大，如清代天安门广场。此类广场的特征是利用广场空间的变化衬托主体建筑的庄严神圣、至高无上的气势。除了有维护封建礼制和等级秩序的功能外，还有运气、吉凶等十分玄妙的象征意义，这是西方广场所没有的。另一类是结合交通、贸易、宗教活动功能的传统城镇空地。这类广场存在于因布局灵活多变，而且有一定的自发性，所以多结合地形呈不规整的自由形状。空间较为流通，常用牌坊、照壁、旗帜、望柱等小品，形成围而不堵的效果，常常用建筑小品构成标志和具有象征作用。广场尺度适当，有利于市民步行活动，较接近城市广场的基本意义，被称为"山顶一条船"

的四川罗城梭形广场便是一例。

中国传统广场尽管在结合地形、空间围合以及象征意义等方面积累了一些有益的经验，也有成功的城市空间设计，但就城市公共生活空间的核心——广场而言，与西方相比，中国的广场文化和思想观念是相对滞后的。西方传统城市广场经过各个历史时期的发展形成了丰富多彩的空间形态，为今天的城市广场设计留下了一笔宝贵的财富，仍具有一定的指导意义。

二、城市广场的概念

从以上的阐述得知，城市广场的产生、发展经历了一个漫长的过程，它随着城市的发展而发展。城市的高度文明必然带来城市广场的高度文明，换而言之，城市广场的发展是城市发展的集中表现。自古以来，城市广场的概念也是不断发展的。现代城市广场的定义与传统城市广场的定义相比，内容更加丰富，内涵更加深刻，而且正在迅速发展，所以将其定义是很困难的。

《城市规划原理》主要从城市广场的功能出发，把城市广场定义为："广场是由于城市功能上的要求而设置的，是供人们活动的空间。城市广场通常是城市居民社会活动的中心，广场上可组织集会、供交通集散、组织居民游览休息、组织商业贸易的交流等。

《中国大百科全书》（建筑·园林·城市规划卷）中主要从广场的场所内容出发，把城市广场定义为："城市中由建筑、道路或绿化地带围绕而成的开敞空间，是城市公众社区生活的中心。广场又是集中反映城市历史文化和艺术面貌的建筑空间。"

现代城市广场的定义是随着人们需求和文明程度的发展而变化的。今天我们面对的现代城市广场应该是：城市广场一般是指由建筑物、街道和绿地等围合或限定形成的永久性城市公共活动空间，是城市空间环境中最具公共性、最富有艺术魅力、最能反映城市文化特征的开放空间，有着城市"起居室"和"客厅"的美誉。

三、城市广场的类型

现代城市广场的类型划分，通常是按广场的功能性质、尺度关系、空间形态、材料构成、平面组合和剖面形式等方面划分的，其中最为常见的是根据广场的功能性质来进行分类。

1. 市政广场　市政广场一般位于城市中心位置，通常是市政府、城市行政区中心、老行政区中心和旧行政厅所在地。它往往布置在城市主轴线上，成为一个城市的象征。在市政广场上，常有表现该城市特点或代表该城市形象的重要建筑物或大型雕塑等，见图4-1。

市政广场应具有良好的可达性和流通性，故车流量较大。为了合理有

图4-1　旧金山市政广场

效地解决好人流、车流问题，有时甚至用主体交通方式，如地面层安排步行区，地下安排车行、停车等，实现人车分流。市政广场一般面积较大，为了让大量的人群在广场上有自由活动、节日庆典的空间，一般多用硬质材料铺装为主，如北京天安门广场、莫斯科红场等。也有以软质材料绿化为主的，如美国华盛顿市中心广场，其整个广场如同一个大型公园，配以座凳等小品，把人引入绿化环境中去休闲、游赏。市政广场布局形式一般较为规则，甚至是中轴对称的。标志性建筑物常位于轴线上，其他建筑及小品对称或对应布局，广场中一般不安排娱乐性、商业性很强的设施和建筑，以加强广场稳重严整的气氛。图4-2为天安门广场整体鸟瞰效果。

图4-2　天安门广场整体鸟瞰效果

2. 纪念广场　城市纪念广场题材非常广泛，涉及面很广，可以是纪念人物，也可以是纪念事件。通常广场中心或轴线以纪念雕塑（或雕像）、纪念碑（或柱）、纪念建筑或其他形式纪念物为标志，主体标志物应位于整个广场构图的中心位置。纪念广场有时也与政治广场、集会广场合并设置为一体，图4-3为北京的天安门广场平面图。

　　纪念广场的大小没有严格限制，只要能达到纪念效果即可。因为通常要容纳众人举行缅怀纪念活动，所以应考虑广场中具有相对完整的硬质铺装地，而且与主要纪念标志物（或纪念对象）保持良好的视线或轴线关系。例如：哈尔滨防汛纪念塔广场（图4-4）、上海鲁迅墓广场等。

　　纪念广场的选址应远离商业区、娱乐区等，严禁交通车辆在广场内穿越，以免对广场造成干扰，并注意突出严肃深刻的文化内涵和纪念主题。宁静和谐的环境气氛会使广场的纪念效果大大增强。由于纪念广场一般保存时间很长，所以纪念广场的选址和设计都应紧密结合城市总体规划统一考虑。图4-5为遵义老城纪念广场平面图。

　　3. 交通广场　交通广场主要目的是有效地组织城市交通，包括人流、车流等，是城市交通体系中的有机组成部分。它是连接交通的枢纽，起交通集散、联系过渡及停车的作用。

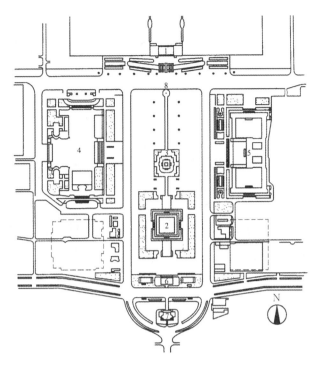

图 4-3 北京天安门广场平面图

1. 天安门 2. 毛主席纪念堂 3. 人民英雄纪念碑 4. 人民大会堂
5. 中国革命历史博物馆 6. 正阳门 7. 门前箭楼 8. 国旗

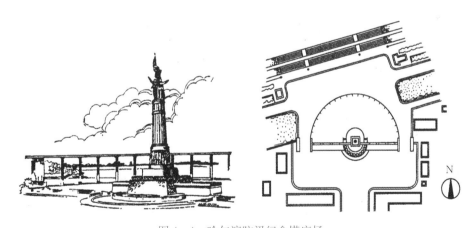

图 4-4 哈尔滨防汛纪念塔广场

通常分两类：一类是城市内外交通会合处，主要起交通转换作用，如火车站、长途汽车站前广场（即站前交通广场）；另一类是城市干道交叉口处交通广场（即环岛交通广场）。

　　站前交通广场是城市对外交通或者是城市区域间的交通转换地，设计时广场的规模与转换交通量有关，包括机动车、非机动车、人流量等，广场要有足够的行车面积、停车面积和行人场地。对外交通的站前交通广场往往是一个城市的入口，其位置一般比较重要，很可能是一个城市或城市区域的轴线端点。广场的空间形态应尽量与周围环境相协调，体现城市风貌，使过往旅客使用舒适，印象深刻（图 4-6、图 4-7）。

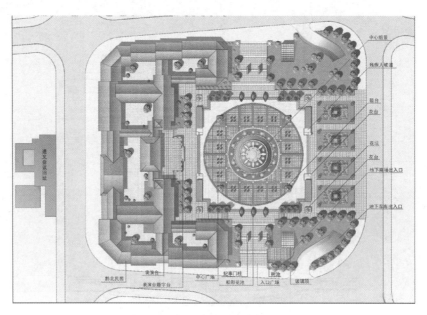

图4-5　遵义老城纪念广场平面图

环岛交通广场地处道路交汇处，尤其是4条以上的道路交汇处，以圆形居多，3条道路交汇处常常呈三角形（顶端抹角）。环岛交通广场的位置重要，通常处于城市的轴线上，是城市景观、城市风貌的重要组成部分，形成城市道路的对景。一般以绿化为主，应有利于交通组织和司乘人员的动态观赏，同时广场上往往还设有城市标志性建筑或小品（喷泉、雕塑等），西安市的钟楼、法国巴黎的凯旋门都是环岛交通广场上的重要标志性建筑（图4-8）。

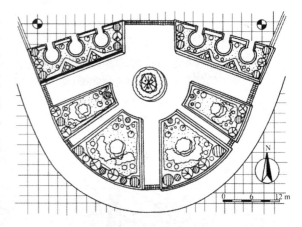

图4-6　某车站站前广场

4. 休闲广场　在现代社会中，休闲广场已成为广大市民最喜爱的重要户外活动空间。它是供市民休息、娱乐、交流等活动的重要场所，其位置常常选择在人口较密集的地方，以方便市民使用为目的，如街道旁、市中心区、商业区甚至居住区内。休闲广场的布局不像市政广场和纪念性广场那样严肃，往往灵活多变，空间多样自由，但一般与环境结合很紧密。广场的规模可大可小，没有具体的规定，主要根据现状环境来考虑（图4-9）。

休闲广场以让人轻松愉快为目的，因此广场尺度、空间形态、环境小品、绿化、休闲设施等都应符合人的行为规律和人体尺度要求。就广场整体主题而言是不确定的，甚至没有明确的中心主题，而每个小空间环境的主题、功能是明确的，每个小空间的联系是方便的。总之，以舒适方便为目的，让人乐在其中。

5. 文化广场　文化广场是为了展示城市深厚的文化积淀和悠久历史，经过深入挖掘整理，从而以多种形式在广场上集中地表现出来。因此文化广场应有明确的主题，与休闲广场

图 4 - 7　某火车站站前广场绿化设计

图 4 - 8　环岛交通广场

无需主题正好相反，文化广场可以说是城市的室外文化展览馆，一个好的文化广场应让人们在休闲中了解该城市的文化渊源，从而达到热爱城市、激发上进精神的目的（图 4 - 10）。

　　文化广场的选址没有固定模式，一般选择在交通比较方便、人口相对稠密的地段，还可考虑与集中公共绿地相结合，甚至可结合旧城改造进行选址。其规划设计不像纪念广场那样严谨，更不一定需要有明显的中轴线，可以完全根据场地环境、表现内容和城市布局等因素进行灵活设计，邯郸市的学步桥广场就是一例。学步桥广场在广场空间中安排了"邯郸学步"景区、"典故小品"景区、"成语石刻"景区以及"望桥亭"景区；构思上以古赵历史文化为主线，以学步桥为中心，挖掘历史，展现古赵文化丰富内涵；将成语典故、民间传说及

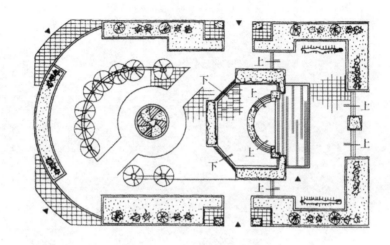

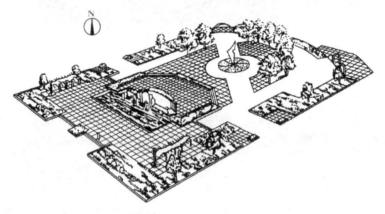

图 4-9　某城市休闲广场

图 4-10　体现地域文化的广场设计

重要历史事件融入其中，精心构思、刻意处理，从而烘托文化氛围，延伸意境。图 4-11 为凸显地文化符号的云南会泽县文化广场效果图。

6. 古迹（古建筑等）**广场**　古迹广场是结合城市的遗存古迹保护和利用而设的城市广场，生动地代表了一个城市的古老文明程度。可根据古迹的体量高矮，结合城市改造和城市规划要求来确定其面积大小。古迹广场是表现古迹的舞台，所以其规划设计应从古迹出发组织景观。

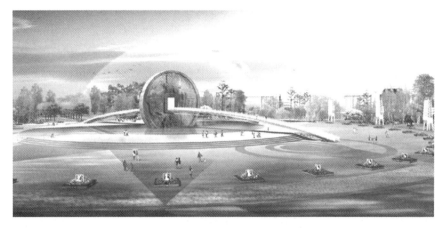

图 4-11 凸显地域文化符号的云南会泽县文化广场效果图

如果古迹是一幢古建筑，如古城楼、古城门等，则应在有效地组织人车交通的同时，让人在广场上逗留时能多角度地欣赏古建筑，登上古建筑又能很好地俯视广场全景和城市景观。如南京市汉中门广场，它是在南京汉西门遗址的基础上加以改建形成的。图 4-12 为西安鼓楼广场。

图 4-12 西安鼓楼广场

7. 宗教广场 我国是一个宗教信仰自由的国家，许多城市中还保留着宗教建筑群。一般宗教建筑群内部皆设有适合该教活动和表现该教之意的内部广场。而在宗教建筑群外部，尤其是入口处一般都设置了供信徒和游客集散、交流、休息的广场空间，同时也是城市开放空间的一个组合部分。其规划设计首先应结合城市景观环境整体布局，不应喧宾夺主、重点表现。宗教广场设计应该以满足宗教活动为主，尤其要表现出宗教文化氛围和宗教建筑美，通常有明显的轴线关系，景物也是对称（或对应）布局，广场上的小品以与宗教相关的饰物为主。

8. 商业广场 商业功能可以说是城市广场最古老的功能，商业广场也是城市广场最古老的类型。商业广场的形态空间和规划布局没有固定的模式可言，它总是根据城市道路、人流、物流、建筑环境等因素进行设计的，可谓"有法无式""随形就势"。但是商业广场必须与其环境相融、功能相符、交通组织合理，同时商业广场应充分考虑人们购物休闲的需要。例如交往空间的创造、休息设施的安排和适当的绿化等。商业广场是为商业活动提供综合服务的功能场所。传统的商业广场一般位于城市商业街内或者是商业中心区，而当今的商业广场通常与城市商业步行系统相融合，有时是商业中心的核心，如上海市南京路步行街中的广场。此外，还有集市性的露天商业广场，这类商业广场的功能分区是很重要的，一般将同类商品的摊位、摊点相对集中布置在一个功能区内（图4-13、图4-14）。

图4-13　某商业广场

图4-14　现代商业广场的立体交通系统

　　以上是按广场的主要功能性质为依据进行分类的，就广场主题而言，一般市政广场、纪念广场、文化广场、古迹广场、宗教广场相对比较明确，而交通广场、休闲广场、商业广场等不是那么明确，只是有所侧重而已。

当然，现代城市广场分类还可以按尺度关系、空间形态、材料构成、广场平面形式、广场剖面形式等作为分类依据。

四、城市广场的基本特点

随着城市的发展，各地大量涌现出的城市广场，已经成为现代人户外活动最重要的场所之一。现代城市广场不仅丰富了市民的社会文化生活，改善了城市环境，带来了多种效益，同时也折射出当代特有的城市广场文化现象，成为城市精神文明的窗口。在现代社会背景下，现代城市广场面对现代人的需求，表现出以下基本特点：

1. 性质上的公共性　现代城市广场作为现代城市户外公共活动空间系统中的一个重要组成部分，首先应具有公共性的特点。随着工作、生活节奏的加快，传统封闭的文化习俗逐渐被现代文明开放的精神所代替，人们越来越喜欢丰富多彩的户外活动。在广场活动的人们不论其身份、年龄、性别有何差异，都具有平等的游憩和交往氛围。现代城市广场要求有方便的对外交通，这正是满足公共性特点的具体表现。

2. 功能上的综合性　功能上的综合性特点表现在多种人群的多种活动需求，它是广场产生活力的最原始动力，也是广场在城市公共空间中最具魅力的原因所在。现代城市广场应满足的是现代人户外多种活动的功能要求。年轻人聚会、老人晨练、歌舞表演、综艺活动、休闲购物等，都是过去以单一功能为主的专用广场所无法满足的，取而代之的必然是能满足不同年龄、性别的各种人群（包括残疾人）的多种功能需要，具有综合功能的现代城市广场（图 4-15）。

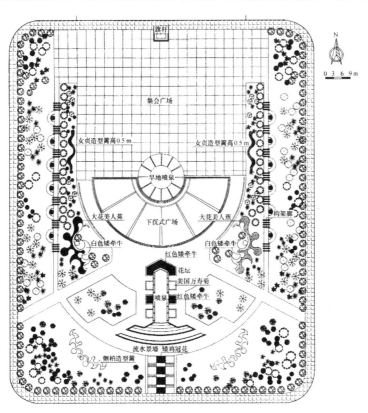

图 4-15　具有综合功能的现代广场

园林规划设计

3. 空间场所上的多样性　现代城市广场功能上的综合性，必然要求其内部空间场所具有多样性特点，以达到不同功能实现的目的。如歌舞表演需要有相对完整的空间，给表演者的"舞台"或下沉或升高；情侣约会需要有相对郁闭私密的空间；儿童游戏需要有相对开敞独立的空间等，综合性功能如果没有多样性的空间创造与之相匹配，是无法实现的。场所感是在广场空间、周围环境与文化氛围相互作用下，使人产生归属感、安全感和认同感。这种场所感的建立对人是莫大的安慰，也是现代城市广场场所方面的多样性特点的深化（图4-16）。

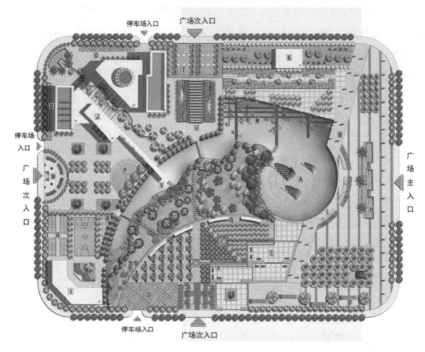

图4-16　空间类型丰富的城市广场

4. 文化休闲性　现代城市广场作为城市的"客厅"或是城市的"起居室"，是反映现代城市居民生活方式的"窗口"，注重舒适、追求放松是人们对现代城市广场的普遍要求，从而表现出休闲性特点。广场上精美的铺地、舒适的座椅、精巧的建筑小品加上丰富的绿化，让人徜徉其间流连忘返，忘却了工作和生活中的烦恼，尽情地欣赏美景，享受生活（图4-17）。

　　现代城市广场是现代人开放型文化意识的展示场所。特别是文化广场，表演活动除了有组织的演出活动外，更多是自发的、自娱自乐的行为，它体现了广场文化的开放性，满足了现代人参与表演活动的"被人看""人看人"的心理表现欲望。在国外，常见到自娱自乐的演奏者，悠然自得的自我表演者，对广场活动气氛也是很好的提升。我国城市广场中单独的自我表演不多，但自发的群体表演却很盛行。例如：活跃在城市广场上的"老年合唱团""曲艺表演组""秧歌队"等（图4-18、图4-19）。

　　现代城市广场的文化性特点，主要表现在两个方面：一方面是现代城市广场对城市已有的历史、文化进行反映；另一方面是指现代城市广场也对现代人的文化观念进行创新。即现代城市广场既是当地自然和人文背景下的创作作品，又是创造新文化、新观念的手段和场所，是一个以文化造广场、又以广场造文化的双向互动过程（图4-20、图4-21）。

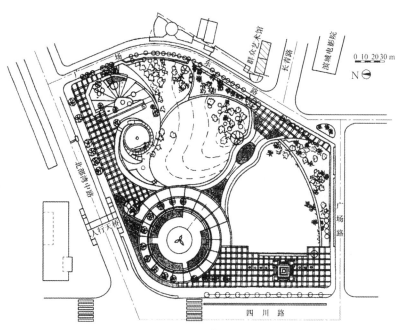

图 4-17　文化休闲性广场

图 4-18　适合老年人健身活动的城市广场小空间

图 4-19　具有表演和看台功能的城市广场空间

图4-20　青岛啤酒文化广场中的主题雕塑　　　　图4-21　西安具有地域文化特色的小品

第二节　城市广场的规划设计

一、城市广场设计的原则

1. 系统性原则　现代城市广场是城市开放空间体系中的重要节点。它与小尺度的庭园空间、狭长线型的街道空间及联系自然的绿地空间共同组成了城市开放空间系统。现代城市广场通常分布于城市入口处、城市核心区、街道空间序列中或城市轴线的节点处、城市与自然环境的结合部、城市不同功能区域的过渡地带、居住区内部等。

现代城市广场在城市中的区位及其功能、性质、规模、类型等都应有所区别，各自有所侧重。每个广场都应根据周围环境特征、城市现状和总体规划的要求，确定其主要性质、规模等，只有这样才能使多个城市广场相互配合，共同形成城市开放空间体系中的有机组成部分。因此城市广场必须在城市空间环境体系中进行系统分布的整体把握，做到统一规划、合理布局。

2. 完整性原则　成功的城市广场设计，其完整性是非常重要的，完整性包括功能的完整和环境的完整两个方面。

功能的完整是指一个广场应有其相对明确的功能。在这个基础上，辅之以相配合的次要功能，做到主次分明、重点突出。从趋势看，大多数广场都在从过去单纯为政治、宗教服务向为市民服务转化。即使是天安门广场，在今天也改变了以往那种空旷生硬的形象而逐渐贴近生活，周边及中部还增加了一些绿化、环境小品等。

环境完整主要考虑广场环境的历史背景、文化内涵、时空连续性、完整的局部、周边建筑的协调和变化等问题。城市建设中，不同时期留下的物质印痕是不可避免的，特别是在改造更新历史上留下来的广场时，更要妥善处理好新老建筑的主从关系和时空连续等问题，以取得统一的环境完整效果（图4-22）。

3. 尺度适配原则　尺度适配原则是根据广场不同使用功能和主题要求，确定广场合适的规模和尺度。如政治性广场和一般的市民广场尺度上就应有较大区别，从国内外城市广场来看，政治性广场的规模与尺度较大，形态较规整；而市民广场规模与尺度较小，形态较灵活。

广场空间的尺度对人的感情、行为等都有很大影响。据研究，如果两个人处于1～2m的距离，可以产生亲切的感觉；两人相距 12m，就能看清对方的面部表情；相距 25m，能认清对方是谁；相距 130m，仍能辨认对方身体的姿态；相距 1200m，仍能看得见对方。所以空间距离愈短亲切感愈加强，距离愈长愈疏远。日本芦原义信提出了在外部空间设计中采用 20～25m 的模数，他认为："关于外部空间，实际走走看就很清楚，每 20～25m，或是有重复的节奏，或是材质的变化，或是地面高差有变化，那么即使在大空间里也可以打破其单调……"对若干城市空间的亲身体验也说明 20m 左右是一个令人感到舒适亲切的尺度（图 4 - 23、图 4 - 24）。

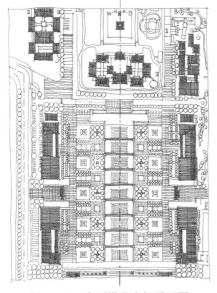

图 4 - 22　大雁塔北广场平面图

图 4 - 23　大尺度的城市广场

图 4 - 24　大连星海广场

　　此外，广场的尺度除了具有自身良好的绝对尺度和相对的比例以外，还必须适合人的尺度，而广场的环境小品布置则更要以人的尺度为设计依据。

　　4. 生态环保性原则　广场是整个城市开放空间体系中的一部分，它与城市整体生态环境联系紧密。一方面，其规划的绿地中花草树木应与当地特定的生态条件和景观特点（如"市花"和"市树"）相吻合；另一方面，广场设计要充分考虑本身的生态合理性，如阳光、植物、风向和水面等，做到趋利避害。生态性原则就是要遵循生态规律，包括生态进化规律、生态平衡规律、生态优化规律、生态经济规律，体现"因地制宜，合理布局"的设计思想。具体到城市广场来说，由于过去的广场设计只注重硬质景观效果，大而空，植物仅仅作为点缀、装饰甚至没有绿化，疏远了人与自然的关系，缺少与自然生态的紧密结合。因此，现代城市广场设计应从城市生态环境的整体出发，一方面应运用园林设计的方法，通过融合、嵌入、缩微、美化和象征等手段，在点、线、面不同层次的空间领域中，引入自然，再现自然，并与当地特定的生态条件和景观特点相适应，使人们在有限的空间中，领略和体会自然带来的自由、清新和愉悦。另一方面，城市广场设计应特别强调其小环境生态的合理性，既要有充足的阳光，又要有足够的绿化，冬暖夏凉，为居民的各种活动创造宜人的生态环境。近年来，许多科学家都在探索人类向自然生态环境回归的问题。我国著名学者钱学森先生提出的建设有中国特色的山水园林城市的主张，得到了专家、学者和普通市民越来越多的赞同。上海、大连、郑州、南京、北海等城市在市中心区开辟大量的绿化广场空间就是对城市生态建设的积极回应。作为城市人文精神与生活风貌重要体现的城市广场，应当成为景观优美、绿化充分、环境宜人和健全高效的生态空间。

5. 多样性原则　现代城市广场虽应有一定的主导功能，却可以具有多样化的空间表现形式和特点。由于广场是人们共享城市文明的舞台，它既反映作为群体的人的需要，也要综合兼顾特殊人群（如残疾人）的使用要求。同时，服务于广场的设施和建筑功能亦应多样化，将纪念性、艺术性、娱乐性和休闲性兼容并蓄（图 4 - 25）。

市民在广场上的行为活动，无论是自我独处的个人行为或公共交往的社会行为，都具有私密性与公共性的双重品格。当独处时，只有在社会安全与安定的条件下才能心安理得地各自存在，如失去场所的安全感和安定感，则无法潜心静处；反之，当处于公共活动时，也不忘带着自我防卫的心理，力求自我隐蔽，敞向开阔视野，方感心平气稳。这样一些行为心理对广场中的场所空间设计提出了更高要求，就是要给人们提供能满足不同需要的多样化的空间环境。

6. 步行化原则　步行化是现代城市广场的主要特征之一，也是城市广场的共享性和良好环境形成的必要前提。广场空间和各因素的组织应该支持人的行为，如保证广场活动与周边建筑及城市设施使用连续性。在大型广场，还可根据不同使用功能和主题考虑步行分区问题。随着现代机动车日益占据城市交通主导地位的趋势，广场设计的步行化原则更显示出其无比的重要性。北京西单文化广场便是一个成功的例子：西单文化广场在广场的平面设计中，强调步行化原则，设计师分析了在广场中休闲和娱乐的滞留人流和通过人流，并把广场划分为动与静两个部分。在广场的西南角布置了以绿化和铺装道路为主的通过广场，主要为路过西单路口的过往人流服务，其余部分以下沉的中心广场为核心，连接周围的铺地、台阶、平台，以供市民休闲和交往。广场的竖向设计注重交通组织，包括三个层次：二层平台、地坪层和下沉广场。设计师通过建筑处理，使三个层次之间产生自然的联系。如二层的平台部分既与北侧的华南大厦相联系，又与长安街上的人行道相联系；平台部分与地面层联系的台阶部分分别指向下沉空间中的玻璃圆锥体，从地平面向上观察，一个直线型、一个曲线型的踏步使广场的围合界面产生递进的层次；广场东北方向的观众台进一步加深了由地面层向二层平台的过渡。总体上，广场中的雕塑、踏步、看台等组成的第一层次和远处的建筑立面相得益彰，一起构成了广场有层次的界面，使行人获得良好的空间感和欣赏周围建筑轮

图4-25 将艺术性、历史性、文化性、休闲性融为一体的大雁塔北广场

廊线的视距。

此外，在设计时应当注意人在广场上徒步行走的耐疲劳程度和步行距离极限与环境的氛围、景物布置、当时心境等因素有关。在单调乏味的景物、恶劣的气候环境、烦躁的心态、

急促的目标追寻等条件下，即使较近的距离也显得远；相反，若心情愉快，或与朋友边聊边行，又有良好的景色吸引和引人入胜的目标诱导时，远者亦近。但一般而言，人们对广场的选择从心理上趋向于就近、方便的原则。

7. 文化性原则 城市广场作为城市开放空间体系中艺术处理的精华，通常是城市历史风貌、文化内涵集中体现的场所。其设计既要尊重传统、延续历史、文脉相承，又要有所创新、有所发展，这就是继承和创新有机结合的文化性原则（图4-26）。

图4-26 大雁塔北广场展现唐代市井文化的雕塑小品

文化继承的含意是人们对过去的怀念和研究，而人们的社会文化价值观念又是随着时代的发展而变化的。一部分落后的东西不断地被抛弃，一部分有价值的文化被积淀下来，融入人们生活的方方面面。城市广场作为人们生活中室外活动的场所，对文化价值的追求是十分正常的。文化性的展现或以浓郁的历史背景为依托，使人在闲暇徜徉中获得知识，了解城市过去曾有过的辉煌，如南京汉中门广场以古城城堡为第一文化主脉，辅以古井、城墙和遗址片断，表现出凝重而深厚的历史感。有的辅以优雅人文气氛、特殊的民俗活动。

8. 特色性原则　个性特征是通过人的生理和心理感受到的与其他广场不同的内在本质和外部特征。现代城市广场应通过特定的使用功能、场地条件、人文主题及景观艺术处理来塑造特色。

广场的特色性不是设计师的凭空创造，更不能套用现成特色广场的模式，而是对广场的功能、地形、环境、人文、区位等方面做全面的分析，不断地提炼，才能创造出与市民生活紧密结合和独具地方、时代特色的现代城市广场。

一个有个性特色的城市广场应该与城市整体空间环境风格相协调，违背了整体空间环境的和谐，城市广场的个性特色也就失去了意义（图4-27）。

图4-27　特色鲜明的广场雕塑

二、城市广场空间设计方法

（一）广场的空间形态

广场空间形态主要有平面型和空间型两种。平面型通常最为多见。历史上以及今天已建成的绝大多数城市广场都是平面型广场，如大家熟知的上海人民广场、大连人民广场及北海北部湾广场等。

在现代城市广场规划设计中，由于处理不同交通方式的需要以及造景的需要，逐渐出现了空间型广场这种形式，空间型通常包括上升式和下沉式这两种基本形式。

上升式广场一般将车行放在较低的层面上，而把人行和非机动车交通放在地上，实现人车分流。例如，巴西圣保罗市的安汉根班广场就是一个成功的案例。该广场地处城市中心，过去曾是安汉根班河谷。20世纪初由法国景园建筑师 Bouvard 设计成一条纯粹的交通走廊，并渐渐失去了原有的景观特色，人车混行的冲突导致了严重的城市问题。为此，近年重新组织进行了规划设计，设计的核心就是建设一座巨大的面积达 6hm² 的上升式绿化广场，将主要车流交通安排在低洼部分的隧道中，这项建设不仅把自然生态景观的特色重新带给了这一地区，而且还有效地增强了圣保罗市中心地区的活力，进而推进城市改造更新工作的逐步深入。

下沉式广场在当代城市建设中应用更多，特别是在一些发达国家。相比上升式广场，下沉式广场不仅能够解决不同交通的分流问题，而且在现代城市喧嚣嘈杂的外部环境中，更容易取得一个安静、安全、围合有致且具有较强归属感的广场空间。在有些大城市，下沉式广场常常还结合地下街、地铁乃至公交车站的使用，如美国费城市中心广场结合地铁设置，日本名古屋市中心广场更是综合了地铁、商业步行街的使用功能，成为现代城市空间中一个重要组成部分。更多的下沉式广场则是结合建筑物规划设计的，如美国纽约洛克菲勒中心广场，该广场通过四个大阶梯将第五大道、49 街和 50 街联系在一起。夏天是露天快餐和咖啡座；冬天则是溜冰场，一年四季都深受人们的欢迎，具有重要的场所意义。

（二）广场的空间围合

在广场围合程度方面，一般来说，广场围合程度越高，就越易成为"图形"，中世纪的城市广场大都具有"图形"的特征。但围合并不等于封闭，在现代城市广场设计中，考虑到市民使用和视觉观赏，以及广场本身的二次空间组织变化，必然还需要一定的开放性，因此，现代广场规划设计掌握这个"度"就显得十分重要。广场围合有以下几种情形：

1. 四面围合的广场　当这种广场规模尺度较小时，封闭性极强，具有强烈的向心性和领域感。

2. 三面围合的广场　封闭感较好，具有一定的方向性和向心性。

3. 两面围合的广场　常常位于大型建筑与道路转角处，平面形态有"L"形和"T"形等。领域感较弱，空间有一定的流动性。

4. 仅一面围合的广场　这类广场封闭性很差，规模较大时可考虑组织二次空间，如局部下沉或局部上升等。

总之，四面围合和三面围合是最传统的、也是最多见的广场布局形式。值得指出的是，两面围合广场可以配合现代城市里的建筑设置。同时，还可借助于周边环境乃至远处的景观要素，有效地扩大广场在城市空间中的延伸感和枢纽作用。

（三）广场的空间尺度与界面高度

城市广场空间如同建筑空间一样，可能是封闭的独立性空间，也可能是与其他空间相联系的空间群。一般情况下，当人们体验城市时，往往是由街道到广场的这样一种流线，人们只有从一个空间向另一个空间运动时，才能欣赏它、感受它。

人们在城市中活动时，人眼是按照能吸引人们的物体活动的。当视线向前时，人们的标准视线决定了人们感受的封闭程度（空间感），这种封闭感在很大程度上取决于人们的视野距离和与建筑等界面高度的关系。

（1）人与物体的距离在 25m 左右时能产生亲切感，这时可以辨认出建筑细部和人脸的细部，墙面上粗岩面质感消失，这是古典街道的常见尺度。

（2）宏伟的街道和广场空间的最大距离不超过 140m。当超过 140m 时，墙上的沟槽线角消失，透视感变得接近立面。这时巨大的广场和植有树木的狭长空间可以作为一个纪念性建筑的前景。

（3）人与物体的距离超过 1200m 时就看不到具体形象了。这时所看到的景物脱离人的尺度，仅保留一定的轮廓线。

此外，当广场尺度一定（人的站点与界面距离一定时），广场界面的高度影响广场的围合感。

（4）当围合界面高度等于人与建筑物的距离时（1∶1），水平视线与檐口夹角为45°，这时可以产生良好的封闭感。

（5）当建筑（注：指界面）立面高度等于人与建筑物距离的1/2时（1∶2），水平视线与檐口夹角为30°，是创造封闭性空间的极限。

（6）当建筑立面高度等于人与建筑物距离的1/3时（1∶3），水平视线与檐口夹角为18°，这时高于围合界面的后侧建筑成为组织空间的一部分。

（7）当建筑立面高度为人与建筑距离的1/4时（1∶4），水平视线与檐口夹角为14°，这时空间的围合感消失，空间周围的建筑立面如同平面的边缘，起不到围合作用。

实际上，空间的封闭感还与围合界面的连续性有关。从整体看，广场周围的建筑立面应该从属于广场空间，如果垂直墙面之间有太多的开口，或立面的剧烈变化或檐口线的突变等，都会减弱外部空间的封闭感。当然，有些城市空间只能设计成部分封闭，如大街一侧的凹入部分等。在古典范畴，由于建筑受法式的限定，尽管设计人不同，但构成广场建筑的风格仍相对稳定。引入城市的丘陵绿地是另一种类型的城市空间。它们的空间尺度与广场空间不同，其尺度是由树木、灌木以及地面材料所决定的，而不是由长和宽等几何性指标所限定，其外观是自然赋予的特性，具有与建筑物相互补充的作用。

良好的广场空间不仅要求周围建筑具有合适的高度和连续性，而且要求所围合的地面具有合适的水平尺度。如果广场占地面积过大，与周围建筑的界面缺乏关联时，就不能形成有形的空间体。许多失败的城市广场都是由于地面太大，周围建筑高度过小，从而造成墙界面与地面的分离，难以形成封闭的空间。事实上，当广场尺度超过某一限度时，广场越大给人的印象越模糊，缺乏作为一个露天房间的性质。

除了上述条件外，空间体的高宽比和建筑特征也可以给人留下深刻的印象。

（四）广场的几何形态与开口

德国学者R. Krier认为：广场空间具有三种基本形态，它们分别是矩形（或方形）、圆形（或椭圆形）和三角形（或梯形）。从空间构成角度看，被建筑完全包围的称为"封闭式"的，被建筑部分包围的称为"开放式"的。"封闭式"广场与"开放式"广场的区别，就是围合界面开口的多少。

广场形态往往具有比室内空间形态更大的自由。在城市空间，由于四周界面距离较远，加之檐口与线脚的断开，因此，很难感觉出空间的具体形状和细微差别。实际上，在比较庄严的场所，往往强调按直角关系布置建筑物，形成纪念性的矩形空间。在经过长期历史阶段形成的广场，有时会产生锐角或钝角交接的不规则空间，这里相邻建筑的墙面倾向于形成统一的整体，以使不平行界面可以产生较强的透视效果。当广场为锐角时，广场一侧的透视面会封闭视线，使广场产生封闭性。

古典的城市广场四周往往被精美的建筑所环绕，按日本学者芦原义信的提法，四角封闭的广场可以形成阴角空间，有助于形成安静的气氛和创造"积极空间"。

广场与道路的交点往往形成广场的开口，开口位置及处理对广场空间气氛有很大影响。

（1）矩形广场与中央开口（阴角空间）四角封闭的广场一般在广场中心线上有开口。

这种处理对设计广场四周的建筑具有限制，一般要求围合建筑物的形式应大体相似，而且常常在中心线的焦点处（即广场中央）安排雕像作为道路的对景。这种形态可称之为向心型。

当广场的开口减到 3 个时，其中一条道路以建筑物为底景，另一条道路穿越广场，往往将主体建筑置于一条道路的底景部位，广场中央的雕像可以以主体建筑为背景，地面铺装可以划分成动区和静区，这种设计手法为轴线对称型。

（2）矩形广场与两侧开口在现代城市中格网型的道路网容易形成矩形街区或四角敞开的广场。

这种广场的特点是道路产生的缺口将周围的四个界面分开，打破了空间的围合感。此外，贯穿四周的道路还将广场的底界面与四周墙面分开，使广场成为一个中央岛。

为弥补这一缺陷，建议将四条道路设计为相互平行的两行，并使与道路平行的建筑在两侧突出，突出部分与另两幢建筑产生关联，从而产生较小的内角空间，有益于形成广场的封闭感。

为防止贯穿的开口，另一种办法是将相对应的开口呈折线布置，这样，当行人由街道开口进入广场，往往以建筑墙体作为流线的对景，有益于产生相对封闭的空间效果。

（3）隐蔽性开口与渗透性界面。从平面上观察，这类广场与道路的交汇点往往设计得十分隐蔽，开口部分或布置在拱廊之下，或被拱廊式立面所掩盖，只有实地体验方能觉得入口部分的巧妙。

一般时候，人们不喜欢完全与外界隔绝的广场空间，而希望广场与外部的热闹景色相联系。这时为了保证广场空间的相对闭合性，又满足空间渗透的要求，往往通过拱廊、柱廊的处理来达到既保证围合界面的连续性，又保证空间的通透性。

（五）广场的序列空间

在广场设计中，设计师不能仅仅局限于孤立的广场空间，应对广场周围的空间做通盘考虑，以形成有机的空间序列，从而加强广场的作用与吸引力，并以此衬托与突出广场。

广场空间总是与周围其他小空间、道路、小巷、庭园等相连接的，这些小空间、道路、小巷、庭园等是广场空间的延伸与连续，并连接着其他广场。这些空间与广场空间同样重要，并互为衬托。

广场的序列空间可划分为前导、发展、高潮、结尾几个部分，人们在这种序列空间中可以感受到空间的变幻、收放、对比、延续、烘托等乐趣。如合肥市中心区开放空间群，正是有效组织空间序列的成功案例。首先东西走向的淮河路步行街西端接人民广场，人民广场西侧南北向的花园街，淮河路步行街垂直向北接逍遥津公园主入口、寿春路（城市干道），花园街垂直向南接省政府主入口、长江中路（城市干道）。这样的区域性空间群，再加上带状、块状空间对比，便形成了以两条平行的城市主要交通干道（长江路与寿春路）互为起点（前导）和终点（结尾），以花园街和淮河路步行街为发展，以中部人民广场为高潮的空间序列。

三、城市广场绿地设计

（一）广场绿地设计的原则

（1）广场绿地布局应与城市广场总体布局统一，使绿地成为广场的有机组成部分，从而更好地发挥其主要功能，符合其主要性质要求。

（2）广场绿地的功能与广场内各功能区相一致，更好地配合和加强该区功能的实现。如在入口区植物配置应强调绿地的景观效果，休闲区规划则应以落叶乔木为主，冬季的阳光、夏季的遮阳都是人们户外活动所需要的。

（3）广场绿地规划应具有清晰的空间层次，独立形成或配合广场周边建筑、地形等形成良好、多元、优美的广场空间体系。

（4）广场绿地规划设计应考虑到与该城市绿化总体风格协调一致，结合地理区位特征，物种选择应符合植物的生长规律，突出地方特色。

（5）结合城市广场环境和广场的竖向特点，以提高环境质量和改善小气候为目的，协调好风向、交通、人流等诸多因素。

（6）对城市广场上的原有大树应加强保护，保留原有大树有利于广场景观的形成，有利于体现对自然、历史的尊重，有利于对广场场所感的认同。

（二）城市广场绿地种植设计形式

城市广场绿地种植主要有四种基本形式：排列式种植、集团式种植、自然式种植、花坛式（图案式）种植。

1. 排列式种植　这种形式属于整形式，主要用于广场周围或者长条形地带，用于隔离或遮挡，或作背景。单排的绿化栽植，可在乔木间加种灌木，灌木丛间再加种草本花卉，但株间要有适当的距离，以保证有充足的阳光和营养面积。在株间排列上近期可以密一些，几年以后可以考虑间移，这样既能使近期绿化效果好，又能培育一部分大规格苗木。乔木下面的灌木和草本花卉要选择耐阴品种。并排种植的各种乔、灌木在色彩和体型上要注意协调（图4-28、图4-29）。

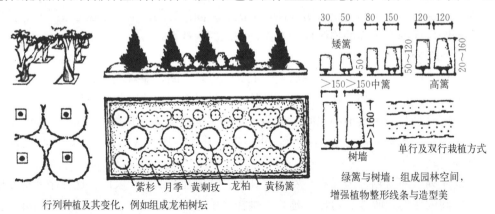

图4-28　广场几何形式种植类型：其特点整齐庄重，富序列感、宜用于比较规则形的广场

图4-29　广场树形特征与组合方式

2. 集团式种植　也是整形式的一种，是为避免成排种植的单调感，把几种树组成一个树丛，有规律地排列在一定的地段上。这种形式有丰富、浑厚的效果，排列得整齐时远看很壮观，近看又很细腻。可用草本花卉和灌木组成树丛，也可用不同的灌木、乔木和灌木组成

树丛（图 4 - 30）。

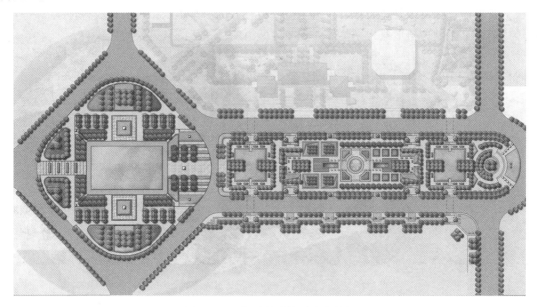

图 4 - 30　集团式种植的城市广场

3. 自然式种植　这种形式与排列式和集团式不同，是在一定地段内，花木种植不受统一的株、行距限制，而是疏密有序地布置，从不同的角度望去有不同的景致，生动而活泼。这种布置不受地块大小和形状限制，可以巧妙地解决与地下管线的矛盾。自然式树丛布置要密切结合环境，才能使每一种植物苗壮生长。同时，此方式对管理工作的要求较高（图 4 - 31）。

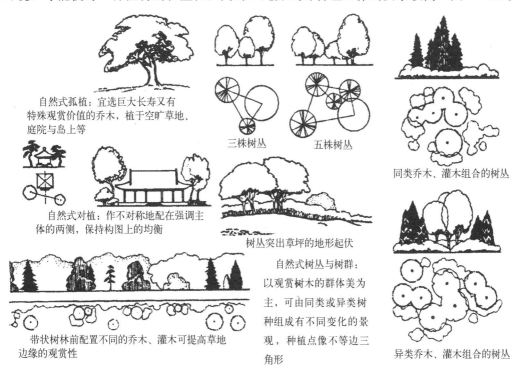

图 4 - 31　广场自然形式的种植类型

4. 花坛式（图案式）**种植** 花坛式种植即图案式种植，是一种规则式种植形式，装饰性极强，材料选择可以是花、草，也可是可修剪整齐的木本植物，可以构成各种图案。它是城市广场最常用的种植形式之一，图 4-32 为城市广场花坛的常见布局形式。

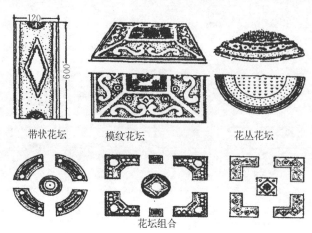

带状花坛　　　　模纹花坛　　　　花丛花坛

花坛组合

图 4-32　城市广场花坛的常见布局形式

花坛或花坛群的位置及平面轮廓应该与广场的平面布局相协调，如果广场是长方形的，那么花坛或花坛群的外形轮廓也以长方形为宜。当然也不排除细节上的变化，变化的目的只是为了更活泼一些，过分类似或呆板，会失去花坛所渲染的艺术效果。

在人流、车流交通量很大的广场，或是游人集散量很大的公共建筑前，为了保证车辆交通的通畅及游人的集散，花坛的外形并不强求与广场一致。例如正方形的街道交叉口广场上、三角形的街道交叉口广场中央，都可以布置圆形花坛，长方形的广场可以布置椭圆形的花坛。

花坛与花坛群的面积占城市广场面积的比例，一般不超过 1/3，也不小于 1/15。华丽的花坛，面积的比例要小些；简洁的花坛，面积比例要大些。

花坛还可以作为城市广场中的建筑物、水池、喷泉、雕像等的配景。作为配景处理的花坛，总是以花坛群的形式出现的。花坛的装饰与纹样，应当与城市广场或周围建筑的风格取得一致。图 4-33 为城市广场常见的花坛形式。

花坛表现的是平面图案，由于人的视觉关系，花坛不能离地面太高。为了突出主体，又利于排水，同时不致遭行人践踏，花坛的种植床位应该稍稍高出地面。通常种植床中土面应高出平地 7~10cm。为利于排水，花坛的中央拱起，四面呈倾斜的缓坡面。种植床内土层约50cm 厚，以肥沃疏松的沙壤土、腐殖质土为好。

为了使花坛的边缘有明显的轮廓，并使植床内的泥土不因水土流失而污染路面和广场，也为了不使游人因拥挤而践踏花坛，花坛往往利用缘石和栏杆保护起来，缘石和栏杆的高度通常为 10~15cm。也可以在周边用植物材料作矮篱，以替代缘石或栏杆。

（三）城市广场树种选择的原则

城市广场树种的选择要适应当地土壤与环境条件，掌握选树种的原则、要求，因地制宜，才能达到合理、最佳的绿化效果。

1. 广场的土壤与环境 城市广场的土壤与环境，一般说来不同于山区，尤其土壤空气、温度、日照、湿度及空中、地下设施等情况，与各城市地区差别很大，且城市不同，也有各

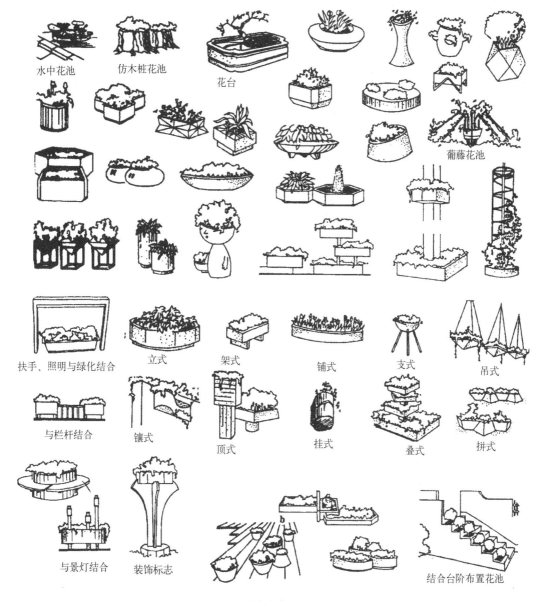

图 4-33 城市广场花坛常见形式

自特点。种植设计、树种选择，都应将此类条件首先调查研究清楚。从一般角度，将城市道路、广场的土壤与环境基本情况介绍如下，以指导各城市的具体调查研究。

（1）土壤：由于城市长期建设的结果，土壤情况比较复杂，土壤的自然结构已被完全破坏。行道树下面经常是城市地下管道、城市旧建筑基础或废渣土。因此，城市土壤的土层不仅较薄，而且成分较为复杂。

城市土壤由于人为的因素（人踩、车压或曾做地基而夯实），致使土壤板结，孔隙度较小，透气性差，经常由于不透气、不透水，使植物根系窒息或腐烂。土壤板结还产生机械抗阻，使植物的根系延伸受阻。

另外，由于各城镇的地理位置不同，土壤情况也有差异。一般南方城市的土壤相对偏酸性，土壤含水量较高；而北方城市的土壤多呈碱性，孔隙度相对偏大，保水能力差。沿海城市的土壤一般土层较薄，盐碱量大，而且土壤含水量低。因此，各个城市的土壤条件各有特点，需要综合考虑。

（2）空气：城市道路、广场附近的工厂、居住区及汽车排放的有害气体和烟尘，直接影响着城市空气。有害气体和烟尘的主要成分有二氧化硫、一氧化碳、氟化氢、氯气、一氧化氮、氧化物、光化学气体、烟雾和粉尘等。这些有害气体和粉尘一方面直接危害植物，出现污染症状，破坏植物的正常生产发育；另一方面，飘浮在城市的上空降低了光照度，减少了光照时间，改变了空气的物理化学结构，影响了植物的光合作用，降低了植物抵抗病虫害的能力。

（3）光照和温度：城市的地理位置不同，光照度、时间长度及温度也各有差异。影响光照和温度的主要因素有纬度、海拔高度、季节变化以及城市污染状况等。街道广场的光照还受建筑和街道方向的影响。在北方城市，东西方向的道路，由于两侧高大建筑物的遮挡，北侧阳光充足，日照时间较长，而南侧则经常处于建筑的阴影下，因此，街道两侧的行道树往往生长发育不一。北侧生长茂盛，而南侧生长缓慢，甚至树冠还会出现偏冠现象。

城市内的温度一般比郊区要高，因为城市中的建筑表面和铺装路面反射热，以及市内工厂、居民区和车辆等散发的热量。在北方城市，城区早春树木的萌动一般比郊区要早一周左右，而在夏季市内温度要比郊区温度偏高 2~5℃。

（4）空中、地下设施：城市的空中、地下设施交织成网，对树木生长影响极大。空中管线常抑制破坏行道树的生长，地下管线常限制树木根系的生长。另外，人流和车辆繁多，往往会碰破树皮，折断树枝或摇晃树干，甚至撞断树干。

总之，城市道路广场的环境条件是很复杂的，有时是单一因素的影响，有时是综合因素在起作用。每个季节起作用的因素也有差异。因此，在解决具体问题时，要做具体分析。

2. 选择树种的原则　在进行城市广场树种选择时，一般须遵循以下几条原则（标准）。

（1）冠大荫浓：枝叶茂密且冠大、枝叶密的树种夏季可形成大片绿荫，能降低温度、避免行人暴晒。如：槐树中年期时冠幅可达 4m 多，悬铃木更是冠大荫浓。

（2）耐瘠薄土壤：城市中土壤瘠薄，树且多种植在道旁、路肩、场边，受各种管线或建筑物基础的限制、影响，树体营养面积很少，补充有限。因此，选择耐瘠薄土壤习性的树种尤为重要。

（3）深根性：营养面积小，而根系生长很强，向较深的土层伸展仍能根深叶茂。根深不会因践踏造成表面根系破坏而影响正常生长，特别是在一些沿海城市选择深根性的树种能抵御暴风袭击而不受损害。而浅根性树种，根系会拱破场地的铺装。

（4）耐修剪：广场树木的枝条要求有一定高度的分枝点（一般在 2.5m 左右），侧枝不能刮碰过往车辆，并具有整齐美观的形象。因此，每年要修剪侧枝，树种要有很强的萌芽能力，修剪以后能很快萌发出新枝。

（5）抗病虫害与污染：病虫害多的树种不仅管理上投资大，费工多，而且落下的枝、叶，虫子排出的粪便，虫体和喷洒的各种灭虫剂等都会污染环境，影响卫生。所以，要选择能抗病虫害，且易控制其发展和有特效药防治的树种，选择抗污染、消化污染物的树种，有利于改善环境。

（6）落果少或无飞毛、飞絮：经常落果或有飞毛、飞絮的树种，容易污染行人的衣物，尤其污染空气环境，并容易引起呼吸道疾病。所以，应选择一些落果少、无飞毛的树种，用无性繁殖的方法培育雄性不孕系是目前解决这个问题的一条途径。

（7）发芽早、落叶晚且落叶期整齐：选择发芽早、落叶晚的阔叶树种。另外，落叶期整齐的树种有利于保持城市的环境卫生。

（8）耐旱、耐寒：选择耐旱、耐寒的树种可以保证树木的正常生长发育，减少管理上财力、人力和物力的投入。北方大陆性气候，冬季严寒，春季干旱，致使一些树种不能正常越冬，必须予以适当防寒保护。

（9）寿命长：树种的寿命长短影响到城市的绿化效果和管理工作。寿命短的树种一般30～40年就要出现发芽晚、落叶早和焦梢等衰老现象，而不得不砍伐更新。所以，要延长树的更新周期，必须选择寿命长的树种。

【典型案例分析】

石嘴山市应急避难广场规划设计

百姓·生活·文化

有一个朝代叫西夏，等待后人解开她神秘的面纱——西夏朔源
有一个地方叫宁夏，塞上人家却像江南风景如画——塞上人家
有一个城市叫大武口，矿产资源丰富正厚积薄发——煤城竞涌
有一类人群叫百姓，岁岁年年传承文明书写年华——百姓广场
有一种健康叫运动，坚持运动锻炼展现生命活力——活力天地
有一种存在叫生活，在这里融入生态绿色的文化——生态家园

一、项目概况

石嘴山市应急避难广场于宁夏石嘴山市大武口城西星光大道中段西侧，整个项目占地约14.5hm²，平面呈长方形，长438m，宽332m，长边朝向东北—西南，地势平坦。东北方向紧邻大武口高档别墅住宅小区锦云花园，西南方向是长庆西街，西北方向隔裕民南路为欣安小区和翠欣园住宅小区，东南方向与石嘴山市通达运输公司和太西小区一路（青山南路）之隔（图4-34）。

大武口区为宁夏回族自治区工业重镇石嘴山市党政机关所在地，是因煤而立、因工而兴的老工业城市，被中央文明委命名为全国创建文明城市工作"先进城区"。

1. 区域地理 石嘴山市位居黄河中游上段，位于东经105°58′～106°39′，北纬38°21′～39°25′。东临鄂尔多斯台地，西踞银川平原北部。海拔在1090～3475.9m，按地形地貌可分为贺兰山山地、贺兰山东麓洪积扇冲积平原、黄河冲积平原和鄂尔多斯台地四种类型。整个市域南畅北通，西高东低，山川雄健，景色秀丽。贺兰山岩画闪射着先古文明的光彩，物华天宝，人杰地灵，汉墓夏冢，长城古塔，体现着土地的灵动和文化的灿烂；湖泊湿地星罗棋布，呈现出塞上江南的秀丽风光。

2. 气候特征 石嘴山市属于典型的温带大陆性气候，全年日照充足，降水量集中，

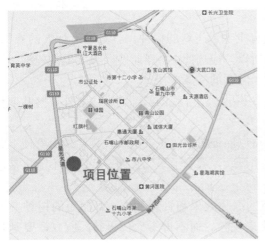 

图 4-34 项目位置

蒸发强烈，空气干燥，温差较大，无霜期短。夏热而短促，春暖而多风，秋凉而短早，冬寒而漫长。年平均气温 8.4～9.9℃，年最低平均气温－19.4～－23.2℃，年最高平均气温32.4～36.1℃。年平均降水量的地理分布较为均匀，全市年平均降水量在 167.5～188.8mm。年蒸发量在 1708.7～2512.6mm，是降水量的 10～14 倍，处于干旱半干旱地区。

3. 文化特征 贺兰山岩画文化、古生物化石文化、西夏文化、长城文化、黄河文化、大漠文化、宗教文化、民族风情文化在这里交相辉映，呈现出鲜明的地域文化特征。

4. 资源状况

（1）土地资源。石嘴山市地处银川平原北部，得黄河灌溉之利，日照充足之便，土地肥沃，沟渠配套，林网交错，现有耕地 76667hm²，农业人口人均占有 0.27hm²，居宁夏灌区首位，农业开发潜力极大。全市有林地面积 36200hm²，森林覆盖率达到 8.1％。

（2）矿产资源。石嘴山市曾是资源依托型城市，现已探明有煤炭、硅石、方解石、石灰石、石灰岩、辉绿岩、白砂岩、白云母、黏土、金、铜、铝、铁等十多种矿藏，尤以煤、硅石、黏土等非金属矿藏蕴藏量大。被誉为"太西乌金"的太西煤储量达 6.55 亿 t，是世界煤炭珍品，硅石储量 5 亿 t，是硅系产品和玻璃工业的优质原料。黏土储量1300 万 t，是陶瓷、水泥等建材工业的重要原料。

（3）旅游资源。石嘴山市风景名胜点多面广，开发前景广阔。九曲黄河穿境而过，万仞贺兰山擦边而行。东望，"大漠孤烟直，长河落日圆"之雄浑招人青睐；西看，"贺兰山下果园成，塞上江南旧有名"名不虚传；南有集大漠雄浑与江南锦绣为一色的国家 4A 级旅游景区沙湖，北有植物"大熊猫"之称的四合木保护旅游区和现代化的新型工业园区，中有碧野婆娑的万顷良田。国家 2A 级景区——北武当生态旅游区、雄伟壮观的明长城、大武口森林公园、大武口星海湖（北沙湖）水上公园等争奇斗秀。

二、设计依据

（1）石嘴山市城市总体规划。

（2）石嘴山市大武口区城市设计。

（3）石嘴山市大武口区绿地系统规划。

（4）城市公共绿地规划与设计规范。

（5）甲方提供的现状图和相关资料。

（6）现场踏查收集的相关资料。

三、设计定位

根据石嘴山市大武口区城市总体规划和城市设计的内容和石嘴山市大武口区绿地系统规划，石嘴山市应急避难广场的定位为大武口城区西南的街心公园。

街心公园是城市公共绿地的一种类型，是城市中向公众开放的、以游憩为主要功能的、有一定的游憩设施和服务设施并兼有健全生态、美化景观、应急避难、防灾减灾等综合作用的绿化用地。街心公园是城市建设用地、城市绿地系统和城市市政公用设施的重要组成部分，是展示城市整体环境水平和居民生活质量的一项重要指标。在改善城市生态环境、提升城市景观形象、改善城市居民日常生活环境等方面有重要意义和作用。图4-35为石嘴山市应急避难广场功能分区图。

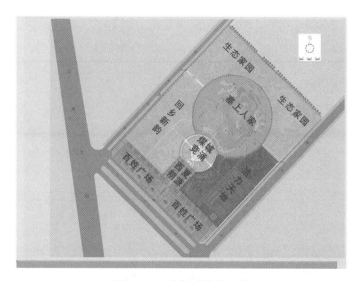

图4-35　广场功能分区图

四、设计指导思想

（1）创造集地方特色、传统文化和现代技术相结合的整体形象，增强居民的认同感和归属感，唤起人们建设和保护家园的参与意识。

（2）创造21世纪现代化园林城市，促进人工环境与自然环境协调、平衡发展。形成多功能交融的，满足使用者多样化选择要求的，充满生机与活力的休闲娱乐场所。

（3）突出应急避难防灾减灾的功能。

（4）创建尺度适宜、环境优美、充满亲切自然氛围的城市公共开放空间。

五、规划布局（图4-36）

1. 百姓广场　主要景点：百家姓地雕、树池座凳、树阵（图4-37、图4-38）。

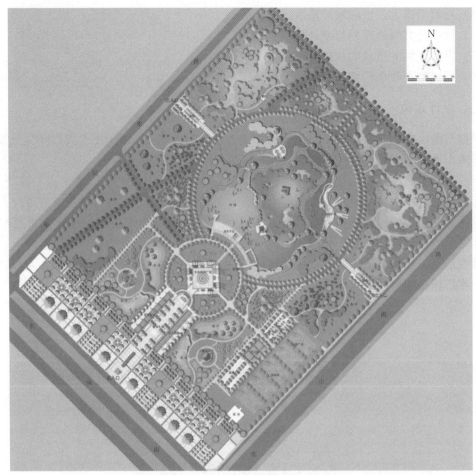

图 4-36　广场平面图及鸟瞰效果图

图 4 - 37　百姓广场平面图及效果图

图 4 - 38　百家姓地雕

2. 西夏朔源　主要景点：西夏文字石刻、带状喷泉、渐变（逐渐升高）的景观柱（图4 -39、图 4 - 40）。

3. 回乡新韵　主要景点：体现"回族"这种民族风格的构筑物，回族风土人情的雕塑群（图 4 - 41）。

4. 活力天地　主要景点：运动场、宁夏特色的儿童活动的雕塑小品（图 4 - 42）。

5. 煤城竞涌　主要景点：中心广场、体现以煤炭等资源优势著称的新型工业城市（图4 -43）。

6. 塞上人家　主要景点：体现塞上江南的小桥流水景色、现代抽象的标志物（图 4 - 44）。

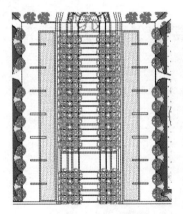

图 4 - 39　西夏朔源效果图

图 4 - 40　带状喷泉效果图

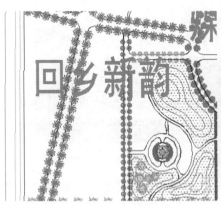

图 4 - 41　回乡新韵景区平面图及效果图

7. 生态家园　主要景点：大规格树木和花卉、健身游步道及市民休息设施、自然起伏的地形（图 4 - 45）。

六、植物配置规划

（1）常绿乔木：樟子松、油松、白皮松、华山松、杜松、青海云杉、侧柏、圆柏、龙柏。

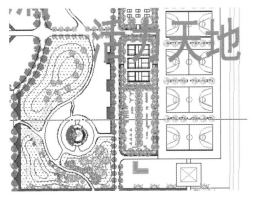

图 4-42 活力天地景区平面图及效果图

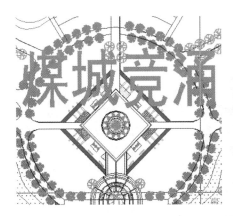

图 4-43 煤城竞涌景区平面图及效果图

（2）落叶乔木：悬铃木、国槐、红花槐、金枝槐、香花槐、龙爪槐、榆树、丝绵木、银杏、红叶李、紫叶桃、樱花、楸树、白蜡、臭椿、千头椿、复叶槭、金丝柳、馒头柳、旱柳、合欢、北京栾、新疆杨、河北杨、毛白杨、木槿、山楂、苹果、杏、蒙古栎、水曲柳、枫杨、火炬树、皂荚、卫矛、枣、美国红栌、接骨木。

（3）灌木：刺柏球、龙柏球、连翘、丁香、榆叶梅、珍珠梅、紫穗槐、美人梅、红瑞木、金银木、碧桃、黄刺玫、枸杞、柽柳、贴梗海棠、西府海棠、紫荆、黄蔷薇、麻叶绣线

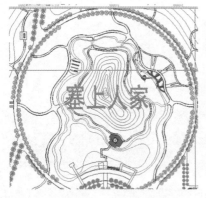

图 4-44 塞上人家景区平面图及效果图

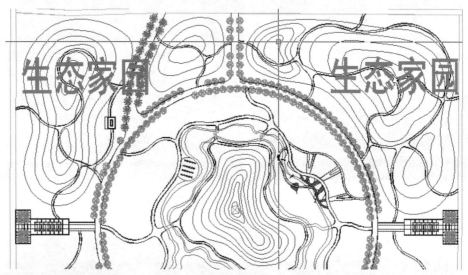

图 4-45 生态家园景区平面图及效果图

菊、锦带花。

（4）藤本：爬山虎、紫藤、金银花、葡萄、啤酒花。

（5）色带：红叶小檗、金叶莸、龙柏、北海道黄杨。

（6）花卉：月季、牡丹、芍药、萱草、鸢尾、马蔺、太阳花、一串红、鸡冠花、金盏菊、醉鱼草。

（7）水生花卉：睡莲、荷花、芦苇、芒草、菖蒲。

本章小结

广场是城市的客厅，是城市特色形成及空间构成的重要因素。随着我国城市建设的不断加快，城市广场热遍大江南北。形式多样，类型不一，主题丰富的广场建设项目层出不穷。同样随着若干年的广场热的逐渐降温，人们也开始反思和总结广场设计与建设过程中的经验和教训。因此就要求设计师们以人的需求为准则，拓宽设计思路；重视人的行为、心理等多种因素，真正做到以人为本。我们有理由相信，未来的城市发展因有丰富多彩的城市广场空间而更加增辉添色。

复习思考题

1. 什么是广场？简述广场发展的历史。

2. 城市广场的常见类型包括哪些？

3. 简述城市广场的基本特点。

4. 简述城市广场设计的原则。

5. 城市广场空间设计方法有哪些？

6. 简述广场绿地设计的原则。

7. 城市广场绿地种植设计形式有哪些？

8. 如何进行城市广场树种选择，应注意哪些问题？

实训 某文化娱乐广场规划设计

[实训目的]

（1）明确文化娱乐广场设计的原则。

（2）明确文化娱乐广场设计的要求和内容。

（3）掌握文化娱乐广场设计的方法和步骤。

（4）掌握文化娱乐广场的绿化设计，并能够结合其功能进行合理的植物配置和树种选择，能够创造出优美、实用、有城市特色和人性化的广场绿地环境。

[实训内容]

综合所学的城市广场绿地设计基本理论知识，运用各种造园手法、园林构成要素，按照园林绿地规划设计的程序，完成某城市文化娱乐广场的规划设计。

[实训要求]

(一) 实训建议

在教学前,教师应提前安排好实训的地点(或虚拟各种环境),带领学生进行现场考察,最好有设计需要的现状图或进行现状图的测量。课前预习实训内容,在教师讲解实训的重点和难点、实训过程的基础上,在规定的时间内完成实训内容,同时对设计内容进行评价、修改和提出自己的见解。

(二) 实训条件

(1) 某文化娱乐广场规划设计任务书。

(2) 绿化用地现状图及各种管线布置图。

(3) 2号图纸和相应的绘图工具。

(三) 实训要求

(1) 图纸大小及绘图比例自定义。

(2) 要对设计的内容上墨线,并进行色彩渲染。总体的图面布局要合理。

(3) 完成总体的绿化设计工作,在设计过程中要考虑居民对广场的使用要求。

(4) 在树种选择上,要考虑绿化美化的要求,设计图例应与树种相符。

(5) 在各种图例的绘制过程中,要注意其美观性。

[实训工具]

绘图板、绘图纸、丁字尺、三棱比例尺、三角板、圆模板、量角器、铅笔、绘图墨水笔、鸭嘴笔、彩色铅笔(或马克笔)、铅笔刀、橡皮、擦图片、曲线板、圆规、透明胶带、毛刷、图面材料等。

[实训方法步骤]

(1) 了解当地的地形、地质、地貌、水文等自然条件。

(2) 了解广场所处的位置,进行外业调查,了解甲方的设计要求。

(3) 整理收集到的资料,构思总体方案,完成初步设计(草图)。

(4) 正式设计,绘制设计图纸,包括总平面图、重点景观的立面图、设计说明。

[成果要求]

(1) 总体规划图:比例1:500左右,根据广场面积确定图幅(图中进行道路、广场、园林建筑小品等规划布局,并标注尺寸)。

(2) 种植设计图(含彩色平面图):比例、图幅同总体规划图。

(3) 广场铺装设计图。

(4) 主要建筑方案设计图(需绘制平、立、剖图)。

(5) 整体或局部的效果图(彩色图)。

(6) 设计说明书。

[实训考核]

实训考核评分标准见附录1。

第五章

居住区绿地规划设计

【内容提要】

居住区绿地是城市园林系统中重要的组成部分，对改善人们的生活环境起着重要的作用，在城市绿地中分布最广、最接近居民的生活。因此，居住区绿地设计是一项十分重要的内容。本章总结了城市居住区发展的基本理论与规划方法。全章共分四节阐述：居住区规划基本知识、居住区绿化设计基本知识、居住区各类绿地的绿化设计、居住区绿化设计的植物配置和树种选择等。通过学习本章内容，能够对各种类型的居住区绿地进行设计，创造出优美、舒适、实用、亲和的环境，满足人们的生活和观赏需要。

【知识点】

1. 了解居住区的组织结构模式。
2. 了解居住区的绿地组成。
3. 掌握居住区建筑的布局形式。

【技能点】

1. 掌握居住区的绿地组成。
2. 掌握居住区各类绿地的功能、特点。
3. 掌握居住区绿地规划设计方法与技巧。

第一节　居住区绿化设计基础

一、居住区概述

(一) 居住区的概念

居住区的概念从广义上讲就是人类聚居的区域，狭义上说是指由城市主要道路所包围的独立的生活居住地段。一般在居住区内应设置比较完善的日常性和经常性的生活的服务性设施，以满足人们基本物质和文化生活的需求。

(二) 居住区用地的组成

在城市总体规划用地平衡中，生活居住用地占城市总用地的比例很大，一般占50%～60%，而居住区用地又占其中的45%～55%。不同的城市，由于所处条件不同，规模大小的差异，生活居住用地的组织结构也有不同的方式。大中城市一般由街坊或多个住宅组团构成小区或邻里单位，再由数个小区或邻里单位形成居住区，多个居住区形成城市生活居住区。在小城市其结构就比较简单，几个小区（或街坊）组成生活居住区。

1. 居住区建筑用地　由住宅的基底占有的土地和住宅前后左右留出的空地，包括通向住宅入口的小路、宅旁绿地、家务院落用地等。它一般要占整个居住区用地的 50% 左右，是居住区用地中占有比例最大的用地。

2. 公共建筑和公共设施用地　指居住区中各类公共建筑和公用设施建筑物基底占有的用地及周围的专用土地。

3. 道路及广场用地　以城市道路红线为界，在居住区范围内不属于以上两项的道路、广场、停车场等。

4. 居住区绿地　包括居住区公共绿地、公共建筑及设施专用绿地、宅旁绿地、道路绿地及防护绿地等。

此外，还有在居住区范围内但又不属于居住区的其他用地。如大范围的公共建筑与设施用地、居住区公共用地、单位用地及不适宜建筑的用地等。

二、居住区绿地的作用

居住区绿地的特殊之处在于与人的关系最密切，其服务对象最广泛，服务时间最长。

1996 年在土耳其历史文化名城伊斯坦布尔召开的第二届联合国人类居住区会议，探讨了两个具有跨世纪意义的世界性重要主题，即"人有适当住房"和"城市化世界中的可持续人类居住区发展"。从而世界各国对人居环境的问题更加重视，并进一步认识到"人人有适当住房"已经不是简单地解决住的问题，而必须满足居民的行为、心理需求，创造舒适、方便、清净、安全、优美的人居环境。

市场经济带来房地产业的大发展，随着人们购房心态的理智和成熟，对住宅的需求已逐渐从"居者有其屋"的普通住宅转向了"居者优其屋"的有益身心健康的绿色住宅。而开发商因商品房竞争的需要，居住小区的开发也就主动或被动地把环境设计提到一定的高度，并打着"环境""生态"的口号进行广告宣传，如重庆市龙湖花园住宅小区重视环境景观的规划，绿地率较高，为小区的人们创造了舒适宜人的环境空间，使住宅区成为名副其实的花园，备受人们欢迎；又如广州市天誉花园打出"地铁开通，花园开放——正对 10 万 m^2 绿化广场，直驳天河地铁总站出入口"的售楼广告，一时引来买者如云。

居住区绿地的作用具体体现在以下几个方面：

1. 营造绿色空间　居住区中较高的绿地标准以及对屋顶、阳台、墙体、架空层等闲置或零星空间的绿化应用，为居民多接近自然的绿化环境创造了条件。同时，绿化所用的植物材料本身就具有多种功能，它能改善居住区内的小环境，净化空气，减缓西晒，对居民的生活和身心健康都起着很大的促进作用（图 5-1）。

2. 塑造景观空间　进入 21 世纪，人们对居住区绿化环境的要求，已不仅仅是多栽几排树、多植几片草等单纯在"量"方面的增加，而且在"质"的方面也提出了更高的要求，做到"因园定性，因园定位，因园定景"，使入住者产生家园的归属感。绿化环境所塑造的景观空间具有共生、共存、共荣、共乐、共雅等基本特征，给人以美的享受，它不仅有利于城市整体景观空间的创造，而且大大提高了居民的生活质量和生活品位。另外，良好的绿化环境景观空间还有助于保持住宅的长远效益，增加房地产开发企业的经济回报，提高市场竞争力（图 5-2）。

图 5-1 景色宜人的居住区绿色空间

图 5-2 景观小品提升了居住区的文化内涵

3. 创造交往空间 社会交往是人的心理需求的重要组成部分，是人类的精神需求。通过社会交往，使人的身心得到健康发展，这对于今天处于信息时代的人们而言显得尤为重要。居住区绿地是居民社会交往的重要场所，通过各种绿化空间以及适当设施的塑造，为居民的社会交往创造了便利条件（图 5-3）。

图 5-3 居住区中的活动休闲场所

园林规划设计

同时，居住区绿地所提供的设施和场所，还能满足居民休闲时间室外体育、娱乐、游憩活动的需要，得到"运动就在家门口"的生活享受。如广州市金道苑、同德花园等居住区均在绿地中开辟了长200m，设置了10个运动项目的"健身路径"，每个项目还设有一个指示牌，当中标明运动名称、主要功能、锻炼方法和评分标准，居民只需要用15～30min就可以完成这十个运动项目，就能使身体的各部分器官和各项身体机能得到锻炼，并在路径终端的指示牌上根据不同年龄人士运动后的适宜心率和总评分表，对自身的体能、体质作出评价和运动负荷的自我监控（图5-4）。

图5-4　设置在居住区内的健身路径

三、居住区的组织结构模式

居住区规划结构受城市规模、自然条件、公共服务设施服务半径和道路系统的影响。居住区常用的组织结构模式是：由6～8幢住宅楼构成居住组团，若干个居住组团又构成居住小区，再由若干居住小区构成居住区。

居住区的规模应与服务半径、合理规模、管理体制、道路系统和自然条件因素相适应，以5万～6万人为宜，小的居住区约3万人。图5-5是居住区组织结构模式的示意。

目前我国居住区规划结构的基本形式有：

1. 居住区——居住小区　以居住小区为基本单位组成居住区，即居住区——居住小区。居住小区是由城市道路或城市道路和自然界线所划分的并不为城市道路所穿越的完整地段，保证居民的安全和安静，小区内有公共服务设施，使居民生活方便。

图5-5　居住区组织结构模式示意

2. 居住区——居住生活单元　以居住生活单元为基本单位组成居住区，即居住区——居住生活单元。居住区由数个居住生活单元直接组成。居住生活单元相当于一个居委会的规模。1954年，全国人大通过的有关条例是400～500户组织一个居委会，据近几年的调查居委会规模以800～1000户为宜。一个居委会一般为3000～5000人。

3. 居住区——居住小区——居住生活单元　居住生活单元组成居住小区，若干个居住小区组成居住区，即居住区——居住小区——居住生活单元。每个小区由 2～3 个居住生活单元组成。

四、居住区的绿地组成

居住区绿地是城市园林绿地系统中的重要组成部分，是改善城市生态环境中的重要环节，同时也是城市居民使用最多的室外活动空间，是衡量居住环境质量的一项重要指标。居住区绿地由以下几部分组成：

1. 居住区公共绿地 居住区公共绿地是为全区居民公共使用的绿地，其位置适中，并靠近小区主路，适宜于各年龄组的居民使用，根据中心公共绿地大小不同又分为几种不同类型。

（1）居住区级公园（服务对象是居住区居民），一般情况下，居住区级公园的规模相当于城市小型公园，图 5-6 为某居住区级公园。

图 5-6 某居住区级公园

（2）居住小区游园（服务对象是小区居民，图 5-7、图 5-8）。

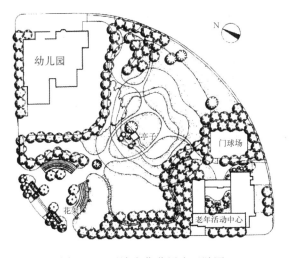

图 5-7 天津市华苑居小区游园

图 5-8 天津市华苑十区游园

（3）组团绿地（服务对象是组团内居民）（图5-9）。

居住区公共绿地反映了小区绿地质量水平，一般要求有较高的规划设计水平和一定的艺术效果。

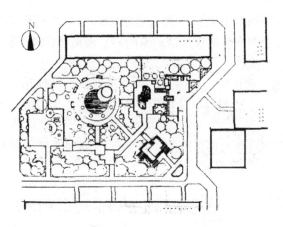

图5-9 天津南苑居住区凤园南里组团绿地

2. 宅旁绿地 宅旁绿地，也称宅间绿地，是居住区中最基本的绿地类型。多指在行列式建筑前后两排住宅之间的绿地，其大小和宽度决定于楼间距，一般包括宅前、宅后以及建筑物本身的绿化，它只供本幢居民使用。它是居住区绿地内总面积最大，居民最经常使用的一种绿地形式，尤其是对学龄前儿童和老人（图5-10、图5-11）。

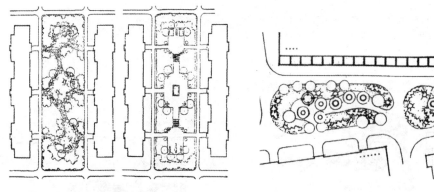

图5-10 有游憩设施的宅旁绿地　　　　图5-11 某居住区宅间绿地平面图

3. 道路绿地 居住区道路绿地是居住区内道路红线以内的绿地，其靠近城市干道，具有遮阴、防护、丰富道路景观等功能，根据道路的分级、地形、交通情况等进行布置。

4. 公共设施绿地 各类公共建筑和公共设施四周的绿地称为公建设施绿地。例如：俱乐部、展览馆、电影院、图书馆、商店等周围绿地，还有其他块状观赏绿地等。其绿化布置要满足公共建筑和公共设施的功能要求，并考虑与周围环境的关系。

可将居住区的组织结构模式、绿地组成以及服务对象之间的关系总结如表5-1所示。

表 5 - 1　居住区组织结构模式、绿地组成及服务对象关系

居住区绿地结构	对应绿地	服务对象
居住区	居住区级公园	居住区内所有居民
居住小区	居住小区游园	小区内居民
居住组团	组团绿地	组团内居民
住宅楼	宅旁绿地	住宅楼内居民

建筑沿着道路或院落周边布置的形式，这种形式有利于节约用地，提高居住建筑面积密度，形成完整的院落，便于公共绿地的布置，能有良好的街道景观，也能阻挡风沙，减少积雪。然而由于周边布置，会有较多的居室朝向差及通风不良。

五、居住区级绿地定额指标

居住绿地在城市总体规划、居住区详细规划或居住小区详细规划等不同的规划设计阶段有不同的定额指标，设计中如果分居住区级和居住小区级时，应分别计算及列出土地使用平衡表。

1. 居住区绿地总面积　居住区绿地总面积，一般只指居住区内公共绿地的面积总和，其数值越大越好。

2. 居住区绿地率　居住区绿地率是居住区绿化用地面积占总用地面积的百分比。我国国家规定指标是：新建居住区绿地率≥30％；旧城改造区绿地率≥25％。

3. 居住区公共绿地面积率　居住区公共绿地面积率是居住区内公共绿地面积占总用地面积的百分比。

4. 每人平均公共绿地面积　每人平均公共绿地面积是居住区绿地总面积除以居住区总人口数的得数。规定指标为：居住区级 $1\sim2m^2$/人，居住小区级 $1\sim2m^2$/人，合计 $2\sim4m^2$/人。

5. 联合国建议的城市绿地标准（表 5 - 2）

表 5 - 2　联合国建议的城市绿地标准

分级	绿地类型	与住宅的距离（km）	面积（hm²）	人均（m²/人）
1	住宅公园（庭院绿地）	0.3	1	4
2	小区公园（小区级游园）	0.8	6～10	8
3	大区公园（居住区级游园）	1.6	30～60	16
4	城市公园（市级公园）	3.2	200～400	32
5	郊区公园（远郊风景区）	6.5	1000～3000	65
6	大都市公园（远郊风景区）	15.0	3000～30000	125

为了说明居住区绿化状况，还可以用绿化种植在地面的投影面积即绿化覆盖面积来表示。但实际上绿化的覆盖面积较难准确统计。此外，绿地由于位置、布置和种植情况的不同，绿化效果也会有显著的差异。如绿地的位置和它的布置是否方便群众，与居民生活的需要是否相适应等。因此，评价居住区绿化除绿地的指标数据外，还得结合绿地的设计布置一

起综合评定。

　　我国规定新建居住区各类绿地至少占总用地的30%。

六、居住区建筑的布局形式

　　1. 行列式　根据一定的朝向，合理的间距，成行成排地布置建筑，是在居住区建筑布置中最普遍采用的一种形式。其优点是使绝大多数居室获得好的日照和通风；但由于过于强调南北向布置，处理不好，容易造成布局单调，感觉呆板，因此在布置时常采用错落、拼接、成组偏向、墙体分隔、条点结合、立面上高低错落等方法，在统一中求得变化，打破单调呆板感。图5-12是行列式建筑布局的居住区。

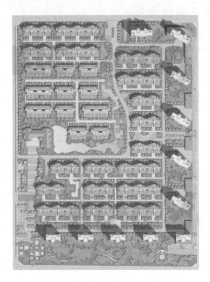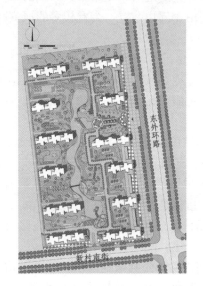

图5-12　采用行列式建筑布局形式的居住区

　　2. 周边式　建筑沿着道路或院落周边布置的形式，这种形式有利于节约用地，提高居住建筑面积密度，形成完整的院落，便于公共绿地的布置，能有良好的街道景观，也能阻挡风沙，减少积雪。然而由于周边布置，会有较多的居室朝向差及通风不良。图5-13是周边式建筑布局的居住区。

图5-13　采用周边式建筑布局形式的居住区

3. 混合式 混合式的建筑布局形式一般是周边式和行列式结合起来布置。这种布局形式一般沿街采取周边式，内部使用行列式（图5-14）。

图5-14 采用混合式建筑布局形式的居住区

4. 自由式 这种布局形式，通常是结合地形或受地形地貌的限制，充分考虑日照、通风等条件灵活布置（图5-15）。

图5-15 采用混合式建筑布局形式的居住区

5. 散点式 散点式的建筑布局形式常应用于别墅区或以高层建筑为主的小区，在散点式建筑布局的小区里，建筑常围绕公共绿地、公共设施、水体等散点布置（图5-16）。

图5-16 采用散点式建筑布局形式的居住区

6. 庭院式　庭院式的建筑布局形式一般底层建筑的住户有院落，也常应用于别墅区，这种布局有利于保护住户的私密性、安全性。绿化条件、生态条件均比较好。

七、居住区绿地规划设计的原则和要求

人们利用闲暇时间去公园绿地活动已成为城市生活的一部分。但是与居民日常生活息息相关，使用率高的不是城市大公园，而是居住区绿地或居住区附近的小游园。虽然后者与前者比，规模小、内容不够丰富，但是优点是靠近人们的住所，随来随往，使用方便。

1. 可达性　无论集中设置或分散设置，公共绿地都必须尽可能地接近住所，便于居民随时进入，设在居民经常经过并可自然到达的地方。当集中公共绿地与建筑交错布置时，要注意两者之间应有明确的界限。小区幼儿园通常放在中心绿地附近，让儿童获得更多的新鲜空气和活动场地。但幼儿园还应有自己的庭院，用透空围墙同绿地隔开，否则难以管理。住宅靠近中心绿地布置时，也应有围墙分隔，避免领域地混淆而将无关人员引进住宅组团里来。文化活动站等公共建筑尽可能与绿地组合在一起。

2. 功能性　绿化布置要讲究实用并做到"三季有花，四季常青"最好，同时还应考虑其经济效益。常绿的针叶树可以有些，但主要应选择生长快，夏季遮阳降温、冬季不遮挡阳光的落叶树，名贵树种尽量少用，多数应是适合当地气候及土壤条件的乡土树种。绿地内须有一定的铺装地面供老人、成年人锻炼身体和儿童游戏，但不要占地过多而减少绿化面积。按照功能需要，座椅、庭园灯、垃圾箱、沙坑、休息亭等小品也应妥善设置，不宜设置太多昂贵、观赏性的建筑物或构筑物。

通常规划小区级绿地集中起来放在小区的几何中心，但要因地制宜，也可结合地形放在小区一侧，或分成几块，或处理成条状，切忌千篇一律。例如，近些年来出现了一种模式，不分地域，不管自然条件，都在小区集中绿地中布置大水面，在设计图纸上，蓝色水面看起来挺不错。如果利用原有自然水塘，水流又能保持经常畅通，确实可以为小区增添情趣和美化景观，也有利于小气候的调节。但在北方干燥缺水的地方，硬要用泵放进自来水，还得经常开泵换水。在节电节水的情况下，水池里不是无水就是盛污水，尤其是在寒冷地区进入冬季后水池或喷泉等于虚设，反而成为不清洁的大坑。所以要强调绿地的功能性和实用经济性。

3. 亲和性　为了让居民在陆地内感到亲密和谐，居住区绿地尤其是小区绿地一般面积不大，不可能和城市公园那样有开阔的场地。因此必须掌握好绿地和各项公共设施以及各种小品的尺度。当绿地向一面或几面开敞时，要在开敞的一面用绿化设施加以围合，使人免受外界视线和噪声等的干扰。当绿地被建筑包围而产生封闭感时，则宜采取"小中见大"的手法，造成一种软质空间，"模糊"绿地与建筑的边界。同时防止在这样的绿地内放进体量过大的建筑或尺度不适宜的小品。

4. 系统性　居住区绿地设计与总体规划相一致又自成一个完整的系统。居住区绿地是由植物、地面、水面以及各种建筑小品组成。它是居住区空间环境中不可缺少的部分，也是城市绿化系统的有机组成部分。绿地规划设计必须将绿地的构成元素结合周围建筑的功能特点、居民的行为心理需求和当地的文化艺术因素等综合考虑，形成一个具有整体性的系统。绿化系统首先要从居住区规划的总体要求出发，反映出自己的特色。然后要处理好绿化空间与建筑的关系，使二者相辅相成，融为一体。人们常年居住在建筑所围合的人工环境里，必然向往大自然。因此在居住区内利用草皮、不规则的树丛、活泼的水面、山石等，创造出接近自然的景观，将室内和室外环境紧密地连接起来，让居民感到亲切、舒畅。

绿化形成系统的重要手法就是"点、线、面"结合，保持绿化空间的连续性，让居民随时随地生活在绿化环境之中。对居民区的绿地来说宅间绿地和组团绿地是"点"，沿区内主要道路的绿化带是"线"，小区小游园和居民区公园是"面"。点是基础，面是中心。

5. 全面性　居住绿化要满足各类居民的不同要求，必须要设置各种不同设施。通过居民室外环境要求的调查，大多数居民的共同愿望是，居民区内多种花草树木，室外空间要以绿为主，少设置不必要的亭台阁楼，使环境安静幽雅。具体到每个人，又因年龄不同要求也不一样。儿童要有娱乐设施，青少年要有宽敞的活动场地，老人则需要锻炼身体的场所。因此，居住区绿地应根据不同年龄组的居民使用特点和使用程度，做出恰当的安排。

可以认为，居住区绿地比城市绿地更接近群众，同居民的日常生活关系更为密切，因此更具实用性。

第二节　居住区绿地规划设计

居住区绿地包括居住区公共绿地、宅旁绿地、道路绿地和公共设施绿地，在居住区公共绿地中又包括居住区级公园、居住小区游园和组团绿地。由于居住区级公园的规模相当于城市小型公园，公共设施绿地相对比较简单，也可以划分到单位附属绿地。因此在本节中我们主要讲述居住小区游园、组团绿地、宅旁绿地和居住区道路绿地的设计。

一、居住小区游园设计

（一）居住小区游园的位置

居住小区游园的位置一般要求适中，使居民使用方便，并注意充分利用原有的绿化基础，尽可能和小区公共活动中心结合起来布置，形成一个完整的居民生活中心。这样不仅节约用地，而且能满足小区建筑艺术的需要。

居住小区游园的服务半径以不超过300m为宜。在规模较小的小区中，居住小区游园可在小区的一侧沿街布置或在道路的转弯处两侧沿街布置。当居住小区游园沿街布置时，可以形成绿化隔离带，能减弱干道的噪声对临街建筑的影响，还可以美化街景，便于居民使用。有的道路转弯处，往往将建筑物后退，可以利用空出的地段建设居住小区游园，这样，路口

图5-17　位于小区中央的游园方案设计

处局部加宽后，使建筑取得前后错落的艺术效果。同时，还可以美化街景。在较大规模的小区中，也可布置成几片绿地贯穿整个小区，居民使用更为方便（图5-17、图5-18）。

图5-18 临街布置的小区游园

（二）居住小区游园的规模

居住小区游园的用地规模是根据其功能要求来确定的，然而功能要求又和人民生活水平有关，这些已反映在国家确定的定额指标上。目前新建小区公共绿地面积采用人均 $1\sim2m^2$ 的指标。

居住小区游园主要是供居民休息、观赏、游憩的活动场所。一般都设有老人、青少年、儿童的游憩和活动等设施，但只有形成一定规模的集中的整块绿地，才能安排这些内容。然而又有可能将小区绿地全部集中，不设分散的小块绿地，造成居民使用不便。因此，最好采取集中与分散相结合，使居住小区游园面积占小区全部绿地面积的一半左右为宜。如小区为1万人，小区绿地面积平均每人 $1\sim2m^2$，则小区绿地约为 $0.51hm^2$。居住小区游园用地分配比例可按建筑用地占30%以下，道路、广场、用地占10%～25%，绿化用地占60%以上来考虑。

（三）居住小区游园的内容安排

1. 入口 入口应设在居民的主要来源方向，数量2～4个，与周围道路、建筑结合起来考虑具体的位置。入口处应适当放宽道路或设小型内外广场以便集散。内可设花坛、假山石、景墙、雕塑、植物等作对景。入口两侧植物以对植为好，这样有利于强调并衬托入口设施。图5-19是一组不同风格的居住小区游园入口设计实例。

图 5 - 19　居住小区游园出入口设计实例

2. 场地　居住小区游园内可设儿童游戏场、青少年运动场和成人、老人活动场。场地之间可利用植物、道路、地形等分隔。

儿童游戏场的位置，要便于儿童前往和家长照顾，也要避免干扰居民，一般设在入口附近稍靠边缘的独立地段上。儿童游戏场不需要很大，但活动场地应铺草皮或选用持水性较小的沙质土铺地或海绵塑胶面砖铺地。活动设施可根据资金情况、管理情况而设置，一般应设供儿童活动的沙坑，旁边应设座凳供家长休息用。儿童游戏场地上应种高大乔木以供遮阳，周围可设栏杆、绿篱与其他场地分隔开（图 5 - 20）。

图 5 - 20　居住区中的儿童活动场地

青少年运动场设在公共绿地的深处或靠近边缘独立设置，以避免干扰附近居民，主要是供青少年进行体育活动，应以铺装地面为主，适当安排运动器械及座凳。在进行场地设计时也可考虑竖向上的变化，形成下沉式场地或上升式场地（图 5 - 21、图 5 - 22）。

图 5 - 21　下沉式场地　　　　　　　　图 5 - 22　上升式场地形成的表演台

成人、老人休息活动场可单独设立，也可靠近儿童游戏场，在老人活动场内应多设些桌椅座凳，便于下棋、打牌、聊天等。老人活动场一定要做铺装地面，以便开展多种活动，铺装地面要预留种植池，种植高大乔木以供遮阳（图5-23、图5-24）。

图5-23 结合水景的休闲场地

图5-24 生态型铺装的老年活动场地

3. 园路 居住小区游园的园路能把各种活动场地和景点联系起来，使游人感到方便和有趣味。园路也是居民散步游憩的地方，所以设计的好坏直接影响到绿地的利用率和景观效果。

（1）园路的宽度与绿地的规模和所处的地位、功能有关，绿地面积在50000m² 以下者，主路宽2～3m；可兼作成人活动场所，次路宽2m左右；绿地面积在5000m² 以下者，主路宽2～3m，次路宽1.2m左右。

（2）根据景观要求园路宽窄可稍作变化，使其活泼（图5-25）。

（3）园路的走向、弯曲、转折、起伏，应随着地形自然地进行（图5-26）。

（4）通常园路也是绿地排除雨水的渠道，因此必须保持一定的坡度，横坡一般为1.5%～2.0%，纵坡为1.0%左右。当园路的纵坡超过8%时，须做成台阶。

（5）居住小区游园中一定要考虑设置残疾人通道（图5-27）。

图5-25 草坪中自然式步石

图5-26 沿水边自然布置的园路

扩大的园路就是广场，广场有三种类型：集散、交通和休息。广场的平面形状可规则、自然，也可以是直线与曲线的组合，但无论选择什么形式，都必须与周围环境协调。广场的标高一般与园路的标高相同，但有时为了迁就原地形或为了取得更好的艺术效果，也可高于或低于园路。广场上为造景多设有花坛、雕塑、喷水池等装饰小品，四周多设座椅、棚架、亭廊等供游人休息、赏景。

图5-27　小区游园中的残疾人通道

4. 地形　居住小区游园的地形应因地制宜地处理，因高堆山，就低挖池，或根据场地分区，造景需要适当创造地形，地形的设计要有利于排水，以便雨后及早恢复使用。

5. 园林建筑及设施　园林建筑及设施能丰富绿地的内容、增添景致，应给予充分的重视。由于居住区或居住小区游园面积有限，因此其内的园林建筑和设施的体量都应与之相适应，不能过大。

（1）桌、椅、座凳。宜设在水边、铺装场地边及建筑物附近的树荫下，应既有景可观，又不影响其他居民活动。

（2）花坛。宜设在广场上、建筑旁、道路端头的对景处，一般抬高30~45cm，这样既可当座凳又可保持水土。花坛可做成各种形状，上既可栽花，也可植灌木、乔木及草，还可摆花盆或做成大盆景。图5-28是一组居住区中的花坛设计效果。

图5-28　居住区中的花坛设计效果

（3）水池、喷泉。水池的形状可自然可规则，一般自然形的水池较大，常结合地形与山体配合在一起；规则形的水池常与广场、建筑配合应用，喷泉与水池结合可增加景观效果并具有一定的趣味性。水池内还可以种植水生植物。无论哪种水池，水面都应尽量与池岸接近，以满足人们的亲水感。图5-29是一组居住区中的水池、喷泉设计。

图 5-29 水景设计实例

（4）景墙。景墙可增添园景并可分隔空间。常与花架、花坛、座凳等组合，也可单独设置。其上既可开设窗洞，也可以实墙的形式出现起分隔空间的作用。

（5）花架。常设在铺装场地边，既可供人休息，又可分隔空间，花架可单独设置，也可与亭、廊、墙体组合（图 5-30）。

图 5-30 花架设计实例

（6）亭、廊、榭。亭一般设在广场上、园路的对景处和地势较高处。榭设在水边，常作为休息或服务设施用。廊用来连接园中建筑物，既可供游人休息，又可防晒、防雨。亭与廊有时单独建造，有时结合在一起。亭、廊、榭均是绿地中的点景、休息建筑。

（7）山石。在绿地内的适当地方，如建筑边角、道路转折处、水边、广场上、大树下等处可点缀些山石，山石的设置可不拘一格，但要尽量自然美观，不露人工痕迹。

（8）栏杆、围墙。设在绿地边界及分区地带，宜低矮、通透，不宜高大、密实，也可用绿篱代替。

（9）挡土墙。在有地形起伏的绿地内可设挡土墙。高度在 45cm 以下时，可当座凳用。若高度超过视线，则应做成几层，以减小高度。还有一些设施如园灯、宣传栏等，应按具体情况配置（图 5 - 31）。

图 5 - 31　挡土墙的装饰效果

6. 植物配置　在满足居住区或居住小区游园游憩功能的前提下，要尽可能地运用植物的姿态、体形、叶色、高度、花期、花色以及四季的景观变化等因素，来提高居住小区游园的园林艺术效果，创造一个优美的环境。植物的配置，一定要做到四季都有较好的景致，适当配置乔木、灌木、花卉和地被植物，做到黄土不露天（图 5 - 32）。

图 5-32　居住区中的植物景观

二、组团绿地的规划设计

在居住区中一般 6～8 栋居民楼为一个组团，组团绿地是离居民最近的公共绿地，为组团内的居民提供一个户外活动、邻里交往、儿童游戏、老人聚集等良好的室外条件。

（一）组团绿地的特点

（1）用地小、投资少，易于建设即见效快。

（2）服务半径小，使用频率高。

（3）易于形成"家家开窗能见绿，人人出门可踏青"的富有生活情趣的居住环境。

（二）组团绿地的位置

1. 周边式住宅之间　环境安静有封闭感，大部分居民都可以从窗内看到绿地，有利于家长照看幼儿玩耍，但噪声对居民的影响较大。由于将楼与楼之间的庭院绿地集中组织在一起，所以建筑密度相同时，可以获得较大面积的绿地（图 5-33）。

2. 行列式住宅山墙间　行列式布置的住宅，对居民干扰少，但空间缺少变化，容易产生单调感。适当拉开山墙距离，开辟为绿地，不仅为居民提供了一个有充足阳光的公共活动空间，而且从构图上打破了行列式山墙间所形成的胡同的感觉，组团绿地的空间又与住宅间绿地相互渗透，产生较为丰富的空间变化（图 5-34、图 5-35）。

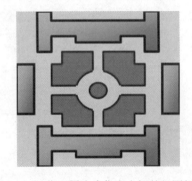

图 5-33　位于周边式住宅之间的组团绿地

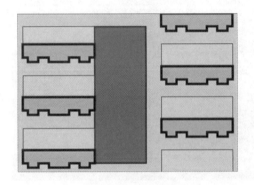

图 5-34　位于行列式住宅山墙间的组团绿地

图 5-35 位于行列式住宅山墙之间的组团绿地

3. 扩大住宅的间距 在行列式布置中，如果将适当位置的住宅间距扩大到原间距的 1.5～2 倍，就可以在扩大的住宅间距中，布置组团绿地，并可使连续单调的行列式狭长空间产生变化（图 5-36、图 5-37）。

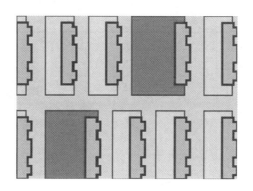

图 5-36 扩大住宅间距布置的组团绿地

图 5-37 扩大住宅间距后形成的组团绿地

4. 住宅组团的一角 在地形不规则的地段，利用不便于布置住宅的角隅空地安排绿地，能起到充分利用土地的作用而且服务半径较大（图 5-38）。

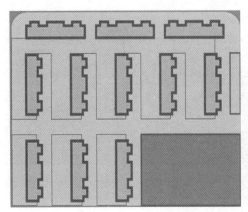

图 5-38 位于住宅组团一角的绿地

5. 两组团之间 由于受组团内用地限制而采用的一种布置手法，在相同的用地指标下绿地面积较大，有利于布置更多的设施和活动内容（图 5-39）。

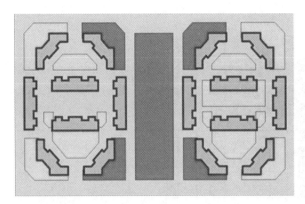

图 5-39 两组团之间的绿地

6. 一面或两面临街 绿化空间与建筑产生虚实、高低的对比，可以打破建筑线连续过长感觉，还可以使过往群众有歇脚之地（图 5-40）。

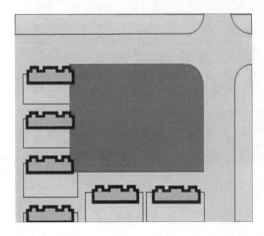

图 5-40 临街布置的组团绿地

7. 在住宅组团呈自由式布置　组团绿地穿插配合其间，空间活泼多变，组团绿地与宅旁绿地配合，使整个住宅群面貌显得活泼（图5-41）。

由于组团绿地所在的位置不同，它们的使用效果也不同，对住宅组团的环境影响也有很大区别。从组团绿地本身的使用效果来看，位于山墙和临街的绿地效果较好。

（三）组团绿地的布局形式

1. 开敞式　组团绿地可供游人进入绿地内开展活动。

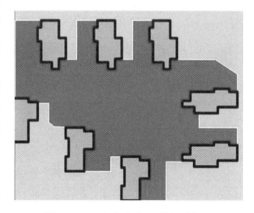

图5-41　自由式布置的组团绿地

2. 半封闭式　绿地内除留出游步道、小广场、出入口外，其余均用花卉、绿篱、稠密树丛分隔。

3. 封闭式　一般只供观赏，而不能入内活动。

从使用与管理两方面看，半封闭式效果较好。

（四）组团绿地的内容安排

组团绿地的内容设置可有绿化种植、安静休息、游戏活动等，还可附有一些小品建筑或活动设施。具体内容要根据居民活动的需要来安排，是以休息为主，还是以游戏为主；休息活动场地在居住区内如何分布等，均要按居住地区的规划设计统一考虑。

1. 绿化种植部分　此部分常在周边及场地间的分隔地带，其内可种植乔木、灌木和花卉，铺设草坪，还可设置花坛，亦可设棚架种植藤本植物，置水池植水生植物。植物配置要考虑造景及使用上的需要，形成有特色的不同季相的景观变化及满足植物生长的生态要求。如铺装场地上及其周边可适当种植落叶乔木为其遮阳；入口、道路、休息设施的对景处可丛植开花灌木或常绿植物、花卉；周边需障景或创造相对安静空间地段则可密植乔木、灌木，或设置中高绿篱。组团绿地内应尽量选用抗性强、病虫害少的植物种类。

2. 安静休息部分　此部分一般也作老人闲谈、阅读、下棋、打牌及练拳等设施场地。该部分应设在绿地中远离周围道路的地方，内可设桌、椅、座凳及棚架、亭、廊等园林建筑作为休息设施，亦可设小型雕塑及布置大型盆景等供人静赏。

3. 游戏活动部分　此部分应设在远离住宅的地段，在组团绿地中可分别设幼儿和少年儿童的活动场地，供少年儿童进行游戏性活动和体育性活动。其内可选设沙坑、滑梯、攀爬等游戏设施，还可安排打乒乓球的球台等。

三、宅旁绿地的规划设计

宅旁绿地的主要功能是美化生活环境，阻挡外界视线、噪声和灰尘，为居民创造一个安静、舒适、卫生的生活环境，其绿地布置应与住宅的类型、层数、间距及组合形式密切配合，既要注意整体风格的协调，又要保持各幢住宅之间的绿化特色。

宅旁绿化的重点在宅前，包括：

（一）住户小院绿化设计

住户小院可分为底层住户小院和独户庭院两种形式。

一般为了不影响居住区绿化设计的整体效果，底层住户小院的绿化一般会留出一定宽度的绿地作为居住区公共绿化范围（图5-42）。

图5-42 底层住户小院绿化设计

独户庭院的绿化设计，可统一规划，也可由住户自行设计（图5-43）。

图5-43 独户庭院绿化设计

（二）宅间活动场地绿化设计

宅间活动场地属半公共空间，主要为幼儿活动和老人休息之用，其绿化质量，直接影响到居民的日常生活。宅间活动场地的绿化类型主要有以下几种形式。

1. 树林型 树林型的宅旁绿化一般适用于面积较大的宅旁绿地，但在设计时一定要保证室内良好的通风采光要求（图5-44）。

图5-44 树林型的宅旁绿地

2. 游园型 当宅旁绿地面积较大时，也可以将其设计为小游园的形式，但在设计时活动场地一定要与建筑保持一定的距离，既要保证室内良好的通风采光，还要保证室内的安静（图5-45）。

图5-45 游园型的宅旁绿地

3. 棚架型 宅旁绿地还可以考虑设置棚架（图5-46）。

图5-46 棚架型的宅旁绿地

4. 草坪型 当楼间距较小时，为了满足室内的通风采光，宅旁绿地一般设计为草坪型（图5-47）。

图5-47 草坪型的宅旁绿地

(三)住宅建筑绿化

1. 架空层绿化　在近些年新建的居住区中,常将部分住宅的首层架空形成架空层,并通过绿化向架空层的渗透,形成半开放的绿化休闲活动区。这种半开放的空间与周围较开放的室外绿化空间形成鲜明对比,增加了园林空间的多重性和可变性,既为居民提供了可遮风挡雨的活动场所,也使居住环境更富有透气感(图5-48)。

图5-48　架空层绿化设计效果

2. 屋基绿化　屋基绿化是指墙基、墙角、窗前和入口等围绕住宅周围的基础栽植。

① 墙基绿化。使建筑物与地面之间增添一点绿色,一般多选用灌木作规则式配置,亦可种上爬墙虎、络石等攀缘植物将墙面(主要是山墙面)进行垂直绿化。

② 墙角绿化。墙角种小乔木、竹或灌木丛,形成墙角的"绿柱""绿球",可打破建筑线条的生硬感觉(图5-49)。

图5-49　屋基绿化设计效果

3. 窗台、阳台绿化　窗前绿化对于室内采光、通风,防止噪声、视线干扰等方面起着相当重要的作用。其配置方法也是多种多样的,如"移竹当窗"手法的运用,竹枝与竹叶的形态常被喻为清雅、刚健、潇洒,宜种于居室外,特别适合于书房的窗前;又如有的在距窗前1~2m处种一排花灌木,高度遮挡窗户的一小半,形成一条窄的绿带,既不影响采光,又可防止视线干扰,开花时节还能形成五彩缤纷的效果;再如有的窗前设花坛、花池,使路上行人不致临窗而过。

在住宅入口处，多与台阶、花台、花架等相结合进行绿化配置，形成各住宅入口的标志，也作为室外进入室内的过渡，有利于消除眼睛的光感差，或兼作"门厅"之用（图5-50）。

4. 墙面、屋顶绿化　在城市用地十分紧张的今天，进行墙面和屋顶的绿化，即垂直绿化，无疑是一条增加城市绿量的有效途径。墙面绿化和屋顶绿化不仅能美化环境、净化空气、改善局部小气候，还能丰富城市的俯视景观和立面景观（图5-51）。

图5-50　窗台、阳台绿化设计效果　　　　　图5-51　窗台、阳台绿化设计效果

住宅建筑本身是宅旁绿化的重要组成部分，它必须与整个宅旁绿化和建筑的风格相协调。

四、居住区道路绿地的规划设计

居住区道路绿化与城市街道绿化有不少共同之处，但是居住区内的道路，由于交通、人流量不大，所以宽度较窄、类型也较少。

根据功能要求和居住区规模的大小，可把居住区道路分为三类，绿化布置因道路情况不同而各有变化。

（一）居住区主干道

居住区主干道是联系居住区内外的主要通道，除了人行外，有的还通行公共汽车。

在道路交叉口及转弯处的绿化时不要影响行驶车辆的视线，街道树要考虑行人的遮阳及不妨碍车辆的运行。道路与居住建筑之间可考虑利用绿化防尘和阻挡噪声，在公共汽车的停靠站点，可考虑乘客候车时遮阳的要求（图5-52）。

图5-52　居住区主干道

(二) 居住区次干道

居住区次干道是联系住宅组团之间的道路。行驶的车辆虽较主干道为少，但绿化布置时，仍要考虑交通的要求。

当道路与居住建筑距离较近时，要注意防尘隔声。次干道还应满足救护、消防、运货、清除垃圾及搬运家具等车辆的通行要求，当车道为尽端式道路时，绿化还须与回车场地结合，使活动空间自然优美（图 5-53）。

图 5-53　居住区次干道

(三) 宅前小路

居住区住宅小路是联系各住户或各居住单元门前的小路，主要供人行。

绿化布置时，道路两侧的种植宜适当后退，以便必要时急救车和搬运车等可驶入住宅。有的步行道路及交叉口可适当放宽，与休息活动场地结合。路旁植树不必都按行道树的方式排列种植，可以断续、成丛地灵活配置，与宅旁绿地、公共绿地布置配合起来，形成一个相互关联的整体（图 5-54）。

图 5-54　宅前小路

第三节　庭院绿化设计

庭院绿化是一门综合的艺术。随着中国城市化的发展，人们生活水平的提高，生活方式的改变，庭院绿化越来越成为社会人们所追求的一种生活环境。庭院环境除了美化的功能外，还给人们观赏、休闲、运动等提供方便。一个好的庭院绿化，应更加切近自然，形成和谐的自然景观，使庭院有一份独特的风格。

随着经济的发展，人们对环境的重视，庭院设计也逐渐成为园林绿化设计中的一种常见类型。庭院的种类很多，按照服务对象不同可以分为公共庭院和私家庭院。本节主要介绍与居住相关的私家庭院。

庭者，堂前阶也；院者，周垣也。从布局设计和环境意识上讲，中国古建筑表现了较强的阴阳合德的观念。"庭院深深深几许"，常常被用来形容中国传统建筑的延绵无尽。庭院一般是指前后建筑与两边廊或墙相围成的一块空间，这里建筑的为实，主阳，庭院为虚，主阴，这一虚一实组合而成的"前庭"和"后院"，按中轴线有序连续的推进，大大增强了传统建筑阴阳合德的艺术魅力。

因此可以说庭院是指，建筑物（包括亭、台、楼、榭）前后左右或被建筑物包围的场地通称为庭或庭院。即一个建筑的所有附属场地、植被等。复式的房子屋顶花园也归类为庭院范畴。

一、庭院绿化的作用

（一）美化居住环境

庭院绿化植物种类繁多，植物的树姿、花朵、叶子、果实都可观赏。梅花不仅观花，其形态也是"以曲为美，直则无姿"，以及飘逸和柔和并存的垂柳，都体现了不同的艺术风格。许多有美丽绚烂花朵的绿化植物，如海棠、杜鹃、美人蕉、郁金香等，秋季时红色的枫叶同样吸引人们的注意。

植物能通过色彩、质感给人最直接、最强烈的美感，如鲜艳的色调给人欢欣鼓舞的感觉；深暗的色调让人感到沉闷；粗糙的、光滑的以及坚硬和柔软等给人不同的感觉。植物景观随着春、夏、秋、冬等时令变化，以及雨、雪、风、霜、等气候变化，植物的外形、色彩、质地等特征不断发生改变，空间也呈现出不同的景象和意境。但总体而言，庭院绿化以恬静的植物绿色为基调，有利于消除人们的疲劳。

（二）发挥生态效益

庭院绿化可以提供户外休闲、室内外观赏和改善生态环境，它不仅可以净化空气，减少环境污染与噪声，改变居住环境的小气候，而且能够创造优美的环境，使居民融入大自然的绿色之中，给人一种回归大自然的舒畅感觉，使居住环境变得优美、活泼、丰富多彩。

庭院中的绿色植物不仅能阻挡阳光直射，还能通过它本身的蒸腾作用和光合作用消耗许多热量，调节庭院的小气候和湿度。植物还可吸收有害气体，分泌挥发性物质，杀灭空气中的细菌，如紫薇、茉莉、兰花、丁香等具有特殊的香气或气味，对人无害而蚊子、蟑螂、苍蝇等害虫闻到就会避而远之，并且还可以抑制或杀灭细菌和病毒。

（三）丰富空间形式

庭院绿化可以起到障景、空间界定、提供私密性空间等作用。植物可以作为建筑中的地、顶、墙来围合空间，在地面上，以不同高度和不同种类的地被植物或矮灌木来暗示空间边界，可以构成地平面。不同高度的绿篱以及与墙、栅栏等结合的绿墙则作为墙体做成暗示性的界面，分隔与围合空间。植物将功能区转换功能空间，通过它们相关的特性以及色彩、质地、形态，赋予每一空间和功能相适应的特征。人们同样可以利用植物暗示性的围合而产生出感觉的虚空间。一块绿阴的草坪和一片乔、灌、草结合的绿的交界处，虽不具有实体的视线屏障，但却暗示着空间范围的不同。

二、庭院绿化的基本形式

1. 规则式　规则式绿化强调艺术造型美和视觉震撼，又称为西方式、几何式、轴线式或对称式等。轴线对称式栽植一般是以庭院主要建筑的轴线为室内植物栽植轴线，在轴线两侧，植物的种类、形状、栽植形式完全相同，如法国别墅庭院。几何规则式栽植主要是植物在平面构图和植物形状上呈几何规则式，意大利和法国等国家的园林及私人别墅庭院的主要空间也均采用这种模式。规则式绿化布局不仅用对植、列行植体现在绿化的构图上，也可以利用植物的耐修剪性和绿化工人的操作技术将植物修剪成抽象的流线、几何或惟妙惟肖的动物造型。在西方庭院的入口、道路和建筑物附近以及庭院中，多使用规则式植物造景。通过中、西方文化的交流，改革开放后规则式绿化也在中国发展开来（图 5-55）。

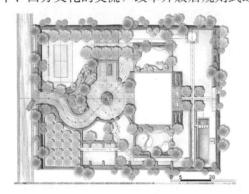
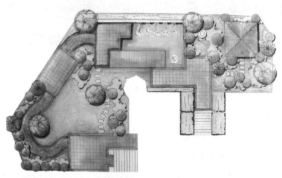

图 5-55　规则式的庭院绿化

2. 自然式　自然式绿化与规则式相对应，以体现自然和联想意境美。通过自然的植物群落设计和地形起伏处理，在形式上表现自然，将自然缩小后加以模仿运用到庭园里，多运用植物的自然姿态进行自然式造景。在自然庭院内，园林要素中的地面铺装形式、水景、植物，均以自然形式表现。庭院绿化中植物的配置采用自然林、丛团和散落的单株相组合，模拟自然景观。配置疏密有致，表现为"密不透风"或"疏可走马"。在竖向视觉上要注意树冠的天际线，即树木组合层次错落有致和形态的彼此和谐，人们对植物的欣赏既有季相变化之美，又可观察枝、花、叶、果的细部形态，体现植物的个体美和群体美以及其自然动态美（图 5-56）。

图 5-56　自然式的庭院绿化

3. 抽象式 抽象式绿化又称为自由式、意象式或现代园景观式，以体现自由意象和流动线条美。这种园林绿化的形式是由巴西的艺术家、造园家马尔克斯所创造的一种设计手法，其设计灵感来自于对自然界堤岸的形状、蜿蜒的河谷、低地的景观以及叶片上复杂而漂亮的脉络的升华认识，利用纯艺术观念和本地植物、乡土艺术相结合，并运用曲线和艳丽的色彩组合，给人们强烈的视觉感受。抽象式园林绿化是将植物以大色块、大线条、大手笔的勾画，成为一种具有自由有序、简洁流畅，具有强烈装饰效果的植物布局形式（图5-57）。

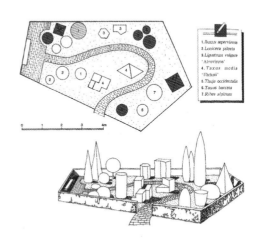

图5-57 抽象式的庭院绿化

4. 混合式 混合式绿化又称为折中融合美的布局宗旨。这种绿化形式在现代庭院中运用很多，有机运用前面几种绿化形式，创造完美的庭院绿化观赏景观（图5-58）。

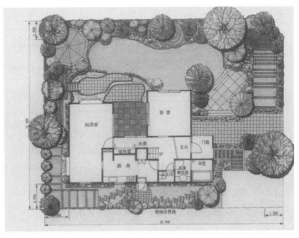

图5-58 混合式的庭院绿化

三、庭院绿化设计的基本原则

优美的居住环境营建是现代化城市景观建设的重要内容之一，庭院绿化的好坏直接影响到户主的生活，而优美的庭院绿化设计，可以创造出令人赏心悦目、身体健康的场地。因此根据庭院绿化进行准确定位和绿化布局，这样才能创造出优美的人居环境。为日益忙碌的人们营造一个能漫步于庭院花径内，感受身边多姿多彩的植物，品味生命的韵律的四季变幻的品质生活。

（一）私密性

庭院绿化应做到远离喧嚣，闹中取静。"邻虽近俗，木掩无哗"。因为人需要能够占有和控制一定的空间领域。私人领域不仅提供相对的安全感表明了占有者的身份与对所占领域的权力象征。因此，庭院绿化设计应该尊重人的这种个人空间，使人获得稳定感和安全感。例如古人在庭院中围墙的内侧常常种植芭蕉，芭蕉无明显主干，树形舒展柔软，人不易攀爬上去，种在围墙边上，既可遮挡视线增加私密性，又可防止小偷爬墙而入（图5-59）。

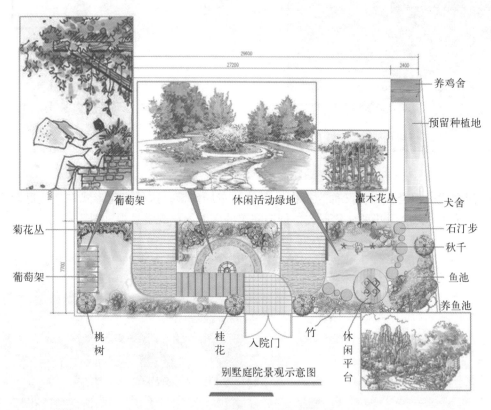

图5-59 强调私密性的庭院绿化

（二）舒适性

庭院绿化设计应该为主人营造一个舒适的休息空间，例如空旷的庭院种植庭荫树来遮光，采用爬山虎进行墙壁绿化来降温；迎风向种植防风树以挡风；紧靠街道的庭院四周植防护树，以降噪、吸尘。

（三）美观性

庭院绿化设计必须满足人的审美需求以及人们对美好事物热爱的心理需求。"俗则屏之，嘉则收之"。具体说来，要注意以下几点：

1. 整体协调统一 庭院应与周边环境协调一致，能利用的部分尽量借景，不协调的部分想方设法采用视觉遮蔽；其次，庭院应与建筑浑然一体，与室内装饰风格互为延伸；最后，园内各组成部分有机相连，过渡自然。

2. 做到视觉平衡 庭院的各构成要素的位置、形状、比例和质感在视觉上要取得"平衡"，类同于绘画和摄影的构图要求，只是庭院是三维立体的，而且是多视角观赏。在庭院设计上还要充分利用人的视觉假象，如在近处的树比远处的体量稍大一些，会使庭院看起来比实际的大。

3. 注重色彩搭配 要注意冷暖色彩的位置，暖而亮的色彩有拉近距离的作用，冷而暗的色彩有收缩距离的作用。庭院设计中一般把暖而亮的元素设计在近处，冷而暗的元素布置在远处。其次，要注意色彩的季相变化，四季有景可观（图5-60）。

图5-60 注重色彩搭配的庭院绿化

（四）独特性

私人庭院式家庭全体人员休闲的场所。根据家庭成员的年龄层次结合植物的自身特色创造不同的特色空间。老年人空间用高大的庭荫树为主景，形成安静的空间；年轻人则可以用丰富多彩四季变化的植物造景创造活跃的空间；年少的孩童要综合考虑平坦的草地和丰富的花卉，激发他们的活动乐趣。也可根据植物的文化特征，配置成具有一定主题思想的景观，形成四季有景，季季如诗如画的景观特点。如庭院一角配置松、竹、梅，形成"岁寒三友"意境景观。窗下植芭蕉，有"雨打芭蕉听雨声"的雅趣。或借花木形象含蓄地传达某种情趣、理趣的"比兴"，如石榴有多子多福之意，紫荆象征兄弟和睦，竹报平安，玉棠富贵等（图5-61）。

图5-61 强调住户个人喜好的庭院绿化

（五）便利性

庭院可以说是居住环境向室外的一个延伸，与人们的生活密切相关，因此庭院绿化设计必须考虑便利性。庭院路径一般不必曲折，应从院门直通住宅。台阶平缓，便于攀登。栽植的绿篱不要妨碍走路（图5-62）。

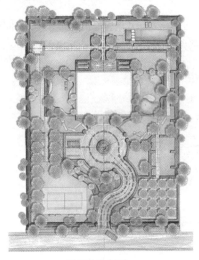

车行动线分析 人行动线分析

图5-62 庭院绿化中的道路设计

四、庭院绿化设计的步骤

居住庭院与普通城市绿地最大的不同在于，其性质上的私有性，因此在设计前中必须与住户进行深入的交流，掌握住户的喜好，结合用地环境和园林设计的相关技法进行合理的设计。一般在进行庭院绿化设计时应按照以下步骤进行。

1. 确定庭院的风格 每个人喜欢的庭院绿化风格不同，在材质、小品选择上就会存在很大差异。有的人喜欢中式，有的人喜欢欧式，有的人会喜欢日式庭院，有的会偏爱木材的使用多些，有的会喜欢石材上的运用，但又并非每个人都能清晰地表达他们的想法。因此要抓住住户的心理，打造理想的庭院（图5-63）。

图5-63 风格各异的庭院绿化

2. 确定庭院的功能布局　由于庭院绿化的占地面积相对较小，因此，设计中，往往比较注重功能空间的使用特征。在功能上要因地制宜地布置，有时可通过地面的改造，地台的升高而留出更多的隐蔽空间，满足功能需求（图 5 - 64）。

图 5 - 64　庭院绿化中的功能布局

3. 植物配置　由于庭院绿化，在植物的配置上，可以用些观赏性较好的植物。如树种，选择开花的或带有香味的树种，如玉堂春、金脉刺桐、桂花都是较好的选择。而灌木、花卉可以选择花期长颜色鲜艳的品种，如月季、双荚决明、海棠等，既适合环境，又容易打理。

4. 考虑庭院风水的布局　小庭院的绿化，大多以家居或小型办公场地的客户居多。可能许多客户要了解相关的风水。风水应该指结合该地区大环境而进行合理的布局，使人在使用方面更具合理性。同时，对植物而言一个合理的安排是对该植物生长好坏的主要因素。

5. 庭院绿化中的细节处理　作为庭院绿化，细节是不容忽略的，小至几棵竹，一个小雕塑，一盆花，一个小喷水泉的安排，都需要细节的一一精选。若安排妥当合理，就可以起到画龙点睛的效果，增加庭院风趣（图 5 - 65）。

图 5 - 65　庭院绿化中的细节处理

五、庭院绿化常用的植物及文化意境

在庭院植物种类的选择方面，常常还要考虑植物所包含的文化意境，这里简述几种中国传统的庭院吉祥植物。

1. 竹　谐音"祝"，有美好祝福的意蕴。过去将天竹加南瓜、长春花合成图案，谐音取意可构成"天地常春""天长地久"的寓意。"宁可食无肉，不可居无竹"。作为高雅脱俗的象征，竹也常为旧时文人雅士所青睐。

2. 梅　人们认为其五片花瓣是五个吉祥神，梅花五瓣，象征五福：快乐、幸福、长寿、顺利、和平。寿联常有"梅开五福，竹报三多"（竹叶三片），寓意吉祥。

3. 牡丹　被称为国色天香的"富贵花"，牡丹有美色和美誉，寓意吉祥。因此在庭院中，常用与寿石组合为"长命富贵"，与长春花组合为"富贵长春"的景观。

4. 桂　桂音谐"贵"，有荣华富贵之意。有的习俗，新妇戴桂花，香且"贵"。桂与莲子合图，为"连生贵子"；桂与寿桃合图为"贵寿无极"等。历来将科举高中称为"月中折桂""折月桂"。

5. 椿树　《庄子·逍遥游》云："上古有大椿者，以八千岁为秋"。因此椿树是长寿之兆，后世又以之为父亲的代称，含有主人护宅及祈寿的意愿。

6. 槐树　槐树木质坚硬，被认为代表"禄"，古代朝廷种三槐九棘，公卿大夫坐于其下，面对三槐者为三公，因此槐树在众树之中品位最高，常被作为镇宅的首选树。

7. 石榴　含有多子多福的祥兆，很有富贵气息。

8. 葡萄　葡萄藤缠藤，象征亲密，自古有葡萄架下七夕相会之说，而夏季在葡萄荫下纳凉消暑，亦是人生一大快事。

9. 海棠　花开鲜艳，与玉兰组合种植，象征"金玉满堂"；与牡丹、桂花组合，象征"富贵满堂"；而棠棣之华，象征兄弟和睦，其乐融融。

【典型案例分析】

大连乾豪居住区景观设计

一、总体概念的主题定位

延续甲方提出的楼盘开发理念：

（1）"自然，阳光，人文，健康，运动"。

（2）"移动的森林，漂流的花海"。

（3）"开放式公共绿地，封闭式组团管理"。

（4）"各组团的公共绿地应有良好的识别性"。

根据上述的主题想法，设计师将此一一融入整体的景观规划设计中。

二、总体规划

设计将总体规划（图5-66）分为三部分着手深入。分别为：开放式公共绿地的景观规划；商业街的景观设计；居住区组团中的公共绿地设计。

图 5 - 66　总体规划

（一）开放式公共绿地景观规划

1. 开放式公共绿地的均衡性、连贯性、空间性　开放式公共绿地贯穿于整个楼盘的南北，因楼盘按三期开发销售，设计为使每期开发时都拥有一个相对完整的公共绿地，考虑在每期设计一处公共活动的广场，并以广场为景观核心向四周辐射，这不仅充分考虑了整盘在公共绿地设计中的均衡性，同时也满足了每一期楼盘在开盘时都有自己的核心景观内容。

设计在考虑了公共绿地均衡性的同时，还注意到绿地在三期建成时，整体的连贯性。并能始终融入"移动的森林"的主题。景观将常绿及彩叶乔木有规律地由北到南成组成团地布置在中心开阔的常绿草坪中，从而寓意森林在流动的概念主题。在"流动的森林"下方设计师考虑布置常绿及开花彩叶灌木，灌木按优美的S形布点种植。根据灌木的色差及开花时差的不同进行布置，小区居民在四季变化时将会欣赏到宛如流水图案般变化的灌木种植，从中寓意"花海在流动"的概念主题。乔木与灌木的种植理念反映设计师想表达"流动"的主题概念，将植物引喻为流动的水。

在分析了基地规划图后认为，规划在公共绿地中设计的两条消防紧急路过为浪费，也使绿地东西两侧的组团间距离过于狭窄。考虑尽可能地将消防要求的扑救场地设计结合到各个组团中，使中心公共绿地的宽度加大，从而能使景观有更好的发挥空间。为此，景观提出将一条4m宽既具景观意义又兼消防要求的路S形环绕点式小高层布置，在S形路两侧布置寓意"流动的森林，漂流的花海"主题的植物，使单调的消防路具有设计的生动性。

2. 开放式公共绿地主题的深入　景观设计师关于开放式公共绿地的主题进行了深入考

虑，以下整理出能体现公共绿地"自然，阳光，人文，健康，运动"主题的景观关键词。

（1）可聚会跳舞、晨练、节日燃放烟花的广场。

（2）设计有晨跑的步道（在步道上刷上刻度，如50m及跑步路线指示箭头）。

（3）设计有自行车初学者的练习场地。

（4）在广场的一处提供专供儿童或成人粉笔涂鸦的小场地，甚至可以有比赛评比。

（5）绿地中融入背景音乐的设备，按星期更换不同主题的音乐鉴赏，普及音乐知识。

在公共绿地的地形设计上，注重生态湖的水域与草坡的自然衔接，草坡地形的塑造更能强调水域的轮廓和空间的围合感。

在住宅的组团空间内，设计注重强调集中绿地的草坡起伏感，同时能使草坡上的植被设计显得更为丰富。设计地形设计的同时，设计师也解决了现场的排水问题，使排水和起伏的地形衔接更为自然和谐。

3. 关于"东城天下"滨水楼盘的设计　水是南北公共及私密绿化空间带的关键要素，水体发源于场地北端的交通圈。该地为水源地，周围地势要比南端的地势高出较多。

水的流向由北向南，分隔成几股溪流，环绕着小岛流过，又从道路、小桥下流过（图5-67）。水面高度与其四周地势及建筑标高是同步的。

在南北贯通的主河道的东侧（靠人行道的一侧），浅浅的小溪边缘是间断的软质与硬质驳岸。较浅的水体预防了意外事故的发生。如若不慎跌入水中，可以直接站起。在河道的西侧（靠私家空间的一侧），设计师采用了一种隐蔽性的安全设施，可以防止对岸的人进入私密空间。这项设施的最大的优点便是它摒弃了在中央花园的西侧采用较高的安全围篱。私密空间的人们不但全然没有一种隔离于公园之外的感觉，相反却觉得与公园浑然一体。

设计师在此作了一个调整，以确保滨水区域的安全性。设计师另外去除了绿化带的道路，使人们有更多的休闲活动的空间，同时也构成了连续的公园空间。公园东侧的道路连接着北面、中央地区及会馆（图5-68）广场。幼儿园（图5-69）的位置移至公园的东侧，以避免高层建筑对学校空间造成挤压感。

图5-67　水景设计

图5-68　会馆

在中央花园的东侧运用了较高的安全围墙（图5-70），蜿蜒曲折的围墙在绿树的掩映下，不显突兀。设计师还尽可能地减少围墙的隔离性，在一些主要地方仍然可以欣赏到公园的景色。该设计的优点之一便是为居住在此的人们或游人提供了丰富的自然体验。蜿蜒的河水消散在建筑或是四处，增添了一份神秘感。同时也增加了公园的实际宽度。

图 5-69　幼儿园

图 5-70　围　墙

会馆花园的东、西两侧和北面都由水环绕，可以观赏到四周的美景。河水向西南顺流而下，直到"青春广场"。另一条河水则流向东南侧，由不同颜色的石头组成，相互交错，构成了一道城市溪流（图 5-71），在阳光下，流水折射出闪耀的光芒。水一直流向东南的水景广场。这个"终点"广场由一座步行桥与步行街相连。在广场的中央是一光影展示，伴有一个雕塑。

图 5-71　自然水景

水景的另一美丽之处在于冬天的时候，河道会变的干涸，显露出的河道便成了另一条步行道，路面则是自然颜色和天然质地的石头，更富情趣。道路两旁的树木、灯柱旗杆，创造出每一个动感季节。

在三期的景观设计中有一处设有瀑布的下沉广场。下沉广场的自然光线可以射进地下车库，从车库里面往外看，下沉广场看上去像一副画面；但是瀑布的流水声又为广场增加了真实的、自然的氛围，水声似乎隔绝了城市的喧嚣，自然的阳光、流水，让人完全融入自然。阳光停车场给人以别样的趣味。

（二）关于"东城天下"商业街的景观设计

商业街（图 5-72、图 5-73）主要的设计集中在东侧与东南侧的入口处。

图 5-72　情境商业街

图 5-73　低层底商

1. 东侧的商业街设计　东侧的商业街在城市景观设计角度看来距离非常的长，由基地的东南侧一直延续到最北端，从城市景观的角度出发，设计师考虑东侧的商业街西靠城市的快速道，由于覆盖了楼盘的整个东侧外边界，对于城市道路的景观有一定的影响力，所以应考虑其整体的一致性，建议甲方对此建筑的商业立面进行统一设计。景观将对商业建筑立面设计的定位做出相应的设计反馈，从而配合选用相应风格的植物进行搭配。另外，设计一些趣味性的水景来增添商业氛围。

2. 东南角入口处的商业设计　东南角入口处的商业设计紧扣"东城天下"的案名主题，在东南角的城市转角空间处设计一组大型的雕塑喷泉广场，给予来往的人流和车辆一个深刻的印象，同时还给予小区居民一个集体活动的广场。在商业内街景观将水与活动休憩场地充分结合，使每处休息空间都有水的元素（图 5 - 74）。

在内街的西北端，景观设计结合场地遗留下的老井遗址，将老井重新包装设计成一组情景雕塑，给予商业街的景观增添了一份文化色彩。

（三）居住区组团中的公共绿地设计

1. 关于"东城天下"住宅组团景观规划设计　楼盘将根据规划分为三期规划，景观将根据每期的规划结构给予不同的概念主题。

一期景观以情景商业街与公共公园为核心，逐渐向四周辐射。一期的绿化设计以自然生态为原则，让社区业主充分享受自然给予人们的快乐和舒适。

图 5 - 74　休息空间的水景

二期的绿化设计以自然与人工相结合为原则，同时二期景观设计元素也肩负着过渡一期与三期之间的设计风格变化。

三期的规划结构定位于高密度住宅，景观根据规划设计将三期的景观定位为古典高贵的宫廷设计风格，同时也有别于一期、二期自然风格的景观设计定位，为"东城天下"赋予不同的设计风格。

2. 关于"东城天下"居住区组团中的公共绿地设计　一期共分为 6 个居住区组团绿地（图 5 - 75），景观设计给每个组团都赋予了人性化的温馨主题，使每组团都有其不同的特色。

（1）组团 1。雕塑主题园，主要以一些温馨的情景雕塑来体现组团的特色。

（2）组团 2。水景主题园，以动、静两组不同的雕塑型水景来体现水景楼盘的核心主题。

（3）组团 3。亲子园，在组团的集中绿地处设计了一个以低龄儿童户外活动为

图 5 - 75　居住区组团绿地效果图

主题的功能性场地。场地中央布置了组合式儿童活动器材，小型器材布置在周边，同时还在东侧设计了供照顾儿童的成人休息用的木制花架，既体现了人性化的设计，也在实际功能上对"亲子"的主题进行了点题。

（4）组团4。幸福主题园，生活中有许多元素能让人拥有幸福的感觉。如：温馨的情景雕塑，芳香的草花花境，人性化的标识，冬季圣洁的雪地中留着刚学步孩子留下的小脚印。组团4的景观设计宗旨就是为了营造和挖掘有关幸福的元素，使社区生活更为丰富精彩。

（5）组团5。四季园，景观设计核心主要在植物种植上体现四季变化。使人在春、夏、秋、冬每一季节中能有不同的感受和惊喜，能发现自然的神奇奥妙。在场地功能上考虑了居民的日常社交活动，如下棋、喝茶、跳舞等。

（6）组团6。生态园，"生态园"是在六个社区组团中最具自然风情的一个。其中运用了许多能体现生态的景观元素，有人工湖、锦鲤、水生植物、多年生中型宿根花卉、人工搭建的鸟屋、种植能引鸟的常绿乔木，甚至为流浪动物搭建的收容处以及在醒目处设计了保护自然的铭牌。景观设计师在设计上不仅体现自然的生态原貌，同时也希望增加居民对自然的热爱和保护意识。

 本章小结

　　居住区是一个环境综合体。居住区环境要为不同兴趣的人群提供丰富的景观、生态环境和生活、娱乐方式，如为儿童提供一个认知自然的环境景观，为青少年提供一个娱乐和健身的场所，为老人提供一个身心放松和精神回归的家园。居住区植物景观设计上要考虑乔、灌、花、草多层结构，如以乔、灌木沿高层楼群栽植边缘作隔离带，绿地中间铺设大片草坪，草坪上点缀树形优美的孤植乔木或丛植灌木，或彩叶小乔木，必要时增添少量山石。形成特色鲜明的疏林草地、树石草地、彩叶树丛草地等视线开阔的交往空间。还要注重选用不同树形的植物，丰富林缘线和林冠线的变化。植物景观设计上还要考虑季相和色相变化。可以一条带一个季相，或一片一个季相，或一个组团一个季相，或乔灌花草交错季相。游步道两侧，利用时令开花植物、彩叶景观植物，它们随季节而不同，随时间差异而序列变化，达到一块绿地多种景观、多样感受。另外，随着全民健身运动的开展，在小区内应增设一些休息和健身设施。

 复习思考题

1. 居住区如何分级？居住区有哪些组成结构？
2. 居住区小游园的形式可有哪几种？各自的特点是什么？
3. 何为组团绿地？组团绿地的布置形式有哪几种？
4. 宅间绿化布置有哪些形式？宅间绿地的植物布置要注意哪些问题？
5. 居住区建筑的布置形式有哪几种？
6. 居住区绿地有哪些功能和类型？居住区绿地的定额指标有哪些？

7. 居住区公共绿地指哪些绿地?

8. 居住区道路系统布置的基本要求是什么? 居住区道路的分级及基本形式有哪些? 居住区道路绿化注意哪些问题?

9. 居住区绿化怎样进行植物配置和树种选择?

10. 居住区绿地设计的原则都有哪些? 论述各类绿地的设计要点。

11. 庭院绿化设计的作用是什么?

12. 庭院绿化设计的基本原则是什么?

13. 庭院绿化设计的步骤?

实训　居住区绿地规划设计

[实训目的]

(1) 明确居住区绿地设计的原则。

(2) 明确居住区绿化设计的要求和内容。

(3) 掌握居住区绿化设计的方法和步骤。

(4) 掌握居住区的绿化设计,并能够结合其功能进行合理的植物配置和树种选择。

(5) 增强学生居住区的绿化设计技能,能够创造出优美、舒适、实用、亲和的环境。

[实训内容]

综合所学居住区绿地设计基本知识,运用各种造园手法、园林构成要素,按照园林绿地规划设计的程序,利用现有居住区绿地或假设建设一定面积居住区的绿地,设计一个包含有居住区宅旁绿地、道路绿地、小游园绿地等某小区的绿化设计,并能够结合其功能进行合理的植物配置和树种选择。

实训题目:×××小区的绿化设计。

实训面积:120m×140m。

实训学时:8~10学时。

[实训要求]

(一) 实训建议

在教学前,教师应提前安排好实训的地点 (或虚拟各种环境),带领学生进行现场考察,最好有设计需要的现状图或进行现状图的测量,课前预习实训内容,在教师讲解实训的重点和难点、指导学生实训过程的基础上,能在规定的时间内完成实训内容,同时对设计内容进行评价、修改和提出自己的见解。

(二) 实训条件

(1) 园林树木和花卉内容已经熟练掌握并且会应用。

(2) 有一定面积的居住区环境平面图或需要进行绿地设计的小区绿化任务书。

(3) 对地上地下环境的各种管线布置图。

(4) 1#图纸和相应的绘图工具。

(三) 实训要求

1. 图纸及设计要求

（1）图纸大小及绘图比例自定义。

（2）要对设计的内容上墨线，并进行色彩渲染。

（3）绘制局部效果图。

（4）在各种图例的绘制过程中，要注意其美观性。

（5）总体的图面布局要合理。

（6）完成总体的绿化设计工作。

（7）在小区内设计一个小游园，小游园的设计内容和功能要满足人们的生活需要。

（8）设计居住区内的临街绿地。

（9）按要求对居住区内的道路进行合理绿化设计。

（10）在设计过程中要考虑居民对绿地的使用要求。

（11）在树种选择上，要考虑绿化美化的要求。

（12）居住区内的道路在设计安排上要合理。

（13）设计图例应与树种相符。

2. 植物配置和选择要求

（1）乔、灌木结合，植物种类不宜繁多。

（2）在统一的基调的基础上，树种力求变化。

（3）在栽植上，除了需要行列栽植外，一般都要避免等距离的栽植，可采用孤植、对植、丛植等，适当运用对景。

（4）在种植设计中，充分利用植物的观赏特性，进行色彩的组合与协调。

（5）宜选择冠幅大，枝叶密，深根性，耐修剪，落果少、无飞毛，无毒、无刺、无刺激性的植物。

（6）宜选择发芽早落叶晚的植物。选择发芽早落叶晚的阔叶树可增加绿色期。

（7）要求分枝点有一定的高度（一般2m左右）。

（8）还要注重选用不同树形的植物，丰富林缘线和林冠线的变化。

（9）植物景观设计上还要考虑季相和色相变化。

[实训工具]

电子经纬仪、标杆、皮尺、测绳、木桩、pH试纸、记录本、绘图板、绘图纸、丁字尺、三棱比例尺、三角板、圆模板、量角器、铅笔、绘图墨水笔、鸭嘴笔、彩色铅笔（或马克笔）、铅笔刀、橡皮、擦图片、曲线板、圆规、透明胶带、毛刷、图面材料等。

[实训方法步骤]

（1）相关资料收集与调查：主要包括土壤条件、环境条件、社会经济条件、人口数量及其密度，知识层次分析，现有植物状况等。

（2）实地考查测量：通过考查与测量，绘制现状图、树木分布图。

（3）根据现状图、树木分布图进行方案研讨。

（4）构思设计总体方案及种植形式，完成初步设计（草图）。

（5）正式设计。绘制设计图纸。

（6）苗木需要量统计表。

（7）编制设计说明书。

[成果要求]

（1）功能分区规划图。

（2）植物种植设计图。

（3）总体平面设计图。

（4）临街绿地的绿化设计立面效果图。

（5）建筑小品等硬质景观的必要的剖、断面图。

（6）局部效果图。

（7）苗木需要量统计表。

（8）编制设计说明书。

[实训考核]

实训考核评分标准见附录1。

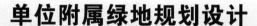

第六章 ....
单位附属绿地规划设计

【内容提要】

单位附属绿地是指在某一部门或某一单位内，由该部门或单位投资、建设、管理、使用的绿地。单位附属绿地的服务对象主要是本单位的员工，一般不对外开放，因此单位附属绿地又常被称为专用绿地或单位环境绿地。

单位附属绿地是城市建设用地中绿地之外各类用地中的附属绿化用地，常见的单位附属绿地主要包括机关团体、部队、学校、医院、工矿企业等单位内部的附属绿地。这些绿地在丰富人们的工作、生活，改善城市生态环境等方面起着重要的作用。

单位附属绿地是城市园林绿地系统的重要组成部分，这类绿地在城市中分布广泛，占地面积大，是城市普遍绿化的基础。搞好单位附属绿地建设，不但能够为广大职工创造一个清新优美的学习、工作和生活环境，更能体现单位的精神面貌和树立单位的形象，为单位带来巨大的间接效益。

本章将对工矿企业绿地、校园绿地和医疗机构绿地的绿地规划设计进行具体的介绍。

【知识点】

1. 工矿企业绿化的作用、环境特点、用地组成及植物选择的原则与方法。
2. 工矿企业各分区绿化设计要点。
3. 校园绿化设计的作用、用地组成及规划设计的原则。
4. 各类校园绿化设计要点。
5. 医疗结构绿地的作用、用地组成及绿化设计要点。

【技能点】

1. 掌握工矿企业绿化的原则、方法与步骤。
2. 掌握各类校园绿化设计方法。
3. 掌握医疗机构绿化设计的方法。

第一节 工矿企业绿地规划设计

一、工矿企业绿化的作用

1. 保护生态环境，保障职工健康 工业生产在国民经济的发展中，发挥着至关重要的作用，给社会创造了巨大的物质财富和经济效益，促进了社会文明的进步和发展，同时也给人类赖以生存的环境带来了严重污染，形成危害，造成灾难，有时甚至威胁人们的生命。世界上著名的伦敦烟雾事件一次就造成 4000 多人死亡，近年来不断报道近陆海洋生物（如海豚）大批死亡的事件，以及人类出现的癌症、心脑血管疾病，都与日益严重的环境污染有一定的关系。从某种意义上讲，工业是城市环境的大污染源，特别是一些污染性较大的厂矿，如钢铁厂、化工厂、造纸厂、玻璃厂、水泥厂、煤矿等，排出的废气、废水、粉尘、废渣及产生的噪声，污染了空气、水体和土壤，破坏了清洁、宁静的环境，严重影响了城市生态平衡。

1972 年在瑞典斯德哥尔摩召开的第一次人类环境会议上，提出了改善城市环境质量的三条途径：即在城市规划建设中，进行合理的工业布局；在工业生产中，改进工艺流程，治理"三废"（废水、废气、废料），根治跑、冒、滴、漏；在城市中，大力提倡植树、栽花、种草，进行环境绿化。园林绿化之所以成为改善人类环境质量的三条途径之一，就在于它是以人工方法形成植物群落，恢复自然环境，通过生物的力量保护生态平衡，使之减少并缓冲大规模建设以及工业生产过程中有害物质对生态环境的破坏。

而绿色植物对环境有着较强的保护和改善作用，主要表现在以下几个方面：

（1）吸收 CO_2 放出 O_2。

（2）吸收有害气体。

（3）吸收放射性物质。

（4）吸滞烟尘和粉尘。

（5）调节改善小气候。

（6）减弱噪声。

（7）监测环境污染（主要是指在工矿企业种植一些对污染物质比较敏感的"信号植物"，实现对环境的监测作用）。

总之，工矿企业绿化不仅可以减轻污染，改善厂区环境质量，还为职工提供良好的劳动场所，保障身体健康，而且对城市环境的生态平衡起着巨大的作用。

2. 美化环境，树立企业形象　在社会主义市场经济体制下，工矿企业要走进市场，开拓市场，良好形象的塑造对与工矿企业的生存和发展有着密切的关系。工矿企业绿化的好坏，不仅能体现出工厂生产管理水平和厂容厂貌，而且和厂区建筑布局、环境保护、职工精神面貌等构成企业形象建设的硬件，与商标一样，是企业的信誉投资和珍贵资产。如苏州刺绣厂内古典风格的园林绿化，吸引着众多的国内外友人和客户前去参观，其产品畅销世界各地，供不应求。南京江南光学仪器厂的绿化，使其主要产品显微镜的清洁度提高了一倍。

3. 改善工作环境　工矿企业绿化、美化是社会主义现代化建设中精神文明的重要标志。通过园林绿化，形成绿树成荫、繁花似锦、清新整洁、富有生机的厂区环境，不仅可使职工在紧张的劳动之余，进行充分的休息，体力上得到调节和恢复，以更充沛的精力投身到劳动生产中去，提高生产劳动积极性，为建设美好的生活多做贡献，而且也使职工在精神上得到美的享受，心情愉快，精神振奋，有利于高尚情操的陶冶和道德风尚的培养。研究资料表明：优美的厂区环境可以使生产率提高 15%～20%，使工伤事故率下降40%～50%。

4. 创造经济效益 工矿企业绿化可以创造物质财富，产生直接和间接的经济效益。直接经济效益是园林植物提供的果品、蔬菜、药材、饲料和编织材料。间接经济效益体现在优美的厂容环境使职工的健康水平、劳动积极性和效率得到提高，产品的数量和质量也得到了提高，促进了销售，获得了良好的经济效益。

在进行工矿企业绿化设计时我们应尽可能的注意将环境效应与工厂园林绿化的经济效益相结合。

二、工矿企业绿地的环境条件

工矿企业绿地与其他园林绿地相比，环境条件有其相同的一面，也有其特殊的一面。认识工厂绿地环境条件的特殊性，有助于正确选择绿化植物，合理进行规划设计，满足功能和服务对象的需要。

1. 环境恶劣，不利于植物生长 工矿企业在生产过程中常常排放、逸出各种有害于人体健康和植物生长的气体、粉尘、烟尘和其他物质，使空气、水、土壤得到不同程度的污染。虽然人们采取各种环保措施进行治理，但由于经济条件、科学技术和管理水平的限制，污染还不能完全杜绝。另外，工业用地的选择尽量不占耕地良田，加之工程建设及生产过程中材料的堆放，废物的排放，使土壤结构、化学性能和肥力都较差。因而工厂绿地的气候、土壤等环境条件，一般对植物的生长发育是不利的，在有些污染性大的厂矿甚至是恶劣的，这也相应增加了绿化的难度（图6-1）。

图6-1 东城热电厂生产环境

因此，根据不同类型、不同性质的厂矿企业，应选择那些适应性强、抗性强、能耐恶劣环境的园林植物，并采取措施加强管理和保护，是工矿企业绿化成功的关键环节，否则会出现植物死亡、事倍功半的结果。

2. 用地紧凑，绿化用地面积小 工矿企业内建筑密度大，道路、管线及各种设施纵横交错，尤其是城镇中小型工厂，绿化用地就更为紧张。因此，工矿企业绿化要"见缝插绿""找缝插绿""寸土必争"，灵活运用绿化布置手法，争取较多的绿化用地。如在水泥地上砌台栽花，挖坑植树，墙边栽植攀缘植物垂直绿化，开辟屋顶花园空中绿化等，都是增加工厂绿地面积行之有效的办法（图6-2）。

3. 要把保证生产安全放在首位 工厂的中心任务是发展生产，为社会提供质优量多的产品。工矿企业的绿化要有利于生产正常运行，有利于产品质量的提高。工厂地上、地下管线密布，可谓"天罗地网"，建筑物、构筑物、铁道、道路交叉如织，厂内外运输繁忙。有

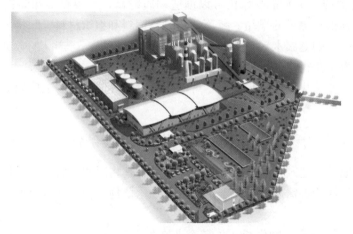

图 6-2　某化工企业用地情况

些精密仪器厂、仪表厂、电子厂的设备和产品对环境质量有较高的要求。因此，工矿企业绿化首先要处理好与建筑物、构筑物、道路、管线的关系，保证生产运行的安全，既要满足设备和产品对环境的特殊要求，又要使植物能有较正常的生长发育条件。

4. 服务对象主要以本厂职工为主　工矿企业绿地的服务对象主要是本厂职工，因此，工矿企业绿化必须有利于职工工作、休息和身心健康，有利于创造优美的厂区环境来进行。所以在进行设计之前必须详细了解广大职工工作的特点，在设计中处处体现为工人服务、为生产服务。

三、工矿企业绿地的树种选择

（一）工矿企业绿地树种选择的原则

要使工厂绿地内的树种生长良好，取得较好的绿化效果，必须科学、认真地进行绿化树种选择，原则上应注意以下几点：

1. 识地识树，适地适树　识地识树就是对拟绿化的工厂内的绿地环境条件有清晰的认识和了解，包括温度、湿度、光照等气候条件和土层厚度、土壤结构和肥力、pH 等土壤条件，也要对各种园林植物的生物学和生态学特征熟悉。

适地适树就是根据绿化地段的环境条件选择园林植物，使环境适合植物生长，也使植物能适应栽植地环境。

在识地识树前提下，适地适树地选择树木花草，成活率高，苗木生长茁壮，抗性和耐性就强，绿化效果好。

2. 选择抗污能力强的植物　工厂中一般或多或少的都会有一些污染，因此，绿化时要在调查研究和测定的基础上，选择抗污能力较强的植物，尽快取得良好的绿化效果，避免失败和浪费，发挥工厂绿地改善和保护环境的功能。

3. 绿化要满足生产工艺的要求　不同工厂、车间、仓库、料场，其生产工艺流程和产品质量对环境的要求也不同，如空气洁净程度、防火、防爆等。因此，选择绿化植物时，要充分了解和考虑这些对环境条件的限制因素。

4. 易于繁殖，便于管理　工矿企业绿化管理人员有限，为省工节支，应选择繁殖、栽培容易和管理粗放的树种，尤其要注意选择乡土树种。装饰美化厂容，可以选择繁衍能力强的多年生宿根花卉。

（二）工矿企业绿化常用树种

1. 抗二氧化硫气体树种（钢铁厂、大量燃煤的电厂等）

（1）抗性强的树种：大叶黄杨、雀舌黄杨、瓜子黄杨、海桐、蚊母、山茶、女贞、小叶女贞、棕榈、凤尾兰、夹竹桃、枸骨、金橘、构树、无花果、枸杞、青冈栎、白蜡、木麻黄、相思树、榕树、十大功劳、九里香、侧柏、银杏、广玉兰、鹅掌楸、柽柳、梧桐、重阳木、合欢、皂荚、刺槐、国槐、紫穗槐、黄杨。

（2）抗性较强的树种：华山松、白皮松、云杉、赤杉、杜松、罗汉松、龙柏、桧柏、石榴、月桂、冬青、珊瑚树、柳杉、栀子花、飞鹅槭、青桐、臭椿、桑树、楝树、白榆、榔榆、朴树、黄檀、蜡梅、榉树、毛白杨、丝绵木、木槿、丝兰、桃兰、红背桂、杜果、枣、榛子、椰树、蒲桃、米仔兰、菠萝、石栗、沙枣、印度榕、高山榕、细叶榕、苏铁、厚皮香、扁桃、枫杨、红茴香、凹叶厚朴、含笑、杜仲、细叶油茶、七叶树、八角金盘、日本柳杉、花柏、粗榧、丁香、卫矛、柃木、板栗、无患子、玉兰、八仙花、地锦、梓树、泡桐、香梓、连翘、金银木、紫荆、黄葛榕、柿树、垂柳、胡颓子、紫藤、三尖杉、杉木、太平花、紫薇、银杉、乌桕、杏树、枫香、加杨、旱柳、小叶朴、木菠萝。

（3）反应敏感的树种：苹果、梨、羽毛槭、郁李、悬铃木、雪松、油松、马尾松、云南松、湿地松、落地松、白桦、毛樱桃、贴梗海棠、油梨、梅花、玫瑰、月季。

2. 抗氯气的树种

（1）抗性强的树种：龙柏、侧柏、大叶黄杨、海桐、蚊母、山茶、女贞、夹竹桃、凤尾兰、棕榈、构树、木槿、紫藤、无花果、樱花、枸骨、臭椿、榕树、九里香、小叶女贞、丝兰、广玉兰、柽柳、合欢、皂荚、国槐、黄杨、白榆、红棉木、沙枣、椿树、苦楝、白蜡、杜仲、厚皮香、桑树、柳树、枸杞。

（2）抗性较强的树种：桧柏、珊瑚树、栀子花、青桐、朴树、板栗、无花果、罗汉松、桂花、石榴、紫薇、紫荆、紫穗槐、乌桕、悬铃木、水杉、天目木兰、凹叶厚朴、红花油茶、银杏、桂香柳、枣、丁香、假槟榔、江南红豆树、细叶榕、蒲葵、枳橙、枇杷、瓜子黄杨、山桃、刺槐、铅笔柏、毛白杨、石楠、榉树、泡桐、银桦、云杉、柳杉、太平花、梧桐、重阳木、黄葛榕、小叶榕、木麻黄、梓树、扁桃、杜松、天竺葵、卫矛、接骨木、地锦、人心果、米仔兰、杜果、君迁子、月桂。

（3）反应敏感的树种：池柏、核桃、木棉、樟子松、紫椴、赤杨。

3. 抗氟化氢气体的树种（铝电解厂、磷肥厂、炼钢厂、砖瓦厂等）

（1）抗性强的树种：大叶黄杨、海桐、蚊母、山茶、凤尾兰、瓜子黄杨、龙柏、构树、朴树、石榴、桑树、香椿、丝绵木、青冈栎、侧柏、皂荚、国槐、柽柳、黄杨、木麻黄、白榆、沙枣、夹竹桃、棕榈、红茴香、细叶香桂、杜仲、红花油茶、厚皮香。

（2）抗性较强的树种：桧柏、女贞、小叶女贞、白玉兰、珊瑚树、无花果、垂柳、桂花、枣树、樟树、青桐、木槿、楝树、枳橙、臭椿、刺槐、合欢、杜松、白皮松、拐枣、柳树、山楂、胡颓子、楠木、垂枝榕、滇朴、紫茉莉、白蜡、云杉、广玉兰、飞蛾槭、榕树、柳杉、丝兰、太平花、银桦、梧桐、乌桕、小叶朴、梓树、泡桐、油茶、鹅掌楸、含笑、紫薇、地锦、柿树、山楂、月季、丁香、樱花、凹叶厚朴、黄栌、银杏、天目琼花、金银花。

（3）反应敏感的树种：葡萄、杏、梅、山桃、榆叶梅、紫荆、金丝桃、慈竹、池柏、白千层、南洋杉。

4. 抗乙烯的树种

（1）抗性强的树种：夹竹桃、棕榈、悬铃木、凤尾兰。

（2）抗性较强的树种：黑松、女贞、榆树、枫杨、重阳木、乌桕、红叶李、柳树、香樟、罗汉松、白蜡。

（3）反应敏感的树种：月季、大叶黄杨、苦楝、刺槐、臭椿、合欢、玉兰。

5. 抗氨气的树种

（1）抗性强的树种：女贞、樟树、丝绵木、蜡梅、柳杉、银杏、紫荆、杉木、石楠、石榴、朴树、无花果、皂荚、木槿、紫薇、玉兰、广玉兰。

（2）反应敏感的树种：紫藤、小叶女贞、杨树、虎杖、悬铃木、核桃、杜仲、珊瑚树、枫杨、芙蓉、栎树、刺槐。

6. 抗二氧化碳的树种　龙柏、黑松、夹竹桃、大叶黄杨、棕榈、女贞、樟树、构树、广玉兰、臭椿、无花果、桑树、栎树、合欢、枫杨、刺槐、丝绵木、乌桕、石榴、酸枣、柳树、糙叶树、蚊母、泡桐。

7. 抗臭氧的树种　枇杷、悬铃木、枫杨、刺槐、银杏、柳杉、扁柏、黑松、樟树、青冈栎、女贞、夹竹桃、海州常山、冬青、连翘、八仙花、鹅掌楸。

8. 抗烟尘的树种　香榧、粗榧、樟树、黄杨、女贞、青冈栎、楠木、冬青、珊瑚树、广玉兰、石楠、枸骨、桂花、大叶黄杨、夹竹桃、栀子花、国槐、厚皮香、银杏、刺楸、榆树、朴树、木槿、重阳木、刺槐、苦楝、臭椿、构树、三角枫、桑树、紫薇、悬铃木、泡桐、五角枫、乌桕、皂荚、榉树、青桐、麻栎、樱花、蜡梅、黄金树、绣球。

9. 滞尘能力强的树种　臭椿、国槐、栎树、皂荚、刺槐、白榆、杨树、柳树、悬铃木、樟树、榕树、凤凰木、海桐、黄杨、女贞、冬青、广玉兰、珊瑚树、石楠、夹竹桃、厚皮香、枸骨、榉树、朴树、银杏。

10. 防火树种　山茶、油茶、海桐、冬青、蚊母、八角金盘、女贞、杨梅、厚皮香、交让木、珊瑚树、枸骨、罗汉松、银杏、槲栎、栓皮栎、榉树。

11. 抗有害气体的花卉

（1）抗二氧化硫：美人蕉、紫茉莉、九里香、唐菖蒲、郁金香、菊、鸢尾、玉簪、仙人掌、雏菊、三色堇、金盏花、福禄考、金鱼草、蜀葵、半支莲、垂盆草、蛇目菊等。

（2）抗氟化氢：金鱼草、菊、百日草、千日红、醉蝶花、紫茉莉、蛇目菊等。

（3）抗氯气：大丽菊、蜀葵、百日草、千日红、醉蝶花、紫茉莉、蛇目菊等。

四、工矿企业绿地的组成与设计原则

（一）工矿企业绿地的组成

工矿企业绿地由以下几部分组成：

1. 厂前区绿地　厂前区由道路广场、出入口、门卫收发、办公楼、科研实验楼、食堂等组成，既是全厂行政、生产、科研、技术、生活的中心，也是职工活动和上下班集散的中心，还是连接市区与厂区的纽带。厂前区绿地为广场绿地、建筑周围绿地等。厂前区面貌体现了工厂的形象和特色，是工矿企业绿化美化的重点地段（图6-3）。

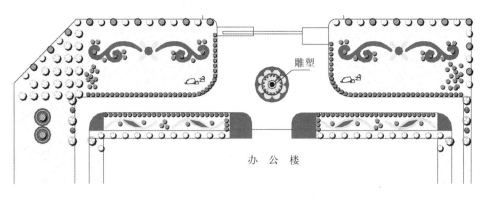

雕塑

办　公　楼

图6-3　某厂前区绿化设计

2. 生产区绿地　生产区分布着车间、道路、各种生产装置和管线，是工厂的核心，也是工人生产劳动的区域。生产区绿地比较零碎分散，呈条带状和团片状分布在道路两侧或车间周围（图6-4）。

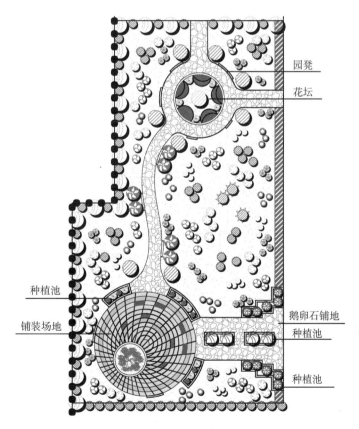

园凳

花坛

种植池

铺装场地

鹅卵石铺地

种植池

种植池

图6-4　某车间周围休息绿地

3. 仓库、堆场区绿地　该区是原料和产品堆放、保管和储运区域，分布着仓库和露天堆场，绿地与生产区基本相同，多为边角地带。为保证生产，绿化不可能占据较多的用地。

4. 道路绿地　主要指工厂内部道路周围的绿化地段。

5. 绿化美化地段 厂区周围的防护林带，厂内的小游园、花园等。

工矿企业绿化，既要重视厂前区和厂内绿化美化地段，提高园林艺术水平，体现绿化美化和游憩观赏功能，也不能忽视生产区和仓库区绿化，以改善和保护环境为主，兼顾美化、观赏功能。

（二）工矿企业绿地的设计原则

工矿企业绿化关系到全厂各区、各车间内外生产环境和厂区容貌的好坏，规划设计时应遵循如下几项基本原则。

1. 满足生产和环境保护的要求，把保证工厂安全生产放在首位 工矿企业绿化应根据工厂的性质、规模、生产和使用特点、环境条件对绿化的不同功能要求进行设计。在设计中不能因绿化而任意延长生产流程和交通运输路线，影响生产的合理性。

例如：厂区内道路两旁的绿地要服从于交通功能的需要，服从管线使用与检修的要求，在某些一地多用或者兼作交通、堆放、操作等地方尽量用大乔木来绿化，用最小绿化占地获得最大绿化覆盖率，以充分利用树下空间。车间周围的绿化必须注意绿化与建筑朝向、门窗位置以及风向等的关系，充分保证车间对通风和采光的要求。在无法避开的管线处进行绿化设计时必须考虑各类植物距各种管线的最小净间距，不能妨碍生产的正常进行和选择耐修剪植物。只有从生产的工艺流程出发，根据环境的特点，明确绿地的主要功能，确定适合的绿化方式、方法，合理地进行规划，科学地进行布局，才能达到预期的绿化效果。

2. 工矿企业绿化应充分体现各自的特色和风格 工矿企业绿化是以厂内建筑为主体的环境净化、绿化和美化，绿化设计时要体现本厂绿化的特色和风格，充分发挥绿化的整体效果，以植物与工厂特有的建筑的形态、体量、色彩相衬托、对比、协调，形成别具一格的工业景观（远观）和独特优美的厂区环境（近观）。如电厂高耸入云的烟囱和造型优美的双曲线冷却塔，纺织厂锯齿形天窗的生产车间，炼油厂、化工厂的烟囱，各种反应塔，银白色的贮油罐，纵横交错的管道等。这些建筑物、装置与花草树木形成形态、轮廓和色彩的对比变化，刚柔相济，从而体现各个工厂的特点和风格。

同时，工矿企业绿化还应根据本厂实际，在植物的选择配置、绿地的形式和内容、布置风格和意境等方面，体现出厂区宽敞明朗、洁净清新、整齐一律、宏伟壮观、简洁明快的时代气息和精神风貌。

3. 充分体现为生产服务，为职工服务的宗旨 工矿企业绿化要充分体现为生产服务、为职工服务的设计宗旨，在设计时首先要体现为生产服务，具体的做法是：充分了解工厂及其车间、仓库、料场等区域的特点，综合考虑生产工艺流程、防火、防爆、通风、采光以及产品对环境的要求，使绿化服从或满足这些要求，有利于生产和安全。

其次要体现为职工服务，具体的做法是：在了解工厂及各个车间生产特点的基础上创造有利于职工劳动、工作和休息的环境，有益于工人的身体健康。尤其是生产区和仓库区，占地面积大，又是职工生产劳动的场所，绿化的好坏直接影响厂容厂貌和工人的身体健康，应作为工矿企业绿化的重点之一。应根据实际情况，从树种选择、布置形式，到栽植管理上多下功夫，充分发挥绿化在净化空气、美化环境、消除疲劳、振奋精神、增进健康等方面的作用。

4. 增加绿地面积，提高绿地率 工厂绿地面积的大小，直接影响到绿化的功能、工业景观，因此要想方设法，多种途径，多种形式地增加绿地面积，以提高绿地率、绿视率。由于工厂的性质、规模、所在地的自然条件以及对绿化要求的不同，绿地面积差异悬殊。我国目前大多数工矿企业绿化用地不足,特别是一些位于旧城区的工矿企业绿化用地更加紧张(图6-5)。

图6-5 位于某厂前区的休憩游览绿地

我国一些学者提出为了保证工厂实行文明生产,改善厂区环境质量,必须有一定的绿地面积;重工业类企业厂区绿地面积应占厂区面积的10%,化学工业类企业绿地应占20%~25%,轻工业、纺织工业40%~50%,精密仪器工业类50%,其他工业类在30%左右。

现在,世界上许多国家都注重工矿企业绿化美化。如美国把工矿企业绿化称为"产业公园"。日本土地资源紧缺,20世纪60年代,工厂绿地率仅为3%,后来要求新建厂要达到20%的绿地率,实际上许多工厂已超过这一指标,有的高达40%左右。一些工厂绿树成荫,芳草萋萋,不仅技术先进,产品质量高,而且以环境优美而闻名。

总之,在进行工矿企业绿化时,应尽可能的通过多种途径,积极扩大绿化面积,坚持多层次绿化,充分利用地面、墙面、屋面、棚架、水面等形成全方位的绿化空间。

5. 统一规划、合理布局,形成点、线、面相结合的厂区绿地系统 工矿企业绿化要纳入厂区总体规划中,在工厂建筑、道路、管线等总体布局时,要把绿化结合进去,做到全面规划,合理布局,形成点、线、面相结合的厂区园林绿地系统。点的绿化是厂前区和游憩性游园,线的绿化是厂内道路、铁路、河渠及防护林带,面是车间、仓库、料场等生产性建筑、场地的周边绿化。从厂前区到生产区、仓库、作业场、料场,到处是绿树红花青草,让工厂掩映在绿荫丛中。同时,也要使厂区绿化与市区街道绿化联系衔接,过渡自然。

6. 绿化应与全厂的分期建设协调并适当结合生产 工矿企业绿化应与全厂的分期建设紧密结合,并且可以适当结合生产。例如:在各分期建设用地中,绿地可以设置成苗圃的形式,既起到绿化、美化、保护环境的作用,又可为下一期的绿化提供苗木。

五、工矿企业各组成部分绿地设计

(一)厂前区绿地设计

1. 环境特点

(1)工厂对外联系的中心,要满足人流集散及交通联系的要求。

(2)代表工厂形象,体现工厂面貌,也是工厂文明生产的象征。

（3）与城市道路相邻，环境好坏直接影响到城市的面貌。

2. 厂前区绿地组成及其规划　厂前区的绿化要美观、整齐、大方、开朗明快，给人以深刻印象，还要方便车辆通行和人流集散。绿地设置应与广场、道路、周围建筑及有关设施（光荣榜、画廊、阅报栏、黑板报、宣传牌等）相协调，一般多采用规则式或混合式。植物配置要和建筑立面、形体、色彩相协调，与城市道路相联系，种植类型多用对植和行列式。因地制宜地设置林荫道、行道树、绿篱、花坛、草坪、喷泉、水池、假山、雕塑等。入口处的布置要富于装饰性和观赏性，并注意入口景观的引导性和标志以起到强调作用。建筑周围的绿化还要处理好空间艺术效果、通风采光、各种管线的关系。广场周边、道路两侧的行道树，选用冠大荫浓、耐修剪、生长快的乔木或用树姿优美、高大雄伟的常绿乔木，形成外围景观或林荫道。花坛、草坪及建筑周围的基础绿带或用修剪整齐的常绿绿篱围边，点缀色彩鲜艳的花灌木、宿根花卉，或植草坪，用低矮的色叶灌木形成模纹图案（图6-6）。

图6-6　规整、美观的厂前区设计

如用地宽余，厂前区绿化还可与小游园的布置相结合，设置山泉水池、建筑小品、园路小径，放置园灯、凳椅；栽植观赏花木和草坪，形成恬静、清洁、舒适、优美的环境。为职工工余休息、散步、谈心、娱乐提供场所，也体现了厂区面貌，成为城市景观的有机组成部分。

为丰富冬季景色，体现雄伟壮观的效果，厂前区绿化常绿树种应有较大的比例，一般为30％～50％（图6-7）。

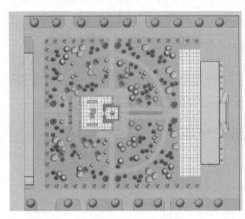

图6-7　某工厂厂前区绿化平面布局及效果图

（二）生产区绿地设计

1. 环境特点

（1）污染严重、管线多。

（2）绿地面积小，绿化条件差。

（3）占地面积大，发展绿地的潜力大，对环境保护的作用突出。

2. 生产区绿化设计应注意的问题

（1）了解生产车间职工生产劳动的特点。

（2）了解职工对园林绿化布局、形式以及观赏植物的喜好。

（3）将车间出入口作为重点美化地段。

（4）合理地选择绿化树种，特别是有污染的车间附近。

（5）注意车间对通风、采光以及环境的要求。

（6）绿化设计要满足生产运输、安全、维修等方面的要求。

（7）处理好之物与各种管线的关系。

（8）绿化设计要考虑四季的景观效果与季相变化（图 6-8）。

图 6-8　厂房周围绿化设计

3. 生产区绿地规划设计

（1）有污染车间周围的绿化。这类车间在生产的过程中会对周围环境产生不良影响和严重污染，如散发有害气体、烟尘、粉尘、噪声等。在设计时应该首先掌握车间的污染物成分以及污染程度，有针对性地进行设计。植物种植形式开采用开阔草坪、地被、疏林等，以利于通风、及时疏散有害气体。在污染严重的车间周围不宜设置休息绿地，应选择抗性强的树种并在与主导风向平行的方向上留出通风道。在噪声污染严重的车间周围应选择枝叶茂密、分枝点低的灌木，并多层密植形成隔音带。

（2）无污染车间周围的绿化。这类车间周围的绿化与一般建筑周围的绿化一样，只需考虑通风、采光的要求，并妥善处理好植物与各类管线的关系即可。

（3）对环境有特殊要求的车间周围的绿化。对于类似精密仪器车间、食品车间、医药卫生车间、易燃易爆车间、暗室作业车间等这些对环境有特殊要求的车间，在设计时也应特别注意，具体做法参考表 6-1。

表 6-1　各类生产车间周围绿化特点及设计要点

车间类型	绿化特点	设计要点
1. 精密仪器车间、食品车间、医药卫生车间、供水车间	对空气质量要求较高	以栽植藤本、常绿树木为主，铺设大块草坪，选用无飞絮、种毛、落果及不易落叶的乔、灌木和杀菌能力强的树种
2. 化工车间、粉尘车间	有利于有害气体、粉尘的扩散、稀释或吸附，起隔离、分区、遮蔽作用	栽植抗污、吸污、滞尘能力强的树种，以草坪、乔木、灌木形成一定空间和立体层次的屏障
3. 恒温车间、高温车间	有利于改善和调节小气候环境	以草坪、地被物、乔木、灌木混交，形成自然式绿地。以常绿树种为主，花灌木色淡味香，可配置园林小品
4. 噪声车间	有利于减弱噪声	选择枝叶茂密、分枝低、叶面积大的乔、灌木，以常绿落叶树木组成复层混交林带
5. 易燃易爆车间	有利于防火、防爆	栽植防火树种，以草坪和乔木为主，不栽或少栽花灌木，以利可燃气体稀释、扩散，并留出消防通道和场地
6. 露天作业区	起隔音、分区、遮阳作用	栽植大树冠的乔木混交林带
7. 工艺美术车间	创造美好的环境	栽植姿态优美、色彩丰富的树木花草，配置水池、喷泉、假山、雕塑等园林小品，铺设园路小径
8. 暗室作业车间	形成幽静、庇荫的环境	搭荫棚，或栽植枝叶茂密的乔木，以常绿乔木、灌木为主

(三) 仓库、堆物场绿地设计

仓库区的绿化设计，要考虑消防、交通运输和装卸方便等要求，选用防火树种，禁用易燃树种，疏植高大乔木，间距 7~10m，绿化布置宜简洁。在仓库周围留出 5~7m 宽的消防通道。并且应尽量选择病虫害少、树干通直、分枝点高的树种。

装有易燃物的贮罐周围应以草坪为主，防护堤内不种植物。

露天堆物场绿化，在不影响物品堆放、车辆进出、装卸条件下，周边栽植高大、防火、隔尘效果好的落叶阔叶树，以利夏季工人遮阳休息，外围加以隔离。

(四) 厂内道路、铁路绿化

1. 厂内道路绿化　厂区道路是工厂生产组织、工艺流程、原材料及成品运输、企业管理、生活服务的重要通道，是厂区的动脉。满足生产要求、保证厂内交通运输的畅通和职工安全既是厂区道路规划的第一要求，也是厂区道路绿化的基本要求。

厂内道路是连接内外交通运输的纽带，职工上下班时人流集中，车辆来往频繁，地上、地下的管线纵横交叉，这都给绿化带来了一定的困难。因此在进行绿化设计时，要充分了解这些情况，选择生长健壮、适应性强、抗性强、耐修剪、树冠整齐、遮阳效果好的乔木作行道树，以满足遮阳、防尘、降低噪声、交通运输安全及美观等要求。

绿化的形式和植物的选择配置应与道路的等级、断面形式、宽度，两侧建筑物、构筑物，地上、地下的各种管线和设施，人车流量等相结合，协调一致。主要道路及重点部位绿化，还要考虑建筑周围空间环境和整体景观艺术效果，特别是主干道的绿化，栽植整齐的乔木做行道树，体态高耸雄伟，其间配置花灌木，繁花似锦，为工厂环境增添美景（图6-9）。

大型工厂道路有足够宽度时，可增加园林小品，布置成花园式林阴道。绿化设计时，要充分发挥植物的形体美和色彩美，在道路两侧有层次地布置乔、灌、花、草，形成层次分明、色彩丰富、多功能的绿色长廊。

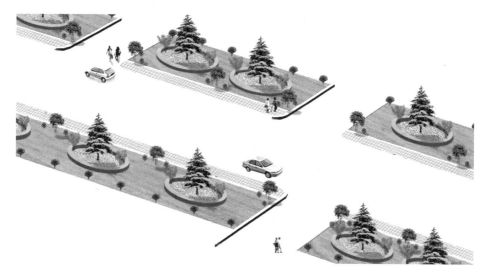

图6-9 某工厂主干道绿化设计

2. 厂内铁路绿化 在钢铁、石油、化工、煤炭、重型机械等大型厂矿内除一般道路外，还有铁路专用线，厂内铁路两侧也需要绿化。铁路绿化有利于减弱噪声，保持水土，稳固路基，还可以通过栽植，形成绿篱、绿墙，阻止人流，防止行人乱穿越铁路而发生交通事故。

厂内铁路绿化设计时，植物离标准轨道外轨的最小距离为8m，离轻便窄轨不小于5m。前排密植灌木，以起隔离作用，中后排再种乔木。铁路与道路交叉口处，每边至少留出20m的地方，不能种植高于1m的植物。铁路弯道内侧至少留出200m的视距，在此范围内不能种植阻挡视线的乔、灌木。铁路边装卸原料、成品的场地，可在周边大株距栽植一些乔木，不种灌木，以保证装卸作业的进行。

（五）工厂小游园设计

1. 小游园的功能及设计要求 大中型企业，一般规模大，建筑密度比较小，道路两侧、车间周围往往留有大片空地，有的厂内还有山丘、水塘、河道等自然山水地貌。因此，根据各厂的具体情况和特点，在工矿企业内因地制宜地开辟建设小游园，运用园林艺术手法，布置园路、广场、水池、假山及建筑小品，栽植花草树木，组成优美的环境，既美化了厂容厂貌，又给厂内职工提供了开展业余文化体育娱乐活动的良好场所，有利于职工工余休息、谈心、观赏、消除疲劳。

园林规划设计

厂内休息性小游园面积一般不会很大，因此设计时要精心布置，小巧玲珑，并结合本厂特点，设置标志性的雕塑或建筑小品，与工厂建筑物、构筑物相协调，形成不同于城市公园、街道、居住小区游园的格调和风貌。如果工厂远离市区，面积较大，也可将小游园建成功能较齐全完善的工厂小花园、小公园。

2. 游园的布局形式 游园的布局形式可分为规则式、自然式和混合式三种基本形式。设计时可根据其所在位置、功能、性质、场地形状、地势及职工爱好，因地制宜，灵活选择，合理布局，不拘形式，并与周围环境相谐调。

3. 游园的内容

（1）出入口。出入口应根据游园规模大小、周围的道路情况合理地确定数量与位置。并且在出入口设计时做到自成景观而且有景可观。

（2）场地。主要考虑一些休息、活动的场地。由于工厂内的职工基本属于成年人，因此一般不用考虑儿童活动。

（3）园路。园路是小游园的骨架，既是联络休息活动场地和景点的脉络又是分隔空间和游人散步的地方。具体设计时应做到以下几个方面：主次分明，宽窄适宜；处理精细，独自成景；园林景观沿园路合理展开。

（4）建筑小品。在中一般根据游园大小和经济条件，可适当设置一些建筑小品，如亭廊花架、宣传栏、雕塑、园灯、座椅、水池、喷泉、假山、置石等。

（5）植物。工厂小游园应以植物绿化美化为主，植物选择配置乔、灌、花、草结合，常绿树种与落叶树种结合，种植类型既可以是树林、树群、树丛，也可以是花坛、行列式，草坪铺底，或绿篱围边，并且有层次、色彩变化。

4. 游园在厂区设置的位置

（1）结合厂前区布置。厂前区是职工上下班必经场所，也是来宾首到之处，又临近城市街道，小游园结合厂前区布置，既方便职工游憩，也美化了厂前区的面貌和街道侧旁景观。如北京前进化工厂、广州石油化工总厂等都结合厂前区布置游园，取得了良好的效果。又如湖北汉川电厂厂前区绿地以植物造景为手段，体现清新、优美、高雅的格调，突出俯视、平视的观赏效果，以美丽的模纹图案，赋予企业特有的文化内涵。该厂厂前区用植物组成两个大型的模纹绿地。一个是以桂花为主景，种植在坡形绿地中央，用大叶黄杨组成图案，金丝桃、锦熟黄杨点缀，片植丰花月季，以雀舌黄杨和白矾石组成醒目的厂标，草坪铺底，形成厂前区空间环境的构图中心和视线焦点。另一模纹绿地则用大叶黄杨、海桐球、丰花月季、雀舌黄杨、红叶小檗、美女樱等组成火与电的图案，一圈圈的雀舌黄杨象征磁力线，大叶黄杨组成两个扭动的轴，三个火样的图案烘托在周边，象征电力工业带动其他工业的发展。整个图案新颖别致，既可从生产办公楼中俯视，又能在环路中平视，充分体现了汉川电厂绿化的节奏感和韵律美。主干道绿化用香樟和鹅掌楸作行道树，蚊母球和大叶黄杨绿篱与之相配，形成点、线、面结合的布局形式，秋天叶形优美的鹅掌楸变黄，在浓绿色的香樟衬托下，色彩鲜明，富有诗情画意。自然式树丛设在周边绿地上，遮挡住不美观之处，并作为背景围合成完整的厂前区绿色空间。以雪松、樱花、白玉兰、红叶李、迎春、凌霄、杜鹃、月季等，形成丰富多彩的、多层次的、季相明显的绿化环境。绿树、鲜花、茵草、景墙、置石、花坛，使单调而呆板的工厂环境，富有活力和艺术魅力（图6-10、图6-11）。

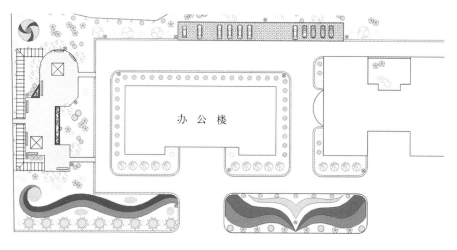

图 6-10 结合厂前区布置的游园平面图及效果图

（2）结合厂内自然地形布置。工厂内若有自然起伏的地形或者天然池塘、河道等水体，则是布置游园的好地方，既可丰富游园的景观，又增加了休息活动的内容，也改善了厂内水体的环境质量，可谓一举多得。如首都钢铁公司，利用厂内冷却水池修建了游船码头，开展水上游乐活动。又如南京江南光学仪器厂，将一个几乎成为垃圾场的小臭水塘疏浚治理，修园路、铺草坪、种花木、置花架、堆假山、建水池、池内设喷泉，成为职工喜爱的游园（图 6-12）。

（3）车间附近布置。车间附近是工人工余休息最便捷之处，根据本车间工人爱好，布置成各有特色的小游园，结合厂区道路和车间出入口，创造优美的园林景观，使职工在花园化的工厂中工作和休息。如广州石油化工总厂由工人自己动手，在各车间附近建造游园，遍及全厂达 20 多处，各具风格，丰富多彩（图 6-13）。

（4）结合公共福利设施、人防工程布置。游园若与工会、俱乐部、阅览室、食堂、人防工程相结合布置，则能更好地发挥各自的作用。根据人防工程上土层厚度选择植物，土厚2m 以上可种大乔木，1.5～2m 厚可种小乔木或大灌木，0.5～1.5m 厚可种灌木、竹子，0.3～0.5m 厚可栽植地被植物和草坪，并且注意人防设施出入口附近不能种植有刺或蔓生伏地植物。

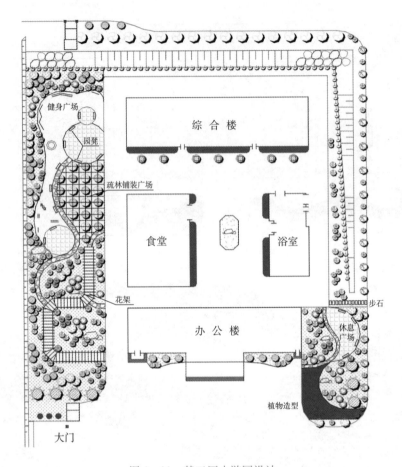

图 6-11　某工厂小游园设计

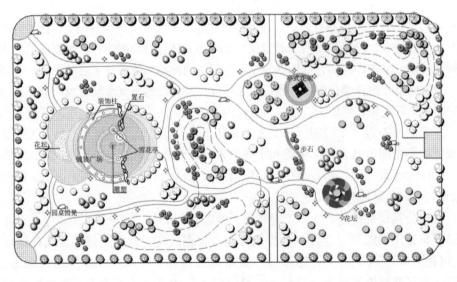

图 6-12　某工厂小游园

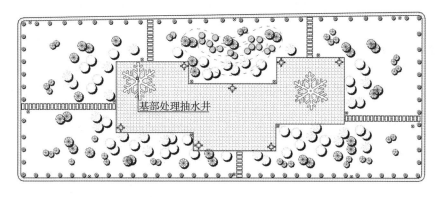

基部处理抽水井

图 6-13 某车间周围休息绿地

（六）工厂防护林带设计

1. 功能作用 工厂防护林带是工矿企业绿化的重要组成部分，尤其对那些产生有害排出物或产品要求卫生防护很高的工厂更显得重要。

工厂防护林带的主要作用是滤滞粉尘、净化空气、吸收有毒气体、减轻污染、保护改善厂区乃至城市环境。

2. 防护林带的结构

（1）通透结构。通透结构的防护林带一般由乔木组成，株行距因树种而异，一般为3m×3m。气流一部分从林带下层树干之间穿过，一部分升从林冠上面绕过。在林带背风一侧树高7倍处，风速为原风速的28%，在树高52倍处，恢复原风速。

（2）半通透结构。半通透结构的防护林带以乔木构成林带主体，在林带两侧各配置一行灌木。少部分气流从林带下层的树干之间穿过，大部分气流则从林冠上部绕过，在背风林缘处形成涡旋和弱风。据测定在林带两侧树高30倍的范围内，风速均低于原风速。

（3）紧密结构。紧密结构一般是由大、小乔木和灌木配置成的林带，形成复层林相，防护效果好。气流遇到林带，在迎风处上升扩散，由林冠上方绕过，在背风处急剧下沉，形成涡旋，有利于有害气体的扩散和稀释。

（4）复合式结构。如果有足够宽度的地带设置防护林带，可将三种结构结合起来，形成复合式结构。在临近工厂的一侧建立通透结构，临近居住区的一侧为紧密结构，中间为半通透结构。复合式结构的防护林带可以充分发挥其作用（图6-14）。

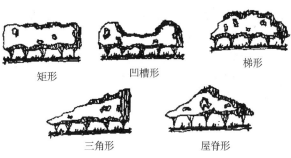

矩形　　凹槽形　　梯形

三角形　　屋脊形

图 6-14 防护林带的常见结构

3. 防护林带的断面形式 防护林带由于构成的树种不同，而形成的林带横断面的形式也不同。防护林带的横断面形式有矩形、凹槽形、梯形、屋脊形、背风面和迎风面垂直的三角形。矩形横断面的林带防风效果好，屋脊形和背风面垂直的三角形林带有利于气体上升和结合道路设置的防护林带，迎风梯形和屋脊形的防护效果较好（图6-15）。

4. 防护林带的位置

（1）工厂区与生活区之间的防护林带。

（2）工厂区与农田交界处的防护林带。

（3）工厂内分区、分厂、车间、设备场地之间的隔离防护林带。如厂前区与生产区之间，各生产系统为减少相互干扰而设置的防护林带，防火、防爆车间周围起防护隔离作用的林带。

（4）结合厂内、厂际道路绿化形成的防护林带。

5. 工厂防护林带的设计 工厂防护林带的设计首先要根据污染因素、污染程度和绿化条件，综合考虑，确立林带的条数、宽度和位置。

烟尘和有害气体的扩散，与其排出量、风速、风向、垂直温差、气压、污染源的距离及

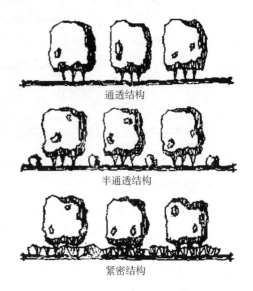

图6-15　防护林带的常见断面形式

排出高度有关，因此设置防护林带，也要综合考虑这些因素，才能使其发挥较大的卫生防护效果。

通常，在工厂上风方向设置防护林带，防止风沙侵袭及邻近企业污染。在下风方向设置防护林带，必须根据有害物排放、降落和扩散的特点，选择适当的位置和种植类型。一般情况下，污物排出并不立即降落，在厂房附近地段不必设置林带，而应将其设在污物开始密集降落和受影响的地段内。防护林带内，不宜布置散步休息的小道、广场，在横穿林带的道路两侧加以重点绿化隔离。

在大型工厂中，为了连续降低风速和污染物的扩散程度，有时还要在厂内各区、各车间之间设置防护林带，以起隔离作用。因此，防护林带还应与厂区、车间、仓库、道路绿化结合起来，以节省用地。

防护林带应选择生长健壮、病虫害少、抗污染性强、树体高大、枝叶茂密、根系发达的树种。树种搭配上，要常绿树与落叶树相结合，乔、灌木相结合，阳性树与耐阴树相结合，速生树与慢生树相结合，净化与绿化相结合。

第二节　校园绿地规划设计

校园绿地是单位附属绿地中的一个重要组成部分，随着人民生活水平的提高，国家对教育行业投资的逐渐加大，校园环境建设也更加受到人们的关注。校园绿化的主要目的是创造浓荫覆盖、花团锦簇、绿草如茵、清洁卫生、安静清幽的校园绿地，从而为师生们的工作、学习和生活提供良好的环境景观和场所。

一、校园绿化的作用与特点

(一) 校园绿化的作用

校园是学校精神、学术和文化的物质载体。校园绿化建设是学校建设工作的重要组成部分，它既是物质文明和精神文明建设必不可少的内容，又是一个学校整体面貌和外在形象的表现。

良好的校园环境是一部立体、多彩，富有吸引力的教科书，具有独特的感染力、约束力，有利于陶冶学生的情操，净化学生的心灵。创建优美的校园环境是当前各类学校日益关注和重视的环境建设问题。

(二) 校园绿化的特点

校园绿化应体现学校的特点和校园文化特色，形成充满生机和活力的现代学校校园环境，满足师生学习、活动、交流与休闲的需要。

绿化建设工程是表达人与自然亲和性的最直接、最完美的一种物质手段和精神创作。园林把建筑、山水、植物等有机地融合为一体，在有限的空间范围内，利用自然条件或模拟大自然中的美景，经过加工提炼，把自然美与人工美在新的基础上统一起来，结合植物的栽植和建筑布局，构成一个可供人观赏、工作、学习、居住、游憩的优美舒适环境。因此更应该重视校园的绿化建设，为师生创造一个幽雅宜人的教学环境。

另外，根据我国目前的教育模式，学校教育可分为小学、中学和大专院校，由于学校规模、教育阶段、学生年龄的不同，其绿地建设也有很大的差异。一般情况中小学校的规模较小、建设经费紧张、学生年龄较小，学生大部分以走读方式为主，因此绿地无论是从设计还是从功能角度来讲都比较简单；而大专院校由于规模大、学生年龄较大、学生以住校方式为主，因此绿地设计以及功能要求比较复杂。

二、大专院校绿地设计

大专院校是促进城市技术经济、科学文化繁荣与发展的园地，是带动城市高科技发展的动力，也是科教兴国的主阵地。大专院校在认识未知世界，探索真理，为人类解决重大课题提供科学依据，推动知识创新和科学技术成果推广，实现生产力转化诸方面，发挥着不可估量的作用。

优美的校园绿地和环境，不仅有利于师生的工作、学习和身心健康，同时也为社区乃至城市增添一道道靓丽的风景。在我国许多环境优美的校园，都令国内外广大来访者赞叹不已，流连忘返，令学校广大师生员工引以为荣，终生难忘。如水清木秀、湖光塔影的北京大学，古榕蔽日、楼亭入画的中山大学，依山面海、清新典雅的深圳大学等，都是校园绿化建设的典范。

(一) 大专院校的特点

1. 面积与规模 大专院校，一般规模大、面积广、建筑密度小，尤其是重点院校，相当于一个小城镇，需要占据相当规模的用地，其中包含着丰富的内容和设施。校园内部具有明显的功能分区，各功能区以道路分隔和联系，不同道路选择不同树种，形成了鲜明的功能区标志和道路绿化网络，也成为校园绿化的主体和骨架 (图 6-16)。

2. 师生学习工作的特点 大专院校是以课时为基本单元组织教学工作的，学生们一般

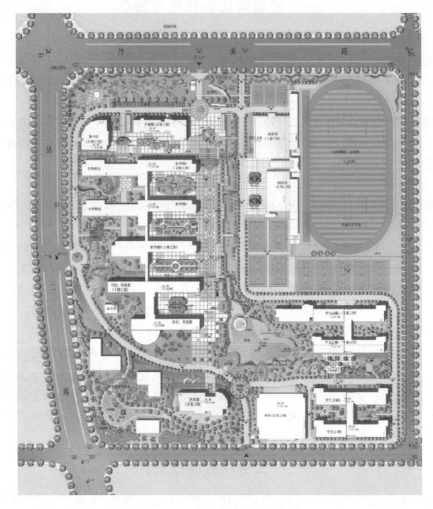

图 6-16 某大专院校平面布局

没有固定的教室，一天之中要多次往返穿梭位于校园内各处的教室、实验室之间，匆忙而紧张，是一个从事繁重脑力劳动的群体。大专院校中教师的工作，包括科研和教学两个部分，工作学习时间比较灵活。

3. 学生特点 大专院校的学生正处在青年时代，其人生观和世界观处于树立和形成时期，各方面逐步走向成熟。他们精力旺盛，朝气蓬勃，思想活跃，开放活泼，可塑性强，又有独立的个人见解，掌握一定的科学知识，具有较高的文化修养。他们需要良好的学习、运动环境和高品位的娱乐交往空间，从而获得德、智、体、美、劳的全面发展。

（二）大专院校的绿地组成

大专院校一般面积较大，总体布局形式多样。由于学校规模、专业特点、办学方式以及周围的社会条件的不同，其功能分区的设置也不尽相同。一般情况下可分为教学科研区、学生生活区、体育运动区、后勤服务区及教工生活区。根据校园的功能分区将校园绿地也分为以下六大类。图 6-17 为东南大学九龙湖校区功能分区图。

1. 教学科研区绿地 教学科研区是大专院校的主体，主要包括教学楼、实验楼、图书

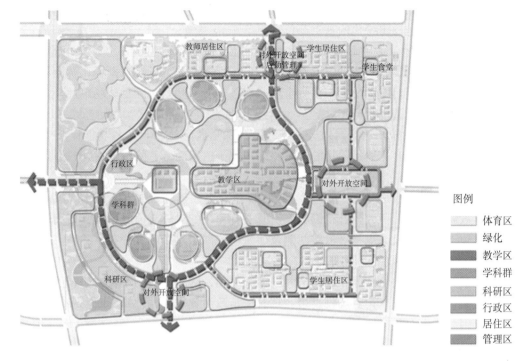

图 6-17　东南大学九龙湖校区功能分区图

馆以及行政办公楼等建筑，该区也常常与学校大门主出入口综合布置，体现学校的面貌和特色。教学科研区周围要保持安静的学习与研究环境，其绿地一般沿建筑周围、道路两侧呈条带状或团块状分布。图 6-18 为某大专院校的教学科研区绿地。

图 6-18　某大专院校的教学科研区绿地

2. 学生生活区绿地　该区为学生生活、活动区域，主要包括学生宿舍、学生食堂、浴室、商店等生活服务设施及部分体育活动器械。该区与教学科研区、体育活动区、校园绿化景区、城市交通及商业服务有密切联系。一般情况绿地沿建筑、道路分布，比较零碎、分散。但是该区又是学生课余生活比较集中的区域，绿地设计要注意满足其功能性。

3. 教工生活区绿地　该区为教工生活、居住区域，主要是居住建筑和道路，一般单独布置，或者位于校园一隅，与其他功能区分开，以求安静、清幽。其绿地分布与普通居住区无差别。

4. 休息游览区绿地　休息游览区是在校园的重要地段设置的集中绿化区或景区，供学生休息散步、自学、交往，另外，还起着陶冶情操、美化环境、树立学校形象的作用。该区绿地呈团块状分布，是校园绿化的重点部位。

5. 体育活动区绿地　大专院校体育活动场所是校园的重要组成部分，是培养学生德、智、体、美、劳全面发展的重要设施。其内容主要包括大型体育场馆和操场，游泳场馆，各类球场及器械运动场等。该区要求与学生生活区有较方便的联系。除足球场草坪外，绿地沿道路两侧和场馆周边呈条带状分布。

6. 校园道路绿地　校园道路绿地分布于校园内的道路系统中，对各功能区起着联系与分隔的双重作用，且具有交通运输功能。道路绿地位于道路两侧，除行道树外，道路外侧绿地与相邻的功能区绿地融合。

7. 后勤服务区绿地　该区分布着为全校提供水、电、热力及各种气体动力站及仓库、维修车间等设施，占地面积大，管线设施多，既要有便捷的对外交通联系，又要离教学科研区较远，避免干扰。其绿地也是沿道路两侧及建筑场院周边呈条带状分布。

（三）大专院校绿地设计的原则

大学生是具有一定文化素养和道德素养，朝气蓬勃、活力四射的年轻一代，他们是祖国的未来，也是民族的希望。大专院校是培养具有一定政治觉悟，德智体全面发展的高科技人才的园地。因此，大专院校的园林绿地设计应遵循以下原则：

1. 以人为本　校园环境生活的主体是人，是广大师生员工。园林绿地作为校园的重要组成部分之一，其规划设计应树立人文空间的规划思想，处处体现以人为主体的规划形态，使校园环境和景观体现对人的关怀。在校园绿化设计过程中设计者一定要深入研究师生员工的工作、学习、休息、交往及文化活动的规律和需要，深入分析他们的心理和行为，研究各种空间层次与校园生活的关系。从而发现他们的需求，满足他们的需求。

因此，在校园园林绿地设计中根据不同部位、不同功能，因地制宜地创造多层次、多功能的园林绿地空间，供师生员工学习、交往、休息、观赏、娱乐、运动和居住。

2. 突出校园文化特色　大专院校的环境设计应充分挖掘学校历史的文化内涵，利用校区中独特的环境特色和文化因素，通过景观元素的提供、组合、搭配，塑造自然环境与人文环境完美结合的校园景观。从而，突出校园景观的文化特色，陶冶学生的情操并培养其健康向上的人生观。

3. 突出育人氛围　马克思在《德意志意识形态》中谈到："人创造环境，环境也创造人"。校园既是文化环境，也是教育环境。环境是无声的课堂，优美的校园环境对青年学子高尚品格的塑造、健康的心理状态和精神结构的形成，将起着潜移默化的重要作用，正所谓校园环境中"一草一木都参与教育"。

因此我们在进行设计时，应以富于情感特质的场所来实现环境与人的互动，实现环境对师生的美育和艺术功能，做到山水明德，花木移性；诗意景观，人文绿地；静赏如画，动观似乐；绿团锦簇，水意朦胧。

4. 突出校园景观的艺术特色　创造符合大专院校高文化内涵的校园艺术环境美，被称之为"心灵的体操"。美的环境令人心地纯洁、情感高尚，使人的个性获得比较全面、和谐的发展。

大专院校校园是高文化环境，是社会文明的橱窗。校园的形象环境，理应具有更深层次的美学内涵和艺术品位，因为追求校园景观的艺术特色是众望所归。

首先，校园景观应具有整体美。凡能形成撼人心灵的建筑群体和园林佳景，无不是其整体美的体现，正如格式塔心理学所指出的美学现象："整体大于个体的总和"。校园整体美的内涵是十分丰富的，如建筑个体之间，通过形状、体量、材质、色彩之间的对比与协调，统一与变化，所形成的总体美学效果，建筑群所形成的校园空间的整体性，以及校园空间序列的起、承、转、开、合、围、透所构成的整体效果，建筑群体与绿化、小品所形成的整体效果，园林绿地中造景素材谐调配置所形成的整体美学效果，人工环境与自然环境构成随机的、和谐的、整体的效果，校园环境与周边环境所构成的整体效果……总之，人们所感受的是校园的整体，局部只有处在整体脉络中才能使人认同。

在校园中，建筑群形成的主体骨架，道路显示出整体的脉络，广场及标志形成校园的核心和节点，边缘划分出校园的范围，园林绿地衬托美化建筑、填充面域空间，体现自然美和园林美，这些构成因素共同交织，形成校园环境整体美的生动形象。

其次，校园景观应具有特色美。亚历山大在其《建筑模式语言》中指出："现代城市的大同小异和千篇一律的特征，扼杀了丰富多彩的生活方式，并抑制人的个性发展"；"千人一面的社会是产生不出具有鲜明性格的个人的社会"，这些话引人深思。没有特色的校园，引不起人的深切感知，也最容易被人遗忘。校园中不同院系的建筑、道路、绿地，在总体环境协调的前提下，也应具有各自的特点和个性。校园环境既要传承文脉，显示出历史久远的印痕，又要体现新的时代特色。校园环境的特色主要通过形式与内容的特色、自然环境特色、地方民族文化特色和技术材料特色来体现，其中自然环境特色往往成为影响最大的主要因素。校园园林绿地以表现自然景观为主题，将自然环境引入城市和校园，与建筑、道路等人工环境相协调，其特色表现在园林绿地的形式与内容的独创性，乡土树种和植物季相变化诸方面。如南京林业大学校园内参天的鹅掌楸行道树，武汉大学春季盛开的樱花，是校园乃至整个市区富有特色的景观，常吸引市民前来观赏。

最后，是校园景观应具有朴素、自然的美。自然环境是大地提供给人类的宝贵财富，也是启发人类灵感的重要源泉。自然环境最能体现原始的、朴素的、自然的美，也正因为如此，我国人民具有热爱自然的传统，在咫尺天地里，可创造出千变万化、富有自然情趣的园林佳境。中国传统造园手法，在校园园林绿地规划设计中值得借鉴。依顺自然，尊重和发掘自然美，寻求与自然的交融；强化自然，以人工手段，组织改造空间形态，突出自然特色，形成环境特征；创造自然，筑山理水，使自然与人工一体化；再现自然，追求真趣，抒发灵性。世界上许多大学校园都保持着基地原有的自然地形地貌植被和生态印痕，体现自然、朴素的美，形成校园环境特色。

5. 创造宜人的小空间环境 符合生态学、美学原理的小环境空间，宜人的尺度、优美的环境、个性化的空间，有利于调节情绪、活跃思维、陶冶情操，而良好的交往场所，往往是智慧的碰撞、科技创新的摇篮。

一般情况下，凡能形成围合、隐蔽、依托、开敞的空间环境，都会使人们渴望在其中滞留。因此，在校园绿地规划设计时要注重创造具有可容性、围蔽性、开放性及领域感、依托感等环境氛围的校园绿地空间，让人们在各种清新幽静、充满温馨的环境中感到轻松，得到休息，或调整思绪，静心思考，或潜心读书，或散步赏景，或聚会谈心，相互交流沟通，开展集体活动。为满足人们的休息、遮阳、避雨等功能，可在园林绿地中适当点缀园林建筑和小品，使校园绿地更具实用性、人情味、亲切感和鲜明的时代特征。图6-19是三种不同的校园环境空间。

图 6-19　三种不同的校园环境空间

6. 以自然为本，创造良好的校园生态环境　学校园林绿地作为城市园林绿地系统的构成之一，对学校和城市气候的改善和环境的保护，发挥着重要的功能作用。因此，校园应是一个富有自然生机的、绿色的良好生态环境。校园绿地规划设计要结合其总体规划进行，强调绿色环境与人的活动及建筑环境的整合，体现人与自然共存的理念，形成人的活动能融入自然的有机运行的生态机制。充分尊重和利用自然环境，尽可能保护原有的生态环境。在建设中树立不再破坏生态环境的意识，坚决反对"先破坏，后治理"的错误观点。对已被破坏的生态环境，要尽可能抢救，使其恢复到原有的平衡状态。对于坡地、台地、山地，要随形就势进行布局，尽量减少填挖土方量。对原有的水面，尽可能结合校园环境设计，使其成为校园一景。如新江汉大学基地呈弧形带状，与自然山丘、湖泊、田野、植被构成一片宁静优美的环境，设计中保留原有的自然山体和植被，充分利用湖岸景观，形成大片绿地空间。

校园园林绿地应以植物绿化美化为主，园林建筑小品辅之。在植物选择配置上要充分体现生物多样性原则，以乔木为主，乔、灌、花、草结合，使常绿与落叶树种，速生与慢生树种，观叶、观花与观果树木，地被植物与草坪草地保持适当的比例。要注意选择乡土树种，突出特色。尽可能保留原有树木，尤其是古树名木。对于成材的树木伐不如移，移不如不移，其原因如《园冶》所云："斯谓雕栋飞楹构易，荫槐挺玉成难"。

另外，农林、师范类院校还可以把树木标本园的建设与校园园林绿化结合起来。校园中的树木花草，既是校园景观和生态环境的组成部分，又是教学实习的活标本。如南京林业大学、华南农业大学、杨凌职业技术学院、河南林业职业学院等学校都运用了这种方法。

（四）大专院校各区绿地规划设计要点

1. 校前区绿化　校前区主要是指学校大门、出入口与办公楼、教学主楼之间的空间，有时也称为校园的前庭，是大量行人、车辆的出入口，具有交通集散功能同时起着展示学校标志、校容校貌及形象的作用，一般有一定面积的广场和较大面积的绿化区，是校园重点绿化美化地段之一。校前空间的绿化要与大门建筑形式相协调，以装饰观赏为主，衬托大门及立体建筑，突出庄重典雅、朴素大方、简洁明快、安静优美的高等学府校园环境（图6-20）。

图6-20　东营职业学院入口景观效果图

校前区的绿化主要分为两部分：门前空间（主要指城市道路到学校大门之间的部分）和门内空间（主要指大门到主体建筑之间的空间）。

门前空间一般使用常绿花灌木形成活泼而开朗的门景，两侧花墙用藤本植物进行配置。在四周围墙处，选用常绿乔、灌木自然式带状布置，或以速生树种形成校园外围林带。另外，门前的绿化既要与街景有一致性，又要体现学校特色。

门内空间的绿化设计一般以规划式绿地为主，以校门、办公楼或教学楼为轴线，在轴线上布置广场、花坛、水池、喷泉、雕塑和主干道。轴线两侧对称布置装饰或休息性绿地。在开阔的草地上种植树丛，点缀花灌木，自然活泼。或植草坪及整形修剪的绿篱、花灌木，低矮开朗，富有图案装饰效果。在主干道两侧植高大挺拔的行道树，外侧适当种植绿篱、花灌木，形成开阔的绿荫大道。

校前区绿化要与教学科研区衔接过渡，为体现庄重效果，常绿树可以占较大比例。

2. 教学科研区绿化　教学科研区绿地主要是指教学科研区周围的绿地，一般包括教学楼、实验楼、图书馆以及行政办公楼等建筑，其主要功能是满足全校师生教学、科研的需要，为教学科研工作提供安静优美的环境，也为学生创造课间进行适当活动的绿色室外空间（图6-21）。

教学科研主楼前的广场设计，一般以大面积铺装为主，结合花坛、草坪，布置喷泉、雕塑、花架、园灯等园林小品，体现简洁、开阔的景观特色（有的学校也将校前区和其结合起来布置）。

为满足学生休息、集会、交流等活动的需要，教学楼之间的广场空间应注意体现其开放性、综合性的特点，并具有良好的尺度和景观，以乔木为主，花灌木点缀。绿地布局平面上要注意其图案构成和线型设计，以丰富的植物及色彩，形成适合师生在楼上俯视的鸟瞰画面，立面要与建筑主体相协调，并衬托美化建筑，使绿地成为该区空间的休闲主体和景观的重要组成部分。教学楼周围的基础绿带，在不影响楼内通风采光的条件下，多种植落叶乔、灌木（图6-22）。

图 6-21　东南大学九龙湖校区教学科研区效果图

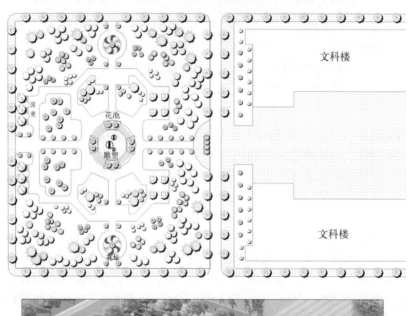

图 6-22　某大学教学楼旁小游园平面图及效果图

大礼堂是集会的场所，正面入口前一般设置集散广场，绿化同校前区，由于其周围绿地空间较小，内容相应简单。礼堂周围基础栽植，以绿篱和装饰树种为主。礼堂外围可根据道路和场地大小，布置草坪、树林或花坛，以便人流集散。

实验楼的绿化基本与教学楼相同，另外，还要注意根据不同实验室的特殊要求，在选择树种时，综合考虑防火、防爆及空气洁净程度等因素。

图书馆是图书资料的储藏之处，为师生教学、科学活动服务，也是学校标志性建筑，其周围的布局与绿化基本与大礼堂相同。

3. 学生生活区绿化　大专院校为方便师生学习、工作和生活，校园内设置生活区和各种服务设施，该区是丰富多彩、生动活泼的区域。生活区绿化应以校园绿化基调为前提，根据场地大小，兼顾交通、休息、活动、观赏诸功能，因地制宜进行设计。食堂、浴室、商店、银行、邮局前要留有一定的交通集散及活动场地，周围可留基础绿带，种植花草树木，活动场地中心或周边可设置花坛或种植庭荫树。

学生宿舍区绿化可根据楼间距大小，结合楼前道路，进行设计。楼间距较小时，在楼梯口之间只进行基础栽植或硬化铺装。场地较大时，可结合行道树，形成封闭式的观赏性绿地，或布置成庭院式休闲性绿地，铺装地面、花坛、花架、基础绿带和庭荫树池结合，形成良好的学习、休闲场地（图6－23）。

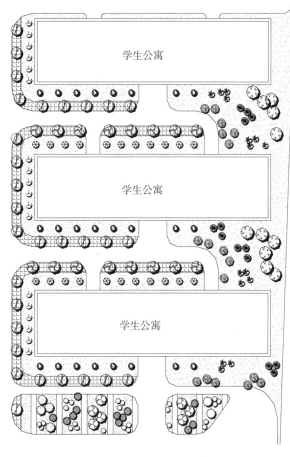

图6－23　学生公寓周围绿化设计

4. 教工生活区绿化　教工生活区绿地与普通居住区的绿化设计相同，设计时可参阅居住区绿地中的有关内容。

5. 休息游览区绿化　大专院校一般面积较大，在校园的重要地段设置花园式或游园式绿地，供师生休闲、观赏、游览和读书。另外，大专院校中的花圃、苗圃、气象观测站等科学实验园地，以及植物园、树木园也可以园林形式布置成休息游览绿地。

休息游览绿地规划设计构图的形式、内容及设施，要根据场地地形地势、周围道路、建筑等环境综合考虑，因地制宜地进行（图6－24）。

6. 体育活动区绿化　体育活动区一般在场地四周栽植高大乔木，下层配置耐阴的花灌木，形成一定层次和密度的绿荫，能有效地遮挡夏季阳光的照射和冬季寒风的侵袭，减弱噪声对外界的干扰（图6－25）。

室外运动场的绿化不能影响体育活动和比赛，以及观众的通视，应严格按照体育场地及设施的有关规范进行。为保证运动员及其他人员的安全，运动场四周可设围栏。在适当之处设置座凳，供人们观看比赛。设座凳处可植落叶乔木遮阳（图6-26）。体育馆建筑周围应因地制宜地进行基础绿带绿化。

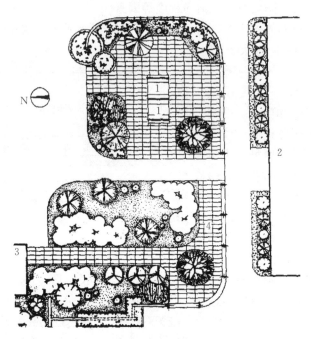

图6-24　某校园休息游览绿地

图6-25　体育运动区绿化效果图

图6-26　运动场周边结合花坛设置的座凳及绿化效果

7. 校园道路绿化　校园道路两侧行道树应以落叶乔木为主，构成道路绿地的主体和骨架，浓荫覆盖，有利于师生们的工作、学习和生活，在行道树外还可以种植草坪或点缀花灌木，形成色彩、层次丰富的道路侧旁景观。

校园道路绿化可参阅交通绿地中有关内容。

8. 后勤服务区绿化　后勤服务区绿化与生活区绿化基本相同，不同的是还要考虑水、电、热力及各种气体动力站、仓库、维修车间等管线和设施的特殊要求，在选择配置树种时，综合考虑防火、防爆等因素。

三、中小学校园绿化设计

（一）中小学校园的特点

1. 面积与规模　与大专院校相比，一般情况下，中小学学校规模小、建筑密度大、绿化用地紧张，尤其是小学和一些普通中学，用地更是紧张。图6-27为某中学的平面图。

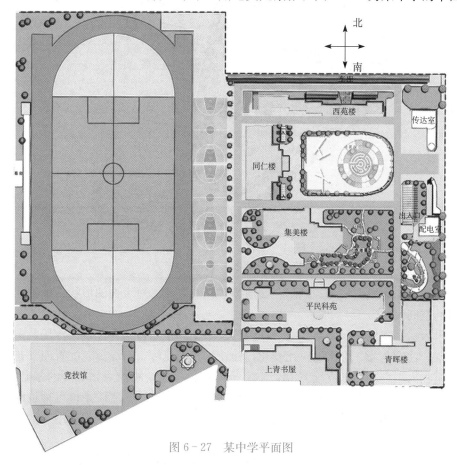

图6-27　某中学平面图

2. 师生学习工作特点　中小学校的学生大部分以走读为主，学生在校内停留的时间仅限于上课时间，且一般中小学校由于师生员工较少、用地紧张，教师在校内居住的并不是很多，因此，绿地从功能上讲比较单一，主要以观赏功能为主。

3. 学生特点　中小学生一般年龄较小，学习任务比较繁重，因此，绿化设计时应主要考虑学生的年龄特点，并注意满足学生休息、活动、放松的需求。

（二）中小学校园绿化设计要点

中小学用地一般可分为建筑用地（包括办公楼、教学及实验楼、广场道路及生活杂务场院）、体育场地和道路用地。图6-28为某小学校园总体规划。

1. 建筑用地周围的绿化设计　中小学建筑用地绿化，往往沿道路两侧、广场、建筑周边和围墙边呈条带状分布，以建筑为主体，绿化相衬托、美化。因此绿化设计既要考虑建筑

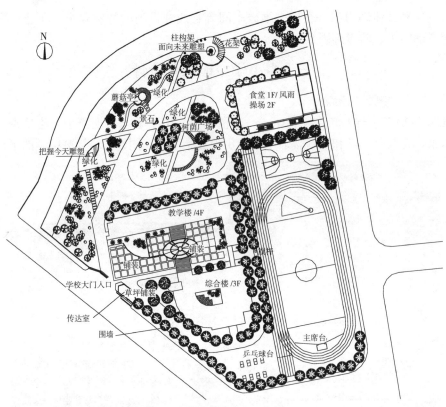

图 6-28 某小学校园总体规划

物的使用功能，如通风、采光、遮阳、交通集散，又要考虑建筑物的形状、体积、色彩和广场、道路的空间大小。

大门出入口、建筑门厅及庭院，可作为校园绿化的重点，结合建筑、广场及主要道路进行绿化布置，注意色彩、层次的对比变化，建花坛，铺草坪，植绿篱，配置四季花木，衬托大门及建筑物入口空间和正立面景观，丰富校园景色。建筑物前后作低矮的基础栽植，5m内不能种植高大乔木。在两山墙外可种植高大乔木，以防日晒。庭院中也可种植乔木，形成庭荫环境，并可适当设置乒乓球台、阅报栏等文体设施，供学生课余活动用（图 6-29）。

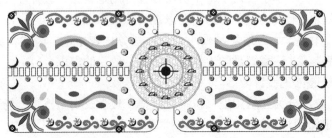

图 6-29 某中学教学楼前装饰性绿地

2. 体育场地周围绿化设计　体育场地主要供学生开展各种体育活动。一般小学操场较小，经常以楼前后的庭院代之。中学单独设立较大的操场，可划分标准运动跑道、足球场、篮球场及其他体育活动用地。

运动场周围种植高大遮阳落叶乔木，少种花灌木。地面铺草坪（除道路外），尽量不硬化。运动场要留出较大空地满足户外活动使用，并且要求视线通透，以保证学生安全和体育比赛的进行。图 6-30 为丹麦 Trekroner 小学低造价的儿童活动空间。

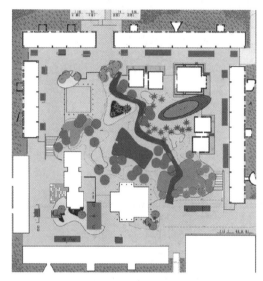

图 6-30　丹麦 Trekroner 小学低造价的儿童活动空间

3. 道路绿化设计　校园道路绿化，主要考虑功能要求，满足遮阳需要，一般多种植落叶乔木，也可适当点缀常绿乔木和花灌木。

另外，学校周围沿围墙植绿篱或乔、灌木林带，与外界环境相对隔离，避免相互干扰。

四、幼儿园绿化设计

幼儿园主要承担学龄前幼儿的教育，一般正规的幼儿园包括室内活动和室外活动两部分，根据活动要求，室外活动场地又分为公共活动场地、自然科学等基地和生活杂务用地（图 6-31）。

公共活动场地是儿童游戏活动场地，也是幼儿园重点绿化区。该区绿化应根据场地大小，结合各种游戏活动器械的布置，适当设置小亭、花架、涉水池、沙坑。在活动器械附近，以遮阳的落叶乔木为主，角隅处也可适当点缀花灌木，所有场地应开阔、平坦、视线通畅，不能影响儿童活动。

菜园、果园及小动物饲养地，是培养儿童热爱劳动、热爱科学的基地。有条件的幼儿园可将其设置在全园一角，用绿篱隔离，里面种植少量果树、油料、药用等经济植物，或饲养少量家畜家禽。

整个室外活动场地，应尽量铺设耐践踏的草坪，或采用塑胶铺地，在周围种植成行的乔、灌木，形成浓密的防护带，起防风、防尘和隔离噪声作用（图 6-32）。

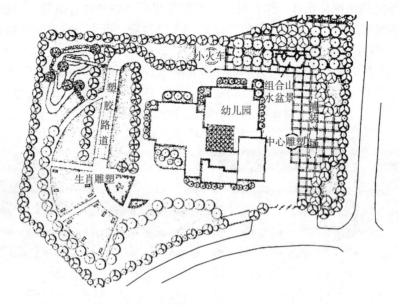

图 6-31　某幼儿园绿化平面图

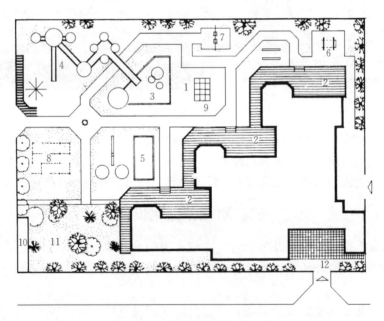

图 6-32　某幼儿园绿化平面图

　　幼儿园绿地植物的选择，要考虑儿童的心理特点和身心健康，要选择形态优美、色彩鲜艳、适应性强、便于管理的植物，禁用有飞毛、飞絮、毒、刺及引起过敏的植物，如花椒、黄刺玫、漆树、凤尾兰等。同时注意建筑周围通风采光，5m 内不能种植高大乔木。

第三节　医疗机构绿地规划设计

　　医院绿化的目的是卫生防护隔离、阻滞烟尘、减弱噪声，创造一个幽雅、安静的绿化环境，以利人们防病治病，尽快恢复身体健康。据测定，在绿色环境中，人的体表温度可降低1～2.2℃，脉搏平均减缓 4～8 次/min，呼吸均匀，血流舒缓，紧张的神经系统得以松弛，对高血压、神经衰弱、心脏病和呼吸道疾病能起到间接的治疗作用。现代医院设计中，环境作为基本功能已不容忽视，具体地说将建筑与绿化有机结合，使医院功能在心理及生理意义上得到更好的落实。

一、医疗机构绿地的功能和类型

（一）医疗机构绿地的功能

随着科学技术的发展和人们物质生活水平的提高，人们对医院、疗养院绿地功能的认识也逐渐深化，而且医院绿地的功能也在多样化。但总体来说，医院、疗养院绿地的功能还是集中体现在以下几个方面：

1. 改善医院、疗养院的小气候条件　医院、疗养院绿地对保持与创造医疗单位良好的小气候条件的作用非常突出，具体体现在调节温度、湿度，防风、防尘、净化空气。

2. 为病人创造良好的户外环境　医疗单位优美的、富有特色的园林绿地可以为病人创造良好的户外环境，提供观赏、休息、健身、交往、疗养的多功能的绿色空间，有利于病人早日康复。同时，园林绿地作为医疗单位环境的重要组成部分，还可以提高其知名度和美誉度，塑造良好的形象，有效地增加就医量，有利于医疗单位的生存和竞争。

3. 对病人心理产生良好的作用　医疗单位优雅安静的绿化环境对病人的心理、精神状态和情绪起着良好的安定作用。植物的形态色彩对视觉的刺激，芳香袭人的气味对嗅觉的刺激，色彩鲜艳、青翠欲滴的食用植物对味觉的刺激，植物的茎、叶、花、果对触觉的刺激，园林绿地中的水声、风声、虫鸣、鸟语以及雨打叶片声对听觉的刺激，等等。当住院病人来到绿地里，置身于绿树花丛中，沐浴明媚的阳光，呼吸清新的空气，感受鸟语花香，这种自然疗法，对稳定病人情绪，放松大脑神经，促进康复都有着十分积极的作用。据测定，在绿色环境中，人的体表温度可降低 1～2.2℃，脉搏平均减缓 4～8 次/min，呼吸均匀，血流舒缓，紧张的神经系统得以放松，对神经衰弱、高血压、心脑病和呼吸道病都能起到间接的理疗作用。

4. 在医疗卫生保健方面具有积极的意义　绿地是新鲜空气的发源地，而新鲜空气是人的生命时刻离不开的，特别是身患疾病的人，更渴望清新的空气。植物的光合作用吸收二氧化碳，放出氧气，自动调节空气中的二氧化碳和氧气的比例。植物可大大降低空气中的含尘量，吸收、稀释地面 3～4m 高的有害气体。许多植物的芽、叶、花粉分泌大量的杀菌素，可杀死空气中的细菌、真菌。科学研究证明，景天科植物的汁液能消灭流感类的病毒，松林放出的臭氧和杀菌素能抑制杀灭结核菌，樟树、桉树的分泌物能杀死蚊虫、驱除苍蝇，银杏可以分泌一种称为氢氰酸的物质，对人体有保健作用。这些植物都是人类健康有益的"义务卫生防疫员、保健员"。因此，在医院、疗养院绿地中，选择松、柏等多种杀菌力强的树种，其意义就显得尤为重要。

5. 卫生防护隔离作用　在医院，一般病房、传染病房、制药间、解剖室、太平间之间都需要隔离，传染病医院周围也需要隔离。园林绿地中经常利用乔、灌木的合理配置，起到有效的卫生防护隔离作用。

综上所述，医院、疗养院绿地的功能可分为物理作用和心理作用，绿地的物理作用是指通过调节气候、净化空气、减弱噪声、防风防尘、抑菌杀菌等，调节环境的物理性质，使环境处于良性的、宜人的状态。绿地的心理作用则是指病人处在绿地环境中及其对感官的刺激所产生宁静、安逸、愉悦等良好的心理反应和效果。

(二) 医疗机构的类型

1. 综合性医院 该类医院一般设有内、外各科的门诊部和住院部，医科门类较齐全，可治疗各种疾病。

2. 专科医院 这类医院是设某一个科或几个相关科的医院，医科门类比较单一，专治某种或几种疾病。如：骨科医院、妇产医院、儿童医院、口腔医院、结核病医院、传染病医院和精神病医院等。传染病医院及需要隔离的医院一般设在城市郊区。

3. 小型卫生院、所 指设有内、外各科门诊的卫生院、卫生所和诊所。

4. 休、疗养院 指用于恢复工作疲劳，增进身心健康，预防疾病或治疗各种慢性病的休养院、疗养院。

二、医疗机构绿地树种的选择

在医院、疗养院绿地设计中，如何根据医疗单位的性质和功能，合理地选择和配置树种，对能否充分充分发挥绿地的功能起着至关重要的作用。在医院、疗养院绿地设计中，植物的选择厂依据以下几个方面进行。

1. 选择杀菌力强的树种 具有较强杀灭真菌、细菌和原生动物能力的树种主要有：侧柏、圆柏、铅笔柏、雪松、杉松、油松、华山松、白皮松、红松、湿地松、火炬松、马尾松、黄山松、黑松、柳杉、黄栌、盐肤木、锦熟黄杨、尖叶冬青、大叶黄杨、桂香柳、核桃、月桂、七叶树、合欢、刺槐、国槐、紫薇、广玉兰、木槿、楝树、大叶桉、蓝桉、柠檬桉、茉莉、女贞、日本女贞、丁香、悬铃木、石榴、枣树、枇杷、石楠、麻叶绣球、枸橘、银白杨、钻天杨、垂柳、栾树、臭椿及蔷薇科的一些植物。

2. 选择经济类树种 医院、疗养院还应尽可能选用果树、药用等经济类树种，如：山楂、核桃、海棠、柿树、石榴、梨、杜仲、国槐、山茱萸、白芍药、金银花、连翘、丁香、垂盆草、麦冬、枸杞、丹参、鸡冠花、藿香等。

三、医疗机构的绿地组成

综合性医院是由各个使用要求不同的部分组成的，在进行总体布局时，按各部分功能要求进行。综合性医院的平面布局分为医务区和总务区，医务区又分为门诊部、住院部和辅助医疗等几部分。其绿地组成为：

1. 门诊部绿地 门诊部是接纳各种病人，对病情进行初步诊断，确定进一步是门诊治疗还是住院治疗的地方，同时也进行疾病防治和卫生保健工作。门诊部的位置，既要便于患者就诊，又要保证诊断、治疗所需要的卫生和安静的条件，因此，门诊部建筑要退后道路红线 10~25m 的距离。门诊楼由于靠近医院大门，空间有限，人流集中，加之大门内外的交通缓冲地带和集散广场等，其绿地较分散，经常在大门两侧、围墙内外、建筑周围呈条带状分布。

2. 住院部绿地 住院部是病人住院治疗的地方，主要是病房，是医院的重要组成部分，并有单独的出入口。住院部为保障良好的医疗环境，尽可能避免一切外来干扰或刺激（如臭味、噪声等），创造安静、卫生、舒适的治疗和休养环境，其位置在总体布局时，往往位于医院中部。住院部与门诊部及其他建筑围合，形成较大的内部庭院，因而住院部绿地空间相对较大，呈团块状和条带状分布于住院楼前及周围。

3. 医院的辅助医疗部分　主要由手术室、药房、X 光室、理疗室和化验室等组成，大型医院各随门诊部和住院部布置，中小型医院则合用。

4. 医院的行政管理部门　主要是对全院的业务、行政和总务进行管理，有的设在门诊楼内，有的则单独设在一幢楼内。

5. 医院的总务部门　属于供应和服务性质的部门，包括食堂、锅炉房、洗衣房、制药间、药库、车库及杂务用房和场院。总务部门与医务部门既有联系，又要隔离，一般单独设在医院中后部较偏僻的一角。

6. 其他　此外，还有病理解剖室和太平间，一般单独布置，与街道和其他相邻部分保持较远距离，进行隔离（图 6 - 33）。

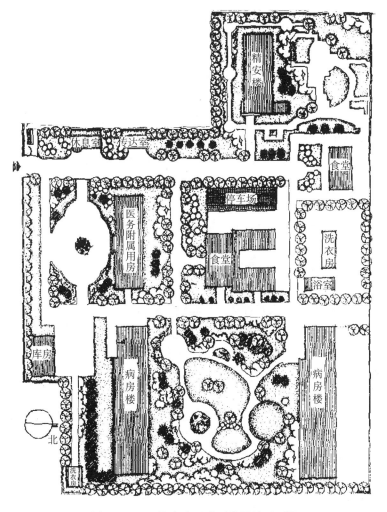

图 6 - 33　上海安宁医院环境设计平面图

四、医疗机构的绿地设计

综合性医院一般分为门诊部绿化、住院部绿化和其他区域绿化。各组成部分功能不同，绿化形式和内容也有一定的差异。

(一)门诊部绿化设计

门诊部靠近医院主要出入口，与城市街道相邻，是城市街道与医院的结合部，人流比较集中，在大门内外、门诊楼前要留出一定的交通缓冲地带和集散广场。医院大门至门诊楼之间的空间组织和绿化，不仅起到卫生防护隔离作用，还有衬托、美化门诊楼和市容街景作用，体现医院的精神面貌、管理水平和城市文明程度。因此，应根据医院条件和场地大小，因地制宜地进行绿化设计，以美化装饰为主。

门诊部的绿化设计应注意以下几点：

(1) 入口绿地应与街景协调并突出自身特点，种植防护林带以阻止来自街道及周围的烟尘和噪声污染。

医院的临街围墙以通透式为主，使医院内外绿地交相辉映，围墙与大门形式协调一致，宜简洁、美观、大方、色调淡雅。若空间有限，围墙内可结合广场周边作条带状基础栽植。

(2) 入口处应有较大面积的集散广场，广场周围可作适当的绿化布置。

综合性医院入口广场一般较大，在不影响人流、车辆交通的条件下，广场可设置装饰性的花坛、花台和草坪，有条件的还可设置水池、喷泉和主题雕塑等，形成开朗、明快的格调。尤其是喷泉，可增加空气湿度，促进空气中负离子的形成，有益于人们的健康。喷泉与雕塑、假山的组合，加之彩灯、音乐配合，可形成不同的景观效果。并应注意设置一定数量的休息设施供病人候诊。

广场可栽植整形绿篱、草坪、花开四季的花灌木，节日期间，也可用一二年生花卉做重点美化装饰，或结合停车场栽植高大遮阴乔木。

(3) 门诊区的整体格调要求开朗、明快，色彩对比不宜强烈，应以常绿素雅为主。

(4) 注意保证门诊楼室内的通风与采光。

门诊楼建筑周围的基础绿带，绿化风格应与建筑风格协调一致，美化衬托建筑形象。门诊楼前绿化应以草坪、绿篱及低矮的花灌木为主，乔木应在距建筑 5m 以外栽植，以免影响室内通风、采光及日照。门诊楼后常因建设物遮挡，形成阴面，光照不足，要注意耐阴植物的选择配置，保证良好的绿化效果，如天目琼花、金丝桃、珍珠梅、金银木、绣线菊、海桐、大叶黄杨、丁香等，以及玉簪、紫萼、书带草、麦冬、白三叶、冷绿型混播草坪等宿根花卉和草坪。

在门诊楼与其他建筑之间应保持 20m 的间距，栽植乔、灌木，以起一定的绿化、美化和卫生隔离效果。

(二)住院部绿化设计

住院部位于门诊部后、医院中部较安静地段。住院部的庭院要精心布置，根据场地大小、地形地势、周围环境等情况，确定绿地形式和内容，结合道路、建筑进行绿化设计，创造安静优美的环境，供病人室外活动及疗养。具体应注意以下几点。

(1) 绿地总体要求环境优美、安静，视野开阔。住院部周围有较大面积的绿化场地时，可采用自然式的布局手法，利用原有地形和水体，稍加改造形成平地或微起伏的缓坡和蜿蜒曲折的湖池、园路，并可适当点缀园林建筑小品，配置花草树木，形成优美的自然式庭园。

　　（2）小游园内的道路起伏不宜太大，应少设台阶，采用无障碍设计，并应考虑一定量的休息设施。住院部周围小型场地在绿化布局时，一般采用规划式构图，绿地中设置整形广场，广场内以花坛、水池、喷泉、雕塑等作中心景观，周边放置座椅、桌凳、亭廊花架等休息设施。广场、小径尽量平缓，采用无障碍设计，硬质铺装，以利病人出行活动。绿地中植草坪、绿篱、花灌木及少量遮阴乔木。这种小型场地，环境清洁优美，可供病人坐息、赏景、活动兼作日光浴场，也是亲属探视病人的室外接待处（图6-34）。

　　（3）植物配置方面应注意：首先，植物配置要有丰富的色彩和明显的季相变化，使长期住院的病人能感受到自然界季节的交替，调节情绪，提高疗效。其次，在进行植物配置时应考虑夏季遮阴和冬季有阳光的需要，选择"保健型"人工植物群落，利用植物的分泌物质和挥发物质，达到增强人体健康、防病、治病的效果。

　　（4）根据医疗需要，在绿地中，可考虑设置辅助医疗场所。有时，根据医疗需要，在较大的绿地中布置一些辅助医疗地段，如日光浴场、空气浴场、树林氧吧、体育活动场等，以树丛、树群相对隔离，形成相对独立的林中空间，场地以草坪为主，或做嵌草砖地面。场地内适当位置设置座椅、凳、花架等休息设施。为避免交叉感染，应为普通病人和传染病人设置不同的活动绿地，并在绿地之间栽植一定宽度的以常绿及杀菌力强的树种为主的隔离带。

　　（5）一般病区与传染病区绿地要考虑隔离。一般病房与传染病房也要留有30m的空间地段，并以植物进行隔离。

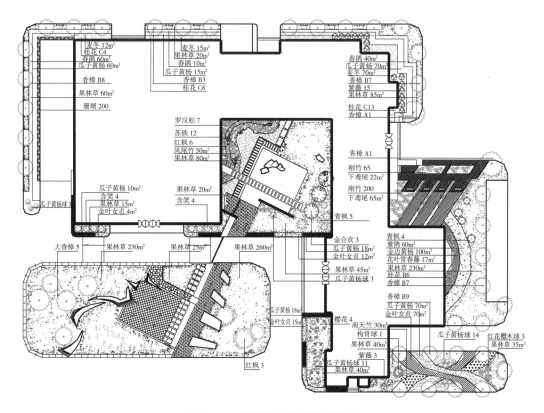

图6-34　某医院住院部绿地设计

（三）其他区域绿化设计

其他区域包括辅助医疗的药库、制剂室、解剖室、太平间等，总务部门的食堂、浴室、洗衣房及宿舍区，该区域往往位于医院后部单独设置，绿化要强化隔离作用。绿化设计时应注意以下几个方面：

（1）太平间、解剖室应单独设置出入口，并处于病人视野之外，周围用常绿乔、灌木密植隔离。

（2）手术室、化验室、放射科周围绿化防止东晒、西晒，保证通风采光，要保证环境洁净，不能种植有飞毛、飞絮的植物。

（3）总务部门的食堂、浴池及宿舍区也要和住院区有一定距离，用植物相对隔离，为医务人员创造一定的休息、活动环境。

五、不同性质医院机构对绿化的特殊要求

1. 儿童医院绿化　儿童医院主要收治 14 岁以下的儿童患者。其绿地除具有综合性医院的功能外，还要考虑儿童的一些特点。如绿篱高度不超过 80cm，以免阻挡儿童视线，绿地中适当设置儿童活动场地和游戏设施。在植物选择上，注意色彩效果，避免选择对儿童有伤害的植物。

儿童医院绿地中设计的儿童活动场地、设施、装饰图案和园林小品，其形式、色彩、尺度都要符合儿童的心理和需要，富有童心和童趣，要以优美的布局形式和绿化环境，创造活泼、轻松的气氛，减少医院和疾病给病儿造成的心理压力。

2. 传染病医院绿化　传染病医院主要收治各种急性传染病的患者，为了避免传染，因此更应突出绿地的防护和隔离作用。

传染病院的防护林带要宽于一般医院，同时常绿树的比例要更大，使冬季也具有防护作用。不同病区之间也要相互隔离，避免交叉感染。由于病人活动能力小，以散步、下棋、聊天为主，各病区绿地不宜太大，休息场地距离病房近一些，以方便利用。

3. 精神病院绿化　精神病院主要受治有精神病的患者，由于艳丽的色彩容易使病人精神兴奋，神经中枢失控，不利于治病和康复。因此，精神病院绿地设计应突出宁静的气氛，以白色调、绿色调为主，多种植乔木和常绿树，少种花灌木，并选种如白丁香、白碧桃、白月季等白色花灌木。在病房区周围面积较大的绿地中，可布置休息庭园，让病人在此感受阳光、空气和自然气息。

4. 疗养院绿地设计　疗养院是具有特殊治疗效果的医疗保健机构，主要治疗各类慢性病，疗养期一般较长，一个月到半年。

疗养院具有休息和医疗保健双重作用，多设于环境优美、空气新鲜，并有一些特殊治疗条件（如温泉）的地段，有的疗养院就设在风景区中，有的单独设置。

疗养院的疗养手段是以自然因素为主，如气候疗法（日光浴、空气浴、海水浴、沙浴等）、矿泉疗法、泥疗、理疗与中医相配合。因此，在进行环境和绿化设计时，应结合各种疗养法如日光浴、空气浴、森林浴，布置相应的场地和设施，并与环境相融合（图6-35）。

疗养院与综合性医院相比，一般规模与面积较大，尤其有较大的绿化区，因此更应发挥绿地的功能作用，院内不同功能区应以绿化带加以隔离。疗养院内树木花草的布置要衬托美

化建筑，使建筑内阳光充足，通风良好，并防止西晒，留有风景透视线，以供病人在室内远眺观景。为了保持安静，在建筑附近不应种植如毛白杨等树叶声大的树木。疗养院内的露天运动场地、舞场、电影场等周围也要进行绿化，形成整洁、美观、大方、宁静、清新的环境。

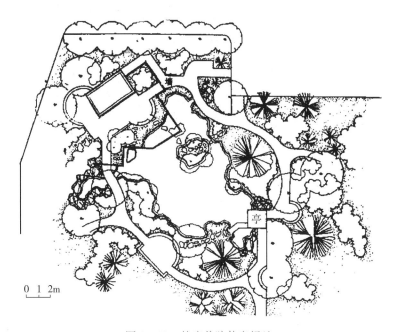

图 6-35 某疗养院休息绿地

【典型案例分析】

将稻香融入书中

——沈阳建筑科技大学校园环境设计

一、项目概况

沈阳建筑大学原名沈阳建筑工程学院，位于辽宁省沈阳市，始建于 1948 年，是一所以土建类专业为主，工学、文学、理学、管理学、农学等多学科交叉渗透、协调发展的高等院校。为发展需要，学校从沈阳市中心迁往浑南新区。新校园总占地面积 80hm²，一期建筑面积 30 万 m²。在新校园的总体规划和建筑设计基础上，2002 年年初，校方委托北京土人景观规划设计研究院进行整体场地设计和景观规划设计。

二、设计面临的限制（挑战）和条件

（1）新校区土地原本是农业用地，以种植东北大米稻禾著称，土地肥沃，地下水位较高，取水方便，为作物和乡土物种的生长和繁衍提供了良好的基本条件。

（2）校园为一全新设计，建筑师已经为新校园设计了一个由 9 个方院构成的严谨的现代建筑群。

（3）校方希望在最短时间内形成新校园的景观效果。

（4）投资非常有限，要求设计者必须用最少的投入，形成独特而实用的校园景观（图6-36）。

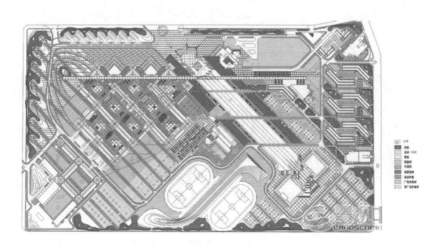

图6-36　校园平面图

三、设计特点

（1）大量使用水稻和当地农作物、乡土野生植物（如蓼、杨树）为景观的基底，显现场地特色。不但投资少，易于管理，而且能形成独特的、经济而高产的校园田园景观。

在大面积均匀的稻田中，便捷的步道串连着一个个漂浮在稻田中央的四方的读书台，每个读书台中都有一棵大树和一圈座凳，让书声融入稻香（图6-37）。

图6-37　稻田中的读书台

本设计中，"园林结合生产"有了新的解释。在一个大城市的建筑大学里，对大多数来自城市的学生来说，自然和耕作是那么遥远。他们对农作物的播种、管理和收获感到陌生，他们甚至不知道农作物和乡土物种的名字。该校园的环境设计力图使当代学生有机会回到真实的土地，感受农作物自然生长和管理、采收过程，在学习课本的间接知识的同时，也能从真实世界中获得真知（图6-38）。

图6-38　独具特色的校园劳动

稻田让大学生们感受到了大地的丰满、成熟和富有，体会到辛苦、收获和成功，领悟到人与自然、建筑与自然的相依为命、和谐共生，领悟到只有艰苦劳作才能有所收获。每当播种和收割的季节，学校都会邀请学生志愿者参与其中，让农村走出来的学子重温对大地的情感，让来自城市的同学理解大地的成熟和希望。

（2）便捷的路网体系。遵从两点一线的最近距离法则，用直线道路连接宿舍、食堂、教室和实验室，形成穿越稻田和绿地及庭院的便捷的路网。

对学生来说，时间的珍贵不仅体现在深夜通明的图书馆和教室里，也体现在"宿舍—食堂—教室"三点一线上的匆匆行路中。古典园路的蜿蜒曲折和曲径通幽不是不美，而是不太符合时代快节奏的脚步。

在一些细节的处理上，也体现了对自然和生态的关注，如3m宽的水泥路面中央，留出宽20cm的种植带，让乡土野草在这里生长。园区充分考虑了自行车的便捷通道（图6-39、图6-40）。

图6-39　便捷的校园路网体系

图 6-40　乡土树种绿化的园区自行车道

　　（3）空间定位。重复的 9 个院落式建筑群，容易造成空间的迷失，景观设计需要解决这一问题。为此，应用自相似的分形原理，进行 9 个庭院的设计，使每个庭院成为独具特色的空间，使用者可以通过庭院的平面和内容，感知所在的位置。每个庭院中都有一个用于标识所在教室专业特色的雕塑和小品。这些小品设计的灵感来源于各个专业的实验室器材、机械及其他相关特征。连续的"之"字线形步道通过两侧的白杨林行道树被强化，成为连接庭院内外空间的元素（图 6-41）。

图 6-41　各具特色的庭院院落

　　（4）通过旧物再利用，建立新旧校园之间的联系。把旧校园的门柱、石碾、地砖和树木结合到新校园环境之中。使历史的情感得以延续，使校友回母校时有亲切感，在平常的学习活动中，感受到母校历史的延续（图 6-42）。

　　（5）将农业与劳动教育融入一个建筑大学的校园绿化，时刻提醒我们的年青一代：粮食和土地永远是中国这个 13 亿人口大国的头等大事。快乐的劳动已成为校园的一道风景，收获的稻米——"建大金米"目前已被作为学校的礼品，赠送给来访者（图6-43）。

图 6-42　旧校门的门柱组成的景观

图 6-43　独具特色的校园环境与学校礼品

四、结论

本项目强调了现代景观的简约和功能主导性，体现了设计者一贯主张的设计思想：即白话的景观与寻常之美。歌颂土地之美，用最经济的途径，实现当代中国最迫切需要的绿化和美化，重拾起"园林结合生产"的精神。

 本章小结

由于单位性质不同、类型多样，因此在进行绿地规划设计过程中的要求也有所不同，在进行单位绿地规划设计时只要把握以下几点是做好设计的关键。

首先，根据单位的性质、生产工作环境，进行必要的功能分区，根据各分区对环境的要求以及用地情况确定绿地规划设计的基本形式。并在确定绿化设计总体构思时考虑单位文化的体现。

其次，必须将安全生产及保证单位工作正常开展放在首位，在进行植物种植设计时，把握适地适树的原则。

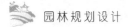

最后，单位绿地要体现以人为本的设计思想，将本单位的员工作为主要服务对象，满足他们工作、生活等多方面的需求。

 复习思考题

1. 大学校园绿地由哪几部分组成？设计时分别应注意什么问题？
2. 大学校园绿地设计的原则有哪些？
3. 幼儿园绿化设计在进行植物选择时应注意哪些问题？
4. 工厂绿地的功能有哪些？绿地设计的原则有哪些？
5. 简述工厂绿地的组成及各部分设计应注意的问题。
6. 如何进行工矿企业绿化树种的选择？
7. 工厂防护林带常见的结构有哪些？
8. 在进行住院部的绿化设计时应注意哪些问题？
9. 在进行儿童医院、传染病医院、精神病院绿化设计时都分别应注意哪些问题？

实训一　某化工企业厂区绿地规划设计

[实训目的]

(1) 了解工矿企业绿地规划设计的方法和步骤。

(2) 掌握工矿企业绿地规划设计，并能够结合工厂的性质和生产情况进行合理的植物配置和树种选择，能够创造出优美、实用、能体现企业特色的厂区绿地环境。

[实训内容]

根据工矿企业绿化设计的基本理论知识，运用各种造园手法、园林构成要素，按照园林绿地规划设计的程序，完成某化工企业厂区绿地的规划设计任务。

[实训要求]

(一) 实训建议

最好选择一个化工企业，带领学生对企业进行现场考察，了解工矿企业绿地的组成、企业文化、生产情况等，让学生结合理论知识完成设计任务。

(二) 实训条件

(1) 某化工企业绿地规划设计任务书。

(2) 绿化用地现状及各种管线布置图。

(3) 2号图纸和相应的绘图工具。

(三) 实训要求

(1) 图纸大小及绘图比例自定义。

(2) 要对设计的内容上墨线，并进行色彩渲染。总体的图面布局要合理。

(3) 完成总体的绿化设计工作，在设计过程中要考虑安全生产和企业文化的体现。

(4) 根据企业的生产情况选择合适的树种。

[实训工具]

绘图板、绘图纸、丁字尺、三棱比例尺、三角板、圆模板、量角器、铅笔、绘图墨水

笔、鸭嘴笔、彩色铅笔（或马克笔）、铅笔刀、橡皮、擦图片、曲线板、圆规、透明胶带、毛刷、图面材料等。

[实训方法步骤]

（1）了解当地的地形、地质、地貌、水文等自然条件。

（2）了解企业的生产情况、企业文化等内容，进行外业调查，了解甲方的设计要求。

（3）整理收集到的资料，构思总体方案，完成初步设计（草图）。

（4）正式设计，绘制设计图纸，编写设计说明。

[成果要求]

（1）总体规划图。

（2）种植设计图（含彩色平面图）：比例、图幅同总体规划图。

（3）整体或局部的效果图（彩色图）。

（4）设计说明书。

[实训考核]

实训考核评分标准见附录1。

实训二　某大学校园绿地规划设计

[实训目的]

（1）了解校园绿地规划设计的方法和步骤。

（2）掌握校园绿地的组成及设计要点。

（3）掌握校园绿地规划设计，能够结合校园的绿地组成进行合理的规划设计，并能够突出校园景观地文化特色与艺术特色。

[实训内容]

根据校园绿化设计的基本理论知识，运用各种造园手法、园林构成要素，结合大学师生的学习、工作、生活特点，按照园林绿地规划设计的程序，完成某大学校园绿地的规划设计任务。

[实训要求]

（一）实训建议

最好选择一个大学校园新校区，带领学生进行现场考察，了解校园绿地的用地组成、校园文化、当地的气候条件等，让学生结合理论知识完成设计任务。

（二）实训条件

（1）校园绿地规划设计任务书。

（2）绿化用地现状图。

（3）2号图纸和相应的绘图工具。

（三）实训要求

（1）图纸大小及绘图比例自定义。

（2）要对设计的内容上墨线，并进行色彩渲染。总体的图面布局要合理。

（3）完成总体的绿化设计工作，在设计过程中要考虑突出校园文化特色和艺术体现，营造良好的育人环境。

（4）根据校园所在地的气候条件选择合适的树种。

[实训工具]

绘图板、绘图纸、丁字尺、三棱比例尺、三角板、圆模板、量角器、铅笔、绘图墨水笔、鸭嘴笔、彩色铅笔（或马克笔）、铅笔刀、橡皮、擦图片、曲线板、圆规、透明胶带、毛刷、图面材料等。

[实训方法步骤]

（1）了解校园所在地的地形、地质、地貌、水文等自然条件。

（2）了解学校的相关基本情况、校训、校园文化等，进行外业调查，了解甲方的设计要求。

（3）整理收集到的资料，构思总体方案，完成初步设计（草图）。

（4）正式设计，绘制设计图纸，编写设计说明。

[成果要求]

（1）总体规划图。

（2）种植设计图（含彩色平面图）：比例、图幅同总体规划图。

（3）整体或局部的效果图（彩色图）。

（4）设计说明书。

[实训考核]

实训考核评分标准见附录1。

第七章 ·············
屋顶花园设计

【内容提要】

屋顶花园是指在各类建筑物和构筑物的顶部（包括屋顶、楼顶、露台或阳台）栽植花草树木，建造各种园林小品所形成的绿地。屋顶花园在改善生态环境，增加城市绿化面积美化环境，调节心理，改善室内环境，调节室内温度等方面都发挥着重要作用。屋顶花园的类型，按使用要求和布局风格的不同，可划分为多种多样的形式，如按使用要求可分为游憩性屋顶花园、营利性屋顶花园、科研性屋顶花园；按绿化布置的形式可分为规则式、自然式和混合式；按所用植物材料的种类可分为地毯式、花坛式和花境式；按其营造的位置可分为低层建筑上的屋顶花园和高层建筑屋顶花园。屋顶花园的设计内容包括种植设计、园林工程与建筑小品设计、屋顶花园的植物选择、屋顶花园的防水、屋顶花园的荷载设计。

【知识点】

1. 屋顶花园的特点、分类及设计原则。
2. 常见屋顶花园的类型及其主要园林功能作用。
3. 屋顶花园常用园林植物种类、生态习性。

【技能点】

1. 屋顶花园的设计方法。
2. 屋顶花园的种植设计及建筑小品设计。
3. 屋顶花园的防水及荷载设计计算。

第一节　屋顶花园概述

一、什么是屋顶花园

(一) 屋顶花园的概念

屋顶花园是指在各类建筑物和构筑物的顶部（包括屋顶、楼顶、露台或阳台）栽植花草树木，建造各种园林小品所形成的绿地。屋顶花园建设的重点是根据屋顶的结构特点及屋顶上的生境条件，选择生态习性与之相适应的植物材料（花卉、树木及草坪等），通过一定的技术手法，创造丰富的园林景观。

(二)屋顶花园建设的重要性

在科学技术突飞猛进的现代社会，人们对环境的重视程度远远超过以往的任何时候。现代建筑越来越向密集、多层而又为平顶的方向发展，伴随现代建筑业的发展，人们生存的环境问题日趋恶化。改善生态环境、增加绿地面积，在世界各国中受到普遍的重视。因此，可以看到人们在城市开发过程中，充分利用各边角露地，增加绿地面积，"见缝插绿"。在城市规划和开发过程中，首先考虑的是绿地面积指标，即使这样，还有很多问题达不到人们预期的目的，在这种形势下，利用各种建筑物屋顶开辟园林绿地，营造屋顶花园已成为各国城市建设中的一项重要内容。同时，当今建筑业科学技术水平的飞速发展，为营造屋顶花园创造了有利的条件。建造技术的整合与发展及设计水平的提高，使我国城市屋顶绿化水平有了较大幅度的提高。此外，建设屋顶花园可使空间更舒适、美观。现代建筑物大多为平顶，屋顶多采用钢筋混凝土预制板结构。从空中鸟瞰，楼顶呆板、生硬，而建造屋顶花园会使死气沉沉的屋顶生机盎然，使得建筑空间能更好地满足人们使用的要求。

二、屋顶花园的历史与发展

(一)屋顶花园的产生

屋顶花园可以追溯到距今 4000 年以前。公元前 2000 年左右，在古代幼法拉底河下游地区（即现在的伊拉克）的古代苏美尔人最古老的名城之一——乌尔城，曾建造了雄伟的亚述古庙塔，或称"大庙塔"，就是被后人称为屋顶花园的发源地。亚述古庙塔主要是一个大型的宗教建筑，其次才是用于美化的"花园"，它包括层层叠进并种有植物的花台、台阶和顶部的一座庙宇。因为塔身上仅有一些种植物而且又不是在"顶"上，所以花园式的亚述古庙塔并不是真正的屋顶花园。

前 604—前 562，新巴比伦国王尼布甲尼撒二世为他的王妃建造了"空中花园"，以解除王妃的思乡之苦，这就是被称为世界七大奇观之一的巴比伦空中花园。所谓的"空中花园"，就是在平原地带的巴比伦堆筑土山，并用石柱、石板、砖块、铅饼等垒起每边长 125m，高达 25m 的台子，在台上层层建造宫室，处处种花草树木。为了使各层之间不渗水，就在种植花木的土层下，先铺设石板，在半响浸透柏油的柳条垫，再铺两层砖和一层铅饼，最后盖上厚达 4～5m 的腐殖土，这样不仅可以种植一般花草灌木，还可以种植较高大的乔木；并动用人力将河水引上屋顶花园，除供花木浇灌之外，还可形成屋顶溪流和人工瀑布（图 7-1）。"空中花园"实际上是一个建造在人造土石林之上，具有居住、游乐功能的园林式建筑体。这是世界园林史上第一个悬离地面的花园。这一做法为以后屋顶花园的营造提供了科学依据。

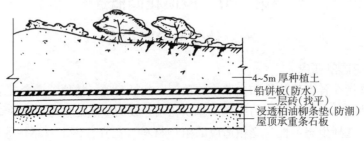

图 7-1　空中花园结构示意

— 4～5m 厚种植土
— 铅饼板（防水）
— 二层砖（找平）
— 浸透柏油柳条垫（防潮）
— 屋顶承重条石板

我国古代建筑材料一般为全木结构，且多为尖形屋顶，在承重和保水上都不利于屋顶花园的营造，因而尚未发现有关这方面的资料，但在我国长城上曾栽植过树木，如在山海关上种有成排的松树，嘉峪关长城上种过其他树木，这可能是我国最早的类似于屋顶花园的记载了。

　　（二）近现代屋顶花园的营造情况

　　工业革命以后，西方一些发达国家相继崛起，其中一些国家和地区相继建造了各类型的屋顶花园和屋顶绿化工程。如俄罗斯克里姆林宫的屋顶花园、德国的拉比茨屋顶花园、美国加利福尼亚凯泽中心屋顶花园等。

　　1. 俄罗斯克里姆林宫的屋顶花园　　17 世纪，克里姆林宫修建了一个两层、巨大的屋顶花园。这个高层的屋顶花园面积为 1000m²，与主建筑处于同一高度，并附带两个挑出的悬空平台，几乎伸到莫斯科河上方。这两个屋顶花园修建在拱形柱廊之上，顶层花园为石墙所环绕，有一个 93m² 的水池，中设喷泉。水池中的水从莫斯科河提升而来。低层的屋顶花园于 1681 年建造于紧靠莫斯科河的石结构建设的屋顶之上，面积为 600m²，也有一个水池。高层花园长 122m，承重为 10.24t。在盆钵或者容器中种植了果树、花灌木、葡萄等。石墙内部的壁画围绕着低层的花园，扩大了人们在视觉上空间想象的余地。

　　2. 美国的屋顶剧场　　1895 建于奥斯卡的奥林匹亚音乐厅。花园长 71m，宽 30.5m，高 19.8m，横穿整个街区，完全由草地包围。从地下室直接抽水到外面的屋顶边缘，在夏天的时候可以降温，也可以隔断城市噪声，花园里有洞穴、凉亭、3m 高的峭壁。舞台的左边设计为石制山脉，人工溪水流到一个 12m×1m 的湖中，湖面上有天鹅戏水。舞台右边是绘有山景的壁画，仿制假山、木桥，还有一个池塘，里面有鸭子在戏水。晚上，在人工灯光下，布景看上去像真的一样，与灰色调的城市完全不同。

　　3. 第二次世界大战后的屋顶花园　　随着第二次世界大战的开始，屋顶花园逐渐被人们淡忘。至 20 世纪 50 年代末到 60 年代初，一些公共或私人的屋顶花园才开始建设。许多精美宽敞的屋顶花园被建成，这一时期的代表有凯泽中心（Kaiser Center）、奥克兰博物馆屋顶花园（Oakland Museum）、圣玛丽广场（SauntMary's Square）、朴次茅斯广场（Portsmouth Square）等。近几十年来，德国、日本对屋顶绿化及其相关技术有了较深入的研究，并形成了一整套完善的技术，是世界上屋顶绿化技术水平发展较快的国家。

　　4. 我国屋顶花园的概况　　中国园林的风格对世界造园艺术有很大影响，但在屋顶花园的营造方面还相对落后。1949 年前在上海、广州等口岸城市，个别小洋楼屋顶平台上种植花草，摆放些盆花等均为中原有平顶露台上进行，而不是按建楼的规划设计修建的屋顶花园。自 20 世纪 60 年代起，才开始研究屋顶花园和屋顶绿化的建造技术。70 年代初，广州东方宾馆在第十层屋顶上建造了我国第一个精巧别致、具有中国古典园林特色的屋顶花园（图 7-2），其面积约为 900m²，在园内布置水池、湖石等园林小品，具有岭南园林的风格。随后，在我国其他城市也先后营建了不少的屋顶花园，现收集其中几个具有特色的花园介绍如下。

　　（1）长城饭店主楼西侧的屋顶花园。花园面积约为 3000m²，园内环境优雅，景色秀丽，树木以松、柏为主，并配以各样花灌木、草坪，同时，将具有中国传统园林特色的琉璃瓦方

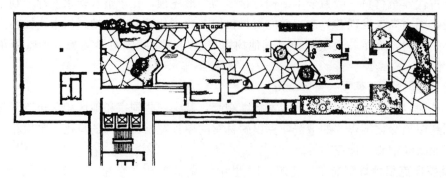

图 7-2　广州东方宾馆屋顶花园平面图

亭子也建造在园内，体现了中国式屋顶花园的特色。园内一条弯曲的小溪与三个瀑布既形成生动的水景，也提高了空气湿度，同时溪流声也削弱了来自三环路上车流的噪声。

（2）北京首都宾馆屋顶花园。1991 年开业的北京首都宾馆，在第 16 层和第 18 层屋顶上，建造了精美、小巧的屋顶花园，其中 16 层屋顶花园面积约 100m²，但园内的设计十分精巧，种植设计简洁明快，几株黄杨球、红叶小檗和龙爪槐组成绿地的主要成分，盆景式的山石显示出中国园林小中见大的特色，规则式的水池内以白色岩石组成的汀步打破了水面单调的气氛，在植物选择上既考虑了四季的景观效果，又不忘色彩的搭配在绿化效果上的作用，其中红色的小檗与绿色的草地和黄杨球形成明显的对比，几株柱状桧柏和白皮松使园内在冬季仍然显得生机盎然。

（3）兰州园林局屋顶花园。此园为较小规模的屋顶花园，其规划设计是与建筑同步进行的，面积不过 200m²，但是在如此小面积的花园内，却有与地面花园相近的庭院式绿化景观，几个白色不规则式的种植池，与池内草地形成明快的对比，植物种类以低矮的灌木和草坪为主；另外，在其中央建有一钢木花架，简单明了，丰富了花园的立面效果（图 7-3）。

另外，北京林业大学在主楼上建造了一处以自然式布局为主的屋顶花园（图 7-4）。我国南方一些地区，居民常把一些盆栽花卉摆放于阳台上，也形成一种简单式的花园，这种做法简单、投资少，效果也十分突出。此外在我国其他地区还有一些各具特色的屋顶花园，这里不再叙述。

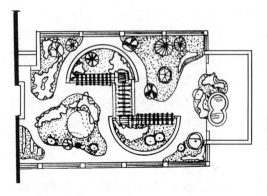

图 7-3　兰州园林局屋顶花园平面图

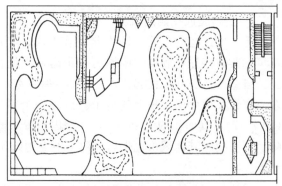

图 7-4　北京林业大学主楼屋顶花园平面图

（三）屋顶花园建设中存在的问题

1. 推广与运营的问题

（1）场地应用范围有限。目前我国各城市屋顶绿化中，95％以上建造于高层建筑的裙房屋顶上，居住区平屋顶上偶有应用。改造屋顶应用较少，坡屋面上仅少量示范性应用。另外，屋顶绿化还仅限于一些大城市。

尽管屋顶绿化在勾勒城市空中景观、改善城市生态环境、降低城市建筑能耗等方面有很多优点，但并不意味着会得到所有人的认同。从推广之初它就不断遭遇阻力——上海推广 3 年，2 亿 m^2 的屋顶面积，绿化成功的只有 12 万 m^2。而且，不是所有的地方都适合搞屋顶绿化，因为屋顶绿化与区域内的楼宇条件密切相关，需要政府合理规划，在企事业单位中形成长久的动力和机制。同时，也不是所有平顶建筑都适合屋顶绿化。如果是建草坪，屋顶承载力要达到 150～200kg/m^2，土壤介质厚度 15～20cm；如果有树木花草，那屋顶承载力要达到 500～600kg/m^2，土壤介质厚度为 50～80cm。很多 20 世纪 80 年代之前建造的老房子，就无法达到承重要求。当然，列入旧城改造以及 10 层以上的建筑，就更没有必要做屋顶绿化。

屋顶所占面积均较狭小，多为方形、长方形，很少出现不规则平面。竖向地形上变化更小，几乎均为等高平面。地形改造只能在屋顶结构楼板上。堆砌微小地形，而湖池不能下挖，只能高出"园"，形成"盆水"局面。所以屋顶花园建园时受其所处环境及建筑物平面、立面等场地限制，造园难度相对较大。

（2）绿化形式单一。目前屋顶绿化以复层群落式（花园式）为主，注重其观赏功能和休闲功能。只有极少部分是出于提高绿地面积的目的而建植。至于为建筑节能的屋顶绿化仅在 2003 年上海市生态建筑研究课题中出现。与国外相比，其他形式的屋顶绿化尚处于起步阶段，缺乏系统的研究和技术支持。

（3）植物种类应用单调。目前，屋顶绿化所用的植物大都是从普通城市绿化树种中选择根系较浅、对管理要求相对较低的树种，一般以灌木为主，地被植物较少，植物景观丰富度不高。适于草地式屋顶绿化的植物材料还有待进一步开发。

（4）造价高、维护成本高。植物维护成本较高是当前影响屋顶绿化大面积推广的一个重要因素。城市中心屋顶种植环境恶劣，所选的植物大都须有特殊的维护才能满足正常生长。昂贵的成本和维护费用，限制了屋顶绿化的大面积推广。

2. 技术上缺乏科学性　中国的屋顶绿化才刚开始，施工工艺落后，绿化队伍参差不齐，绿化标准缺失，行业监管不力，缺乏专业设计、施工、验收队伍及标准，使得绿化建成项目质量参差不齐。在屋顶上造园，一切造园要素都受到支承它的屋顶结构限制，不能随心所欲地运用造园因素（如挖湖堆山、改造地形）进行营造。

屋顶建造花园防水十分重要，好的防水措施是解决目前众多老房子屋顶绿化的关键。这些特殊的要求无疑给屋顶花园的建造带来了不小的难度，也提高了工程造价。

科学性的缺失主要表现在以下几个方面。

（1）种植介质。一般屋顶绿化为求轻，常用轻型人工混合介质。由于缺乏统一标准和科学的实验，介质的组成和厚度标准成为了屋顶绿化的难点。用哪一种介质，用哪一种混合比例最终形成的造价及水饱和基质质量会产生很大差别，对不同植物的生长也造成不同影响。

（2）排水层。排水层包括材料种类和厚度。一般常用的排水材料有浮石、陶粒、焦渣等，以陶粒的性价比最优而被大量应用。但陶粒的直径、容重、原材料种类等的不同，造成的排水层价格和质量差别也较大，如何确定材料缺少依据，而甲方和乙方在选材时，对价格和质量的考虑往往出发点和落脚点都有所不同，易造成混乱。

（3）滤水层。为减少屋顶绿化介质经受雨水冲刷产生的流失，防止流出的介质堵塞下水管，屋顶绿化需设置滤水层。滤水层使用过的材料有粗沙层、细炉渣、玻璃纤维布、无纺布、土工布，厚度一般为 1~3mm，但究竟哪一种基质组成配合使用哪一种过滤材料较好，缺乏科学实验基础上的结论。

3. 法规不健全

（1）绿化率统计标准不合理。在德国，地下停车场顶板的绿化也被看作屋顶绿化的形式，因为所使用的技术是相近的。在中国，地下停车场顶板的绿化却需要至少 3m 覆土才被绿化统计部门考虑成绿化。这是对财力和自然资源的浪费。自然土的密度约为 $2.8t/m^3$，也就是说如果覆土厚度达到 3m，约为 $8.4t/m^3$。这样一来，主体就需要大的钢筋和混凝土，整个的地下停车场需要 3m 深，这意味着成本加高。

（2）屋顶花园产权不明朗。目前，我国的屋顶花园大多为私有或单位专用，居住区的屋顶花园则无法在房管局办理产权证。屋顶与花园的所有权分离，为其推广与发展设下障碍。

（四）屋顶花园的发展策略

为使屋顶绿化在中国健康发展，快速普及，针对上面所列举的存在问题，建议采取以下策略。

1. 加大施工队伍的设计和施工等技术培训　一支能够提供合理设计、施工科学的绿化队伍是屋顶绿化的前提，只有技术过硬，才能使屋顶绿化较长时间正常发挥作用，并使屋顶绿化得以快速普及和健康发展。

2. 加大政府监管　鉴于目前市场混乱、标准缺失，政府应成立专门部门进行技术指导和监督管理。只有严格管理才能使市场科学而有序，才能减少隐患、杜绝事故。

3. 完善法律法规　经济和社会的发展导致中国植被资源消耗较快，为弥补发展带来绿化面积的减少，发展屋顶绿化不失为一个很好的方法。政府应该在政策上或法律上给予支持和指导，并对部分资金较缺的地方进行补助，以便使屋顶绿化在任何一个地方、任何一顶屋面上都有可能施行。

花园中如有在屋顶上依法修建并竣工的房屋，该房屋符合所有权登记条件的，应当确权，并发给房屋所有权证；花园中的栅栏、棚架等，作为房屋的附属设施，按前述原则划分归属，不能单独对附属设施确认房屋所有权。花园中花草树木等植被的权属，不应由房地产行政主管部门确认，而应由城市园林绿化行政主管部门确认。

4. 加强建设的科学性　中国在屋顶绿化方面的科学实验做的较少。屋顶绿化究竟用什么介质，各介质间用什么比例，介质与植物材料之间有什么关系，哪些植物可以用来作为屋顶绿化的材料，南方和北方在做屋顶绿化时有哪些异同等，只有真正用科学实验回答了这些问题，而不是浮躁地盲目臆断，才能制订出科学的行业规范，才能对屋顶绿化进行科学的指导，才能将混乱降到最低，进而保证屋顶绿化健康快速地发展。

5. 增加宣传力度　建设一批屋顶绿化示范工程，为宣传提供强有力的证据。对房地产商开展屋顶绿化重要性认识的培训，让他们自觉地把屋顶绿化作为房地产一大亮点加以推介，引导人们正确认识屋顶绿化。

6. 绿化与经济的协调规划 在上海已完成的 12 万 m² 屋顶绿化中，有 10 万 m² 集中于一个中心城区，这源自相对发达的楼宇经济，也源自于政府合理的规划。

市中心土地稀缺是上海各城区共同的难题，也是推动上海全市推广屋顶绿化的重要原因。但这样的动力并不足以推动企事业单位建设屋顶花园。类似梅龙镇广场、中信泰富等楼宇之所以独立承担建设费用，关键在于屋顶的空间艺术有效提升了写字楼品位。从虹桥机场沿延安路高架一直奔向外滩，俯首鸟瞰，半空中修建整齐的空中绿地、地面上层峦叠嶂般浓密的广场绿地，以及街道上平行蜿蜒的绿树，不同层次的绿从点、线、面各个角度勾勒着上海。据统计，在这个拥有密密高楼的城区，已集聚了 200 多家世界 500 强企业。

楼宇经济产生高度集聚的作用，屋顶绿化也更多担当了公益的角色。为推动更多企事业单位投入屋顶绿化，该中心城区多渠道筹措建设资金，其中，政府全额补贴居民住宅屋顶绿化。为鼓励直管单位改建，从 2002 年起，凡列入当年屋顶绿化实施的项目，每完成 1m²，由政府奖励建设方 10 元。同时，按照"谁使用、谁建设、谁管理"的原则建立长效管理机制。绿化局每周也有一批养护人员对已进行屋顶绿化的屋顶进行巡查，发现问题及时通知物业。

屋顶花园的建设包括总体规划设计、营造施工和建成后的养护管理，按一定的设计、施工和管理程序进行。因此，需要建筑设计单位、土建施工单位与园林管理相互协调配合，共同完成。设计建造而成的屋顶花园要符合园林美，满足人对美的追求和使用中的需要，达到经济、实用和安全；并使人们进入花园时能产生认同和归宿感，成为休闲、交友和健身的好去处。所以，屋顶花园的设计与建造应根据实际情况，因地制宜，以人的需求为准则，并大力推广，为城市"森林"的灰色调增添绿色的生机。

三、屋顶花园的功能

随着时代的发展，人们的居住条件得到了较大改善，城市中高楼的密度越来越大，生活在城市中的人们，其视线却随着楼层高度和密度的加大而减小，在人们视野的范围内看到的几乎全是形状规则、色调单一的建筑，缺乏生命力。与此同时，生态环境也在不断发生变化，特别是由于林立的建筑阻碍了空气的流通，伴随城市各种气体排放量的逐年增加，更加剧了温室效应的恶化速度。夏季有时城区的平均气温比郊区高 3~4℃，每逢夏季来临，酷热难当。如何减少温室效应，已日益突出地摆放在人们的面前。

据有关资料介绍，日本东京市政府在绿化方面做出新规定，建筑面积在 1000m² 以上新建楼房，必须将其屋顶可利用空地的 1/5 以上种植绿色植物，违者将处以 20 万日元以下的罚款，可见其对屋顶绿化的重视程度。

现在，屋顶花园在我国虽不是新鲜名词，但从目前情况来看还处于相对落后的状态。除一些宾馆和饭店及少数单位建造一些屋顶花园之外，在居住区的屋顶上进行绿化的还不多，这除与建造屋顶花园需要高额投资有关外，还与人们对其重视的程度及认识上的欠缺有关。另外，对建筑本身的一些技术方面要求也影响屋顶花园的普及。

屋顶绿化与地面绿化相比有其特殊的功能，其主要表现在以下几个方面。

1. 改善生态环境，增加城市绿化面积 当今的城市越发达，其建筑密度就越大，其相对的绿地所占比例也随之变小，在我国发达的城市人口密度大，人均绿地面积少，北京人均绿地面积不足 10m²/人，这与发达国家相比相差甚远。自 1992 年以来，仅北京地区的建筑面积，以每年数千万平方米的速度递增。在有限的土地面积制约下，增加绿地面积是十分有限的。因此，屋顶绿化对一个城市来讲是提高绿化面积的一种十分有效的方法。

2. 美化环境，调节心理　屋顶花园与城市其他园林绿地一样对人们的生活环境赋予绿色的情趣享受，它对人们心理所产生的作用比其他物质享受更为重要。绿色植物能调节人的神经系统，使人们紧张疲劳的神经得到缓和，屋顶花园可以使生活或工作在高层建筑的人们能够俯视到更多的绿色景观，观赏优美的环境。

3. 改善室内环境，调节室内温度　居住在顶层的人们，都会感到室内温度在夏季明显比非顶层的要高出至少 2℃。而建造了屋顶花园后，其室内温度与其他楼层的温度基本相同，从这一点看，屋顶花园对调节顶层的室温是十分有效的。

4. 提高楼体本身的防水作用　顶层防水技术在楼体建筑中十分重要，虽然现代科学技术发展十分迅速，楼顶防水材料也不断出新，但能够经受住时间考验、彻底解决漏水问题的防水材料却比较少，这主要因为顶层的防水材料通常设置在隔热层之上，夏季阳光曝晒，冬季冰雪侵蚀，温度的变化使其经常处于热胀冷缩的状态，数年之后极易出现破裂造成顶层漏水。屋顶花园在营造过程中，增加了新的表面保护层——土壤和植物，这样使防水层处于保护层之内，延长了防水材料的使用寿命。

第二节　屋顶花园的设计

一、屋顶花园的特点

组成园林景观的素材主要是自然山水、各种建筑物和动物、植物，这些素材按照园林美的基本法则构成美丽的景观。

屋顶花园同样也是由上述各种素材组成的，但因其受特殊条件的制约，又不完全等同于地面的园林，因此有其特殊性。

（一）地形、地貌和水体

在屋顶上营造花园，一切造园要素均要受建筑物顶层承重的制约，其顶层的负荷是有限的。一般土壤容重要在 1500~2000kg/m³，而水体的容重也为 1000kg/m³，山石更大，因此，在屋顶上利用人工方法堆山理水，营造大规模的自然山水是不可能的。在地面上造园的内容放在屋顶花园上必然受到制约。因此，屋顶花园上一般不能设置过大的山景，在地形处理上以平地为主，可以设置一些小巧的山石，但要注意必须安置在支撑柱的顶端，同时，还要考虑承重范围。在屋顶花园上的水池一般为形状简单的浅水池，水的深度在 30cm 左右为好，面积虽小，但可以利用喷泉来丰富水景。

（二）建筑物、构筑物和道路广场

园林建筑物、构筑物、道路、广场等是根据人们的实用要求出发，完全由人工创造的，在地面上的建筑物其大小是根据功能需要及景观要求建造的，不受地面条件制约，而在屋顶花园上这些建筑物大小必然受到花园的面积及楼体承重的制约。因为楼顶本身的面积有限，多数在数百平方米，大的不过上千平方米，因此，如果完全按照地面上所建造的尺寸来安排，势必会造成比例失调，另外，一些园林建筑（如石桥）远远超过楼体的承重能力，因此在楼顶上建造是不现实的。

在屋顶花园上建造的建筑必须遵循如下原则：一是从园内的景观和功能考虑是否需要建

筑；二是建筑本身的尺寸必须与地面上尺寸有较大的区别；三是从建造这些建筑的材料来看可以选择那些轻型材料建造；四是选择在支撑柱的位置建造。例如建造花架，在地面上通常用的材料是钢筋混凝土，而在屋顶花园建造中，则可以选择木质、竹质或钢材建造，这样同样可以满足使用要求。

另外，要求园内的建筑应相对少些，一般有 1~3 个，不可过多，否则将显得过于拥挤。

（三）园内植物分布

由于屋顶花园的位置一般距地面高度较高，即使在首层屋顶部的花园高度也在 4~5m，如北京首都宾馆的第 16 层和第 18 层屋顶花园距地面近百米，因此，植物本身与地面形成隔离的空间，屋顶花园的生态环境是不完全同于地面的，其主要特点表现在以下几个方面：

（1）园内空气通畅，污染较少，屋顶空气湿度比地面低，同时，风力通常要比地面大得多，使植物本身的蒸发量加大，而且由于屋顶花园内种植土较薄，很容易使树木倒伏。

（2）屋顶花园的位置高，很少受周围建筑物遮挡，因此接受日照时间长，有利于植物的生长发育。在屋顶上种植的月季，比地面上种植的叶片厚实、浓绿、花大色艳，花蕾数增加两倍多。春花开放时间提前，秋花期延长。另外，光照度的增加势必使植物的蒸发量增加，在管理上必须保证水的供应，所以在屋顶花园上选择植物应尽可能地选择那些阳性、耐旱、蒸发量较小的（一般为叶面光滑、叶面具有蜡质结构的树种，如南方的茶花、枸骨，北方的松柏、鸡爪槭等）植物为主，在种植层有限的前提下，可以选择浅根系树种，或以灌木为主，如选择乔木，为防止被风吹倒，可以采取加固措施有利于乔木生存。

（3）屋顶花园的温度与地面也有很大的差别。一般在夏季，白天花园内的温度比地面高出 3~5℃，夜晚则低于地面 3~5℃，温差大对植物进行光合作用是十分有利的。在冬季，北方一些城市其温度要比地面低 6~7℃，致使植物在春季发芽晚，秋季落叶早，观赏期变短。因此，要求在选择植物时必须注意植物的适应性，应尽可能选择绿期长、抗寒性强的植物种类。

（4）植物在抗旱、抗病虫害方面也与地面不同。由于屋顶花园内植物所生存的土壤较薄，一般草坪为 15~25cm，小灌木为 30~40cm，大灌木为 45~55cm，乔木（浅根）为 60~80cm，这样使植物在土壤中吸收养分受到限制，如果每年不及时为植物补充营养，必然会使植物的生长势变弱。同时，一般在屋顶花园上的种植土为人工合成轻质土，其容重较小，土壤孔隙较大，保水性差，土壤中的含水量与蒸发量受风力和光照的影响很大，如果管理跟不上，很容易使植物因缺水而生长不良，生长势弱，必然使植物的抗病能力降低，一旦发生病虫害，轻者影响植物观赏价值，重则可使植物死亡。因此，在屋顶花园上选择植物时必须选择抗病虫害、耐瘠薄、抗性强的树种。

由于屋顶花园面积小，在植物种类上应尽可能选择观赏价值高、没有污染（不飞毛、落果少）的植物，要做到小而精，矮而观赏价值高，只有这样才能建造出精巧的花园来。

二、屋顶花园的分类

屋顶花园的类型，按使用要求和布局风格的不同，可划分为多种多样的形式，同类型的花园在设计中充分考虑其特点。

（一）按使用要求分

1. 游憩性屋顶花园 这种花园一般属于专用绿地的范畴，它的服务对象主要是该单位的职工或生活在该小区的居民。为人们提供一个室外活动场所，是生活和工作在高层空间人们的迫切需求。这种花园出入口的设置，应充分考虑出入的方便性，园内的各种设施应能够充分满足使用者的需要，诸如一些空地、座椅等。对于有较多人员活动的花园应有足够的场地，种植形式以规则式为主，而对于在花园内滞留时间较长的人来说，应该适当多配置一些座椅，植物种植以自然式为主。例如香港会议中心的天台花园面积近 $10000m^2$，园内以大型塑石、假山、瀑布和不规则的水池最引人注目，植物以当地的花灌木构成丰富的立面景观，而北京首都宾馆 16 层屋顶花园面积较小，植物以规则式种植为主，水池是多边式直线型，由于相对活动人员较少，所以园内绿地和水池所占比例较大，供人活动的空间则相对较小。

2. 盈利性屋顶花园　这类花园是指建立在宾馆、饭店等单位内部的屋顶花园，其建园的目的是为吸引更多的客人。比如北京长城饭店的屋顶花园、东方宾馆的屋顶花园，这类花园面积一般在 1000 至数千平方米。在园内一般安排一些为顾客提供相应服务性的设施，例如摆放一些茶座，同时考虑到顾客的使用要求，园内的照明设施是必不可少的。由于其服务对象不同于一般的花园，因此这类花园中的一切景物、花卉、小品都要精美，档次要高，特别是在植物方面要注意选择具有芳香气味的花卉品种，为游人在晚间活动创造舒适的空间，另外，在园内还应布置一些园林小品，如水池、假山、喷泉等。

3. 科研性屋顶花园　这类花园主要是指一些科研单位为进行植物的研究试验所营造的屋顶试验地。比如 20 世纪 60 年代，四川省一些单位利用屋顶种植一些水果蔬菜和花卉；80 年代一些科研单位在屋顶进行植物的无土栽培试验等均属此类，虽然目的并非从绿化的角度考虑，但它毕竟是属屋顶绿化的一种形式，既有绿化效果又能满足研究目的的需要，这些场所的种植形式一般是以规则式种植为主，且很少有专用的道路系统。

（二）按绿化布置的形式来分

屋顶花园必须以足够的绿地面积作保证，绿色植物在园内的种植方式是不同的，通常有以下几种形式。

1. 规则式　由于屋顶的形状多为几何形，且面积相对较小，为了使屋顶花园的布局形式与场地取得协调，通常采用规则式布局，特别是种植池多为几何形，以矩形、正方形、正六边形、圆形等为主，有时也做适当变换或为几种形状的组合。

（1）周边规则式。在花园中植物主要种植在周边，形成绿色边框，这种种植形式给人一种整齐美。

（2）分散规则式。这种形式多采用几个规则式种植池分散地布置于园内，而种植池内的植物可为草木、灌木或草本与乔木的组合，这种种植方式形成一种类似花坛式的块状绿地，例如兰州园林局屋顶花园的种植多为此种类型。

（3）模纹图案式。这种形式的绿地一般成片栽植，绿地面积较大，在绿地内布置一些具有一定意义的图案，给人一种整齐美丽的景观，特别是在低层的屋顶花园内布置，从高处俯视，其效果更佳，例如香港海洋公司的屋顶花园，是以该园的"海马"图案来布置的；云南世界园艺博览会内的一个服务性建筑的屋顶以世界园艺博览会吉祥物来布置。

（4）苗圃式。这种布置方式主要见于我国南方一些城市，居民常把种植的果树、花卉等用盆栽植，按行列式的形式摆放于屋顶，这种场所一般摆放花盆的密度较大，以经济效益为主。

2. 自然式　中国园林的特点就是以自然形式为主，主要特征表现在能够反映自然界的山水与植物群落，以体现自然美为主。

在屋顶花园规划中，以自然式布局的占有很大比例。例如长城饭店屋顶花园内的布局属此类型。重庆园林局的屋顶花园虽然规模较小，但植物种植也是按自然式布置的，这种形式的花园布局，要体现自然美，植物采用乔、灌、草混合方式，创造出有强烈层次感的立面效果。

3. 混合式　这种形式的花园具有规则式和自然式两种形式的特色，主要特点是植物采用自然式种植，而种植池的形状是规则的，此种类型在屋顶花园属最常见的形式。

（三）按所用植物材料的种类分

1. 地毯式　这种形式的花园中，种植的植物绝大部分为草本，包括草坪和草花，因植株低矮，在屋顶形成一种类似于绿色的地毯效果。由于草本植物所需的种植土层厚度较薄，一般土层厚度为 10～20cm，因此，它对屋顶所加的荷重较小，一般能上人的屋顶均可以承受，因此，这种形式不但绿化效果好，绿地覆盖率高，且建园的技术要求也较低，例如我国深圳"锦绣中华"微缩景园采用了这种屋顶绿化方式，在兵马俑馆的屋顶布满了地被草坪。成都新华路小学门房屋顶也采用了这种形式的布置，效果极佳。

这种地毯式的屋顶花园在管理中也有不利的一面，特别是北方地区，由于草本植物相对绿叶期短，一些草种在东北绿期不过 200 余天，而一些草本花卉的观赏期就更短了，因此，在北方营建这种屋顶花园时要注意其观赏期的问题，另外由于土层较薄，种植土壤中的水分极易蒸发，所以很容易使土壤中的水分散失，如果不能够满足植物对水的需求，很有可能影响其生长和观赏效果，甚至全部死亡，这一点在干燥多风的北方要特别注意，而在我国南方地区，由于气温适当，降水量较多，植物全年均能保持正常的生长，可以大面积推广。

2. 花坛式　这种形式实际属于规则式种植中的一种常见形式，主要特点是在花园内分散布置一些规则式的种植池，植物以观花为主，同时一些观叶植物在园中也常应用，在外观上类似于地面的花坛，花卉可以随时更换，观赏价值较高，但在管理的工作量上相对较难，常用一些观叶草本植物代替草花可以延长观赏期，还可以用一些低矮的、花期较长的草本花卉种植其中，效果十分好。这种形式往往不单独在屋顶花园中出现，可与其他形式结合，丰富花园的色彩，效果更突出。

3. 花境式　花境在中国园林绿地中十分常见，因几乎所有的园林植物均可以作为花境的材料，选材容易，使花境的整体色彩丰富，美化效果十分突出。这种形式在屋顶花园中经常出现，园内所选用的植物种类可以是乔、灌木或草本，种植的外形轮廓为规则的，植物种植形式是自然的，在屋顶花园的花园周边布置花境是最恰当不过的，一般可以以绿色植物组成的树墙为背景，在前方配以花灌木，使游人的行走路线沿花境边缘方向前进，以便游人观赏。

（四）按屋顶花园营造的位置分

1. 低层建筑上的屋顶花园　这种花园一般建在一层至几层楼房的屋顶，其距地面高度相对较低，从高层建筑上俯视花园效果最好，这种类型的屋顶花园有两种形式，一种是在建筑本身的顶层，人们必须经过楼体的顶层进入园内，形成一种独立式花园，出入口在楼体的顶部，如兰州园林局的屋顶花园属此类型，另一种是建在阶梯形建筑物的某一层的顶部，花园的一侧或两侧仍有其他建筑相连，出入口位于花园的一侧，可以从楼层的侧门进入，因此，这种花园既可以从高处俯视观赏，又可以直接从出入口进入花园内观赏，例如深圳信息中心大厦阶梯屋顶花园属此类型。

2. 高层建筑屋顶花园 在高层建筑上营造的花园，一般楼越高其花园面积越小，花园内的环境条件也与地面差异也越大，特别是在风力和温湿上表现更为突出。这种花园服务对象相对也较少。

一般高层建筑的各层建筑面积较小，楼越高，顶层面积越小；同时从建筑结构上看，层数越多，顶层荷重传递的层数也增加，对抗震也越不利。高层的供水与排水要比低层困难得多。另外，楼越高，楼顶的负荷越大，从楼顶的负荷考虑，要尽可能减轻种植土的重量，使土壤越薄越好，而从风力对树木的影响的角度考虑，又要求植物必须种植在较厚的土层内，在合成的轻质土壤上种植的浅根树种极易被大风吹倒，有时甚至连花灌木也会如此，在夏季屋顶热风比地面更强烈，使土壤中的水分很快蒸发，使植物因高温缺水而死。鉴于以上分析，在高层上建造屋顶花园时，必须结合本地和屋顶的实际情况，多分析调查，选择好植物种类，比如选择背风一面，选择抗风、抗热植物等。

（五）按其周边的开敞程度分

1. 开敞式 这种花园一般在独立建筑的顶层，其视野开阔，人在园中可欣赏周边的风光。它通风条件良好，光线充足，对植物生长十分有利，但由于周边没有其他建筑遮挡，因此风力较大，土壤易干燥，因此及时补充水分是屋顶花园养护管理中十分重要的环节。兰州园林局屋顶花园属此类型。

2. 半开敞式 这种花园只有两侧或一侧可以通视，由于周边有其他建筑遮挡，有时光照条件相对较差，有时一天只有一个或几个小时的光照，因此在选择植物种类时要特别注意，另外，由于有一面、二面或三面的遮挡，相对花园内的风力减小，因此这对植物的生长是十分有利的，特别是在背风处，可以种植一些抗风能力弱的乔木或灌木，这种特殊的环境为花园的营造创造了十分有利的条件。北京长城饭店的屋顶花园属此类型。

3. 封闭式 这种花园位于被周边高大建筑包围的低矮顶层，形成一种"天井式"的结构。位于花园中的人们其视线被周围的建筑挡住，空间闭锁，周边建筑会对园内的光照条件和空气流通产生很大影响，在建园时必须充分考虑这一问题。因此，这类屋顶花园不宜把周围建筑建得过高，否则不但会影响植物的生长，也会使人们在花园内有一种"坐井观天"的压抑感。另外，在植物选择和布置上要特别注意，植物种类以耐阴的为好，种植方式最好采用规则式的种植，这样最适合人们从周边建筑内俯视园内景观，如果采用自然式种植，在植物的色彩上要丰富，使人看到一个真正的花园，同时可以起到淡化周边几何形建筑的单调性的作用。

三、屋顶花园的设计原则

屋顶花园的设计不同于一般的花园，这主要由其所在的位置和环境决定的。在满足其使用功能、绿化效益、园林美化的前提下，必须注意其安全和经济方面的要求。同时在其规划过程中应最好与建筑规划同步进行，这样不但有利于屋顶花园的建造，而且也更有利于建筑技术为屋顶花园的营造创造一些必要的条件。

1. 适用性原则 建造屋顶花园的目的就是要在有限的空间内进行绿化，增加城市绿地面积，改善城市的生态环境，同时，为人们提供一个良好的生活与工作场所和优美的环境景观，但是不同的单位其营造的目的（因使用对象的不同）是不同的。对于一般宾馆饭店，其使用目的主要是为宾客提供一个优雅的休息场所；对一个小区，其目的又是从居民生活与休息来考虑的；对于一个科研单位，其最终目的是以科研、试验为主。因此，要求不同性质的花园应有不同的设计内容，包括园内植物、建筑、相应的服务设施。但不管什么性质的花园，其绿化应放在首位，因为屋顶花园面积本身就很小，如果植物绿化覆盖率又很低，则达不到建园的真正目的。一般屋顶花园的绿化（包括草本、灌木、乔木）覆盖率最好在60%以上，只有这样才能真正发挥绿化的生态效应。其植物种类不一定很多，但要求必须有相应的面积指标作保证，缺少足够绿色植物的花园不能称之为真正意义上的花园。

2. 精美性原则 园林美是生活、艺术与自然美的综合产物，在生活美方面主要体现在园林为人们的生活提供了休息与娱乐的场所。植物的自然美决定于植物本身的色彩、形态与生长势，是构成园林美的重要素材，而园林的艺术美主要体现在园内各种构成要素的有机结合上，也就是园林的艺术布局。

屋顶花园是为人们提供一个优美的休息娱乐场所，这种场所的面积是有限的，如何利用有限的空间创造出精美的景观，这是屋顶花园不同于一般园林绿地的区别所在。因此，在屋顶花园的设计时必须以精为主，以美为标，其景物的设计，植物的选择均应以精美为主，各种小品的尺度和位置上都要仔细推敲，同时还要注意使小尺度的小品与体形巨大的建筑取得协调。另外由于一般的建筑在色彩上相对单一，因此在屋顶花园的建造中还要注意用丰富的植物色彩来淡化这种单一，突出其特色，在植物方面以绿色为主，适当增加其他色彩明快的花卉品种，这样通过对比突出其景观效果。

另外，在植物配置时，还应注意植物的季相景观问题，在春季应以绿草和鲜花为主；夏季以浓浓的绿色为主；秋季应注意叶色的变化和果实的观赏。北方地区冬季应适当增加常绿树种的数量，南方可以选择一些开花植物。

3. 安全性原则 在地面建园，可以不考虑其重量问题，但是屋顶花园是把地面的绿地搬到建筑的顶部，且其距地面有一定的高度，因此必须注意其安全指标，这种"安全"来自于两个方面的因素，一是屋顶本身的承重，二是来自游人在游园时的人身安全。

首先楼顶本身的承重问题，这是能否建造屋顶花园的先决条件。如果屋顶花园的附加重量超过楼顶本身的负荷，就会影响整个楼体的安全，在这种情况下就无法造园。所以在建屋顶花园之前，必须对建筑的一些相关指标和技术资料做一全面调查，认真核算。同时在核算过程中除考虑园林附属设施及造园材料的重量之外，还必须对游人的数量进行认真计算，既不能把屋顶花园做成只能"远观"不能"近赏"的"海市蜃楼"式的花园，也不能不考虑楼顶的承重量而无限制地增加游人数量。因此屋顶花园来自这方面的安全要求在设计中必须加以准确核算，同时必须有一定的安全系数作保障，在安排游人游览线路的同时，要考虑四周的安全防护围栏的设置，防止游人在游园时人和物落下，围栏的高度应在1m以上为宜，且必须牢固。一般情况下为使游人能够有良好的通透视野，最好不用去墙体做围栏。

从顶层的结构上看，由于楼顶的防水层一般在表面，即使有种植层的保护，在建造过程中，有可能由于施工人员的工作而使其被破坏，如果不能及时的修补也会对楼体的防水产生不利影响，使屋顶漏水，造成很大的经济损失，特别是在建造一些建筑小品时更是如此，这一点应引起设计与施工人员的足够重视，否则会对屋顶花园的营造工作带来负面影响。

4. 创新性原则　虽然屋顶花园均是在楼顶建造的，但其性质和用途（服务对象）还是有区别的，中国园林对世界园林的发展有着极深刻的影响，而在我国，南方与北方的园林也各具特色。屋顶花园也是一样，园内的建筑与植物类型要结合当地的建园风格与传统，要有自己的特色。在同一地区，不同性质的屋顶花园也应与其他花园有所不同，不能千篇一律，特别是在造园形式上要有所创新。比如在北京长城饭店的屋顶花园与北京丽京花园别墅的屋顶花园是不同的。当然把好的设计方案作为参考是可以的，但要看具体的条件和性质。

5. 经济性原则　评价一个设计方案的优劣不仅仅是看营造的景观效果如何，还要看是否现实，也就是在投资上是否能够有可能。再好的设想如果没有经济作保障也只能是一个设想而已。一般情况下，建造同样的花园在屋顶要比在地面上的投资高出很多。因此，这就要求设计者必须结合实际情况，做出全面考虑，同时，屋顶花园的后期养护也应做到养护管理方便，节约施工与养护管理的人力物力，在经济允许的前提下建造出适用、精美、安全，并有所创新的优秀花园来。

四、屋顶花园的设计

（一）屋顶花园的布局原则

屋顶花园中的园林构成要素主要包括植物、道路、山石、水体、建筑等，如何合理安排这些要素，为游人创造出优美的景观，要求设计者必须对园内的各种要素有一系统、合理的安排，既要考虑景观上的需要，又要照顾游人在游览过程中的一些使用要求，同时，在对楼体的承重限制、植物选择等方面，应遵循经济、实用、美观、创新和安全等几个方面的综合要求。

（二）种植设计

1. 种植区的构造　植物在屋顶花园中占有很大比例，是屋顶花园的主体。由于楼顶本身承重的制约，使植物生长赖以生存的土壤厚度受到限制。屋顶花园的种植区在客观条件上要求不同于地面。

（1）植物对土层厚度的最低限度。土壤是保证植物能正常生长的基础，植物通过根系使其固定于地面之上并从土壤中吸收各种养料和水分，没有土壤，植物就不能正常生长。

屋顶花园上种植植物与地面上相比，其生存的条件发生了变化，为了减轻楼体的负荷，要求种植土必须是越薄越好，越轻越好，但对植物本身来讲，在地面上种植的植物根系不受土层厚度限制，能充分吸收土壤中的养料和水分，根系深扎于土壤中，保证植物不会被风吹倒。在屋顶花园上的土层厚度与植物生长的要求是相矛盾的。人们只能根据不同植物生存所必需的土层厚度，在屋顶花园上尽可能满足植物生长基本需要，一般植物生存的最小土层厚度是：草本（主要草坪、草花等）为15cm；小灌木为25～35cm；大灌木为40～45cm；小乔木为55～60cm；大乔木（浅根系）为90～100cm；深根系为125～150cm。

从以上数据可以看出，不同植物对土层厚度有不同的需求，在屋顶花园设计时，对植物种类的选择与数量的确定直接影响其方案能否实现，应注意多选草本和小灌木，而大乔木特别是深根系的要少用甚至不用，只要能起到同样的效果，最好不用深根系乔木。屋顶花园上不同植物种植方法如图 7-5 所示。

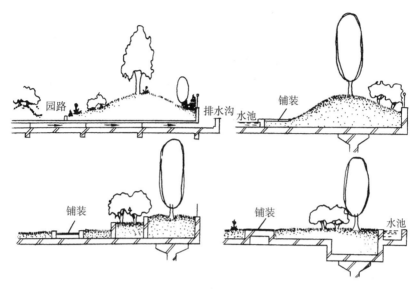

图 7-5 植物种植方法示意

（2）种植土的配制。植物生长除必须有足够厚的土壤作保证，还必须要求土壤能够为其生长提供必需的养料和水分。一般屋顶花园的种植土均为人工合成的轻质土，这样不但可以大大减轻楼顶的荷重，还可以根据各类植物生长的需要配制养分充足、酸碱性适中的种植土，在屋顶花园设计时，要结合种植区的地形变化和植物本身的大小及不同植物的需要来确定种植区不同位置的土层厚度，以满足各类植物生长发育的需求。

人工配制种植土的主要成分有蛭石、泥炭、沙土、腐殖土和有机肥、珍珠岩、煤渣、发酵木屑等材料，但必须保证其容重在 $700\sim1500kg/m^3$，容重过小，不利于固定树木根系，过大又对楼顶承重产生影响。日本采用自然土与轻质骨料的比为 3∶1 的合成土，其容重在 $1400kg/m^3$ 左右，北京长城饭店采用的合成土配置比例为 7 份草炭＋2 份蛭石＋1 份沙土，容重为 $780kg/m^3$。

以上容重均为土壤的干容重，如果土壤充分吸收水分后，其容重可增大 20%～50%。因此，在配置过程中应按照湿容重来考虑，尽可能降低容重。另外，在土壤配置好以后，还必须适当添加一些有机肥，其比例可根据不同植物的生长发育需要而定，本着草本少施，木本多施，观叶少施，观花多施的原则。

（3）种植区的构造。种植区是屋顶花园绿化工程中重要的组成部分，它占地面积大，工作量也大，种植区的构造直接影响屋顶花园的绿化效果，而且关系到绿色植物能否正常生长，种植区一般包括以下几个部分（图 7-6、图 7-7）。

① 植被：是指在花园上种植的各种植物，包括草本、小灌木、大灌木、乔木等。

② 种植土层：此层为种植区中最重要的一个组成部分，一般为人工合成的轻质土，不同的植物对土层厚度的要求是有差异的，配制比例可根据各地现有材料的情况而定。

③ 过滤层：设置此层的目的是防止种植土随浇灌和雨水而流失，人工合成土中有很多

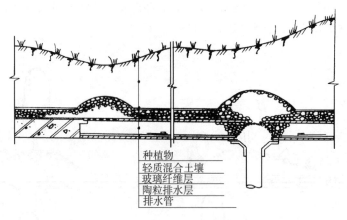

种植物
轻质混合土壤
玻璃纤维层
陶粒排水层
排水管

图 7-6　北京某花园屋顶花园结构

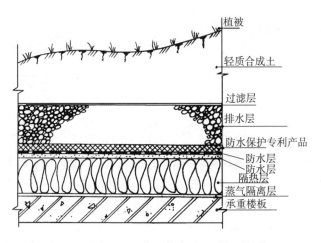

植被
轻质合成土
过滤层
排水层
防水保护专利产品
防水层
防水层
隔热层
蒸气隔离层
承重楼板

图 7-7　美国某公司屋顶花园结构

细小颗粒，极易随水流失，不仅影响土壤的成分和养料，还会堵塞建筑屋顶的排水系统，因此在种植土的下方设置防止小颗粒流失的过滤层是十分必要的。

此层选用的材料应具备既能透水又能过滤，且颗粒本身比较细小，同时还能满足经久耐用、造价低廉的条件。常见的过滤层使用的材料有：稻草、玻璃纤维布、粗沙、细炉渣等。

④排水层：此层位于过滤层之下，目的是为了改善种植土的通气状况，保证植物能有发达的根系，满足植物在生长过程中根系呼吸作用所需要的空气。由于种植土厚度较薄，当土壤中的水分过多时，排水层可以贮藏多余的水分，当土壤中缺水时，植物又可以通过排水层吸收水分。有关资料表明，排水层可以使植物健壮地生长，而缺少排水层，将直接影响植物根部与微生物的呼吸过程，同时还影响土壤中各种元素的存在状况。通气良好的土壤，其大多数元素处于可以被植物吸收的状态，而通气条件较差的土壤，一些元素以毒质状态存在，从而对植物的生长起抑制作用。因此，设置排水层在屋顶花园建造中是必不可少的一项工作。

排水层选用的材料应该具备通气、排水、储水和质轻的特点，同时要求骨料间应有较大孔隙，自重较轻。下面介绍几种可选用的材料供参考。

陶料：容重小，约为 $600kg/m^3$，颗粒大小均匀，骨料间孔隙度大，通气、吸水性强，使用厚度为 200～250mm，北京饭店、北京林业大学等屋顶花园均采用该材料。

焦碴：容重较小，约为 1000kg/m³，造价低，但要求必须经过筛选，使用厚度在 100～200mm，吸水性较强，我国南方一些屋顶花园采用焦碴作为排水层材料。

砾石：容重较大，在 2000～2500kg/m³，要求必须经过加工成直径在 15～20mm，其排水通气较好，但吸水性很差。这种材料只能用在具有很大负荷量的建筑屋顶上。

2. 种植区形式及设计

（1）种植区的形式。在屋顶花园上种植的植物是以一定形状的种植池形式出现的。种植池的高度是以池内土层厚度和植物种类为依据。常见的种植区的形式包括以下几种。

① 花池式：花池的形状有长方形、正方形、圆形、菱形、正六边形、柱花形等。花池的大小可根据花园的面积和种植植物的大小来定，注意其协调性，池的高度可以按土层厚度来定，一般要求池内土壤高度比池壁低 5cm 左右，池壁过高或过低均影响其效果，同时，对于一些大形的花池应注意安排在楼体的柱、梁的位置（图 7 - 8）。

花池所用的建筑材料一般用机砖砌成，要坚固耐用，可用空心砖。池的内壁要求用水泥抹平，同时为了提高其观赏性，外壁可用饰面砖镶嵌，在造型上注意其装饰性。

② 自然式：对于大面积的绿地可以采用自然式种植池。屋顶花园要求必须有50％以上的绿地面积，因此，如果花园内均采用花池式种植，不但绿化面积不能保证，而且在造价上和对楼体负荷上都会不利。大面积的绿地还可以根据乔、灌、草的配置，产生较好的立面效果，另外，利用乔、灌木和草本植物对土层厚度需求的

图 7 - 8　种植池

不同可以创造出一定的微地形变化的效果，如果与道路系统能够很好地结合，还可以创造出自由、变化、曲折的中国园林特色。

（2）种植区的种植设计。屋顶花园的植物，在种植时必须以精美为原则，不论在品种上还是在植物的种植方式上都要体现出这一特点。常见的种植方法有以下几种：

① 孤植：又称孤赏树，这类树种与地面相比，要求树体本身不能巨大，以优美的树姿、艳丽的花朵或累累硕果为观赏目标，例如桧柏、龙柏、南洋杉、龙爪槐、叶子花、紫叶李等均可作为孤赏树。

② 绿篱：在屋顶花园中，可以用绿篱来分隔空间，组织游览线路，同时在规则式种植中，绿篱是必不可少的镶边植物。北方可以用大叶黄杨、小叶黄杨、桧柏等做绿篱，南方则可以用九里香、珊瑚树、黄杨等做绿篱。

③ 花境：花境在屋顶花园中可以起到很好的绿化效果。在设计时应注意其观赏位置，可为单面观赏，也可二面或多面观赏，但不论哪种形式，都要注意其立面效果和景观的景象变化。

④ 丛植：丛植是自然式种植方式的一种，它是通过树木的组合创造出富于变化的植物景观。在配置树木时，要注意树种的大小、姿态及相互距离。

⑤ 花坛：在屋顶花园中可以采用独立、组合等形式布置花坛，其面积可以结合花园的具体情况而定。花坛的平面轮廓为几何形，采用规则式种植，植物种类可以用季节性草花布置，要求在花卉失去观赏价值之前及时更新。花坛中央可以布置一些高大整齐的植物，利用五色草等可以布置一些模纹花坛，其观赏效果更是别致。

（三）园林工程与建筑小品设计

1. 水景工程 水景在中国传统园林中是必不可少的一项内容。屋顶花园的水景较在地面上的水景有很大区别，主要体现在水景的类型及尺寸上。地面上的水景可以是浩瀚的湖面、收放自由的河流小溪、气势雄伟的喷泉，而在屋顶花园上这些水景由于受楼体承重的影响和花园面积的限制，在内容上发生了变化。

（1）水池。屋顶花园的水池由于受场地和承重的影响，一般多为几何形状，水体的深度在30～50cm，建造水池的材料一般为钢筋混凝土结构，为提高其观赏价值，在池的外壁可用各种饰面砖装饰，同时，由于水的深度较浅（30～50cm），可以用蓝色的饰面砖镶于池壁内侧和池底部，利用视觉效果来增加其深度，其做法如图7-9。

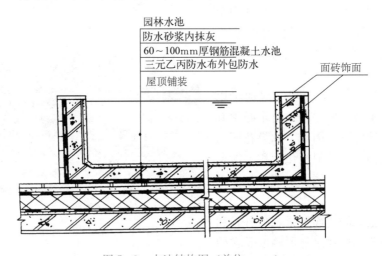

图7-9 水池结构图（单位：mm）

在我国北方地区，由于冬季寒冷，水池极易冻裂，因此，在冬季应清除池内的积水，同时可以用一些保温材料覆盖在池中。南方冬季气候温暖，可以终年不断水，有水的保护，池壁不会产生裂缝。

另外，在施工中必须做好防上屋漏水，其做法可以在楼顶防水层之上再附加一层防水处理，还要注意水池位置的选择。池中的水必须保持洁净，可以采用循环水。

对于一些自然形状的水池，可以用一些小型毛石置于池壁处，在池中可以用盆栽的方式种植一些水生植物，例如荷花、睡莲、水葱等，增加其自然山水特色，更具有观赏价值。

（2）喷泉。喷泉在园林水景中是必不可少的一项内容，其水姿丰富，富于变化，已成为一种非常时尚的造园要素。

屋顶花园中的喷泉一般可安排在规则的水池之内，管网布置成独立的系统，便于维修，对水的深度要求较低，特别是一些临时性喷泉的做法很适合放在屋顶花园中。在科学技术发达的今天，时控喷泉、音乐喷泉等为喷泉的建造创造了十分有利的条件。

2. 假山置石 屋顶花园置石与陆地造园的假山工程相比，有很大差别，在陆地的假山可以游览，规模可大可小，而屋顶花园上的假山受楼体承重的影响，不但体量上要变小，而且从重量上有很大限制，因此在屋顶花园上的假山一般只能观赏不能游览，所以花园内的置石假山必须注意其形态上的观赏性及位置上的选择。除了将其布置于楼体承重柱、梁之上以外，还可以利用人工塑石的方法来建造，这种方法营造的假山重量轻，外观可塑性强，观赏价值也较高，在屋顶花园中是很常见的，如上海华亭宾馆屋顶花园上的大型假山就是用这种方法建造的。对于小型的屋顶花园可以用石笋、石峰等置石，效果也是十分明显的，如北京首都宾馆屋顶花园的置石。

3. 屋顶花园的园路铺装　园路在屋顶花园中占较大的比例，它不但可以联系各景物，而且也可成为花园中的一景。

园路在铺装时，要求不能破坏屋顶的隔热保温层与防水层。另外，园路应有较好的装饰性并且与周围的建筑、植物、小品等相协调，路面所选用的材料应具有柔和的光线色彩，具有良好的防滑性，常用的材料有水泥砖、彩色水泥砖、大理石、花岗岩等，有的地方还可用卵石拼成一定的图案。

另外，园路在屋顶花园中常被作为屋顶排水的通道，因此要特别注意其坡度的变化，在设计时要防止路面积水。路面宽度可根据实际需要而定，但不宜过厚，以减小楼体的负荷。

4. 园亭　为丰富屋顶花园的景观效果，提高其使用功能，在园内建造少量小型的亭廊建筑是十分适宜的。

亭的设计要与周围环境相协调，在造型上能够形成独立的构图中心。在构造上应简单，也可采用中国传统建筑的风格，这样可以使其与现代建筑形成明显的对比，突出其观赏价值。例如北京长城饭店的屋顶花园上的四方攒顶琉璃瓦亭就别具一格。

建亭所选用的材料可以是竹木结构，如我国南方一些地区，常用南方特有竹子作为建亭的材料，具有地方特色。如果选用钢筋混凝土结构建亭，要选择好其位置，如香港太古城天台花园上的亭子就是用现代建筑材料建造的。

5. 花架　花架属于我国园林中特有的、最简单的建筑，也是最接近于自然的一种建筑，屋顶花园内设置造型独特的花架，不但可以丰富花园的立面效果，还可以为游人提供乘凉的好去处，特别是在开放式花园中，当夏季园内光照强烈时，在用绿色植物形成的棚架下休息无疑是最好的享受了。

屋顶花园上建造的花架可为独立型也可为连续型，具体选用哪种形式可根据花园的空间情况来定。植物种类以适应性强、观赏价值高、能与花架相协调为主。小尺寸的花架可以选用五叶地锦、常春藤等，大尺寸的可选用紫藤、葛藤等。

花架所用的建筑材料应以质轻、牢固、安全为原则，可用钢材焊接而成，也可为竹木结构，如果用钢筋混凝土结构要注意其尺寸和位置选择。

6. 其他　在花园内除了以上建筑小品之外，还可以在适宜的地方放置少量人物、动物或其他物体形象的雕塑，在尺寸、色彩及背景方面要注意其空间环境，不可形成孤立之感。例如上海华亭宾馆屋顶花园的花鹿雕塑就给人一种很自然的感觉。

屋顶花园还应考虑夜晚的使用功能，特别是那些以营利为主的花园，在园内设置照明设施是十分必要的，园灯在满足照明用途的前提下，还应注意其装饰性和安全性，特别是在线路布置上，要采取防水、防漏电措施。园灯的尺寸以小巧为宜，结合环境可以将其装饰在种植池的池壁上，如北京长城饭店屋顶花园的园灯属此做法，也可结合一些园林小品来安装照明设施。

(四）屋顶花园的植物选择

1. 对树木的要求 屋顶花园的生态环境与地面上相比有很大差别，无论是在风力、温度、光照、湿度等方面，还是植物生长的土壤条件等均对植物的生长产生一些影响，在建造花园之前应该仔细考虑这些因素，根据其生境特点来确定树木种类，同时要照顾对植物观赏性方面的要求。在选择树木时应考虑以下因素。

（1）生长健壮并有很强的抗逆性。

（2）适应性强，耐瘠薄，适应浅土层。

（3）耐干旱和抗热风力强，不易倒伏。

（4）易成活，耐修剪，生长速度较慢。

（5）能忍受夏季干热风的吹袭，冬季能耐低温。

（6）易管理，便于养护。

（7）抗污染性强，能吸收有污染的气体或吸附能力强。

2. 屋顶花园常用的植物种类

（1）华北地区。油松，白皮松，云杉，桧柏，龙柏，鸡爪槭，大叶黄杨，小叶黄杨，珍珠梅，榆叶梅，碧桃，丁香，金银花，黄栌，月季，柿树，金叶女贞，紫叶小檗，樱花，蜡梅，迎春。

（2）华南地区。油松，冷杉，广玉兰，白玉兰，羊蹄甲，梅花，苏铁，山茶，桂花，茉莉，米仔兰，金银花，叶子花，杜鹃，大叶黄杨，小叶黄杨，九里香，绣球。

（3）华中地区。华山松，龙柏，广玉兰，垂丝海棠，红叶李，鸡爪槭，南天竹，枸骨，大叶黄杨，金丝梅，小叶女贞，木芙蓉，迎春，凤尾兰，白鹃梅，玫瑰，冬青，刚竹。

（4）东北地区。油松，桧柏，青杆，白杆，红瑞木，辽东丁香，连翘，锦带花，榆叶梅，黄刺玫，山桃。

（5）华东地区。广玉兰，马尾松，海棠花，垂丝海棠，红叶李，鸡爪槭，含笑，黄杨，桂花，枸骨，山茶花，金丝梅，女贞，凤尾兰，玫瑰，方竹。

（6）西北地区。油松，白皮松，云杉，桧柏，红叶李，山桃，牡丹，小檗，四照花，柿树。

(五）屋顶花园的防水

屋顶花园在建设中的一项很大的难题就是在营建中原屋顶的防水系统容易被破坏，从而使屋顶漏水，这样不但会造成很大的经济损失，同时也会影响屋顶花园的推广。

1. 常见防水层的做法 防水层在不同的建筑中有不同的做法，但基本分为柔性卷材防水材料和刚性防水材料两种。

（1）柔性卷材防水屋面。柔性卷材防水屋面是用防水卷材与黏结剂结合在一起，形成连续致密的结构层，从而达到防水的目的。按卷材的常类型有沥青类卷材防水屋面、高聚物改性沥青类卷材防水屋面、高分子类卷材防水屋面（图 7-10）。

柔性卷材防水屋面较能适应温度剧变、振动、不均匀沉陷等因素的变化作用，能承受一定的水压，整体性好，不易渗漏。但抗拉强度和耐久性差，施工操作较为复杂，技术要求较高。因其材料易得，价格便宜而得到广泛应用。

（2）刚性防水材料屋面。刚性防水层屋面是指用细石混凝土做防水层的屋面。刚性防水层面是由防水砂浆或细混凝土现浇而成，造价低，施工简单，维修方便，但要求施工技术高，缺点是易受热胀冷缩和楼板受力变形影响，易出现裂缝（图 7-11）。

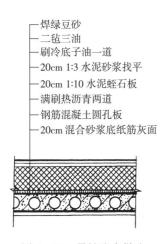

图 7-10　柔性防水做法

—焊绿豆砂
—二毡三油
—刷冷底子油一道
—20cm 1:3 水泥砂浆找平
—20cm 1:10 水泥蛭石板
—满刷热沥青两道
—钢筋混凝土圆孔板
—20cm 混合砂浆底纸筋灰面

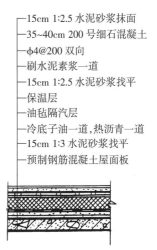

图 7-11　刚性防水做法

—15cm 1:2.5 水泥砂浆抹面
—35~40cm 200 号细石混凝土
—φ4@200 双向
—刷水泥素浆一道
—15cm 1:2.5 水泥砂浆找平
—保温层
—油毡隔汽层
—冷底子油一道,热沥青一道
—15cm 1:3 水泥砂浆找平
—预制钢筋混凝土屋面板

2. 屋顶漏水的原因

（1）原防水层存在缺陷。结构层和防水层即使保持原有做法，一般还要在预制空心板上铺设卷材防水层，但仍不可避免在女儿墙和天沟沿口等薄弱环节处出现渗漏。

刚性防水屋面，最严重的问题是防水层在施工完成后，可能会出现裂缝而漏水。产生裂缝的原因很多：气候变化及太阳照射引起的屋面热胀冷缩；屋面板受力后的翘曲变形；地基沉降或墙体承重后的灰浆收缩等原因引起的屋面变动；屋面板材变形或材料干缩变形等。

（2）防水层在建花园时被破坏。在园林施工中，打洞穿管，埋设支架、换件，如不精心施工，易造成渗漏的隐患。高大的置石等集中荷载大的物体，长期作用在卷材防水材料上，会使卷材快速发生变形、老化，质量降低，丧失防水功能。进行栽植时有时也会破坏防水层，比如填土时用的铲子有可能会破坏防水层。

（3）排水不畅造成积水而使屋顶漏水。种植绿化、水池、铺装园路的施工没有遵循屋面的排水方向，造成局部积水。另外，没有正确确定排水管的数量和直径，造成排水系统堵塞，也会造成屋面积水。

（4）屋顶植物的根系对防水层破坏造成的漏水。根系发达的植物，其根系会把花池及地面混凝土胀裂，造成屋面隔热层、女儿墙和防水层错位等，从而引发屋面渗漏。

3. 防止屋顶漏水的措施

（1）选择良好的防水材料。

（2）在建花园之前，应检查漏水情况，可以在楼顶将排水口堵塞，使屋面积水，检查是否漏水，一旦有漏水现象应及时补救。

（3）在施工中，注意保护好防水层，严格按照操作规程施工，不要使防水层受到破坏。

（4）对于水池等设施，应采用单独的防水系统。

（5）在浇灌过程中，尽可能不产生积水。

（6）及时清理枯枝落叶，防止排水口被堵。

（六）屋顶花园的荷载

1. 屋顶花园的楼体建筑类型　在屋顶建造花园的先决条件是建筑物的屋顶能否承受由

屋顶花园的各项园林工程所增加的荷载。常见的屋顶类型有两种。

（1）预制钢筋混凝土梁板结构。自 20 世纪 50 年代初至现在，我国砖结构和框架结构的建筑物，仍多使用预制钢筋混凝土大梁和预制预应力圆孔板组成的平屋顶承重结构。

北京地区所使用的一般预制梁板构件厚度为 130mm，板宽为 900mm 和 1200mm 两种，板的长度为 1800～3900mm，采用 300mm 进位模数，可适合各种房间跨度的需要，这种板的容许荷载（不包括板自重）为 292～1175kg/m²。一般可根据使用要求折算为每平方米的荷载来选用板的型号。不同板型号有相应的板长、板宽和荷载等级。

（2）现浇钢筋混凝土梁板结构。现浇钢筋混凝土楼板所采用的大梁和楼板，在施工现场浇注而成的，其结构完整性、抗震性、防水性均好。一般可根据屋顶使用要求所规定的活荷载和屋顶保温、隔热、防水及结构板自重等级、静荷重，折算每平方米的总荷载，通常整个屋顶采用一种荷载等级来进行楼板的配筋。

2. 屋顶花园活荷载的确定　各类建筑的屋顶一般在设计中有两种类型，即上人屋顶和不上人屋顶。不上人屋顶的活荷载仅为 50kg/m²，它仅考虑施工检修和屋顶有少量积水的荷载；在雪荷载较大的地区达 70～80kg/m²。上人屋顶的活荷载为 150kg/m²。如果在屋顶上建造花园时，相对在屋顶的系数必然要增加，其活荷载应选用 200～250kg/m² 为宜，如果屋顶花园位于城市主干道两侧，有可能成为重大节日活动的场所，这时应选用 250～300kg/m²（图 7-12）。

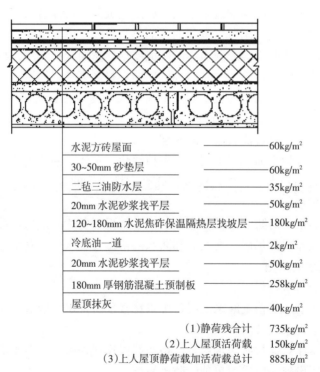

水泥方砖屋面	60kg/m²
30～50mm 砂垫层	60kg/m²
二毡三油防水层	35kg/m²
20mm 水泥砂浆找平层	50kg/m²
120～180mm 水泥焦砟保温隔热层找坡层	180kg/m²
冷底油一道	2kg/m²
20mm 水泥砂浆找平层	50kg/m²
180mm 厚钢筋混凝土预制板	258kg/m²
屋顶抹灰	40kg/m²

(1)静荷残合计　735kg/m²
(2)上人屋顶活荷载　150kg/m²
(3)上人屋顶静荷载加活荷载总计　885kg/m²

图 7-12　上人屋顶结构及荷载

3. 屋顶花园恒荷载的确定　屋顶花园的恒荷载较为复杂，它包括：种植区荷载、盆花和花池荷载、园林水体荷载、假山和雕塑荷载、小品及园林建筑荷载。其中，后四种荷载的确定可根据实际情况，按现行规范取值。以种植区荷载的确定为例：一般地被式绿化的土层厚为610cm，荷载200kg/m²；种植式绿化的土层厚20～30cm，荷载400kg/m²；花园式绿化的土层厚25～35cm，荷载为500～1000kg/m²。

4. 屋顶花园中园林工程的荷载　屋顶花园中各项园林工程的荷载均要换算为每平方米的等效均布荷载，然后再与花园的活荷载相比。以下为一些园林工程荷载参考数值。

（1）种植区。

① 植物：草坪为5kg/m²；小灌木约为10kg/m²；大灌木20～30kg/m²；乔木（10m以下）60kg/m²；大乔木（15m以下）为150kg/m²。

② 种植土：人工配制的种植土，一般为轻质合成土，在700～1600kg/m³，具体容重可在配置时计算，但还要核算成浇灌后的湿容重，一般增大20％～50％。土层厚度要结合植物类型、屋顶风载大小、灌水量等综合考虑（表7-1、图7-13）。

表7-1　屋顶花园不同植物种植区土层厚度与荷载值

类别	地被	花卉、小灌木	大灌木	浅根乔木	深根乔木
植物生存种植土最小厚度（cm）	15	30	45	60	90～120
植物生育种植土最小厚度（cm）	30	45	60	90	120～150
排水层厚度（cm）	—	10	15	20	30
植物生存平均荷载（kg/m²）	150	300	450	600	600～1200
植物生育平均荷载（kg/m²）	300	400	600	900	1200～1500

③ 过滤排水层：过滤排水层通常采用卵石、碎砖、粗沙、砾石等为材料，其荷载为：卵石和粗沙2000～2500kg/m²；陶粒为600kg/m²，碎砖1800kg/m²，粗沙2200kg/m²，煤渣1000kg/m²。

（2）水体。屋顶花园的水体有小型水池、壁泉、瀑布及喷泉等，其荷载主要以水深、面积和池壁材料来确定。水深为30cm，其荷载为300kg/m²，水深每增加或减少10cm，荷载也增加或减少100kg/m²；池壁的重量可以根据使用的材料的容重来推算，池的主高度应换算成每平方米荷载。

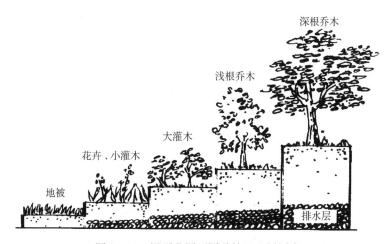

图7-13　屋顶花园不同种植区土层厚度

（3）假山、置石及雕塑。假山石的荷载可按实际山体的体积乘以0.8～0.9的孔隙系数，再按不同的石质推算每平方米的荷载（2000～2500kg/m²）。若为置石，要按集中荷载考虑。屋顶花园上的雕塑重量由其材料和体量大小而定，重量较轻的雕塑可以不计，较重的雕塑小品，按其体重及台座的面积折算出其平均荷载。

（4）建筑的荷载。这些建筑一般置于屋顶支撑柱、梁的位置，其荷载可根据选用的材料及尺寸核算，其重量一般集中建在支撑柱上，因此，在核算时应按照支撑柱的面积推算荷载量。

5. 减轻荷载的方法　屋顶荷载的减轻，一方面要借助于屋顶结构选型，减轻园林构筑物结构自重和解决结构自防水问题；另一方面就是减轻屋顶所需绿化材料的自重，包括将排水层的碎石改成轻质的材料等。

（1）种植层重量的减轻。用轻质材料，如人造土、蛭石、珍珠岩、陶粒、泥炭土、草炭、腐殖土等，还可以使用屋顶绿化专用无土草坪，在生产无土草坪时，可以根据需要调整基质用量，用以代替屋顶绿化所需的同等厚度的壤土层，从而大大减轻屋顶承重。

（2）过滤层、排水层、防水层重量的减轻。用玻璃纤维布代替粗沙作过滤层，用火山渣、膨胀黏土、空心砖等代替卵石和砾石等作排水层，用较轻的三元乙丙防水布做防水层等，都可有效减轻屋顶荷载。

（3）构筑物、构件重量的减轻。

① 可少设置园林小品及选用轻质材料如空心管、塑料管、竹片、轻型混凝土、竹、木、铝材、玻璃钢等制作小品。

② 用塑料材料制作排泄灌系统及种植池。

③ 合理布置承重，把较重物件如亭台、假山、水池安排在建筑物主梁、柱、承重墙等主要承重构件上或者是这些承重构件的附件的附近，或尽量安然将这些荷载加到建筑物的承重构件上，使结构构件能够有足够的承载能力承受屋顶花园传下来的荷载，以利用荷载传递，提高安全系数（图7-14）。

④ 在进行大面积的硬质铺装时，为了达到设计标高，可以采用架空的结构设计，以减轻重量。

图7-14　利用建筑物梁、柱及承重墙承重

【典型案例分析】

郑州红星美凯龙家居 MALL 屋顶花园

郑州红星美凯龙家居广场位于郑汴路和107国道交叉口处，总用地面积为65000m²，由红星美凯龙房地产有限公司景观工程师朱沅设计。总体裙楼由6层商业和半层会所组成，主体为17层U形小公寓。家居广场屋顶花园在商场的第七层楼面上，景观面积为8000m²。

由于公寓主要为复式的小户型，针对年轻一族的客户群，屋顶花园主要供 SOHO 公寓的业主使用。

红星美凯龙经历了二十多年的高速发展，已经从传统的家具销售走向新型的城市综合体开发层面。由于商业、办公、居住、酒店、展览等多类型城市生活空间的组合，使屋顶花园成为联系各种城市生活空间的重要纽带。红星美凯龙大面积的商业建筑为屋顶花园的营造奠定了基础，同时也给屋顶花园的发展提供了广阔的前景。

郑州红星美凯龙家居 MALL 屋顶花园的设计者通过对该项目建筑资料和营销概念的分析，考虑到屋顶花园本身的特殊性，在编写景观设计任务书时提出：屋顶花园景观以运动休闲为设计主题，为业主提供社交活动空间、娱乐休闲和锻炼的场所，促进业主间的互动和往来，满足不同业主的需求。重要景观节点的设计不仅要考虑景观效果，而且要考虑屋顶承重。屋面防水和排水处理须深化技术要求，达到建筑景观统一性，根据市场供应情况并结合屋顶景观要求，合理选用新型景观材料，打造一个整体性、实用性、艺术性、生态性相结合的屋顶花园景观。郑州红星美凯龙家居 MALL 屋顶花园的整体设计通过含蓄的景观和直线条的运用，营造出规整感和秩序感，凸显出重要区域，体现出运动休闲的景观主题，简洁优雅。

屋顶花园分为南北两块区域，南广场因靠近公寓，设置为静区，主要以休憩、观赏为主；北广场离公寓楼较远，设置为动区，主要以运动休闲为主，做到动静分离。南广场分成四个季节庭院，为迎合年轻人对浪漫氛围的需求，庭院的设计着重营造现代艺术氛围、和谐和优雅之感，因而在景观小品运用上，采用了不同特性的特色水景、带有现代抽象人体雕塑的特色景墙、"自然"石块的木平台、中心区域的坐墙、四个抽象雕塑和象征了年轻和朝气的太阳铺装图案。北广场为运动广场，为了打造更多的绿植区域，这里的地面要高于四个季节庭院。这里依然为喜欢休养生息和独处的人提供了庇荫处。这里的景观元素有带主题图案的壁墙、网球场、迷你高尔夫场地、座椅、漫步汀石、散置砂石和规整的种植。通过屋顶花园的设计，打造一个简洁明快的运动空间和优雅怡人的社区环境。

屋面荷载是指通过屋顶的楼盖梁板传递至墙、柱及基础上的荷载。屋面荷载需考虑恒载和活载。恒载是指由屋面构造层、屋顶绿化构造层和植被层等产生的屋面荷载；活载是指由施加在结构上的由人群、物料和交通工具引起的使用荷载和自然产生的自然荷载。

在景观专业实际应用中，根据初步推算结论进行组合。如在水景的计算中，须将钢混凝土和水面的厚度进行累计计算；小灌木及地被的种植应适当考虑含水土壤的工作状态。在郑州红星美凯龙家居 MALL 屋顶花园的水景设计中，为了有利于钢筋绑扎和支模的要求，初步设计中采用了 15cm 厚的钢混凝土池底，除去防水层、找平层和面层，水面深度仅为 25cm，未达到景观观赏水的深度标准。设计者经过研究居住区水景和屋顶花园水景的区别，发现屋顶花园水景的结构底板不承受弯矩和剪力，而是以水面产生的压力为主，为受压构件。

经与结构专业工程师沟通，证明了思路的正确性，故在深化设计中将钢混凝土结构底板厚度设计为 8cm，水面深度达到了 40cm，水景取得了良好的视觉效果。在水景及构架的深化设计中荷载的布置及结构选型都需要精心的定位。根据多个项目的实践经验，这类构筑物所形成的集中荷载的布置与建筑的梁或柱有着紧密关系，相同的集中荷载对板造成很大的影响，对梁或柱的影响较小。钢结构是屋顶花园构筑物最优良的结构形式，钢结构质量轻，对屋顶形成较小的集中荷载。钢结构外挂装饰面层，能够有效地避免装饰面层出现泛碱现象，从而保证长久的使用效果。

　　"防"和"排"是绿化屋顶中屋面防水的两个重要环节，"排"是前提，"防"是保证，两者相辅相成、缺一不可。屋顶花园的防水要求比一般住宅防水要求高一级，至少是二级防水，二层柔性防水层。一般种植屋面各构造层次分为八层：种植基质、隔离过滤层、排（蓄）水层、阻根层、防水层、砂浆找平层、保温层等。这些构造层的每一步都不能马虎，不可或缺，否则会造成因小失大的严重后果。屋面雨水的迅速排除也至关重要，原则就是利用整个屋面现有的排水系统。由于郑州红星美凯龙家居 MALL 屋顶花园的面积过大，所以采用的是虹吸排水的方式，在整个降水过程中，由于连续不断的虹吸作用，整个系统以令人惊奇的速度排除雨水，一个虹吸雨水斗排水是普通型雨水斗的几倍，快速使屋面的雨水排到地面集水井。在设计中，虹吸雨水斗是找专业厂家做的二次设计，为了更好地配合景观，雨水口尽量避免设置在道路的中央或是绿化里。但是，景观的设计是自由的，而雨水口设置则是按汇水面积分配大致规则的，所以不可避免地会有雨水口排放在绿化当中。为此，在花池边上设置雨水沟，将雨水引导至虹吸雨水口，并且要对虹吸雨水口做适当的防护，用钢丝网或是卵石将雨水口隔离保护，雨水口上不可以种植植物，以免雨水冲刷土壤导致雨水口堵塞，但是这么做的弊处就是会减慢雨水的排放。少量的处理是可行的，但是大量的雨水必须直接通过虹吸雨水系统排除，否则也就失去了意义。

　　郑州红星美凯龙家居 MALL 屋顶花园项目采用了简洁明快的运动休闲空间的定位，设计师在选择铺装材料时，主要采用木平台、陶土烧结砖和塑胶地坪为主要材料，避免大面积采用花岗岩铺装带来的沉重感。实木木材通常分为软木和硬木。软木纹理平顺，材质均匀，易于加工，易于防腐处理。硬木有美丽的纹理，强度较大，难以加工，只能做表面防腐。实木木材在干燥的环境或长期置于水中均有良好的耐久性，但在长期的干湿交替的环境中，其耐久性明显变差。

　　由于设计必须考虑景观材料的耐久性和易维护性，在材料选择阶段，设计师采用了塑木地板。塑木由木粉和塑料（PP、PE 和添加剂）组成，在国内塑木行业经过十多年的发展，制造技术水平有了明显的进步。通常情况下，塑木中木粉含量约为 55%，塑料含量约为 45%。塑料材料中，PP 坚硬但有脆性，PE 具有柔韧性。现阶段国内的塑木水平已能够满足热胀冷缩、防紫外线和防水防腐的要求，且美观性也进一步提高。为达到良好的完成效果，设计师对环球金融中心和顾村公园等几个项目中塑木地板的完成效果进行考察。考察中发现环球金融中心屋顶花园塑木地板的安装摒弃了常规的内含式塑料或不锈钢连接件的手法，直接采用了不锈钢自攻螺钉的连接方式。自攻螺钉安装方式的优点是使塑木地板的真实效果得到了明显的提高，且摆脱了内含式连接件对缝宽的限制。由于不锈钢连接件缝宽 1mm，塑料连接件缝宽 5mm，且俯视地板能看到连接件，设计师采用了自攻螺钉的连接方式，缝宽要求在 3mm，避免了 1mm 缝宽带来的缺乏质感和 5mm 缝宽对穿高跟鞋的女士存在的安全隐患。如果龙骨和地板都采用塑木，其仍具有一定的脆性，会局部出现锚固不牢的情况。针对这一不利条件，屋顶花园采用了浸沥青柳桉做龙骨、塑木地板做面层的施工工艺。柳桉为硬木，具有良好的强度，能够保证与自攻螺钉连接得紧密，但由于其密度大，不能采用防腐真空高压处理，只能够采用浸沥青的外边防腐处理。塑木地板的安装工艺充分考虑了面材的耐久性、龙骨的受力性和连接件的美观性，取得了良好的景观效果。

由于地理位置和气候条件的不同，屋顶花园植物的选择标准要因地制宜，要充分考虑屋顶花园的特点，选择适宜屋顶生长条件的植物品种。①选择耐旱性、耐贫瘠的植物。由于屋顶花园夏季气温高，容易蒸发损失植物生长必需的水分；加上风力大，空气干燥，没有自然条件下地下水的供给，所以选择耐旱、耐贫瘠的植物更便于日常的管理，还可以节约用于灌溉和施肥的养护费用。②选择喜阳性植物。屋顶接受日辐射较多，紫外线强度也大，因此应选择喜阳性植物或沙生植物。但是由于郑州红星美凯龙家居 MALL 屋顶花园有 24 层的塔楼公寓，屋顶还会受到建筑物的遮挡，可能常年不受阳光直射，因此可以在蔽光处选择一些半阳性植物，如藤本植物的紫藤、地锦等，可以栽植在一些花架、棚架下或是围合在屋顶花园的墙角边。③选择抗风性、抗寒性植物。屋顶花园的风力比地面大，夜晚温度比地面低，加上屋顶的种植土层一般较薄，因此在植物的选择上要用一些可以抵抗风力、不易倾倒的植物。其中景天科的佛甲草有较强的抗逆性，是屋顶绿化的理想选择。④选择浅根性且耐短时间潮湿的植物。为了防止植物发达的根系对屋顶结构的侵蚀和增强植物的固土抗风能力，植物选择应以浅根系且水平根发达的植物为主。一旦强降水后，在短时间内，浸湿的大量根系处于暂时缺氧状态，对植物生长威胁很大。⑤选择以常绿为主的植物。在北方的环境气候下，与温暖湿润的南方相比，许多植物的绿色期和开花期要短很多，所以选择植物还要尽可能以常绿植物为主，常绿的有小叶黄杨、金心大叶黄杨、银边大叶黄杨、八角金盘、金丝桃、红叶石楠、海桐、紫鹃、鹿角柏、珊瑚树等。还可配置一些有色叶树种，使屋顶花园一年四季有景可赏，如糯米条、紫叶小檗、棣棠、金叶女贞、珍珠梅。⑥选择生长缓慢的植物，避免选择树木生长过快、重量大幅增加的树木，生长缓慢的植物还可以缓解因施肥、修剪的频率过快带来的养护压力。⑦尽量选用乡土树种。乡土树种对当地的气候有高度的适应性，对于环境恶劣的屋顶花园，易于成活。

本章小结

1. 屋顶花园是指在各类建筑物和构筑物的顶部（包括屋顶、楼顶、露台或阳台）栽植花草树木，建造各种园林小品所形成的绿地。

2. 屋顶花园主要功能有改善生态环境，增加城市绿化面积美化环境，调节心理，改善室内环境，调节室内温度等。

3. 屋顶花园的类型，按使用要求可分为游憩性屋顶花园、营利性屋顶花园、科研性屋顶花园；按绿化布置的形式可分为规则式、自然式和混合式；按所用植物材料的种类可分为地毯式、花坛式和花境式；按其营造的位置可分为低层建筑上的屋顶花园和高层建筑屋顶花园。

4. 屋顶花园的设计内容包括种植设计、园林工程与建筑小品设计、屋顶花园的植物选择、屋顶花园的防水、屋顶花园的荷载设计。

复习思考题

1. 什么是屋顶花园？建造屋顶花园有什么重要性？

2. 分析屋顶花园的环境特点，总结屋顶花园在建造过程中应注意的问题。

3. 屋顶花园的规划布局与地面上的花园布局有什么不同？

4. 在屋顶花园上选择植物时应注意哪些问题？

5. 在屋顶花园的园林工程建造过程中，应注意哪些问题？

实训　屋顶花园设计

[实训目的]

（1）了解屋顶花园的设计方法和特征。

（2）了解各种园林建筑（花架、亭、廊、假山、水体等）在屋顶花园中的作用。了解园林建筑尺寸和材料种类及其位置安排。

（3）掌握屋顶花园园林植物的选择和配置方法。

（4）掌握种植层的构造和种植土配制比例及主要成分。

（5）了解屋顶花园营造的原则。

[内容及方法步骤]

选择当地具有代表性的屋顶花园，进行实地参观考查及相应测量，或通过观看录像、设计图纸等，主要了解：

（1）屋顶花园的布局方法和种植类型，采用了哪些造景方法。

（2）植物方面，选择了哪些植物种类，采用了什么样的种植方法，在不同的季节有哪些观赏价值。

（3）种植层的构造如何，种植土的配制方法和成分有哪些。

（4）屋顶花园的园路是如何布局的，道路铺装材料和色彩是如何设置的。

[成果要求]

（1）撰写一份实习报告，主要包括：屋顶花园的设计方法和参观内容、收获、体会。

（2）设计各种调查表，内容包括：

① 屋顶花园的类型、位置、面积。

② 屋顶花园的种植层构造、土层厚度、种植土的主要成分和比例等。

③ 屋顶花园的植物种类、观赏价值和种植方法。

④ 种植池的构造、尺寸、建造材料等。

⑤ 园林工程的种类、位置安排等。

（3）根据条件和时间安排，对给定的屋顶花园平面图进行绿化设计，写出设计说明书。设计图尺寸和比例可由教师给定。

[实训考核]

实训考核评分标准见附录1。

第八章

公园绿地规划设计

【内容提要】

城市公园绿地是供市民室外休息、观赏、游览、开展文化娱乐、社交活动及体育活动的优美场所。公园中风景奇丽的山林、姿态多样的树木、宽阔的草坪、五彩的花卉、新鲜湿润的空气，使市民精神振奋、忘却烦恼、消除疲劳，促进身心健康。公园中各种文化、活动设施又为市民提供了游乐、交流、学习、活动、锻炼身体的场所。公园中大面积的树林、绿地、水面能起到净化空气、减少公害、改善环境的效果，同时还是市民防灾避难的有效场所。随着城市工业化进程速度的加快，城市人口密度的急剧上升，使的城市人民对公园的需求越来越迫切，要求也越来越高。

本章主要介绍综合性公园、滨水公园、专类公园（包括植物园、森林公园、儿童公园、运动公园、纪念性公园等）规划设计的原则、内容及方法等。

【知识点】

1. 了解公园绿地的发展历程、功能分区、规划布局。
2. 了解各类公园绿地的构成要素，理解公园绿地规划设计的原则和要求。
3. 掌握各类公园绿地规划设计的内容与方法。

【技能点】

1. 学会公园绿地规划设计的基本方法，能够完成公园绿地规划方案和构思立意。
2. 学会公园绿地植物配置和树种选择的方法，能够进行科学合理的植物配置。
3. 能够综合运用所学公园绿地规划设计方法，完成各类公园绿地规划设计的任务。

城市公园绿地是为市民提供游览、观赏、休息及活动的场所，它是由政府或公共团体投资管理的市政绿化用地。

城市公园绿地对美化城市面貌、平衡城市生态环境、调节气候、净化空气等均有积极的作用，被称之为城市的"肺"。无论在国内或国外，在作为城市基础设施之一的绿地建设中，公园都占有最重要的地位。城市公园的数量与质量既体现了该城市园林绿化的艺术水平，同时也展示了该城市的精神风貌。

世界造园已有六千多年的历史，而公园的出现却只是近一二百年的事。18 世纪 60 年代英国工业革命开始后，资本主义迅猛发展，工业盲目建设，破坏了自然生态；城市人口急剧增加，用地不断扩大，使人们越来越远离了自然环境，特别是居住在城市中的工人阶级，生活环境更为恶化。在这样的社会历史条件下，资产阶级对城市进行了某些改善，把若干私人或专用的园林绿地划作公共使用，或新辟一些公共绿地，称之为公共花园或公园。

1840年鸦片战争后，帝国主义纷纷入侵，在我国开设了租界。殖民者为了满足自己游憩活动的需要，把欧洲的"公园"也引进我国来了。1868年在上海公共租界建造的"公花园"（现黄浦公园）就是最早的一个。之后，殖民者又陆续在上海建了"虹口公园""法国公园"（现复兴公园）、"极斯非尔公园"（现中山公园）等，其风格主要是英国风景式或法国规则式，具有大片草坪、树林和花坛，极少建筑。这些公园，在功能、布局和风格上都反映了外来的特征，但对我国公园的发展建设具有一定的影响。

1906年，在无锡由地方乡绅筹资兴建了"锡金公花园"，可以说是我国最早自己兴建公园的雏形，仿照外国公园，内有土山、树林草地和小亭一座。辛亥革命后，孙中山先生下令将广州越秀山辟为公园，当时的一批民主主义者也极力宣传西方"田园城市"思想，倡导筹建公园，于是在一些城市里，相继出现了一批公园，如广州的越秀公园、汉口的市府公园（现中山公园）、北平的中央公园（现中山公园）、南京的玄武湖公园、杭州的中山公园、汕头的中山公园等。这些公园大多是在原有风景名胜基础上整理改建的，有的本来就是古典园林，也有的参照欧洲公园的风格扩建、新辟的。

新中国成立后，由于国家对人民文化休息活动的关心，对城市园林建设的重视，使公园得到较大的发展。全国城市已扩建、改建和新建了许多公园，已经成为城市居民游憩、社交、锻炼身体，文化娱乐和获取自然信息必不可少的重要场所。公园类型也逐渐增多，有满足人们多种需要的综合公园，有性质比较单一的专类公园，如儿童公园、纪念性公园（陵园）、名胜古迹公园、动物园、植物园、文化公园、森林公园、青年公园、科学公园、体育公园等，还有其他公园绿地，如居住区公园、滨水（海、江、河、湖）绿带、街道游园等。在公园内容和设施方面也不断充实和提高，满足不同年龄段人民的需求，在规划设计及园林风格方面，充分研究我国传统园林，结合现代城市生态环境、游人活动要求和使用频率，探求适合于我国的城市公园布局体系及园林风格。

第一节　综合性公园规划设计

一、概　　述

综合性公园是城市绿地系统的重要组成部分，它一般面积大、环境优美，具有丰富的户外游憩内容、服务项目等，适合各种年龄和职业的市民使用。它是群众性文化教育、娱乐活动、游览休憩不可缺少的场所，并对美化城市、改善环境起着重要的作用。

综合性公园在城市中按其服务范围可分为全市性公园和区级公园。全市性公园为全市居民服务，是全市公共绿地中面积最大、活动内容和游憩服务设施较完善的绿地，公园面积随市区市民总人数的多少而有所不同。区级公园是面积较大、人口较多的城市中，在市以下通常划分有若干个行政区，位于某个行政区内为这个区市民服务的公园，其园内也有较丰富的内容和设施，其面积根据服务半径和服务人数而定。

综合性公园除具有城市公共绿地的一般作用外，在以下几方面的功能作用尤为突出。游乐休憩方面：考虑到各年龄段、不同职业、爱好、习惯等的不同要求，设置各类活动项目、休息服务设施，以满足各种需求。科普教育方面：宣传科学技术新成果，普及自然生物生态知识，寓教于游中，潜移默化地影响游人，提高人们的科学文化知识。政治文化方面：在举办节日游园活动中，宣传党的方针政策，介绍时事新闻，树立人们的爱国爱民的思想，提高人们的政治水平。

二、规划设计的原则

1. 总体性原则　遵循城市总体绿地系统规划，使公园在全市分布均衡，方便全市各区域人民使用，但各公园要各有变化，富有特色，不相互重复。

2. 适地性原则　认真调查分析公园所处的地形、地貌、地质情况及周边环境景观，使规划设计能充分利用现状现貌，做到因地制宜、合理布局。

3. 特色性原则　广泛收集公园的历史事迹、民俗传说及人文资源，充分调查了解本地人民的生活习惯、爱好及乡土人情，使建成后的公园更具有地方特色。

4. 人性化原则　考虑不同性别、不同年龄段及不同需求的游人，力求公园内景点及设施做到合理、全面、使用率高。

5. 继承和创新性原则　继承我国优秀的传统造园艺术，吸收国外造园先进经验，创造具有时代风格的公园绿地。

6. 远近兼顾的原则　正确处理近期景观与远期规划的关系。

三、功能分区规划

为了合理地组织游人开展各项活动，避免相互干扰，并便于管理，在公园划分出一定的区域把各种性质相似的活动内容组织在一起，形成具有一定使用功能和特色的区域，称之为功能分区。

综合性公园的活动内容、分区规划与公园规模有一定联系，《公园规划设计》规定，综合性公园的规模下限为 $10hm^2$。综合性公园的功能分区通常有文化娱乐区、观赏游览区、安静休息区、儿童活动区、老年人活动区、体育活动区及园务管理区等。但必须指出，分区规划不是机械的区划，尤其是大型综合性公园中，地形多样复杂，所以分区规划不能绝对化，应因地制宜，有分有合，全面考虑。当公园面积较小，用地较紧时，明确分区往往会有困难，常将各种不同性质的活动内容进行整体的合理安排，有些项目可以做适当的压缩或将一种活动的规模、设施减少合并到功能性质相近的区域中。

（一）文化娱乐区

该区的特点是活动场所多、活动形式多、参与人数多、比较喧哗，是公园的闹区。该区的主要功能是开展文娱活动、进行科学文化普及教育。区内主要设施有俱乐部、展览馆（廊）、音乐厅、露天剧场、游戏广场、技艺表演场及舞池等。

公园中主要建筑一般都设在文化娱乐区，构成全园布局的重点，但为了保持公园的风景特色，建筑物不易过于集中，各建筑物、活动设施间要保持一定的距离，通过植物、花草、硬质铺装场地、地形及水体等进行隔离。群众性的娱乐项目常常人流量较大、密度大，而且集散时间相对集中，所以要妥善地组织交通，考虑设置足够的道路广场和生活服务设施，在规划条件允许的情况下接近公园出入口，或在一些大型建筑旁设专用出入口，以快速集散游人。

文化娱乐区的规划，应尽量结合利用地形特点，创造出景观优美、环境舒适、投资少、效果好的景点和活动区域，如可利用缓坡地设置露天剧场、演出舞台；利用下沉地形开辟下沉式广场供技艺表演、游戏及集体活动用；利用开阔的水面开展水上活动等。

（二）观赏游览区

该区的特点是占地面积大、风景优美、游人密度较小，是游人比较喜欢的区域。该区的主要功能是供人们游览、赏景参观。为达到良好的观赏游览效果，要求游人在区内分布的密度较小，以人均游览面积 100m² 左右为适，所以本区在公园中占地面积较大，是公园的重要组成部分。

该区规划时尽量选择利用现有环境优美、植被丰富、地形起伏变化、视野开阔或能临水观景之处，观赏路线在平面布置上宜曲不宜直，立面设计上也要有高低变化，以达到步移景异、层次深远、高低错落、引人入胜之动静结合的观赏景点。

（三）安静休息区

在公园中安静休息区占地面积最大，游人密度较小，专供人们宁静休息散步，欣赏自然风景。故应与喧闹的城市干道和公园内活动量较大、游人较稠密的文化娱乐区、体育区及儿童区等隔离。又由于这一区内大型的公共建筑和公共生活福利设施较少，故可设置在距主要入口较远处，但也必须与其他各区有方便的联系，使游人易于到达。

安静休息区应选择原有树木较多、绿化基础较好的地方。以具有起伏的地形（有高地、谷地、平原）、天然或人工的水面如湖泊、水池、河流甚至泉水瀑布等为最佳，具有这些条件则便于创造出理想的自然风景面貌。

安静休息区内也应结合自然风景设立供游览及休息用的亭、榭、茶室、阅览室、图书馆、垂钓之处等，布置园椅、座凳。在面积较大的安静区中还可配置简单的文化娱乐、体育设施，如棋室、网球场、乒乓球台、羽毛球场及其他场地，利用水面开展活动，如划船。

安静休息区应该是风景优美的地方，点缀在这一区内的建筑，无论从造型或配置地点上都应该有更高的艺术性，如画龙点睛般使其成为风景构成中不可缺少的一部分。此区由于绿地面积大，植物种类配置的类型也最丰富，充分利用地形和植物形成不同的风景效果，可以创造出比其他区更为清新宁静的园林气氛。

（四）儿童活动区

儿童活动区主要供学龄前儿童和学龄儿童开展各种活动。据调查，公园中少年儿童占公园游人量的 15%～30%；这个比例的变化与公园在城市中所处位置、周围环境、居住区的状况有直接关系，在居住区附近的公园，儿童的人数比例较大，离居住区较远的公园则儿童的人数比例相对较小；同时也与公园内儿童活动内容、设施、服务条件有关。

在儿童活动区内可根据不同年龄的少年儿童进行分区，一般可分为学龄前儿童区和学龄儿童区。主要活动内容和设施有：游戏场、戏水池、运动场、障碍游戏、少年宫、少年阅览室、科技馆等。用地最好能达到人均 50 m²，并按照用地面积的大小确定所设置内容的多少。用地面积较大的在内容设置上与儿童公园类似，用地面积较小的只在局部设游戏场。

（五）老年人活动区

随着城市人口老龄化速度的加快，老年人在城市人口中所占比例日益增大，公园中的老年人活动区在公园绿地中的使用率是最高的，在一些大、中等城市，很多老年人已养成了早晨在公园中晨练，白天在公园绿地中活动，晚上和家人、朋友在公园绿地散步、谈心的习惯，所以公园中老年人活动区的设置是不可忽视的问题。

大型公园的老人活动区或专类老人公园可以进行分区规划。根据老年人的习惯特点，建立活动区、聊天区、棋艺区、园艺区等区域，同时要注意根据活动内容进行动、静分区。

活动区的功能是为老年人从事体育锻炼提供服务。可以建立一个广场，四周设置体育锻炼和器材，使老人能够进行简单的锻炼。中间为空地，老人们可以举行集体活动，比如晨练、扭秧歌等，有条件的可以配置音响喇叭，为老人们活动时配置音乐。广场外围为绿色植被和道路，同时还应设置休息椅等设施。

棋艺区的功能是为爱好棋艺的老年人提供服务。可设置长廊、亭子等建筑设施供其使用，也可以在公园的浓荫地带直接设置石凳、石桌，石桌上可刻上象棋、跳棋、围棋、军棋等各类棋盘。

聊天区是为老人提供聊天、思想交流的场所。可设置茶室、亭子和露天太阳伞等设施。

园艺区的功能是为爱好花鸟鱼虫的老年人提供一显身手的机会。老年人大多喜爱花卉、鸟类，建立园艺区，可以使他们有展现才能的机会。可以设置垂钓区、遛鸟区、果园等。同时可以聘请有能力的老人，管理公园的绿色植物设施，可谓一举两得。

此外，还可以根据不同城市中老年人的爱好不同设置特色活动区域，如书画区等。

（六）体育活动区

体育活动区是公园内以集中开展体育活动为主的区域，其规模、内容、设施应根据公园及其周围环境的状况而定，如果公园周围已有大型的体育场、体育馆，则公园内就不必开辟体育活动区。

体育活动区常常位于公园的一侧，并设置的专用出入口，以利于大量观众的迅速疏散；体育活动区的设置一方面要考虑其为游人提供进行体育活动的场地、设施，另一方面还要考虑到其作为公园的一部分，须与整个公园的绿地景观相协调。

随着我国城市发展及居民对体育活动参与性的增强，在城市的综合性公园，宜设置体育活动区；该区是属于相对较喧闹的功能区域，应与其他各区有相应分隔，以地形、树丛、丛林进行分隔较好；区内可设场地相应较小的篮球场、羽毛球场、网球场、门球场、武术表演场、大众体育区、民族体育场地、乒乓球台等，如资金允许，可设室内体育场馆，但一定要注意建筑造型的艺术性；各场地不必同专业体育场一样设专门的看台，可以缓坡草地、台阶等作为观众看台，更增加人们与大自然的亲和性。

（七）园务管理区

该区是为公园经营管理的需要而设置的专用区域。一般设置有办公室、值班室、广播室及水、电、煤、通信等管线工程建筑物和构筑物、维修处、工具间、仓库、堆场杂院、车库、温室、棚架、苗圃、花圃、食堂、浴室、宿舍等。这些按功能可分为：管理办公部分、仓库部分、花圃苗木部分、生活服务部分等。

园务管理区一般设在既便于公园管理，又便于与城市联系的地方，管理区四周要与游人有所隔离，对园内、园外均要有专用的出入口。由于园务管理区属于公园内部专用区，规划布局要考虑适当隐蔽，不宜过于突出，影响景观视线。除以上公园内部管理、生产管理外，公园还要妥善安排对游人的生活、游览、通信、急救等的管理，解决游人饮食、休息、生活、购物、租借、寄存、摄影等服务。所以在公园的总体规划中，要根据游人活动规律，选择在适当地区、安排服务性建筑与设施。在较大的公园中，可设置1～2个服务中心点为全园游人服务，服务中心应设在游人集中、停留时间较长、地点适中的地方。另外再根据各功能区中游人活动的要求设置各区的服务点，主要为局部区域的游人服务，如钓鱼活动区可考虑设置租借渔具、购买鱼饵的服务设施。

<h2 style="text-align:center">四、出入口的确定</h2>

公园出入口的位置选择和处理是公园规划设计中的一项主要工作。它不仅影响游人是否能方便地前来游览，影响城市街道的交通组织，而且在很大程度上还影响公园内部的规划和分区。

公园入口一般分为主要入口、次要入口和专用入口三种。主要入口是公园大多数游人出入公园的地方，一般直接或间接通向公园的中心区。它的位置要求明显，面对游客入园的人流方向，直接和城市街道相连，但要避免设于几条主要街道的交叉口上，以免影响城市交通组织。次要入口是为方便附近居民使用、为园内局部地区或某些设施服务的，主、次入口都要有平坦的、足够的用地来修建入口处所需的设施。专用入口是为园务管理需要而设的，不供游览使用，其位置可稍偏僻，以方便管理又不影响游人活动为原则。

主要出入口的设施一般包括三个部分，即大门建筑（售票室、小卖部、休息廊等），入口前广场（汽车停车场、自行车存放处），入口后广场。次要出入口的设施则依据规模及需要而进行取舍。

入口前广场的大小要考虑游人集散量的大小，并和公园的规模、设施及附近建筑情况相适应。目前建成的公园主要入口前广场的大小差异较大，长宽在（12~50）m×（60~300）m，但以（30~40）m×（100~200）m的居多。公园附近已有停车场的市内公园可不另设停车场。而市郊公园因大部分游人是乘车或骑车来公园的，所以应设停车场和自行车存放处。

入口后广场位于大门入口之内，面积可小些。它是从园外到园内集散的过渡地段，往往与主路直接联系，这里常布置公园导游图和游园须知等。

出入口作为游人对公园的第一个视线焦点，是给游人留下的第一个印象，故在设计时要充分考虑到它对城市街景的美化作用以及对公园景观的影响。

出入口的布局方式也多种多样，其中常见的布局手法包括以下几种：

1. 欲扬先抑　这种手法适用于面积较小的园子，通常是在入口处设置障景，或者是通过强烈的空间开合的对比，使游人在入园以后有豁然开朗之感。苏州的留园、西安的曲江春晓园均在入口处采用这种手法。

2. 开门见山　通常面积较大的园子或追求庄严、雄伟的纪念性园林多采用这种手法。

3. 外场内院　这种手法一般是以公园大门为界，大门外为交通场地，大门内为步行内院。

4. T形障景　进门后广场与主要园路T形连接，并设障景以引导。

<h2 style="text-align:center">五、园路的布局</h2>

园林道路是园林的组成部分，起着组织空间、引导游览、交通联系并提供散步休息场所的作用。它像脉络一样，把园林的各个景区连成整体。园林道路本身又是园林风景的组成部分，蜿蜒起伏的曲线、丰富的寓意、精美的图案都给人以美的享受。园路布局要从园林的使用功能出发，根据地形、地貌、风景点的分布和园务管理活动的需要综合考虑，统一规划。园路须因地制宜，主次分明，有明确的方向性。

（一）园路的类型

园路分为主干道、次干道、专用道、游步道。

1. 主干道　是全园的主要道路，连接公园各功能分区、主要活动建筑设施、风景点，要求方便游人集散。通常路宽 4～6m，纵坡 8% 以下，横坡 1%～4%。

2. 次干道　是公园各区内的主道，引导游人到各景点、专类园，自成体系，组织景观。对主路起辅助作用，考虑到游人的不同需要，在园路布局中，还应为游人由一个景区到另一个景区开辟捷径。

3. 专用道　多为园务管理使用，在园内与游览路分开，应减少交叉，以免干扰游览。

4. 游步道　为游人散步使用，宽 1.2～2m。

（二）园路的布置

园路的布置在西方园林中多采用规则式布局，园路笔直宽大，轴线对称，呈几何形。中国园林多以山水为中心，园林也多为自然式布局，园路讲究含蓄；但在庭院、寺庙园林或在纪念性园林中，多采用规则式布局。园路的布置应考虑：

1. 园路的回环性　园林中的路多为四通八达的环形路，游人从任何一点出发都能游遍全园，不走回头路。

2. 疏密适度　园路的疏密度同园林的规模、性质有关，在公园内道路占总面积的 10%～12%，在动物园、植物园或小游园内，道路网的密度可以稍大，但不宜超过 25%。

3. 因景筑路　将园路与景的布置结合起来，从而达到因景筑路、因路得景的效果。

4. 曲折性　园路随地形和景物而曲折起伏，若隐若现，"路因景曲，景因曲深"，造成"山重水复疑无路，柳暗花明又一村"的情趣，以丰富景观，延长游览路线，增加层次景深，活跃空间气氛。

5. 多样性和装饰性　园林中路的形式是多种多样的，而且应该具有较强的装饰性。在人流聚集的地方或在庭院中，路可以转化为场地；在林间或草坪中，路可以转化为步石或休息岛；遇到建筑，路可以转化为"廊"；遇山地，路可以转化为盘山道、蹬道、石级、岩洞；遇水，路可以转化为桥、堤、汀步等。路又以它丰富的体态和情趣来装点园林，使园林因路而引人入胜。

（三）园路线形设计

园路线形设计应与地形、水体、植物、建筑物等结合，形成完整的风景构图，创造连续展示园林景观的空间或欣赏前方景物的透视线。主路纵坡宜小于 8%，横坡宜小于 3%，山地公园的园路纵坡宜小于 12%，否则应做防滑处理。

路的转折应衔接通顺，符合游人的行为规律，若遇到建筑、山水、陡坡等障碍时产生的弯道，其弯曲弧度要大，且外侧高，内侧低。

六、建筑的设置

公园中建筑的作用主要是创造景观、开展文化娱乐活动等，其建筑形式要与所处区域的性质、功能相协调，全园的建筑风格也应保持统一。主要建筑物通常会成为全园的主景，设置时要考虑其规模、大小、形式、风格及位置，使其具有绝对中心的地位；次要建筑物是供游人休憩、赏景用，设计时应与地形、山石、水体、植物等其他造园要素统一协调，形式风格上主要以通透、实用、造景为主，起突出主景和园中点景用；管理和附属建筑则是园内必不可少的设施，在体量上应以够用为宜，形式风格上则以简洁清淡为宜。

七、地形处理

公园地形处理，应以公园绿地需要为主题，充分利用原地形、景观，创造出自然和谐的景观骨架。结合公园外围城市道路规划标高及部分公园分区内容和景点建设要求进行，要以最少的土方量丰富园林地形。

规则式园林的地形设计，主要是应用直线和折线，创造不同高程平面的布局。规则式园林中水体主要以长方形、正方形、圆形或椭圆形为主要造型。由于规则式园林的直线和折线体系的控制，高标高平面所构成的平台，又继续了规则平面图案的布置。近些年来，欧美国家下沉式广场应用普遍，起到良好的景观和使用效果。

自然式园林的地形设计，首先要根据公园用地的地形特点，一般包括原有水面或低洼沼泽地、城市中河网地、地形多变且起伏不平的山林地等几种形式。无论上述哪种地形，基本的手法即《园冶》中所讲的"高方欲就亭台，低凹可开池沼"的"挖湖堆山"法。即使一片平地，也是"平地挖湖"，将挖出的土方堆成人造山。

公园中地形设计还应与全园的植物种植规划紧密结合。公园中的块状绿地，密林和草坪应在地形设计中结合山地、缓坡创造地形；水面应考虑水生植物、湿生、沼生植物等不同的生物学特性创造地形。山林坡度应小于33%；草坪坡度不应大于25%。

地形设计还应结合各分区规划的要求，如安静休息区、老人活动区等都要求有一定的山林地、溪流蜿蜒的小水面，或利用山水组合空间造成局部幽静环境。而文娱活动区域，不宜地形过于强烈，以便开展大量游人短期集散活动。儿童活动区不宜选择过于陡峭、险峻地形，以保证儿童活动的安全。公园地形设计中，竖向控制应包括下列内容：山顶标高、最高水位、常水位、最低水位标高、水底标高、驳岸顶部标高等。为保证公园内游园安全，水体深度一般控制在1.5～1.8m。硬底人工水体的近岸2.0m范围内的水深不得大于0.7m，超过者应设护栏。无护栏的园桥、汀步附近2.0m范围以内，水深不得大于0.5m。

在地形设计中典型应用形式有下沉式广场，该形式主要适应于地形高差变化大的地段，利用底层开展各种演出活动，周围结合地形情况而设计不同形式的台阶，围合而成下沉式露天广场。另外，应用广泛的是公园绿地中的低下沉，即下沉二、三、四级台阶，大小面积随意，形式多变，方形、圆形、流线型、折线形等丰富多彩的共享空间，可供游人聚会、议论、交谈或独坐。即使无人，下沉式广场也不影响景观，交通方便，是提供小型或大型广场演出、聚集的好形式。

八、给排水处理

1. 给水 根据灌溉、湖池水体大小、游人饮用水量、卫生和消防的实际供需确定。给水水源、管网布置、水量、水压应做配套工程设计，给水以节约用水为原则，设计人工水池、喷泉、瀑布。喷泉应采用循环水，并防止水池渗漏，取用地下水或其他废水，以不妨碍植物生长和污染环境为准。给水灌溉设计应与种植设计配合，分段控制，浇水龙头和喷嘴在不使用时应与地平。饮水站的饮用水和天然游泳池的水质必须保证清洁，符合国家规定的卫生标准。我国北方冬季室外灌溉设备、水池，必须考虑防冻措施。木结构的古建筑和古树的附近，应设置专用消防栓。喷泉设计可参照《建筑给水排水设计规范》（GB 50015—2009）

的规定。养护园林植物用的灌溉系统应与种植设计配合，喷灌或滴灌设施应分段控制。喷灌设计应符合《喷灌工程技术规范》（GB/T 50085—2007）的规定。

2. 排水 污水应接入城市活水系统，不得在地表排泄或排入湖中，雨水排放应有明确的引导去向，地表排水应有防止径流冲刷的措施。

九、植物的种植设计

全园的植物组群类型及配置，应根据当地的气候状况、园外的环境特征、园内的立地条件，结合景观构想、防护功能要求和当地居民游赏习惯确定，应做到充分绿化和满足多种游憩及审美的要求。

综合性公园的植物种植设计应注意以下几个方面：

1. 全面规划，重点突出，远期和近期相结合 公园的植物配置规划，必须从公园的功能要求出发来考虑，结合植物造景要求、游人活动要求、全园景观布局要求来进行布置安排。公园用地内的原有树木，应因地制宜尽量利用，利用其尽快形成整个公园的绿地植物骨架。在重要地区如主入口、主要景观建筑附近、重点景观区、主干道的行道树，宜选用移植大苗来进行植物配置；其他地区，则可用合格的出圃小苗；使快生与慢长的植物品种相结合种植，以尽快形成绿色景观效果。

规划中应注意在近期植物应适当密植，待树木长大长高后可以移植或疏伐。

2. 突出公园的植物特色，注重植物品种搭配 每个公园在植物配置上应有自己的特色，突出某一种或几种植物景观，形成公园的绿地植物特色。如杭州西湖的孤山（中山）公园以梅花为主景，曲院风荷以荷花为主景，西山公园以茶花玉兰为主景，花港观鱼以牡丹为主景，柳浪闻莺以垂柳为主景，这样各个公园绿地植物形成了各自的特色，成为公园自身的代表。

全园的常绿树与阔叶树应有一定的比例，一般在华北地区常绿树占 30%～40%，落叶树占 60%～70%；华中地区常绿树占 50%～60%，落叶树占 40%～50%；华南地区常绿树占 70%～80%，落叶树占 20%～30%，这样做到四季景观各异，保证四季常青。

3. 公园植物规划注意植物基调及各景区的主配调的规划 全园在树种选择上，应该有 1 个或 2 个树种作为全园的基调，分布于整个公园中，在数量上和分布范围上占优势；全园还应视不同的景区突出不同的主调树种，形成不同景区的不同植物主题，使各景区在植物配置上各有特色而不相雷同。

公园中各景区植物除了有主调以外，还应有配调，以起到相得益彰的陪衬作用。全园的植物布局，既要达到各景区各有特色，但相互之间又要统一协调，因而需要有基调树种，基调树种贯通全园，达到多样统一的效果。如北京颐和园以油松、侧柏作为基调树种遍布全园每一处，但在每一个景区中都有其主调树种，后山后湖区以油松作为基调，夏天以海棠，秋天以平基槭、山楂作为主调，并结合丁香、连翘、山桃、桧柏等一些少量的树种作为配调，使整个后山湖区四季常青、季相景观变化更替。

4. 植物规划充分满足使用功能要求 根据人们对公园绿地游览观赏的要求，除了用建筑材料铺装的道路和广场外，整个公园应全部由绿色植物覆盖起来。地被植物一般选用多年生花卉和草坪，某些坡地可以用匍匐性小灌木或藤本植物。现在草坪的研究已经达到较高的科技水平，其抗性、绿期也大大提高，所以把公园中一切可以绿化的地方都和草坪结合是可以实现的。

从改善小气候方面来考虑，冬季有寒风侵袭的地方，要考虑防风林带的种植，主要建筑物和活动广场在进行植物景观配置的时候也要考虑到创造良好小气候的要求。

全园中的主要道路，应利用树冠开展的、树形较美的乔木作为行道树；一方面形成优美的纵深绿色植物空间，另一方面也起到遮阴的作用。

在娱乐区、儿童活动区，为创造热烈的气氛，可选用红、橙、黄暖色调植物花卉；在休息区或纪念区，为了保证自然肃穆的气氛，可选用绿、紫、蓝等冷色调植物花卉。公园近景环境绿化可选用强烈对比色，以求醒目；远景绿化可选用简洁的色彩，以求概括。在公园游览休息区，要形成一年四季季相动态构图，春季观花，夏季浓荫，秋季观红叶，冬季有绿色丛林，以利游览欣赏。

为了夏季能在林荫下划船，公园中应开辟有庇荫的河流，河流宽度不得超过 20m，岸上种植高大的乔木如垂柳、毛白杨、丝绵木、水杉等喜水湿树种，夏季水面上林荫成片，可开展划船、戏水活动，如北京颐和园的后溪河每到夏天便吸引了众多的游船。在游息亭榭、茶室、餐厅、阅览室、展览馆的建筑物西侧，应配置高大的庇荫乔木，以抵挡夏季西晒。

5. 四季景观和专类园的设计是植物造景的突出点 "借景所藉，切要四时"，春、夏、秋、冬四季植物景观的创作是比较容易出效果的。植物在四季的表现不同，游人可尽赏其各种风采，春观花、夏纳荫、秋观叶品果、冬赏干观枝。因地制宜地结合地形、建筑、空间变化将四季植物搭配在一起便可形成特色植物景观。

以不同植物种类组成专类园，在公园的总体规划中是不可缺少的内容，尤其花繁叶茂、花色绚丽的专类花园是游人乐于游赏的地方。在北京园林中，常见的专类园有：牡丹园、月季园、丁香园、蔷薇园、槭树园、菊园、竹园、宿根花卉园等。上海、江浙一带常见的花卉园有：杜鹃园、桂花园、梅园、木兰园、山茶园、海棠园、兰园等。在气候炎热的南方地区，夜生活比较活跃，通常选择带香味植物开辟夜香花园。利用植物不同的花色、叶色组成各种色彩不同的专类花园也日益受到人们的喜爱，如红花园、白花园、黄花园、紫花园等。

6. 注意植物的生态条件，创造适宜的植物生长环境 按生态环境条件，植物可分为陆生、水生、沼生、耐寒喜高温及喜光耐阴、耐水湿、耐干旱、耐瘠薄等类型，那么选择合适的植物使之在不同的环境条件下种植达到良好的生长状态是很必要的。

如喜光照充足的梅、松、木棉、杨、柳；耐阴的罗汉松、山楂、棣棠、珍珠梅、杜鹃；喜水湿的柳、水杉、水松、丝绵木；耐瘠薄的沙枣、柽柳、胡杨等。不同的生态环境下选用不同的植物品种则易形成该区域的特色。

【典型案例分析】

一、上海长风公园

上海长风公园（图 8-1）建于 1956 年，总面积为 36.6hm²，在上海市区各公园中，拥有最高的人造山和最大的湖面。公园原址为吴淞江淤塞的河湾农田，采用中国传统的"挖湖堆山"手法，建成一座大水面、主景山的现代综合性公园。公园的分区和组景有 7 个部分：

1. 水上活动区 银锄湖，10hm²，可容纳 300 多条游船开展水上体育活动。

2. 文娱活动区 公园南部，有面积 8400 m² 的大草坪，供群众开展集体活动。有露天

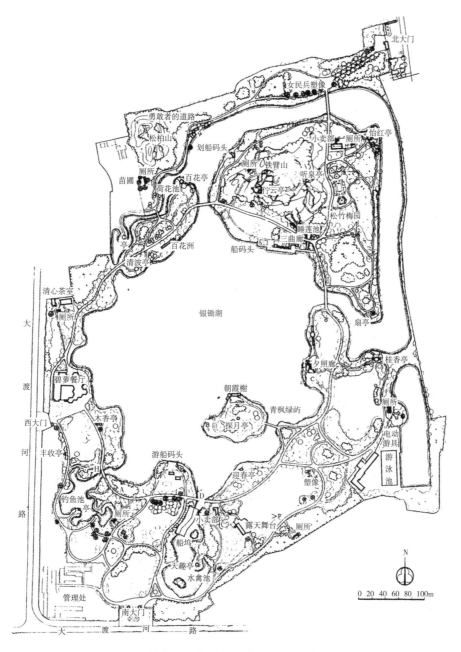

图8-1 上海长风公园总平面图

舞台、工人雕像等内容。

3. 青少年活动区 公园北端,在地形起伏的山坡松林中,有供青少年活动的约600m长的"勇敢者之路"景点。

4. 大型电动游具区 20世纪80年代新辟的游艺活动区,建成有"宇宙飞船""游龙戏水"等大型电动游戏器具。

5. 安静休息区 由8个景点组成,包括铁臂山、松竹梅园、桂林夕照、青枫绿屿、水禽天趣、钓鱼池、百花洲、餐厅茶室等。

6. 花卉苗圃区

7. 行政管理区

二、广州越秀公园

公园位于市区北部，园内的越秀山是广州名胜古迹之一，有相传的南越王"朝汉台"遗迹和建于明代的镇海楼。辛亥革命后孙中山先生创议将越秀山辟为公园。1951 年公园面积扩大，开挖人工湖，现已成为市内最大的综合性公园，面积 86 万 m²。

公园分为五个区（图 8 - 2），分别为：

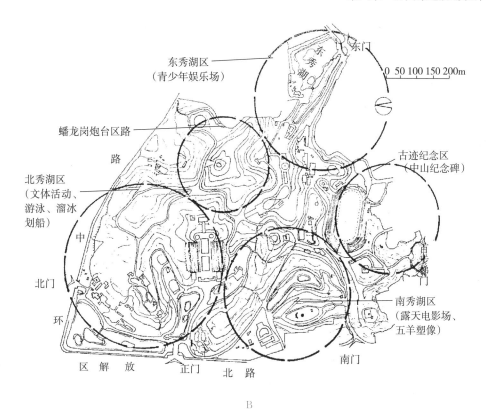

图 8-2　广州越秀公园总平面图及功能分区图
A. 总平面图　B. 功能分区图

古迹纪念区——以镇海楼为中心，东有美术馆、海员亭，南有中山先生读书治事处（越秀楼故址）、中山纪念碑，还有博物馆，鸦片战争烈士纪念碑奠基处等。

北秀湖区——以北秀湖为中心，湖心岛上由水榭、竹亭、茶廊等组成安静休憩景点。湖北为活动区，设有溜冰场、各类运动室、游泳场，以及花卉馆、听雨轩服务部等。

南秀湖区——以南秀湖为中心，为垂钓区。木壳岗顶矗立五羊塑像。桂花遍植的桂花岗顶筑有远眺亭。

东秀湖区——以东秀湖为中心，湖心有小岛和休息亭，西部有南音茶座和转车、滑车道。规划拟建剧场、演出台等。

蟠龙岗炮台区——以蟠龙岗山顶为中心，为全园制高点，可眺望全城景色，拟建楼台及休息轩廊，结合山石、泉水，成为幽静休息景点。岗顶有鸦片战争抗英重要遗址——四方炮台。

公园大部分是山地，岗峦起伏，规划布局根据原有基础，利用地形地貌组织分区和充实园景。低凹地，结合排洪挖湖，构成以东秀、南秀、北秀三湖为核心的景区。岗峦高处设置纪念性景点——镇海楼、五羊塑像、中山纪念碑、四方炮台等。

由于公园利用历史悠久的名胜古迹，且在不同时期设置有多种文体设施，所以各种类型的建筑并列，形象较为多样，但有些景区显得比较散乱。就游憩性建筑而言，早期的大多是传统的古典形式，后期的有所革新，有南方通透轻巧的特色。建筑空间与绿化环境较为融合。

绿化规划的意图是表现"四季分明"的大园林特色。春色是杜鹃、月季、紫荆、木棉、油桐等，布置在越秀山及镇海楼、五羊塑像一带；夏色是红花楹、紫薇、玉兰、夹竹桃、鸡冠花、米兰、荷花、红蒲桃等，散布全园，并在南秀湖畔配以棕榈，湖边种植荷花；秋色是羊蹄甲、秋海棠、菊等，主要布置在北秀湖区，桂花、杜鹃，布置在桂花岗；冬色是炮仗花、木芙蓉、大红花、枫香、漆树等，布置在四方炮台区。

三、太原市玉门河公园

太原市玉门河公园西临前进路，东临和平北路，玉门河由西向东从公园中部穿过。公园规划占地为 18.7hm²，其中绿地面积为 12 万 m²，占总面积的 70%；水面 2.2 万 m²。结合地形设置公园景区与活动区，地形的高低起伏、丰富变化是该公园显著的特色。公园设置有入口广场区、儿童活动区、中心文化休闲区、滨水休闲区、植物地形景观区、农田景观观光区、生态健身区等，各景区以园路及步道相连，形成景色宜人、开合相间的绿色户外休闲空间。这里体育运动场地多样，有足球场、网球场、门球场等，园内的景点搭配简洁合理，既有时代气息的标志性建筑，还有古朴典雅的亭台楼阁、小桥流水。

绿化方面，以乔、灌木植物为主，地被花卉植物为辅，植物搭配注重植物的生态习性。在广场及活动场地上用树阵方式栽植，增加绿化覆盖率，每个景区都有自己的基调树种，四季景观分布于全公园。落叶乔木有新疆杨、国槐、臭椿；常绿乔木如白皮松、油松、华山松、河南桧等，植物品种以乡土树种为主，种类达 100 种以上。

第二节　滨水公园规划设计

一、概　　述

自 20 世纪 70 年代以来，在国际城市开发潮流中，城市的滨水区日益受到重视，城市设计如何与水环境相结合，以体现人与自然的和谐相处，也受到相应的关注、阐释和发展。滨水景观是城市中最具生命力与变化的景观形态，是城市中理想的生境走廊，也是最高质量的城市绿线。

目前城市中的滨水公园大多为带状绿地，是以带状水域为核心，以水岸绿化为特征。一个完整的滨水绿带景观是由水面、水滩和水岸林带等组成，这种空间结构为鱼类、鸟类、昆虫、小型哺乳类动物及各种植物提供了良好的生存环境以及迁徙廊道，是城市中可以自我保养和更新的天然花园。

滨水公园的景观设计，应确定其总体功能定位，在此基础上考虑土地使用功能是否恰当，是否需要调整，确定景观布局的方式，进而改善相关河道与道路的关系。滨水公园范围的确定不仅指基地本身的范围，还应包括从空间、景观、视线分析得到的景观范围。

二、规划设计的原则

滨水绿带设计在整个景观设计中属于比较复杂的一类，牵涉到诸多方面的问题，不仅有陆地上的，还有水里的，更有水陆交接地带——湿地的，与景观生态的关系极为密切。要使滨水绿带景观设计取得较为理想的成效，应该遵循以下几条基本原则：

1. 系统与区域原则　城市滨水绿地建设要站在滨水绿地之外，从整个城市绿地系统乃至整个城市系统等更高级的系统出发去研究问题。江河的形成是一个自然力综合作用的过程，这种过程构成了一个复杂的系统，系统中某一因素的改变都将影响到景观面貌的整体。所以在进行滨水景观规划建设时，首先应把滨水绿地作为一个系统来考虑，从区域的角度，以系统的观点进行全方位的规划，而不应该把河道与大的区域空间分割开来，单独考虑。

2. 生态设计原则 水岸和湿地往往是原生植物保护地，以及鸟类和动物的自然食物资源地和栖息地。在滨水绿带的规划中，应该依据景观生态学原理，模拟自然江河岸线的自然生态群落结构，以绿化为主体，以植物造景为主体，强调以乡土树种为主，保护滨水绿带的生物多样性，形成水陆结合的生态网络，构架城市生境走廊，促进自然循环，实现景观的可持续发展。

3. 多功能兼顾原则 城市滨水公园的建设不单纯是营建园林景观效果这一问题，还有解决水运、防洪、改善水域生态环境、改进江河、湖泊的水质、提升滨水地区周边土地的经济价值等一系列问题。仅从某一角度出发均会有失偏颇，造成损失，因此必须统筹兼顾，整体协调。所以必须在满足基本使用功能的前提下，合理考虑景观、生态等需求，把滨水绿地建设成多功能兼顾的复合城市公共空间，以满足现代城市生活多样化的需求。

4. 景观与文化相结合原则 自然景观整治与文化景观（人文景观）保护相结合，是城市滨水绿地体现城市历史文化底蕴、突出滨水绿地文化内涵和地方景观特色的重要手段。特别是对一些具有深厚历史文化的名城，充分挖掘城市历史文化特色，利用园林景观表现手法加以表达，保持城市历史文脉的延续性，是滨水绿地生态规划设计的重要原则，它对恢复和提高滨水景观的活力，增强滨水绿地的地方特色、文化性、趣味性等均有十分重要的意义。

三、滨水空间的处理与竖向设计

1. 空间的处理 作为"水陆边际"的滨水绿地，多为开放性空间，其空间的设计往往兼顾外部街道空间景观和水面景观，人的站点及观赏点位置处理有多种模式，其中有代表性的有以下几种：外围空间（街道）观赏；绿地内部空间（道路、广场）观赏、游览、停憩；临水观赏；水面观赏、游乐；水域对岸观赏等。为了取得多层次的立体观景效果，一般在纵向上，沿水岸设置带状空间，串连各景观节点（一般每隔 300～500m 设置一处景观节点），构成纵向景观序列。

2. 竖向设计 竖向设计考虑带状景观序列的高低起伏变化，利用地形堆叠和植被配置的变化，在景观上构成优美多变的林冠线和天际线，形成纵向的节奏与韵律；在横向上，需要在不同的高程安排临水、亲水空间，滨水空间的断面处理要综合考虑水位、水流、潮汐、交通、景观和生态等多方面要求，所以要采取一种多层复式的断面结构。这种复式的断面结构分成外低内高型、外高内低型、中间高两侧低型等几种。低层临水空间按常水位来设计，每年汛期来临时允许淹没。这两级空间可以形成具有良好亲水性的游憩空间。高层台阶作为千年一遇的防洪大堤。各层空间利用各种手段进行竖向联系，形成立体的空间系统。

四、滨水公园水系的设计

江河湖海水系是大地景观生态的主要基础设施，在规划设计时应尽量去维护和恢复水系的自然形态。

1. 保持水系的自然形态 水草丛生、游鱼戏水的自然水系，水床起伏多变，基质或泥或沙或石丰富多样，水流或缓或急，形成了多种多样的生境组合，从而为多种水生植物和其他生物提供了适宜的环境，是生物多样性的景观基础，还可减低河水流速，蓄洪涵土，削弱洪水的破坏力，尽显自然形态之美。此外，水、土、植物、动物、微生物之间形成的物质和能量循环系统，可使水体具有很好的自净能力。

2. 保持水系的连续性 当水流穿过城市的时候，应尽量保持水系的连续性。这样做的优点是：用于休闲与美化的水不在其多，而在于其动、在于其自然，同时流水的水质较好，能防止生境被破坏，使鱼类及其他生物的迁徙和繁衍过程不受阻，有利于下游河道的景观。

五、滨水公园驳岸的处理

滨水绿地陆域空间和水域空间通常存在较大高差，由于景观和生态的需要，要避免传统的块石驳岸平直生硬的感觉，临水空间可以采用以下几种断面形式进行处理。

1. 自然缓坡型 通常适用于较宽阔的滨水空间，水陆之间通过自然缓坡地形，弱化水陆的高差感，形成自然的空间过渡，地形坡度一般小于基址土壤自然安息角。临水可设置游览步道，结合植物的栽植构成自然弯曲的水岸，形成自然生态、开阔舒展的滨水空间。

2. 台地型 对于水陆高差较大，绿地空间又不很开阔的区域，可采用台地式弱化空间的高差感，避免生硬的过渡。即将总的高差通过多层台地化解，每层台地可根据需要设计成平台、铺地或者栽植空间，台地之间通过台阶沟通上、下层交通，结合种植设计遮挡硬质挡土墙砌体，形成内向型临水空间。

3. 挑出型 对于开阔的水面，可采用该种处理形式，通过设计临水或水上平台、栈道满足人们亲水、远眺观赏的要求。临水平台、栈道地表标高一般参照水体的常水位设计，通常根据水体的状况，高出常水位 0.5～1.0m，若风浪较大区域，可适当抬高，在安全的前提下，尽量贴近水面为宜。挑出的平台、栈道在水深较深区域应设置栏杆，当水深较浅时，可以不设栏杆或使用座凳栏杆围合。

4. 引入型 该种类型是指将水体引入绿地内部，结合地势高差关系组织动态水景，构成景观节点。其原理是利用水体的流动个生，以水泵为动力，将下层河、湖中的水泵到上层绿地，通过瀑布、溪流、跌水等水景形式再流回下层水体，形成水的自我循环。这种利用地势高差关系完成动态水景的构建比单纯的防护性驳岸或挡土墙的做法要科学美观得多，但由于造价和维护等原因，只适用于局部景观节点，不宜大面积使用。

六、道路系统的布局

滨水绿地内部道路系统是构成滨水绿地空间框架的重要手段，是联系绿地与水域、绿地与周边城市公共空间的主要方式，现代滨水绿地道路的设计就是要创造人性化的道路系统，除了可以为市民提供方便、快捷的交通功能和观赏点外，还能提供合乎人性空间尺度、生动多样的时空变换和空间序列。

（1）提供人车分流、和谐共存的道路系统，串联各出入口、活动广场、景观节点等内部开放空间和绿地周边街道空间。

人车分流是指游人的步行道路系统和车辆使用的道路系统分别组织、规划，一般步行道路系统主要满足游人散步、动态观赏等功能，串联各出入口、活动广场、景观节点等内部开放空间，主要有游览步道、台阶蹬道、步石、汀步、栈道等几种类型组成；车辆道路系统

（一般针对较大面积的滨水绿地考虑设置，一般小型带状滨水绿地采用外部街道代替）主要包括机动车（消防、游览、养护等）和非机动车道路，主要连接与绿地相邻的周边街道空间，其中非机动车道路主要满足游客利用自行车、游览人力车游乐、游览和锻炼的需求。规划时宜根据环境特征和使用要求分别组织，避免相互干扰。如很多滨水绿地，由于湖面开阔，沿湖游览路线除考虑步行散步观光外，还考虑无污染的电瓶游览车道满足游客长距离的游览需要，做到各行其道，互不干扰。

（2）提供舒适、方便、吸引人的游览路径，创造多样化的活动场所。

绿地内部道路、场所的设计应遵循舒适、方便、美观的原则。其中，舒适要求路面局部相对平整，符合游人的使用尺度；方便要求道路线形设计尽量做到方便快捷，增加各活动场所的可达性，现代滨水绿地内部道路考虑观景、游览趣味与空间的营造，平面上多采用弯曲自然的线形组织环行道路系统，或采用直线和弧线、曲线结合，道路与广场结合等形式串联入口和各节点以及沟通周边街道空间，立面上随地形起伏，构成多种形式、不同风格的道路系统；而美观是绿地道路设计的基本要求，与其他道路相比，园林绿地内部道路更注重路面材料的选择和图案的装饰以达到美观的要求，一般这种装饰是通过路面形式和图案的变化获得，通过这种装饰设计，创造多样化的活动场所和道路景观。

（3）提供安全、舒适的亲水设施和多样的亲水步道，增进人际交往与地域感。

滨水绿地是自然地貌特征最为丰富的景观绿地类型，其本质的特征就是拥有开阔的水面和多变的临水空间。对其内部道路系统的规划可以充分利用这些基础地貌特征创造多样化的活动场所，诸如临水游览步道、伸入水面的平台、码头、栈道，以及贯穿绿地内部备节点的各种形式的游览道路、休息广场等，结合栏杆、座凳、台阶等小品，提供安全、舒适的亲水设施和多样的亲水步道，以增进人际交流和创造个性化活动空间。具体设计时应结合环境特征，在材料选择、道路线形、道路形式与结构等方面分别对待，材料选择以当地乡土材料为主，以可渗透材料为主，增进道路空间的生态性，增进人际交往与地域感。

七、景观建筑及小品的设置

滨水绿地为满足市民休息、观景以及点景等功能要求，需要设置一定的景观建筑、小品。一般常用的景观建筑类型包括：亭、廊、花架、水榭、茶室、码头、牌坊（楼）、塔等，常用景观小品包括：雕塑、假山、置石、座凳、栏杆、指示牌等。

滨水绿地中建筑、小品的类型与风格的选择主要根据绿地的景观风格的定位来决定，反过来，滨水绿地的景观风格也正是通过景观建筑、小品来加以体现的。滨水绿地的景观风格主要包括古典景观风格和现代景观风格两大类。

1. 古典景观风格建筑及小品　古典景观风格的滨水绿地往往以仿古、复古的形式，体现城市历史文化特征，通过对历史古迹的恢复和城市代表性文化的再现来表达城市的历史文化内涵，该种风格通常适用于一些历史文化底蕴比较深厚的历史文化名城或历史保护区域。例如扬州市古运河滨河风光带的规划，由于扬州是拥有2000多年历史的国家历史文化名城，加之古运河贯穿城市的历史保护区域，所以该滨河绿地的景观风格定位是以体现扬州"古运河文化"为核心，通过古运河沿岸文化古迹的恢复、保护建设，再现古运河昔日的繁华与风貌，滨河绿地内部与周边建筑均以扬州典型的"徽派"建筑风格为主。

2. 现代景观风格建筑及小品　对于一些新兴的城市或区域，滨水绿地景观风格的定位往往根据城市建设的总体要求会选择现代风格的景观，通过雕塑、花架、喷泉等景观建筑、小品加以体现。例如上海黄浦江陆家嘴一带的滨江绿地和苏州工业园区金鸡湖边的滨湖绿地等，虽然上海、苏州同样为历史文化名城，但由于浦东和苏州工业园区均为新兴的现代城市区域，所以在景观风格的选择上选择现代景观风格为主，通过现代风格的景观建筑、小品来体现城市的特征和发展轨迹。

总之，滨水绿地景观风格的选择，关键在于与城市或区域的整体风格的协调。建筑及小品的设置也应该体量小巧、布局分散，能融于绿地大环境之中，才能设计出富有地方特色的有生命力的作品。

八、植物生态群落的种植设计

植物是恢复和完善滨水绿地生态功能的主要手段，以绿地的生态效益作为主要目标，在传统植物造景的基础上，除了要注重植物观赏性方面的要求，还要结合地形的竖向设计，模拟水系形成自然过程所形成的典型地貌特征（如河口、滩涂、湿地等）创造滨水植物适生的地形环境，以恢复城市滨水区域的生态品质为目标，综合考虑绿地植物群落的结构。另外在滨水生态敏感区引入天然植被要素，比如在合适地区建设滨水生态保护区，以及建立多种野生生物栖息地等，建立完整的滨水绿色生态廊道。

1. 绿化植物品种的选择

（1）除常规观赏植物的选择外，要注重培育地方性的耐水性植物或水生植物。

（2）要高度重视水滨的复合植被群落，它们对河岸水际带和堤内地带这样的生态交错带尤其重要。

（3）植物品种的选择要根据景观、生态等多方面的要求，在适地适树的基础上，还要注重增加植物群落的多样性。

（4）利用不同地段自然条件的差异，配置各具特色的人工群落。

2. 尽量采用自然化设计，模仿自然生态群落的结构

（1）植物的搭配——地被、花草、低矮灌木与高大乔木的层次和组合，应尽量符合水滨自然植被群落的结构特征。

（2）在水滨生态敏感区引入天然植被要素，比如在合适地区植树造林恢复自然林地，在河口和河流分合处创建湿地，转变养护方式培育自然草地，以及建立多种野生生物栖身地等。

这些仿自然生态群落具有较高生产力，能够自我维护，方便管理且具有较高的环境、社会和美学效益，同时，在消耗能源、资源和人力上具有较高的经济性。

【典型案例分析】

太原汾河公园

太原汾河公园建于 1998 年 10 月，2000 年 9 月首期工程完工并对外开放。景区全长 6km，宽 500m，占地 300hm^2。

一、规划创意

着眼于大幅度改善太原市的"呼吸系统"，提高水体和环境生态质量，打造水利、生态、运动、休闲、旅游、商业多功能为一体的开放式城市滨水空间，为城市开辟一条绿色风景线为目标，以创造"人、城市、生态、文化"的多元共生空间为主题，遵循如下四个基本设计理念：

（1）"以人为本"的核心理念。

（2）"都市空间"的城市理念。

（3）"回归自然"的生态理念。

（4）"多元地域"的文化理念。

二、设计原则

（1）充分保证满足城市防洪要求。

（2）保护、合理利用水资源，强化生态改造，提高城市环境质量。

（3）体现地域文化特征和历史渊源，景观具有鲜明个性和风格。

（4）坚持可持续发展的原则，精心设计，统一规划，统一建设，分步实施，留有余地，滚动发展。

（5）以人为本，关注市民可达性、亲和性，特别关心老、幼、残疾人等特殊人群的需求。

（6）结合产业经营，兼顾未来管理、运营。

（7）结合两岸现有景观，统一筹划，相互借景，形成整体城市景观。

三、规划布局

汾河城区段贯穿城市南北，规划设计结合周围自然人文环境、城市区位、功能、景观特征，使整个公园由4座桥和4座橡胶坝形成"一核三段、六个景区"有机相连的空间序列结构。一核为"星座广场"核心景区。在城市中轴线迎泽大街与汾河生态绿化轴的交汇处迎泽大桥周围形成水、陆、地上、地下复合型的星座广场，创造一个新的标志性、象征性和时代感极强的城市形象支点。三段为北部生态绿林区、中部公共活动区、南部生态绿林区。形成静—动—静的空间结构模式，并与未来两侧汾河绿化美化延伸一气呵成，浑然一体。公园两岸带状绿化平台上分布着6个景区、4个广场、10个园子，建设了14个各具特点的景观景点。沿汾河西岸，"晋汾古韵""梨园余音""五环生辉"广场，分别反映了悠久的三晋历史文脉、博大精深的戏曲文化和活力四溢的体育健身场景。沿汾河东岸"汾河晚渡""千禧龙腾""雁丘""沙滩碧水""超越时空""生命之源""日台""七亭""渡口""画舫""乐坛"等景点，依水造景、依绿设景，畅游其间，使游览者可领略到现代文明与大自然的完美结合。它们各具深刻的文化内涵，通过一系列广场、雕塑、小品、水景、亲水平台、浮桥、专业植物园、儿童、老年人休闲、体育活动场、游泳池、游船、码头等为人们提供集散、休闲、观水、观景的场所，构成了最具魅力的城市客厅。

四、创新与特色

（1）正确处理城市水利与滨水城市的关系。分槽方案，排污暗涵，中水回灌、亲水平台、游船码头、浮桥园路等突出了人对水的亲水特性。

（2）保持生态与绿色田园式的品质。乡土树种、草、灌、林相结合，疏密相间，10 个植物园形成的春、夏、秋、冬景致，河道内保留的原有河洲、鸟岛，体现了生态性、自然性，达到了水天一色、天人合一的景观效果。

（3）以人与自然和谐共生为载体，追溯汾河文化，通过再现"柳溪园""雁丘""台骀治汾"及古晋阳八景之一"汾河晚渡"等昔日的汾河自然文化，传承历史文脉，展现长天、落日、河滩、宿雁的生动景象。

（4）延续城市肌理，为市民提供休闲客厅。通过 6 个主题广场、10 个亲水平台，老年人、儿童活动场所等，拓展城市空间，创造了"天时、地利、人和"相融共生的城市空间。

五、植物配置

公园共种植乔木 13782 株、灌木 6374 株，色块 3.8 万 m^2，草坪 82 万 m^2，形成 130 万 m^2 的绿地和 178 万 m^2 的水面，使市区人均增加公共绿地 1.5 m^2。在人口密集的市区中心，形成如此规模的绿色走廊，对净化空气、消除水体污染、调节气温、增加空气湿度产生了重要作用。据观测，该区域夏季最高气温比其他区域降低 3～4℃，相对湿度提高 10%～20%，每日可生产新鲜氧气 1678.5t，吸收降解废气 3480t。

第三节　其他公园规划设计

一、动物园规划设计

动物园是集中饲养、展览和研究野生动物及少量优良品种家禽、家畜，供观赏、普及科学知识，进行科学研究和动物繁育，并具有良好设施的绿地。在大城市中一般独立设置，中、小城市常附设在综合公园中。

（一）动物园的性质与任务

动物园的主要任务是普及动物科学知识，向游人介绍各种动物的名称、产地、习性、用途等，了解动物在世界各地的分布、资源状况，以及动物与人类的关系等。动物园作为中小学生生物课的直观教材和大学生物系学生的实习基地。研究野生动物的驯化和繁殖，通过对野生动物的驯化和饲养、观察其习性，并对其病理和治疗方法以及动物的繁殖进行研究，从而进一步揭示动物的变异进化规律，创造新品种，使动物为人类服务。积极参与濒临灭种的野生动物的保护工作。通过动物资源的国际交流，增进各国的友谊。

（二）动物园的分类

由于动物收集、交流不易，饲养成本和饲养技术要求较高，同时对猛兽的饲养还涉及安全问题，因此，动物园的建立还不够普及。各地应根据经济力量和可能条件，量力而行。

目前，国内动物园依其规模（主要指饲养动物品种数）可分为以下 5 种：

1. 全国性动物园　如北京、上海、广州三市的动物园，展出动物品种将逐步达到 700 种，用地面积一般在 60hm² 以上。

2. 地区性动物园　如天津、哈尔滨、西安、成都、武汉五个城市的动物园，展出动物品种约 400 种，用地面积一般为 20～60hm²。

3. 特色性动物园　指一般省会城市的动物园，如长沙、杭州等地动物园，主要展出本地野生特产动物，展出品种控制在 200 种左右，面积宜在 15～60hm²。

4. 大型野生动物园 指位于城郊风景区内的动物园，动物展示由笼养发展为自然环境中的散养，展出的动物种类和数量都是其他动物园所无法相比的，游人参观路线可以分为步行系统和车行系统，用地面积大于 $100hm^2$。

5. 小型动物展区（动物角） 指中、小城市动物园和附设在综合性公园中的动物展区，如南京玄武湖菱洲动物园、上海杨浦公园动物展区等，展出动物品种在 200 个以下，用地面积应小于 $15hm^2$。在《公园设计规范》中规定，在已有动物园的城市，综合性公园中不得设大型动物、猛禽类动物展区，鸟类、金鱼类、兔类、猴类展区可在综合性公园内选择一个角落布置。

（三）动物园的功能分区

大中型动物园，一般可分为以下几个区：

1. 科普区 科普区是全园科普科研活动的中心，区内可设标本室、解剖室、化验室、研究室、宣传室、阅览室、录像放映厅等。如南京红山森林动物园两栖爬行馆以普及科普知识为主，展厅内既有仿实景展示的动物，又有大型的解说式展板。一般布置在出入口地段，使其用地宽敞，交通方便。

2. 动物展区 动物展区是动物园用地面积最大的区域。不论是笼养式动物园还是放养式动物园，展览顺序的安排是体现动物园设计主题的关键。

（1）按动物的进化顺序安排。我国大多数动物都以突出动物的进化顺序为主，即由低等动物到高等动物，由无脊椎动物——鱼类——两栖类——爬行类——鸟类——哺乳类。在这顺序下，结合动物的生态习性、地理分布、游人爱好、地方珍贵动物、建筑艺术等，作局部调整。

（2）按动物原产地进行安排。按照动物原产地的不同，结合原产地的自然风景、人文建筑风格来布置陈列动物。其优点是便于了解动物的原产地、动物的生活习性，体会动物原产地的景观特征、建筑风格及风俗文化，具有较鲜明的景观特色。其缺点是难以使游人宏观感受动物进化系统的概念，饲养管理上不便。

（3）按动物生态习性安排。即按动物生活环境，如分水生、高山、疏林、草原、沙漠、冰山等，这种布置对动物生长有利，园容也生动自然。如长春动植物园，在园内开辟了一处近 $10hm^2$ 的长白山原野展区，在原野东部的湖西岸，利用城市的建筑垃圾、挖湖的泥土，人工堆建了一座占地 $3hm^2$，高 40m 的大山。从山下至山顶，模拟长白山区植物的垂直分布带特点，分带种植代表植物，形成长白山植物景观特点。原野的周围用沟隔起来，在其内除种植大量的野生植物外，还把北方的野生动物散放到原野内。原野内不搞建筑，动物在山洞或地穴里栖息。在原野的外缘还修建熊、野猪等的小原野。这种展览形式，不仅对动物生长有利，而且还可增加人们的游览兴致，给人们以自然美的享受。

（4）按游人参观的形式安排。大型的动物园可以按游人参观的形式分为车行区和步行区。如重庆野生动物世界，园区以放养式观赏野生动物方式为主，步行区游览占地 $187hm^2$，由长林山、熊猫山、白虎山、凤凰山四山相抱，在步行区游览中，游客也可以乘电瓶车游览步行区。步行区分为五大区：灵长动物区、大型食草动物区、涉禽区、猛兽动物区、鹦鹉长廊和表演区。车行区是目前国内最大最符合野生动物生活的放养式展示观赏区，占地面积为 $147hm^2$，观赏线路达 5km，途经澳大利亚丛林、猛兽王国、欧亚大陆和非洲原野四大区域。整个车行区是野生动物世界最为精彩壮观、完全自然生态的野生动物观赏区。

3. 服务休息区 包括科普宣传廊、小卖部、茶室、餐厅、摄影部等。如上海动物园将此区置于园内中部地段，并配置大片草地、树林和水面，不仅方便了游人，也为游人提供了大面积的景色优美的休息绿地，这种布置方法比零星分布的布局要好得多。

4. 办公管理区 包括饲料站、兽疗所、检疫站、行政办公室等，其位置一般设在园内隐蔽偏僻处，并要有绿化隔离，但要与动物展区、动物科普馆等有方便的联系。此区应设专用出入口，以便运输与对外联系，有的将兽医站、检疫站设在园外。

（四）动物园规划设计要点

（1）动物园要选在地形起伏、有山岗、有平地、有水面、绿化基础好，能够为动物、植物提供良好的生存条件，具有不同小气候的郊区，原则上在城市的下风口，要远离居民区，但要交通便利。

（2）动物园应有明确的功能分区，各区既互不干扰，又有联系，以方便游客参观和工作人员管理。

（3）动物的笼舍和服务建筑应与出入口、广场、导游线相协调，形成串联、并联、放射、混合等方式，以方便游人全面或重点参观。

（4）游览路线建议以景物引导，符合人行习惯，一般逆时针右转，主要道路和专用道路要求能通行汽车，以便管理使用。

（5）外围应设围墙、隔离沟和林地，设置方便的出入口、专用出入口，以防动物出园伤害人、畜。

（五）动物园绿化设计要点

动物园绿化首先要维护动物生活，结合动物生态习性和生活环境，创造自然生态模式。另外，要为游人创造良好的休息条件，创造动物、建筑、自然环境相协调的景致，开成山林、河湖、鸟语花香的美好境地。其绿化也应适当结合动物饲料的需要，结合生产，节省开支。

动物笼舍内和笼舍附近的绿化植物种类应该是对动物无害的，不能种茎、叶、花、果有毒或有尖刺的植物，以免动物受害，最好也不种动物喜食的树种。可多种动物不吃的又无害的植物，也可将植物与动物隔离开，或对树干加以保护。

在园的外围应设置宽 30m 的防风、防尘、杀菌林带。在陈列区，特别是兽舍旁，应结合动物的生态习性，表现动物原产地的景观，既不能阻挡游人的视线，又要满足游人夏季遮阳的需要。在休息游览区，可结合干道、广场，种植林荫树、设置花坛、花架。在大面积的生产区，可结合生产种植果木、生产饲料。

【典型案例分析】

一、广州动物园

广州动物园（图 8-3）占地 33.4hm²，现有动物 240 种，1513 只，于 1958 年开放。动物园地形丘陵起伏，北高南低。最初按照动物的进化顺序排列笼舍，后经多年实践后，逐渐改为按照以动物的习性分类来排列笼舍布局。总体规划方案是在原有动物园的基础上规划扩建，将西南扩展后，面积达 50hm²。对原有功能区划进行调整，大门改为南入口，灵长类展区扩大，鸟类展区搬至西南，将通风、朝向不好的地区设置为飞禽和猛兽区。动物笼舍的安排考虑参观的低潮和高潮，以免游人过于集中拥挤。

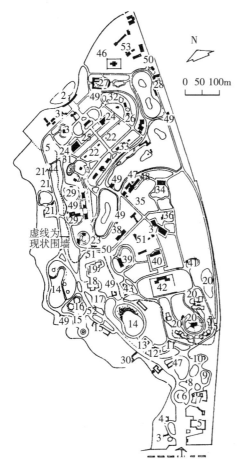

1.南入口　2.北入口　3.管理室　4.接待室　5.科教电影　6.爬虫馆　7.爬虫馆　8.海龟池　9.鳄鱼池　10.蟒蛇池　11.鸽类　12.家禽笼　13.鸽类　14.浅底繁殖池　15.猛禽笼　16.孔雀笼　17.鹦鹉笼　18.走禽笼　19.鸡禽笼　20.鹿区　21.猞猁、狼豹　22.小型兽舍　23.犀牛　24.黑猩猩　25.狒狒　26.山魈　27.水族馆　28.昆虫馆　29.狮虎山　30.猩猩馆　31.黑猩猩　32.长臂猿　33.猛兽笼　34.猴山　35.小熊猫　36.熊猫馆　37.袋鼠馆　38.河马池　39.象房　40.长颈鹿　41.熊窝　42.斑马　43.骆驼　44.棕熊　45.儿童活动区　46.生活区　47.小卖部　48.摄影部　49.休息亭　50.公厕　51.犀牛笼　52.其他鸟类　53.兽医院

图 8-3　广州动物园规划图

二、杭州动物园

杭州动物园（图 8-4）位于西湖之南，临近虎跑的白鹤峰下。园址山峦起伏，园内高差达 40m，绿树成荫，构成了一座山林动物园。目前占地面积 20hm²，展出我国特产的各种珍贵动物，如大熊猫、金丝猴、东北虎、丹顶鹤等，共 150 种，约 1000 只。杭州地理上处于亚热带边缘，鸟类和爬虫类品种很多，同时杭州又是金鱼的发源地。结合地区的特性及靠近虎跑风景点的特殊性，动物园把金鱼、鸟类、爬虫类、虎作为展出的重点。笼舍布局利用原地形条件，减少土方量，并从饲养方便的角度，采用"大集中、小分散"的原则。

（1）按动物生态习性安排，喜山靠山，喜水靠水。

（2）按动物的珍贵程度安排，把有地区代表性的动物安排在重点位置。

（3）把游人喜闻乐见的动物安排在重点位置。

（4）从动物饲养管理方便考虑，将同类饲料的动物就近安排。

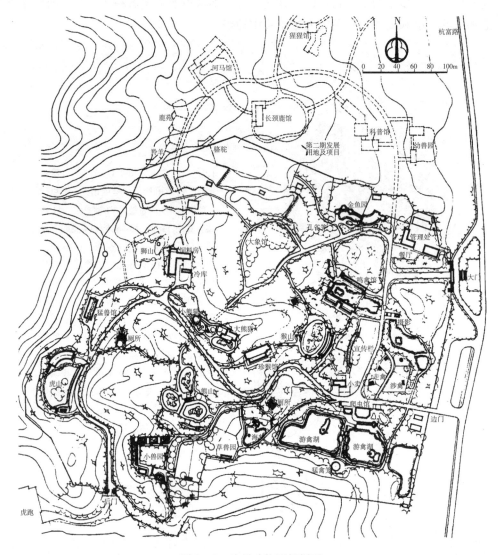

图 8-4 杭州动物园规划图

主干道路宽 4m，总长 1km，园地形变化大，无法形成环路。小路宽 2～3m，总长约为 3km。全园面积分配为建筑 15816m² （含活动场地 10508m² ）；道路为 10407m²；水面 10604m²；绿地 156313m²；生产基地 5400m²。

三、太原市动物园

该园位于省城东北隅的卧虎山上，距市中心 6km，占地面积 79.36hm²，地形为东南高、西北低，海拔 816～889m，东西直线长约 2.5km，南北平均宽约 1km，全园有各种树木 70 余种，植物数量达 30 万株，草坪面积达 60 万 m²，绿地率达 85% 以上。

全园在规划设计时充分利用原有地形、地貌、水体、植被、树木等自然环境条件和设施，坚持以建设人、动物与自然生态环境相互融合的方针，创造适合动物生存、易于游客观赏及休闲娱乐、科研、教育、动物保护于一体的景观型、生态型城市动物园。

全园根据功能划分为六个景区，分别是专为儿童设计的"小小天地"景区，种植各种花卉的"百花苑"景区，以饲养猕猴为主的"花果山"景区，以水禽湖、百花苑、孔雀苑为主的"鸟语蓝山"景区，以饲养野驴和鸵鸟等食草动物为主的"草原风情"景区，由熊山、狮馆、虎园、豹馆组成的"自然森林"景区。全园共有各种动物160种、2487余头（只），现在太原动物园已成为山西省最大的野生动物异地保护、繁殖、科普宣传、疾病研究、防治于一体的城市动物园，也是华北地区以圈养和散养相结合的综合性动物园。在动物展示和游人参观方式上，则采取了变静态参观为动态参与，变全部笼养为部分散养，形成了人与动物的互动效果。

二、植物园规划设计

（一）植物园的性质与任务

植物园是植物科学研究机构，也是采集、鉴定、引种驯化、栽培实验的中心，可供人们游览的公园。其主要任务是发掘野生植物资源，引进国内外重要的经济植物，调查收集稀有珍贵和濒危植物的种类，以丰富栽培植物的种类或品种，为生产实践服务。研究植物的生长发育规律，植物引种后的适应性和经济性及遗传变异规律，总结和提高植物引种驯化的理论和方法。建立具有园林外貌和科学内容的各种展览和试验区，作为科研、科普的园地。同时，植物园还担负着向人民普及植物科学知识的任务。除此之外，还应为广大人民群众提供游览休息的场所。

（二）植物园的分类

植物园按其性质可分为：综合性植物园和专业性植物园。

1. 综合性植物园　综合性植物园兼有多种职能，即科研、游览、科普及生产，一般规模较大，占地面积在 $100hm^2$ 左右，内容丰富。

目前在我国，这类植物园的隶属关系有的归中国科学院系统，以科研为主结合其他功能，如北京植物（南园）、南京中山植物园、武汉植物园、昆明植物园、贵州植物园、庐山植物园、华南植物园、西双版纳植物园等；有的归园林系统，以观光游览为主，结合科研科普和生产功能，如北京植物园（北园）、上海植物园、青岛植物园、杭州植物园、厦门植物园、深圳仙湖植物园、洛阳植物园。

2. 专业性植物园　专业性植物园指根据一定的学科专业内容布置的植物标本园。如树木园、花圃园。这类植物园大多数属于科研单位、大专院校。所以，又可以称之为附属植物园，如浙江大学植物园、广州中山大学标本园、南京药用植物园、武汉大学树木园。

（三）植物园功能分区

综合性植物园主要分为两大部分，即以科普为主，结合科研与生产的展览区和以科研为主，结合生产的苗圃试验区。此外还有职工生活区。

1. 科普展览区　目的在于把植物生长的自然规律，以及人类利用植物、改造植物的知识陈列和展览出来，供人们参观学习。主要内容如下：

（1）植物进化系统展览区。该区是按照植物进化系统分目、分科布置，反映出植物由低级到高级的进化过程，使参观者不仅能得到植物进化系统的概念，而且对植物的分类及各科、属特征也有个概括了解。但是往往在系统上相近的植物，对生态环境、生活因子要求不一定相近，在生态习性上能组成一个群落的植物，在分类系统上又不一定相近，所以在植物配置上只能做到大体上符合分类系统的要求。即在反映植物分类系统的前提下，结合生态习性要求，园林艺术效果进行布置。这样既有科学性，又切合客观实际，容易形成较优美的园林外貌。

（2）经济植物展览区。是展示经过搜集以后认为大有前途，经过栽培试验证实有用的经济植物。为农业、医药、林业以及园林结合生产提供参考资料，并加以推广。一般按照用途分区布置。如药用植物、纤维植物、芳香植物、油料植物、淀粉植物、橡胶植物、含糖植物等。

（3）抗性植物展览区。随着工业水平高速度的发展，所引起的环境污染，不仅危害人民的身体健康，而且对农作物、渔业等也有很大的伤害。植物能吸收氯化氢、二氧化硫、二氧化氮、氨等有害气体，早已被人们所了解，但是其抗有毒物质的强弱、吸收有毒气体的能力大小，常因树种不同而异，这就必须进行研究、试验、培育，把证明对大气污染物质有较强抗性和吸收能力的树种，挑选出来，按其抗毒物质的类型、强弱分组移植本区进行展览，也为园林绿化选择抗性树种提供可靠的科学依据。

（4）水生植物区。根据植物有水生、湿生、沼泽生等不同特点，喜静水或动水的不同要求，在不同深浅的水体里，或山石溪流之中，布置成独具一格的水景园，既可普及水生植物方面的知识，又可为游人提供良好的休息环境。但是水体表面不能全被植物封闭，否则水面的倒影和明暗变化都会被植物所掩盖，影响景观，所以经常要用人工措施来控制其蔓延。

（5）岩石植物区。该区多设置在地形起伏的山坡地上，利用自然裸露岩石造成岩石园或人工布置山石，配以色彩丰富的岩石植物和高山植物进行展出，并可适量修建一些体型轻巧活泼的休息建筑，构成园内一个风景点，用地面积不大，却能给人留下深刻的印象。

（6）树木区。展览本地区或从国内外引进的一些在当地能够露地生长的主要乔、灌木树种。此区一般占地面积较大，展览用地的地形、气候条件、土壤类型厚度都要求丰富些，以适应各种类型植物的生态要求。植物的布置，通常按地理分布栽植，借以了解世界木本植物分布的大体轮廓。也可以按分类系统布置，便于了解植物的科、属特性和进化线索，究竟以何种形式布置一般依照具体情况而定。

（7）专类区。把一些具有一定特色、栽培历史悠久、品种变种丰富，用途广泛和具有很高观赏价值的植物，加以搜集，辟为专区集中栽植，如山茶、杜鹃、月季、玫瑰、牡丹、芍药、荷花、槭树等任一种均可形成专类园，也可以由几种植物根据生态习性要求、观赏效果等加以综合配置，能够收到更好的艺术效果。以杭州植物园中的槭树、杜鹃园为例，此区以配置杜鹃、槭树为主。槭树树形、叶形都很美观，杜鹃花色彩艳丽，两者相配，衬以叠石，便可形成一幅优美的画面。但是它们都喜阴湿环境，故以山毛榉科的常绿树为上木，槭树为中木，杜鹃为下木，既满足了生态习性要求，又丰富了垂直构图的艺术效果。园中辟有草坪，设凉亭供游人休息，景色十分优美。

（8）温室区。温室区是展出不能在本地区露地越冬，必须有温室设备才能正常生长发育的植物。为了适应体形较大的植物生长和游人观赏的需要，温室的高度和宽度，都远远超过一般繁殖温室，体形庞大，外观雄伟，是植物园中的重要建筑。温室面积的大小依展览内容多少、品种体形大小以及园址所在地的地理位置等因素有关，如北方天气寒冷，进温室的品种必然多于南方，所以温室面积就比南方大一些。

植物园中科普展览区常见的类型主要就是山茶、杜鹃、月季、玫瑰、牡丹、芍药、荷花、槭树等，至于植物园中科普展览区到底应设几种类型为好，还要结合当地实际情况而定。

2. 苗圃及试验区　苗圃及试验区是专供科学研究和结合生产的用地。为了避免干扰，减少人为破坏，一般不对群众开放，仅供专业人员参观学习。主要部分如下：

（1）温室区。主要用于引种驯化、杂交育种、植物繁殖、贮藏不能越冬的植物以及其他科学实验。

（2）苗圃区。植物园的苗圃包括实验苗圃、繁殖苗圃，移植苗圃、原始材料圃等，用途广泛，内容较多。苗圃用地要求地势平坦、土壤深厚、水源充足、排灌方便，地点应靠近实验室、研究室、温室等。用地要集中，还要有一些附属设施如荫棚、种子和球根贮藏室、土壤肥料制作室、工具房等。

3. 职工生活区　植物园多数位于郊区，路途较远，为了方便职工上下班，减少城市交通压力，植物园应修建职工生活区，包括宿舍、食堂、托儿所、理发室、浴室、锅炉房、综合服务商店、车库等。布置同一般生活区。

（四）植物园位置的选择要求

（1）要有方便的交通，离市区不能太远，游人容易于到达，有利于开展科普工作。但是应该远离工厂或水源污染区，以免植物遭到污染引起大量死亡。

（2）为了满足植物对不同生态环境、生活因子的要求，园址应该具有较为复杂的地貌和不同的小气候条件。

（3）要有充足的水源，最好具有高低不同的地下水位，既方便灌溉，又能解决引种驯化栽培的需要。对于丰富园内景观来说，水体也是不可缺少的因素。

（4）要有不同的土壤条件、不同的土壤结构和不同的酸碱度。同时要求土层深厚，含腐殖质高，排水良好。

（5）园址内最好具有丰富的天然植被，供建园时利用，这对加速实现植物园的建设是个有利条件。

（五）植物园的规划要求

（1）首先明确建园目的、性质与任务。

（2）决定植物园的分区与用地面积，一般展览区用地如面积较大可占全总面积的40%～60%，苗圃及实验区用地占25%～35%，其他用地占25%～35%。

（3）展览区是面向群众开放，宜选用地形富于变化、交通联系方便、游人易于到达的地方。偏重科研或游人量较少的展览区，宜布置在稍远的地点。

（4）苗圃实验区是进行科研和生产的场所，不向群众开放，应与展览区隔离。但是要与城市交通线有方便联系，并设有专用入口。

（5）确定建筑数量及位置。植物园建筑有展览建筑、科学研究用建筑及服务性建筑三类：

① 展览建筑包括展览温室、大型植物博物馆、展览荫棚、科普宣传廊等。展览温室和植物博物馆是植物园的主要建筑，游人比较集中，应位于重要的地方，靠近主、次出入口，常成为全园的构图中心。科普宣传廊应根据需要，分散布置在各区内。

② 科学研究用建筑，包括图书资料室、标本室、试验室、工作间、气象站等。苗圃的附属建筑还有繁殖温室、繁殖荫棚、车库等。

③ 服务性建筑包括植物园办公室、招待所、接待站、茶室、小卖部、食堂、休息亭廊、花架、厕所、停车场等，这类建筑的布局与公园情况类似。

（6）道路系统。道路系统不仅起着联系、分隔、引导作用，同时也是园林构图中一个不可忽视的因素。我国几个大型综合性植物园的道路设计，除入园主干道有采用林荫夹道的气氛外，多数采用自然式布置。主干道对坡度应有一定的控制，而其他道路都应充分利用原有地形，形成步移景异又一景的错综多变格局。道路的铺装、图案花纹的设计应与周围环境相互协调配合，纵、横坡度一般要求不严，但应该保证平整舒服不积水为准。

（7）植物园的排灌工程。植物园的植物品种丰富，养护条件要求较高，因此在做总规划的同时，必须做出排灌系统规划，保证旱可浇、涝可排。一般利用地势起伏的自然坡度或暗沟，将雨水排入附近的水体为主，但是在距离水体较远或排水不顺的地段，必须铺设雨水管辅助排出。一切灌溉系统（除利用附近自然水体外），均以埋设暗管为宜，避免明沟破坏园林景观。

（六）植物的园景规划

我国地域辽阔，自然条件千差万别，植物类型非常丰富。各地的植物园，虽说因其性质、任务等的不同，在分区规划、植物品种的收集等方面各有特色，但园景的特色可以说是最引人注目的。

植物园的园景是在满足分类展示功能的前提下，以绿色植物为主体而形成的一种景观。如果处理简单，就会变成苗圃式的树林。因此，只有精心地从功能分区和植物空间的动态设计上下大力气，才可获得理想的园景效果。

植物园的景观，一般有以下几种类型：

1. 以植物分类为主的群体林相景观　许多植物园在植物展出时，是按植物分类学的科、种进行栽植的，这种展出方式往往比较呆板。为了改善景观效果，可从"量"的方面加以调整，即：对于观赏价值高的"属"收集和种植的面大一些。如我国华南植物园竹类标本园，收集了 80 多种华南产的丛生竹，但以黄金间碧玉造成主体景观。又如庐山植物园的松柏区（1.3hm²），收集了裸子植物 10 科 37 属 240 个种和变种，但以落叶松、水杉、铁杉、雪松等树种组成的林木景观为主景，成为庐山植物园的特色之一。总之，在以分类系统为基础时，除了要考虑科学性以外，还要兼顾景观效果。

2. 以植物生态为主的景观　植物需要有自身的适生环境，不同的植物对不同的生态因子有不同的要求，植物对哪一种生态因子最敏感，则那种生态因子就是其生存的制约因子。如光是阴生植物制约因子，水是水生、沼生、湿生植物的制约因子，土是沙生、岩生植物的制约因子，温度是热带植物的制约因子等。在满足植物生态条件的前提下，进行景观栽植，也可形成较好的景观效果。如岩石园、水景园、沼泽园、旱生植物园、耐盐植物园等。

3. 以地域性植物群落为主的景观　地域性植物群落景观是 20 世纪 80 年代兴起的景观规划中的一种，它随着纬度、海拔、土壤母质、气候、地貌等一系列因素而有明显的差别，我国几个大的区域性植被景观可以归纳如下：第一，寒温带落叶、针、阔叶纯林景观；第二，温带草原花草地被群落景观；第三，温带阔叶林及针叶林景观；第四，暖温带、亚热带常绿阔叶林景观；第五，热带阔叶林、常绿季雨林景观。

对于每一个地域性景观来讲，又可划分和提炼出许多植物群落类型，其中特别是具有较高美学欣赏价值的群落结构，是我们提取的重点，应将这些群落景观再现于所在区域的植物园中。

【典型案例分析】

一、北京植物园（北园）

北京植物园（图8-5）于1956年经国务院批准开始筹建，规划占地面积400hm²，已建

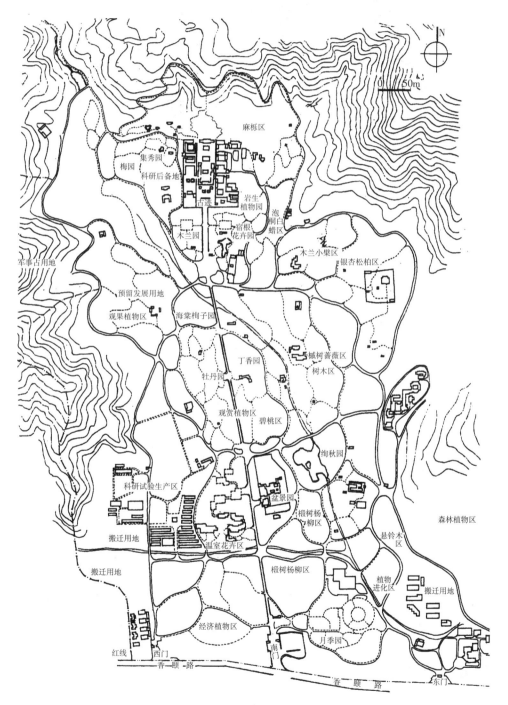

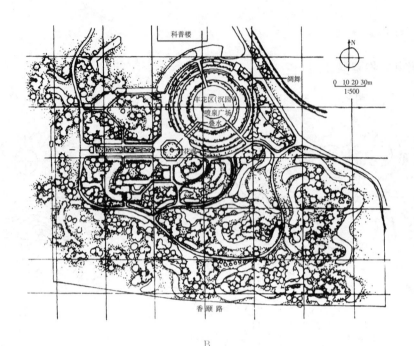

B

图8-5 北京植物园（北园）总平面图及月季园平面图

A. 总平面图 B. 月季园平面图

成对外开放的游览面积171hm²。目前园内主要分区为：专类园、树木园、古迹游览区、森林游览区、科研实验区及办公区等。近年来，该园又有较大规模的建设，相继建成了牡丹园、丁香碧桃园、集秀园、绚秋苑，树木园中的银杏松柏区及月季园等。

银杏松柏区：从20世纪50年代建园开始陆续收集种植了大量树木，80年代以来逐步完善了规划、设计并实施建设，于90年代初基本建成，面积9hm²，是树木园的7个分区之一，搜集栽培裸子植物7科20属97种。该区规划设计上，充分利用、合理改造原来地形地貌和原有植物，较好地解决了植物景观创造、生态要求以及科、属展示的矛盾，基本实现"因地制宜"的规划原则，达到地形与山势协调、空间组织流畅有序，植物景观丰富多样，展示路线清晰的效果，形成了由红松、云杉、冷杉等大面积树林构成的雄浑粗犷、气势宏大的主格调，以及红松谷、紫杉坪、雪松路、杜松小径等各具特色的景点。银杏、落叶松和缀花草坪的穿插点缀，增添了色彩、季相和空间开合的变化。

月季园：建于1992年，面积7hm²，设计中巧妙地设置轴线，将玉泉山和香炉峰组织到园中，成为难得的背景。在因地制宜，充分利用现状的地形和原有植物基础上，打破以往月季园小而全的框架，大胆创新。主要做法：分区种植与功能相结合，如丰花月季安排在较大面积广场处，便于开展活动。结合地形的下沉园，既适合有层次地将各种大色块表现出来，又正好把中心喷泉广场与主干路相隔，提供良好的活动场所。全园的构图中心选择花魂雕塑点出主题。

二、黑龙江省药物园

黑龙江省药物园（图8-6）是黑龙江省森林植物园中对外开放的4个展区之一。药物园面积约 4hm², 要求能在哈尔滨露地越冬的药用植物 389 种。药物园为长方形, 南北长 310m, 东西宽 140m, 园内原有云杉、樟子松、落叶松、红松、冷杉、沙松、白桦、水曲柳 等林地。地形原为自南向北逐渐低下的缓坡地。通过规划, 构成具有 6 个类型的药用植物 园: ①药草种植池区; ②旱、沙、岩生植物区; ③专类花园; ④藤蔓植物区; ⑤参园; ⑥药 用树木区等。

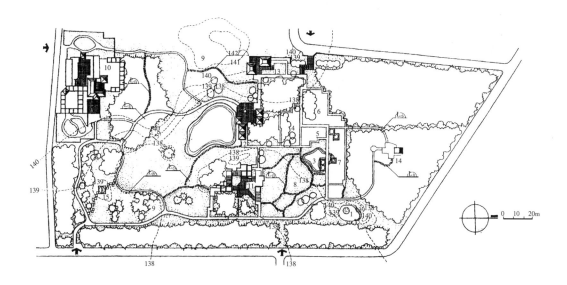

图 8-6 黑龙江省药物园平面图

1. 旱沙岩生植物区　2. 水生植物池　3. 沼生植物池　4. 阴湿植物种植池　5. 阳湿植物种植池
6. 耐阴植物种植池　7. 喜阳植物种植池　8. 专类花园　9. 药用木本植物区
10. 参园　11. 藤本植物区　12. 中心景亭　13. 展览廊　14. 桦林木屋
15. 标志雕塑　$L_{主}$. 主环路　$L_{次}$. 次级路　$L_{小}$. 嵌草小路　$L_{自}$. 自由式嵌草小路

三、森林公园规划设计

(一) 森林公园的性质与任务

森林公园是以森林景观为主体, 融自然、人文景观于一体, 具有良好的生态环境及地形、地貌特征, 具有较大的面积与规模, 较高的观赏、文化、科学价值, 经科学的保护和适度建设, 可为人们提供一系列森林游憩活动及科学文化活动的特定场所。其主要任务是最合理科学地利用森林风景资源, 开展森林游憩活动, 使森林游憩与森林资源的保护利用达到和谐与统一, 为游人观赏森林风景提供最佳的条件和方式, 保证游人的各种旅游服务需求, 成为供人们休憩娱乐的场所。

(二) 森林公园的规划设计遵循的基本原则

(1) 森林公园的建设以生态经济理论为指导, 以保护为前提, 遵循开发与保护相结合的原则。在开展森林旅游的同时, 重点保护好森林生态环境。

(2) 森林公园的建设规模必须与游客规模相适应。

(3) 森林公园应以维护森林生态环境为主体, 突出自然野趣和保健等多种功能, 因地制宜, 发挥自身优势, 形成独特的地方风格特点。

（4）统一布局，统筹安排建设项目，做到近期建设与远景规划相结合。

（三）森林公园的分类

根据我国现有森林公园分布状况，按其地理位置及功能差异有以下分类：

1. 日游式森林公园 指位于近郊或建城区中的森林公园，如上海共青森林公园、太原市森林公园。这类公园在功能上与城市公园类似，为居民提供日常的休憩、娱乐场所，但从游览活动的内容及功能分区来看与城市公园又有差异。这类公园多以半日游和短时游览为主。

2. 周末式森林公园 指位于城市郊区，主要为城市居民在周末、节假日休憩、娱乐服务，如宁波天童国家森林公园、陕西楼观台国家森林公园。这类森林公园往往是为了适应人们对旅游的需求，将原城郊林场改建而成，多以森林、自然景观为主，但也包含有人文景观。游人一般以1~2d游为主，因此，在这类森林公园中除组织开展各种游憩活动外，必须为游人提供饮食、住宿及其他旅游服务设施。

3. 度假式森林公园 指距离城市居民点较远，具有较完善的旅游服务设施，大型独立的森林公园。这类公园占地面积大，森林景观、自然景观较好，主要为游人较长时间的浏览、休闲度假服务。如湖南张家界国家森林公园、浙江千岛湖国家森林公园等，其功能与风景名胜区相似。

（四）森林公园的功能分区

根据《森林公园总体设计规范》及森林公园的地域特点、发展需要，可因地制宜地进行功能分区，分为三类大区十类小区。

1. 森林旅游区

（1）游览区。为游客参与游览观光、森林游憩的区域，是森林公园的核心区域。主要用于景点、景区建设。

（2）游乐区。对于距城市不远的近郊森林公园，为添补景观不足，吸引游客，在条件允许的情况下，可建设大型游乐及体育体能活动项目，但要单独划分区域。

（3）森林狩猎区。为森林狩猎场建设用地。

（4）野营区。为游人开展野营、露宿及野炊等活动用地。

（5）休、疗养区。主要供游客较长时间的休憩疗养、增进身心健康用地。

（6）接待服务区。用于建设宾馆、饭店、购物、娱乐、医疗等接待服务项目及其配套设施，该区域的建设相对集中。

（7）生态保护区。以涵养水源、保持水土、维护生态环境为主要目的区域。

2. 生产经营区 从事木材生产、林副产品等非森林旅游业的各种林业生产区域。

3. 管理及职工生活区 包括行政管理区、职工生活区。

（五）森林公园的规划设计

1. 森林公园景观系统规划 森林公园是以森林景观为主体，其用地多为自然的山峰、山谷、林地及水面等，是在一定自然景观资源的基础上，采用特殊的营林措施和园林艺术手法，突出优美的森林景观和自然景观。

在森林公园的景观规划时，首要问题是如何充分利用现有林木植被资源，对现有林木进行合理的改造和艺术加工，突出森林景观的特点。通过对游人喜欢的森林景观调查结果得出：

（1）森林的密度不宜过大，应具有不同林分密度的变化。

（2）森林景观应有变化，应具有不同的树种、林型，不同的叶形、叶色、质感和不同的地被植物，要有明显的季相变化。

（3）高大、直径粗壮的树木组成的森林景观价值较高，最好是高大树木、幼树、灌木、地被共同构成的混合体。

（4）森林景观要很好地与地形、湖泊、河流溪涧等结合。

（5）原始古朴自然的森林景观比人工景观更让游人喜欢。

2. 森林公园游览系统规划　森林公园游览系统要按照其功能分区，结合实地的基本景观特点开展。

在游览系统的规划中，主要要注意游览空间的开朗和闭锁，要做到空间开闭的相互交替，收放的得体自如。林中的林缘线、林冠线等都要曲折变化，给人以节奏和韵律感。同时还要开辟出眺望点、透景线等。

3. 森林公园道路系统规划　森林公园除与主要客源地建立便捷的外部交通联系外，其内部道路交通主要是满足森林旅游、护林防火、环境保护及职工生产、生活等方面的需求。在规划设计时要注意一些问题：

（1）道路系统的选线应充分分析园中的自然景观，判定园内较好的景点、景区，景点的最佳观赏角度，园内道路所经之处，两侧尽可能做到有景可观，使游人有步移景异之感。

（2）道路线型要顺应自然，不进行大的填挖，尽量不破坏地表植被和自然景观，不得穿过有滑坡、塌方、泥石流等危险的地质不良地段。

（3）园内道路仍采用主干道、次干道、专用道三级设计，要明显、通畅，便于交通，具有引导游览的作用。

4. 森林公园旅游服务系统规划　森林公园的旅游服务系统主要包括餐饮、住宿、购物、医疗、导游标志等。其服务基地的选址，应避免对自然环境、自然景观造成破坏，其位置、朝向、高度及体量等应与自然环境和景观统一协调，建筑高度应服从景观需要，以不越过林木高度为宜。休憩、服务性建筑用地不应超过本园陆地面积的 2%，宾馆、饭店、休养院、游乐场等大型永久性建筑，必须建在游览观光区的外围地带，不得破坏、影响景观。

5. 森林公园保护工程规划　开展森林游憩活动，对森林植被最大的潜在威胁是森林火灾，游人吸烟和野炊所引起的森林火灾占有相当大的比例。故在规划时，对于野营、野餐区要相对集中，选择在林火危险度小的区域，在该区域周边设置防火林带等，对开展此类项目做到季节性控制，避免在易引起火灾的干旱季节进行。

【典型案例分析】

张家界国家森林公园

张家界国家森林公园位于湖南省张家界市，是中国第一个国家森林公园（1982 年 8 月 31 日，经国家林业局批准，张家界成为首批获得中国国家森林公园专用标志使用授权的国家级森林公园），面积约 130km^2，是武陵源风景名胜区的一个组成部分。

张家界集山奇、水奇、石奇、云奇、动物奇与植物奇六奇于一体，汇秀丽、原始、幽静、齐全、清新五绝于一身，纳南北风光，兼诸山之美，是大自然的迷宫，也是中国画的原本。张家界国家森林公园以峰称奇，以谷显幽，以林见秀，石峰形态各异，峰林间峡谷幽深，溪流潺潺。春天山花烂漫，花香扑鼻；夏天凉风习习，最宜避暑；秋日红叶遍山，山果挂枝；冬天银装素裹，满山雪白。四季气候宜人，景色各异，是人们理想的旅游、度假、休闲目的地。公园不仅自然景观奇特，而且动植物资源异常丰富。有木本植物 93 科 517 种，观赏植物 720 种，鸟类 13 科 41 种，兽类 28 种，有"天然植物园""动物王国"之称。现有黄石寨景区、金鞭溪景区、腰子寨景区、砂刀沟景区、琵琶溪景区五条旅游线路，随着旅游事业的不断发展，公园不断发生新的变化，由昔日以营林生产为主的单一经营发展到农、林、商与生态旅游为一体，保护与开发相协调的实体。旅游带动战略的实施，迎来了越来越多的海内外旅游观光客人，也带来了良好的经济效益和社会效益。

四、儿童公园规划设计

(一) 儿童公园的性质与任务

儿童公园是城市中儿童游戏、娱乐、开展体育活动，并从中得到文化科学普及知识的专类公园。其主要任务是使儿童在活动中锻炼身体，增长知识，热爱自然，热爱科学等，培养优良的社会风尚。

(二) 儿童公园的类型

1. 综合性儿童公园　这种类型的儿童公园为全市少年儿童服务，一般宜设于城市中心部分，交通方便地段；面积较大，可在几十公顷以上。这类儿童公园由于面积大，所以活动时间较长，内容较全面，规划中要尽量考虑儿童心理和生理特点，同时满足不同建筑物和活动设施的配置要求。一般规定绿化面积应占全园面积的 60%～70%。综合性儿童公园可以是市属和区属。

综合性儿童公园的范围和面积可在市级公园和区级公园之间，内容可包括：文化教育、科普宣传、体育活动、娱乐场地、动植物角、培训中心、管理服务区等内容。如湛江市儿童公园（面积 1.3hm²）中就设有：南海少先队塑像，大象（白鹅）喷泉，儿童之家，沙地，转马，浪船，摇椅，跷跷板（高低板），电动海、陆、空旋转梯，浪桥，秋千，高台波浪滑梯，多向滑梯，攀登架，鸟笼等多项活动内容和活动设施。

2. 特色性儿童公园　以突出某项活动内容或活动方式为主，再配以一般儿童公园应有的项目，构成比较系统又有特色的儿童公园。如哈尔滨儿童公园（总面积 16hm²）布置了 2km 长的儿童小火车。从司机到列车长、列车员均由孩子担任，独具特色。

3. 小型儿童乐园　一般在城市综合性的公园内，为儿童开辟专区，占地不大，设施简易，规模较小，成为城市公园规划的组成部分，一般称之为儿童活动区。如北京紫竹院公园、上海杨浦公园、天津水上公园内都布置有儿童乐园。

(三) 儿童公园的功能分区

由于儿童公园的服务对象主要为幼儿、学龄儿童、青少年以及陪游的家长。作为主要游人的幼儿、学龄儿童和青少年，由于年龄段的不同，所以在生理、心理、体力上各有特点。儿童公园在功能分区规划时，必须根据他们的情况而划分不同的活动区域。

1. 幼儿活动区　既有 6 岁以下儿童的游戏活动场所，又有陪伴幼儿的成人休息设施。其位置应选在居住区内或靠近住宅 100m 的地方，150～200 户的居住区内设一处，以方便幼儿到达为原则，其规模要求每位幼儿有 10m² 以上活动空间。其中应以高大乔木绿化为主，适当增设些游戏设施，如广场、沙坑、小屋、小玩具、小山、水池、花架、荫棚、桌椅、游戏室等，以培养幼儿团结、友爱及爱护公共财物的集体主义精神，还应配备厕所和一定的服务设施。在幼儿活动设施的附近要设置老人休息亭廊、座凳等服务设施，供幼儿父母等成人使用。

2. 幼年儿童活动区　7～13 岁小学生活动场所，小学生进校后学习生活空间扩大，具有学习和嬉戏两方面的特征，具有成群活动的兴趣。其位置以日常生活领域为宜，要求设在没有汽车、火车等交通车辆通过的地段，以 300m 以内能到达为宜。一般在 1000 户的居住区内应设一处，其规模以每人 30m² 为宜，面积以 3000m² 为原则。其中设施以大乔木为主，除以上各种游乐运动设施外，还应增设一些冒险活动、幻想设施、女生的静态游戏设施、凉亭、座椅、饮水台、钟塔等。

3. 少年活动区　14～15 岁为中学生时代，是成年的前期，男、女学生在活动特征上有很大变化，喜欢运动与充分发挥精力。位置以居住区内少年儿童 10min 步行能到达为宜，故 600m 范围之内即可。规模以在园内活动学生每人 50m² 以上，整体面积在 8000m² 以上为好。其中设施除充分用大乔木绿化外，以增设网球场、篮球场、足球场、游泳池等运动设施和场地为主。

4. 活动区　这是进行体育运动的场所，可增设一些障碍活动设施。儿童游戏场与安静休息区、游人密集区及城市干道之间，应用园林植物或自然地形等构成隔离地带。幼儿和学龄儿童使用的器械，应分别设置。游戏内容应保证安全、卫生和适合儿童特点，有利于开发智力，增强体质，不宜选用强刺激性、高能耗的器械。儿童游戏场内的建筑物、构筑物及室内外的各种使用设施、游戏器械和设备应结构坚固、耐用，要避免构造上的硬棱角；尺度应与儿童的人体尺度相适应；造型、色彩应符合儿童的心理特点；根据条件和需要设置游戏的管理监护设施。机动游乐设施及游艺机应符合《游艺机和游乐设施安全标准》（GB8408—2000）的规定；戏水池最深处的水深不得超过 0.35m，池壁装饰材料应平整、光滑且不易脱落，池底应有防滑措施；儿童游戏场内应设置座凳以及避雨、庇荫时用的休憩设施；宜设置饮水器、洗手池。场内园路应平整，路边沿不得采用锐利的边角；地表高差变化应采用缓坡过渡，不宜采用山石和挡土墙；游戏器械的地面宜采用耐磨、有柔性、不易引起扬尘的材料进行铺装。

5. 管理区　设有办公管理用房，与活动区之间设有一定隔离设施。

另外，还有一些其他形式的特色性儿童公园，如交通公园、幻想世界等。交通公园在各大城市中已有专为教育儿童交通规则的游乐性公园，其面积可以考虑在 2hm² 左右，利用地形作道路交叉，以区分运动场、儿童游戏场的路线构成。在道路沿线设有：斑马线、交通标志、信号、照明、立交道、平交道、桥梁、分离带等，道路上设有微型车、小自行车以供儿童自己驾驶及儿童指挥等。在游乐过程中有成人指导。

（四）儿童公园规划设计要点

由于儿童公园专为青少年儿童开放，所以在设计过程中，应考虑到儿童的特点，注意以下设计要点：

（1）儿童公园的用地应选择日照、通风、排水良好的地段。

（2）儿童公园的用地应选择或经人工设计后具有良好的自然环境，绿地一般要求占 60％以上，绿化覆盖率宜占全园的 70％以上。

（3）儿童公园的道路规划要求主、次路系统明确，尤其主路能起到辨别方向、寻找活动场所的作用，最好在道路交叉处设图牌标注。园内路面宜平整，不设台阶，以便于推行车子和儿童骑小三轮车游戏的进行。

（4）幼儿活动区最好靠近儿童公园出入口，以便幼儿入园后，很快地进入幼儿游戏场开展活动。

（5）儿童公园的建筑、雕塑、设施、园林小品、园路等要形象生动、造型优美、色彩鲜明。园内活动场地题材多样，主题多运用童话寓言、民间故事、神话传说，注重教育性、知识性、科学性、趣味性和娱乐性。

（6）儿童公园的地形、水体创造十分重要。地形的设计，要求造景和游戏内容相结合，使用功能和游园活动相协调。在儿童公园内自然水体和人工水景的景象也是不可缺少的组成部分。儿童公园中的地形设计，是以儿童开展游园活动要求为依据。为了保证游园的安全，地形设计时，考虑不宜太险峻，而以平缓多变为宜。幼儿、青少年都喜爱水的活性、水的灵性。儿童公园中，有条件的地区，可以考虑设游泳池。幼儿游戏区可以考虑涉水池，如嬉水池、喷泉水池、人工瀑布等。另外，在有天然水源条件下，假造出天鹅湖、鸭池、荷塘、流花溪、金沙滩等自然水体景观。

（7）创造庇荫环境，供儿童和陪游家长休息和守候。一般儿童公园内的游戏和活动广场多建在开阔的地段上。儿童经过一段兴奋的游戏活动和游园消耗，需要间歇性休息，就要求设计者创造遮阴场地，尤其在气候炎热地区，以满足散步、休息的需要。林荫道、遮阴广场、花架、休息亭廊、荫棚等为儿童和陪游的成人提供良好环境和休息设施。

（8）儿童公园的色彩学。儿童天真活泼，朝气蓬勃。故儿童公园多采用黄色、橙色、红色、蓝色、绿色等鲜艳的色彩，大多数采用暖色调，以创造热烈、激动、明朗、振作、向上的气氛。一般少用灰色、黑色或紫色、褐色等较沉闷、灰暗色调。

（9）健康、安全是儿童公园设计成功的最基本指导思想。少年儿童正处成长时期，在儿童公园中将得到美的享受、智的熏陶、体的锻炼。儿童公园的规划、活动设施、服务管理都必须遵循"安全第一"这一重要原则。

（五）儿童公园绿化设计

儿童公园的种植设计是规划工作的重要组成部分，也是创造良好自然环境的重要措施之一。

1. 密林与草地　密林与草地将提供良好遮阴以及集体活动的环境。创造森林模拟景观、森林小屋、森林游憩等内容，从已建成的儿童公园建设经验中得到肯定。

2. 花坛、花地与生物角　花卉的色彩将激起孩子们的色感，同时也激发他们对自然、对生活的热爱。在长江以南尽可能在儿童公园中做到四季鲜花不断，在我国北方争取做到"四季常青，三季有花"。在草坪中栽植成片的花地、花丛、花坛、花境都尽可能达到鲜花盛开，绿草如茵。

有条件的儿童公园可以规划出一块植物角，设计成以观赏植物的花、叶或以香味为主要内容，让大自然千姿百态的叶形、叶色、花型、花色，或不同的果实，还有各种奇异树态，如龙爪柳、鹿角桧、马褂木等让孩子们在观赏中增长植物学的知识，也培养他们热爱树木、保护树木、花草的良好习惯。

3. 儿童公园种植设计忌用植物　有刺激性、有异味或易引起过敏性反应的植物、有毒植物、有刺植物，给人体呼吸道带来不良作用的植物，易生病虫害及结浆果的植物不能采用。

【典型案例分析】

北京玉渊潭儿童公园

北京玉渊潭儿童公园（图8-7）为全市性的儿童公园，面向全市少年儿童开放。公园中有水上活动、体育锻炼、娱乐、游戏、科技科普、文化休息等内容。

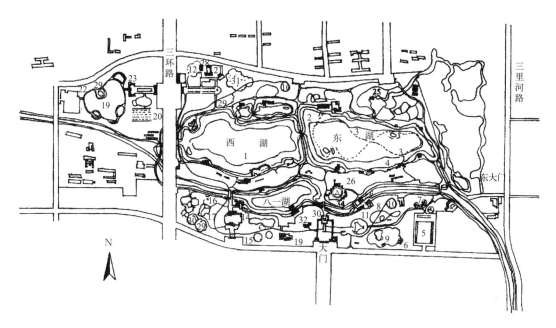

图8-7 北京玉渊潭儿童公园平面图

1.儿童游泳区 2.水上俱乐部 3.红领巾号远洋航线 4.儿童码头 5.少年足球场 6.控制跳伞塔
7.大型电动旋转器 8.惯性车 9.宇宙空间运动场 10.儿童交通火车 11.游戏宫 12.儿童游戏场
13.学科学室内游戏室 14.科学表演场地 15.科学家雕像座右铭 16.儿童天文观测站 17.小小矿山
18.科技之花展览馆 19.小小植物园 20.儿童种植园地 21.环境保护植物区 22.太阳能温室
23.小型人工气候室 24.儿童气象站 25.儿童书画园 26.儿童阅览室，休息室 27.科普报告厅，电影馆
28.电视电影院 29.野营地 30.星星火距广场 31.少年英雄纪念区 32.国际儿童友谊馆
33.少年水电站 34.登月眺望

由于公园四面都有大片的住宅区，在附近又没有其他公园绿地。因此公园规划不仅要突出儿童公园这个主题，还要适当考虑到青年、中年及老年人对公园活动内容的要求，使老、中、青、儿童各得其所。

整个公园面积213hm²，考虑以"集锦式园林"布局手法为好。将各个活动小区与风景点穿插在绿树丛中，同时将西方园林中的大片草地也吸取进来。按照不同的功能分区进行规划。

依照活动内容可将全园分为6个大区：水上活动区、体育娱乐区、科普科技活动区、文化教育区、生物科学园地及中心活动区。

1. 水上活动区 区中有红领巾号远航线，由儿童自己管理的小型模拟式的远洋客轮，航线长 2800m。

2. 体育娱乐区 区中有儿童游戏宫，作为体育娱乐区主体建筑的儿童游戏宫，高 4～6 层，建筑面积 5000～6000m²，中间为圆形游戏大厅，三面为休息室和小型活动室，四周以草地花卉衬托。还有大型电动旋转器械、惯性车、宇宙空间运动场、控制跳伞塔、少年足球场等活动设施。

3. 科技科普活动区 区中有科技之花展览馆、科学表演场地及科学画廊、中外科学家雕像及座右铭广场、儿童天文观测台、小矿山等。

4. 文化教育区 区内有少年英雄纪念广场，在广场和草地上建立一座座不同时期的少年英雄雕像，通过少年英雄的形象对孩子们进行革命传统教育和共产主义道德品质教育。还设有科普报告厅、电视、电影馆、少年书画园、儿童阅览室等。

5. 生物科学园地 在生物科学园地里设有少年植物园、环境保护植物区、小型人工气候室、太阳能温室及露地草花展览区、儿童植物园地、儿童气象站、动物角等。

6. 中心活动区 位于全园中心，其中项目有登月眺望塔，塔北部设有儿童服务部及儿童休息室，南部有儿童阅览室，周围还有花鸟厅、茶座和八一湖游廊。

7. 其他 有野营地、星星火炬广场等，为少先队举行仪式和集会用，一般场地上有简易小舞台，可以进行表演活动。有利用原水电科学院水电站，改为少年水电站，并向少年儿童开放。

五、体育公园规划设计

（一）体育公园的性质与任务

体育公园是市民开展体育活动、锻炼身体的公园。按照不同的规模及设施的完备性，可分为两类：一是具有完善体育场馆等设施，其一般占地面积较大，可以开运动会；另一类是在城市中开辟一块绿地，安置一些体育活动设施，如各种球类运动场地及一些为群众锻炼身体的设施，例如北京方庄小区的体育公园属于此种类型。体育公园的中心任务就是为群众的体育活动创造必要的条件。

（二）体育公园的功能分区

1. 室内体育活动场馆区 此区一般占地面积较大，一些主要建筑如体育馆、室内游泳馆及附属建筑均在此区内。另外，为方便群众的活动，应在建筑前方或大门附近安排相对面积比较大的停车场，停车场应该采用草坪砖铺地，安排一些花坛、喷泉等设施，起到调节小气候的作用。

2. 室外体育活动区 此区一般是以运动场的形式出现，在场内可以开展一些球类等体育活动。大面积、标准化的运动场应在四周或某一边缘设置一观看台，以方便群众观看体育比赛。

3. 儿童活动区 此区一般位于公园的出入口附近或比较醒目的地方。其用途主要是为儿童的体育活动创造条件，设施布置上应能满足不同年龄阶段儿童活动的需要，以活泼、欢快的色彩为主。同时，应以儿童易于接受的造型为主。

4. 园林区 园林区的面积在不同规模的、不同设施的体育公园内有很大差别，在不影响体育活动的前提下，应尽可能增加绿地面积，以达到改善小气候条件、创造优美环境的目的。在此区内，一般可安排一些小型体育锻炼的设施，诸如单杠、双杠等等，同时，老年人一般多集中在此区活动，因此，要从老年人活动的需要出发，安排一些小场地，布置一些桌椅，以满足老年人在此打牌、下棋等安静的活动内容。

（三）体育公园的绿化设计

出入口附近的绿化应简洁、明快，可以结合具体场地情况，设置一些花坛和平坦的草坪。如果与停车场结合，可以用草坪砖铺设。在花坛花卉的色彩配置上，应以具有强烈运动感的色彩配置为主，特别是采用互补色的搭配，这样可以创造一种欢快、活泼、轻松的气氛，多选用橙色系花卉与大红、大绿色调相配。

体育馆周围绿化，一般在出入口处应该留有足够的空间，以方便游人的出入，在出入口前布置一个空旷的草坪广场，可以疏散人流，但是要注意草种应选择耐践踏的品种。结合出入口的道路布置，可以采用道路——草坪砖草坪——草坪的形式布置。在体育馆周围，应种植一些乔木树种和花灌木来衬托建筑本身的雄伟。道路两侧，可以用绿篱来布置，以达到组织导游路线的目的。

体育场面积较大，一般在场地内布置耐践踏的草坪，如结缕草、狗牙根和早熟禾类中的耐践踏品种。在体育场的周围，可以适当种植一些落叶乔木和常绿树种，夏季可以为游人提供乘凉的场所，但是要注意不宜选择带刺的或对人体皮肤有过敏反应的树种。

园林区是绿化设计的重点，要求在功能上既要有助于一些体育锻炼的特殊需要，又能对整个公园的环境起到美化和改善小气候的作用。因此，在树种选择上，应选择具有良好观赏价值和较强适应性的树种，一般以落叶乔木为主，北方地区常绿树种应少些，南方地区常绿树种可适当多些。为提高整个区的美化效果，还应该增加一些花灌木。

儿童活动区的位置，可以结合园林区来选址，一般在公园出入口附近。此区在绿化上应该以美化为主，小面积的草坪可供儿童活动使用，少量的落叶乔木可为儿童在夏季活动时遮阳庇荫，而冬季又不影响儿童活动时对阳光的需要。另外，还可以结合树木整形修剪，安排一些动物、建筑等造型，以提高儿童的兴趣。

【典型案例分析】

一、深圳体育中心

深圳体育中心占地面积约 $38hm^2$，北面有笔架山作背景，环境优美，富于自然气息。设体育馆、游泳馆、运动场及练习馆四大部分。主入口设有大喷泉，大喷泉一侧为游泳馆，另一侧为体育馆。运动场与练习馆位于中轴线上。由于体育中心气魄雄伟，并考虑到场地的使用性质，绿化应具有粗犷有力、简洁明快的风格，故以大王椰子为骨干树，花木种类较为单纯，花台强调单一品种的成片布置。

大喷泉四周设置四季花台，其两旁的四块绿地铺设大片台湾草，以大王椰子为主体，其背景则布置大片南洋杉林，以体现其雄伟壮观的景象。

运动场是体育中心的主体建筑，呈椭圆形，其外围的环道栽植高山榕，周围绿化以绿荫树为主。其北面的练习馆的绿化则突出四季花木，大喷泉四面的游泳馆以假槟榔等棕榈科植物为主，体现南国风光，其东面的体育馆四条巨柱托起整个顶盖，象征着力量，结合四条巨柱布置春、夏、秋、冬四个内庭。周围的绿化则结合建筑造型进行布置，有高山榕、鱼尾葵、佛肚竹等花木，体育馆二楼平台设有一个规则式花池。

二、山西晋中体育公园

山西晋中体育公园（图 8-8）位于晋中市城区东部环城东路，总占地面积 37.9hm²，为支持我国奥运会于 2008 年 7 月建成开放。公园以体育、休闲、生态、自然为主题，是集体育健身、休闲、娱乐、文化、生态为一体的城市体育公园。

场馆设置有田径场、篮球场、网球场和可承办多项体育比赛及具备大型文艺演出的多功能体育馆，园内布有主雕塑区、中心广场、老年活动园、儿童游乐园、八卦太极园、健身园、棋弈园；植物配置合理得当，丰富多彩，品种有 170 余种，设有牡丹园、海棠园、樱花园、月季园、玉兰园、柿园、桃园、杏园 8 个专业植物园，形成三季有花、四季常青的植物景观；形式多样的园灯与富含体育韵味的雕塑小品相互映衬，美不胜收。

图 8-8　山西晋中体育公园
A. 公园南入口　B. 公园主雕塑　C. 园内景观小品　D. 棋弈园

六、纪念性公园规划设计

（一）纪念性公园性质与任务

纪念性公园是以当地的历史人物、革命活动发生地、革命伟人及有重大历史意义的事件而设置的公园。例如，南京雨花台烈士陵园，是为纪念在解放战争时期被国民党反动派屠杀的共产党人和革命人民而设置的；中国抗日战争雕塑园，是为纪念在抗日战争中为国牺牲的先烈而修建的；日本广岛中央公园，属于为纪念第二次世界大战期间，1945 年 8 月 6 日美国在广岛投下一枚原子弹，有 20 万居民丧生这一事件而建造的，该公园取名为"和平公园"。另外还有些纪念公园是以纪念馆、陵墓等形式建造的，如南京中山陵、鲁迅纪念馆、南京大屠杀纪念馆等。

（二）纪念性公园的类型

纪念性园林在城市绿地系统中，面积较大的往往以公园的形式出现，面积较小的则常附属于综合性公园之中，或独立于公园之外。纪念性园林大体有以下几种：

1. 烈士陵园（公园） 为纪念缅怀先烈，在烈士牺牲或就义地建造的公园，如朝鲜的中国人民志愿军烈士陵园、南京雨花台烈士陵园、广州烈士陵园、长沙烈士公园等。

2. 纪念性公园 为纪念历史名人、某一历史事件而建造的具有纪念性的园林或在历史古迹遗址上建造的文物古迹公园，如日本的长崎和平公园、上海虹口公园、上海松江方塔园等。

3. 墓园 在名人的墓地（或遗体、骨灰存放处）建造的供人瞻仰、缅怀的园林。如：南京中山陵、宋庆龄陵园、美国罗斯福纪念园。

4. 小型纪念性园林 此类园林由于内容少，常以公园一个分区（或景点）的形式出现，如长沙岳麓公园的蔡锷、黄兴墓庐，成都望江楼公园的"薛涛井"等。此类园林有时亦独立于公园之外，如美国为纪念首任总统乔治·华盛顿而在首都华盛顿市建造的"华盛顿纪念碑"；厄瓜多尔在首都基多城北赤道线上建造的"新赤道纪念碑"以及我国在天安门广场上建造的"人民英雄纪念碑"等。

（三）纪念性公园设计要点

纪念性园林的建造往往是从综合利用的角度进行考虑的（尤其是在城市范围之内的），即以纪念性为主，结合环境效益和群众的休息游憩要求，故规划设计是根据"纪念性"和"园林"这两部分的功能和景观要求进行的。纪念性必须鲜明地表现出来，它是包含一种有意识的空间体验的积累，即纪念性的感受是来自于游人通过对一个个有意义的空间不断的亲身尝试来获得的。纪念性应该超越时间的局限，在纪念对象和游人之间寻找"对话"。设计时应注意以下几点：

（1）纪念性园林多以纪念性的雕塑或建筑作为主景，以此渲染突出主题。如日本长崎和平公园是为纪念 1945 年长崎遭原子弹轰炸而建立的公园。园内由"和平祈祷像""和平泉""三角形纪念碑"（原子弹落下的中心地）以及"祈祷和平之子""原子弹受害者慰灵碑"组成，以表达人们悼念死者、祈求和平的愿望。南京雨花台烈士陵园以"殉难烈士纪念群像"为主景，长沙烈士公园以烈士纪念塔为主景等。

（2）平面布置多采用规划式，中轴线明显对称。主要景物（如纪念碑、纪念馆、纪念塑像等）布置在轴线端点或两侧，以突出纪念性的主题。也有采用自由式布局，如罗斯福纪念园的设计，没有固定的方向与序列，没有强调的中心和高潮，不追求情感的递增，让人们在休息、闲谈漫步中来纪念伟人。

（3）地形多选山岗、丘陵地带，并要有一定的平坦地面和水面。地形处理多采用逐步上升，以台阶的形式接近纪念性主景，使游人产生仰视的观赏效果，以突出主体的高大，表现人们的敬仰之情。

（4）植物配置常以规则式的种植为主。纪念碑周围多植花灌木以形成花环的效果，碑后常植松、柏纯林，以示万古长存。

(四) 纪念性公园功能分区

纪念性公园在分区上不同于综合性公园，根据公园的主题及纪念的内容一般可分为以下几个区。

1. 纪念区 该区一般位于大门的正前方，从公园大门进入园区后，直接进入视线的就是纪念区。在纪念区由于游人相对较多，因此应有一个集散广场，此广场与纪念物周围的广场可以用规则的树木、绿篱或其他建筑分隔开，如果纪念性主体建筑位于高台之上，则可不必设置隔离带。在纪念区，一般根据其纪念的内容不同而设不同的建筑和设施，如果为纪念碑，则纪念碑应为建筑中最高大的建筑，且位于纪念广场的几何中心，纪念碑的基座应高于广场平面，同时在纪念碑体周围有一定的空间作为摆放花圈、鲜花、纪念活动使用等。纪念馆则应布置在广场的某一侧，馆前应留有足够场地为人们集散使用，特别是每逢具有纪念意义的日期，群众聚会增多，因此，设置此广场就更有意义。

对于纪念性墓地为主的纪念性公园，一般墓地本身不会过于高大，因此，为使墓地在构图中突出，应避免在其周围设置高大建筑物，尽量使其三面具有良好的通视性，另一面布置松、柏等常绿树种，以象征革命烈士永垂不朽的革命精神。

2. 园林区 园林区的主要作用是为游人创造一个良好的游览观赏环境，一般在纪念性公园内，游人除了进行纪念活动外，还要在园内进行游览或开展娱乐活动，因此，设置此区可以调节人们紧张激动的情绪。

在布局上应以自然式布局为主，不管在种植上还是在地形处理上。一些在综合性公园内的设施均可在此区设置，诸如一些花架、亭、廊、休息性的座椅等园林建筑，如果条件许可，还应设置一些水景。总之，休息区要创造一种活泼、愉快的欢乐气氛，同时具有很好的观赏价值。

(五) 纪念性公园绿化设计

纪念性公园的种植设计，一定要与公园的性质及内容相协调，通常由两个内容不同的区域组成，因此，各区在植物选择上也有较大的区别。

1. 公园的出入口（大门） 纪念性公园的大门一般位于城市主干道的一侧，在地理位置上特别醒目，为提高纪念性公园的特殊性，一般在门口两侧用规则式的种植方式对植一些常绿树种。如果条件许可，在树种的造型上应做适当的修剪整形，这样可以与园内规则式布局相协调一致。一般在门外应设置大型广场，作为停车及疏散游人用，例如北京抗日战争雕塑园，在其东门处就设置了一个数千平方米的广场，每逢纪念日，这里车流人流不断，同时，还可以在广场上布置花坛和喷泉。

另外，在大门入口内，可根据情况安排一个小型广场，其作用除了具有疏散游人的作用外，还可以与纪念区的广场取得呼应，作为入园后的缓冲空间，广场周围以常绿乔木和灌木为主，创造一个庄严、肃穆的气氛。

2. 纪念区 纪念区包括碑、馆、雕塑及墓地等。在布局上，以规则式为主，纪念碑一般位于纪念广场的几何中心，为使主体建筑具有高大雄伟之感，所以在种植设计上，纪念碑周围以草坪为主，可以适当种植一些具有规则形状的常绿树种，如桧柏、黄杨球等，而周围可以用松、柏等常绿树种作背景，适当点缀一些红色花卉与绿色形成强烈对比，也可寓意先烈鲜血换来今天的幸福生活，激发人们的爱国精神。

纪念馆一般位于广场的某一侧，建筑本身应采用中轴对称的布局方法，周围其他建筑要与主体建筑相协调，起陪衬作用，在纪念馆前，用常绿树按规则式种植，树前可种植大面积草坪，以达到突出主体建筑的作用，适当配置一些花灌木装饰点缀。

3. 园林区 园林区在种植上应结合地形条件，做自然式布局，特别是一些树丛、灌木丛。另外，植物在配置中，应注意色彩的搭配、季节变化及层次变化，在树种的选择上应注意与纪念区有所区别，多选择观赏价值高、开花艳丽、树形树姿富于变化的树种。丰富色彩可以创造欢乐的气氛，自然式种植的植物群落可以调节人们紧张低沉的心情，创造四季不同的景观，可以满足人们在不同季节观赏游憩的需求。当然不同地区、不同气候条件应结合本地实际情况去选择树种，南方地区，季相变化不明显，而北方地区四季分明，因此在树种选择上应结合本地区乡土树种的特点合理安排。

【典型案例分析】

一、雨花台烈士陵园

雨花台烈士陵园（图8-9）位于南京市中华门外约1km处的一座小山丘上。原是古长江的河道，后因地壳运动，长江北移，逐渐形成布满砾石的小山丘。雨花台在战国时，因盛产花纹艳丽的石子而称瑙岗。南北朝时期，传说云光法师在此传经，感动天神，落花如雨，由此而得名沿称至今。

新中国成立前，雨花台是反动派屠杀共产党人和革命人民的刑场，新中国成立后，1949年12月，南京市做出建立雨花台烈士陵园的决议，1956年翻修旧寺院，建成史料陈列室，展出面积约460m²。1974年在雨花台北部建成烈士就义群雕，高10.3m，长14.2m，宽5.5m，由179块花岗岩拼装而成，总重约13t，雕像塑造的栩栩如生。

陵园的总体规划是以纪念碑主峰为中心，群雕、陈列室、甘露井（寺）等名胜古迹四周围抱，形成"众星拱月"的格局。

在绿化方面，整个陵园以松、柏等常绿树种为主，形成苍松翠柏的万古长青气氛，山上广植枫香林，使之在形体上与雪松的尖塔形状形成对比，以增加层次和色彩的变化。

二、上海虹口公园

上海虹口公园位于上海市江湾路，规划面积22.57hm²，是为纪念我国伟大的文学家、思想家和革命家——鲁迅先生，而对原虹口公园进行改建，形成以纪念鲁迅先生为主题的纪念性公园。为了突出鲁迅先生英勇刚毅的性格、艰苦奋斗的精神和热爱人民谦逊朴实的作风，规划设计方案力求朴素大方、庄严雄伟而又平易近人，避免虚饰、铺张和呆板。同时，充分利用原有地形和植被，采用自由活泼的园林布局，形成各种不同的功能分区，以满足纪念性主题和群众休息游览的需要。

园内设有鲁迅纪念馆、鲁迅先生墓和"艺苑"展览馆3个主要纪念性建筑，按照我国传统习惯，将鲁迅先生墓布置在全园的中心部位，坐北朝南。墓地呈长方形，进入墓地，先经过一个整形草坪广场，草坪上有鲁迅先生坐像一尊。由草地两旁的通道拾级而上，就是墓前平台，平台上对植两株高大的广玉兰，好似两个卫士佩戴着白花在守卫。平台的左右两侧为石柱花廊，上有紫藤和凌霄，绿荫覆盖景致宜人，花廊下设座椅，可供人们在此休憩，缅怀这位伟人。墓的顶点居中处是高5.38m，宽10.20m的花岗石照壁，上刻毛泽东手书"鲁迅

图 8-9 南京市雨花台烈士陵园平面图

先生之墓"6个镏金大字。

鲁迅先生纪念馆在虹口公园主要入口东侧,这里陈列展出了鲁迅先生的遗作及有关文献,以增进人们对鲁迅先生的了解和激起对他的敬仰。纪念馆建筑造型简洁,立面为鲁迅先生故乡绍兴的民居风格,粉墙、灰瓦、马头山墙、绦环式漏空的柱廊、栏杆及毛石勒脚等。馆前为一片草地,开敞的空间使纪念馆更为醒目。馆后为松竹梅区,清溪曲径,红梅翠竹,松柏常青,绿化环境亲切、雅静。

"艺苑"展览馆以鲁迅先生所编刊物"艺苑英华"中"艺苑"二字作为馆名。该馆主要展出花卉、盆景、手工艺品及文化艺术展品。建筑风格也采用了绍兴地区的民居形式，是一组庭院式的展览性建筑。展览馆附近主要种植了桃、李，以象征鲁迅先生是"桃李满天下"的人民教师。

园内还有儿童园、百鸟山、人造瀑布以及可供划船的水面。景观上山水相映，水源于山，先为宽阔湖水，后成曲折溪河，从北向南，纵贯公园。把各个功能区有机地组成一体，为群众的休息游览提供了较好的环境绿地。

公园的空间构图多以大面积的草坪为前景，以此衬托主景建筑，如纪念馆、艺苑、墓地、水榭、宣传廊等，这种处理手法不论在功能或景观上都取得了较好的效果，值得参考借鉴。

三、宋庆龄陵园

中华人民共和国名誉主席宋庆龄陵园位于上海市西南，经中共中央批准成立于 1984 年 1 月，占地约 12hm^2，是全国重点文物保护单位和爱国主义教育示范基地。

宋庆龄陵园（图 8-10）主体为规则式布置，巧妙地运用两条交错的轴线渲染这位当代

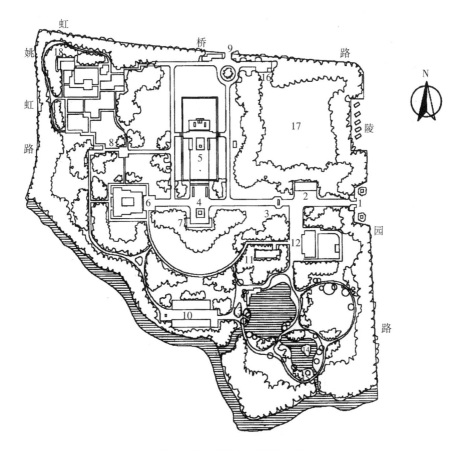

图 8-10　宋庆龄陵园平面图

1. 陵园入口　2. 贵宾厅　3. 宋庆龄纪念碑　4. 纪念广场　5. 宋庆龄墓地　6. 宋庆龄事迹陈列室
7. 纪念花架　8. 国内名人墓园　9. 万国公墓入口　10. 儿童小世界　11. 陵园管理处　12. 茶室　13. 水榭
14. 鸽岛　15. 园亭　16. 方亭　17. 国际友人墓区　18. 小花架

伟人墓园庄严的气氛。南北轴线上依次布置了主入口、由邓小平同志亲笔题词的宋庆龄纪念碑、纪念广场、宋庆龄生平事迹陈列室等纪念设施。东西轴线上布置的是纪念广场、宋庆龄汉白玉雕像、宋庆龄墓。

宋庆龄陵园还保留了万国公墓外籍人墓园，并建立了名人墓园。园内安葬有爱国老人马相伯、抗日英雄谢晋元、"三毛之父"张乐平等知名人士；外籍人墓园葬有来自世界 25 个国家的 600 多名外籍人士，其中有鲁迅的日本朋友内山完造夫妇、宋庆龄的美籍朋友耿丽淑等。衬托这些丰富人文景观的是园内自然得体的自然景观，园内一年四季树木葱郁，芳草如茵。

本章小结

本章讲述了综合性公园、滨水公园、动物园、植物园、儿童公园、运动公园及纪念性公园规划设计的功能分区、植物配置、设计要点等内容，综合性较强。学习时要重点注意理解各类公园绿地的特点，把握各类公园绿地规划设计的原则，熟悉各类公园绿地规划设计的内容和方法。课余时间实地到各公园绿地调查分析，平时注意搜集并分析中外优秀园林作品，多进行各类公园设计案例练习。

复习思考题

1. 简述综合性公园中如何进行功能分区。
2. 简述滨水公园中常用的驳岸处理方法。
3. 归纳滨水公园中植物生态群落的种植设计。
4. 动物展区一般有哪几种展览顺序。
5. 归纳总结动物园植物配置要点。
6. 植物园科普展览区植物展览的形式有哪几种？各种展览形式如何布置？有何利弊？
7. 简述儿童公园规划设计的要点。
8. 归纳总结儿童公园植物配置的要点。
9. 归纳总结运动公园植物配置的要点。
10. 简述纪念性公园是如何分区的。各区有何特点？

实训一　综合性公园规划设计的调查

[实训目的]

（1）明确综合性公园绿地规划设计的原则。

（2）明确综合性公园规划设计的要求和内容。

（3）掌握综合性公园绿地景区的划分、景点的设置、功能的分区。

（4）掌握综合性公园空间组织、空间序列展示、风景视线和导游路线的设置。

（5）掌握综合性公园绿地的树种选择和植物配置。

[实训内容]

选择本市现有的综合性公园绿地进行调查学习，调查内容主要有以下几方面。

（1）景区和景点的设置。

（2）园林空间序列的展示：包括两个方面，一方面是自然风景的时空转换，另一方面是游人在赏景过程中步移景异。

（3）导游路线和赏景视线的安排。

（4）园内各种造园手法、园林构成要素及植物配置的调查。

实训题目：×××公园规划设计的调查。

实训学时：6～8学时。

[实训要求]

（一）实训建议

在实训前，教师提前选择好实训的地点，收集该公园的规划平面图及相关的图文介绍，对公园的基本概况、历史沿革、周边情况均要做详细的了解。实训前预习实训内容，在教师讲解实训的目的和重点、指导学生实训过程的基础上，能在规定的时间内完成实训内容。

（二）实训条件

（1）有代表性的综合性公园绿地1～2处。

（2）能进行园林树木、花卉等种类的识别。

（3）已具备园林构成要素、园林造景手法的应用及分析的技能。

[实训工具]

记录本、铅笔、绘图墨水笔、橡皮、速写本、数码相机等。

[实训方法步骤]

（1）教师选择有代表性的综合性公园1～2处，组织学生进行参观，对学生做公园基本概况、空间布局、造景手法、技巧及植物配置等方面的介绍。

（2）教师带学生在公园内主要景点进行参观游览及调查学习。

（3）在游览时和游览后，组织学生对所参观综合性公园的景区划分、景点设置、空间组织、导游路线和风景视线、植物材料等内容做调查，填写调查记录表。

（4）对优秀景观和造景手法，运用速写和拍照的手法进行记录。

（5）对此次调查学习写出观后感，并完成实习报告。

[成果要求]

（1）完成相应的调查记录表（表实1～表实4）。

（2）完成观后感一篇。

（3）完成实习报告一份。

表实 1　公园绿地概况调查记录

实训地点		时间	
面积		调查小组成员	
公园绿地的位置及周围环境情况			
公园绿地采用的布局手法及特点			
导游路线和风景视线安排的情况			
总的感觉及评价			

表实 2　公园绿地构园要素调查记录

实训地点			面积	
实训时间			调查组成员	
园林绿地布局形式及特点				
园林构成要素	地形	特点		
		表现形式		
	水体	特点		
		表现形式		
	道路	特点		
		表现形式		
	建筑	特点		
		表现形式		
	建筑小品	特点		
		表现形式		
	植物	特点		
		表现形式		
备注				

表实 3　公园绿地造景手法运用调查记录

实训地点		面积	
实训时间		调查组成员	
园林主要造景手法	主景		
	配景		
	对景		
	夹景		
	障景		
	隔景		
	框景		

（续）

园林主要造景手法	漏景	
	添景	
	借景	
	题景	
	点景	
	备注	

表实 4　园林绿地树种调查记录

实训地点		面积	
实训时间		调查组成员	

编号	植物名称	植物类型	在园中的数量	习性及在本园中的生长状况
01				
02				
03				
04				
05				
06				
07				
备注				

[实训考核]

实训考核评分标准见附录 1。

实训二　滨水公园绿地的规划设计

[实训目的]

（1）了解滨水公园绿地的特点。

（2）明确滨水公园绿地布局原则和形式。

（3）掌握滨水公园绿地设计的方法和步骤。

（4）掌握滨水公园绿地的树种选择和植物配置。

（5）增强滨水公园绿地设计的技能，创造出优美、舒适、实用、亲和的环境。

[实训内容]

综合所学滨水公园绿地设计基本知识，运用各种造园手法、园林构成要素，按照园林绿地规划设计的程序，利用本市现有滨水公园或本市空闲的河流绿地做模拟规划设计或真题规划设计。

实训题目：×××滨水公园规划设计（各学校根据本校学时自行安排）。

实训学时：8~16学时。

［实训要求］

（一）实训建议

在实训前，教师提前安排好实训的地点（或虚拟各种环境），带领学生进行现场踏查，最好有设计需要的现状图或进行现状图的测量。学生在实训前预习实训内容，在教师讲解实训的目的和重点、指导学生实训过程的基础上，能在规定的时间内完成实训内容。

（二）实训条件

（1）已掌握园林树木、花卉相关知识内容。

（2）已具备滨水公园绿地园林构成要素、园林造景手法的应用技能。

（3）图纸和相应的测量绘图工具。

（三）图纸及设计要求

（1）图纸要求：

① 图纸大小及绘图比例自定义，总体的图面布局要合理。

② 图面构图合理，清洁美观；线条流畅，墨色均匀；并进行色彩渲染。

③ 图面图例、比例、指北针、设计说明、文字和尺寸标注、图幅等要素齐全，且符合制图规范。

（2）设计要求：

① 立意新颖，格调高雅，具有时代气息，与周边环境谐调统一。

② 根据滨水绿地的性质、功能、场地形状和大小，因地制宜地确定绿地形式和内容设施，体现滨水公园绿地的特色及特点。

③ 合理地进行功能分区，确定出入口的位置、布置适当的园林景点及园林建筑。

④ 植物景观设计要遵循因地制宜、适地适树的原则。在统一基调的基础上，考虑植物景观季相和色相变化。

［实训工具］

电子经纬仪、标杆、皮尺、测绳、木桩、pH试纸、记录本、绘图板、绘图纸、丁字尺、三棱比例尺、三角板、圆模板、量角器、铅笔、绘图墨水笔、鸭嘴笔、彩色铅笔（或马克笔）、铅笔刀、橡皮、擦图片、曲线板、圆规、透明胶带、毛刷、图面材料等。

［实训方法步骤］

（1）相关资料收集与调查：收集基础图纸资料，包括地形图、现状图等；调查土壤条件、环境条件、社会经济条件、人口及其密度、现有植物状况等。

（2）现场踏查：包括实地测量、绘制现状图、熟悉及掌握设计环境及周边环境情况。

（3）设计任务书的编写：通过调查收集资料的分析，确定设计指导思想、设计原则，编写设计任务书。

（4）总体规划设计阶段：构思设计总体方案及种植形式。

（5）详细规划设计阶段：详细规划各景点、景区、建筑单体、建筑小品及植物配置。

（6）编制设计说明书。

［成果要求］

（1）总体规划图：比例（1：500）~（1：1000），1号或2号图纸。图中清楚显示山水、地形地貌、主次出入口、园路、广场、园林建筑及绿化用地。

（2）功能分区规划图。

（3）局部规划图：对于主要部分，要求做出比例为（1∶200）～（1∶300）的详细设计图。

（4）竖向设计图：在地形起伏较大处，进行高程设计，标注各主要部位的高程。

（5）植物种植图：要求做出比例为（1∶200）～（1∶500）的植物种植图。

（6）编制设计说明书：要求写清设计指导思想、设计原则、分区功能、景点特色及植物景观、植物名录及其他材料统计表。

[实训考核]

实训考核评分标准见附录1。

实训三　儿童公园绿地的规划设计

[实训目的]

（1）了解儿童公园绿地的特点。

（2）明确儿童公园绿地布局原则和形式。

（3）掌握儿童公园绿地设计的方法和步骤。

（4）掌握儿童公园绿地的树种选择和植物配置。

[实训内容]

综合所学儿童公园绿地设计基本知识，运用各种造园手法、园林构成要素，按照园林绿地规划设计的程序，利用本市现有儿童公园或本市空闲的绿地做模拟规划设计或真题规划设计。

实训题目：×××儿童公园规划设计（各学校根据本校学时自行安排）。

实训学时：8～16学时。

[实训要求]

（一）实训建议

在实训前，教师提前安排好实训的地点（或虚拟各种环境），带领学生进行现场踏查，最好有设计需要的现状图或进行现状图的测量。学生在实训前预习实训内容，在教师讲解实训的目的和重点、指导学生实训过程的基础上，能在规定的时间内完成实训内容。

（二）实训条件

（1）已掌握园林树木、花卉相关知识内容。

（2）已掌握儿童公园绿地园林构成要素、园林造景手法的设计技能。

（3）图纸和相应的测量绘图工具。

（三）图纸设计要求

1. 图纸要求

（1）图纸大小及绘图比例自定义，总体的图面布局要合理。

（2）图面构图合理，清洁美观；线条流畅，墨色均匀；并进行色彩渲染。

（3）图面图例、比例、指北针、设计说明、文字和尺寸标注、图幅等要素齐全，且符合制图规范。

2. 设计要求

（1）立意新颖，格调高雅，具有现代儿童的时代气息，与周边环境谐调统一。

（2）根据儿童的特点，确定合适的绿地形式和内容设施，体现儿童公园绿地的特色。

（3）合理地进行功能分区，确定出入口的位置、布置适当的园林景点及园林建筑。

（4）植物景观设计要遵循因地制宜、适地适树的原则。在统一基调的基础上，考虑植物景观季相和色相变化，对有毒、有害、有刺、有飞毛、有浆果的植物严禁使用。

[实训工具]

电子经纬仪、标杆、皮尺、测绳、木桩、pH 试纸、记录本、绘图板、绘图纸、丁字尺、三棱比例尺、三角板、圆模板、量角器、铅笔、绘图墨水笔、鸭嘴笔、彩色铅笔（或马克笔）、铅笔刀、橡皮、擦图片、曲线板、圆规、透明胶带、毛刷等。

[实训方法步骤]

（1）相关资料收集与调查：收集基础图纸资料，包括地形图、现状图等；调查土壤条件、环境条件、社会经济条件、现有植物状况等。

（2）现场踏查：包括实地测量、绘制现状图、熟悉及掌握设计环境及周边环境情况。

（3）设计任务书的编写：通过调查收集资料的分析，确定设计指导思想、设计原则，编写设计任务书。

（4）总体规划设计阶段：构思设计总体方案及种植形式。

（5）详细规划设计阶段：详细规划各景点、景区、建筑单体、建筑小品及植物配置。

（6）编制设计说明书。

[成果要求]

（1）总体规划图：比例（1：500）～（1：1000），1 号或 2 号图纸。图中清楚显示山水、地形地貌、主次出入口、园路、广场、园林建筑及绿化用地。

（2）功能分区规划图。

（3）局部规划图：对于主要部分，要求做出比例为（1：200）～（1：300）的详细设计图。

（4）竖向设计图：在地形起伏较大处，进行高程设计，标注各主要部位的高程。

（5）植物种植图：要求做出比例为（1：200）～（1：500）的植物种植图。

（6）编制设计说明书：要求写清设计指导思想、设计原则、分区功能、景点特色及植物景观、植物名录及其他材料统计表。

[实训考核]

实训考核评分标准见附录1。

附 录 ......

附录1

实训考核评分标准

姓名			实训内容							
序号	考核阶段	考核项目	考核标准				等级分值			
			A	B	C	D	A	B	C	D
1	过程考核	实训态度	积极主动，态度端正，实训认真，不迟到早退	较好	一般	较差	10	8	6	4
2		实训内容	按照实训要求，认真准备各类调查，能够详细填写调查记录表	较好	一般	较差	20	16	12	8
3	结果考核	综合应用能力	能很好地综合运用所学理论知识来解决实地调查记录时遇到的问题	较好	一般	较差	30	25	15	10
4		实训成果	调查记录表内容真实、完整、详细，能独立按时完成	较好	一般	较差	25	20	15	8
5		创新能力	实训过程、调查记录、撰写实训报告的过程中及完成情况表现突出，具有较强的创新能力	较好	一般	较差	15	10	8	4
实训考核成绩（合计）										

附录2

《城市道路绿化规划与设计规范》摘录

（编号 CJJ 75—1997，自 1998 年 5 月 1 日起施行）

3 道路绿化规划

3.1 道路绿地率指标

3.1.1 在规划道路红线宽度时，应同时确定道路绿地率。

3.1.2 道路绿地率应符合下列规定：

3.1.2.1 园林景观路绿地率不得小于 40％；

3.1.2.2 红线宽度大于 50m 的道路绿地率不得小于 30％；

3.1.2.3 红线宽度在 40～50m 的道路绿地率不得小于 25％；

3.1.2.4 红线宽度小于 40m 的道路绿地率不得小于 20％。

3.2 道路绿地布局与景观规划

3.2.1 道路绿地布局应符合下列规定：

3.2.1.1 种植乔木的分车绿带宽度不得小于 1.5m 主干路上的分车绿带宽度不宜小于 2.5m；行道树绿带宽度不得小于 1.5m；

3.2.1.2 主、次干路中间分车绿带和交通岛绿地不得布置成开放式绿地；

3.2.1.3 路侧绿带宜与相邻的道路红线外侧其他绿地相结合；

3.2.1.4 人行道毗邻商业建筑的路段，路侧绿带可与行道树绿带合并；

3.2.1.5 道路两侧环境条件差异较大时，宜将路侧绿带集中布置在条件较好的一侧。

3.2.2 道路绿化景观规划应符合下列规定：

3.2.2.1 在城市绿地系统规划中，应确定园林景观路与主干路的绿化景观特色。园林景观路应配置观赏价值高、有地方特色的植物，并与街景结合；主干路应体现城市道路绿化景观风貌；

3.2.2.2 同一道路的绿化宜有统一的景观风格，不同路段的绿化形式可有所变化；

3.2.2.3 同一路段上的各类绿带，在植物配置上应相互配合，并应协调空间层次、树形组合、色彩搭配和季相变化的关系；

3.2.2.4 毗邻山、河、湖、海的道路，其绿化应结合自然环境，突出自然景观特色。

3.3 树种和地被植物选择

3.3.1 道路绿化应选择适应道路环境条件、生长稳定、观赏价值高和环境效益好的植物种类。

3.3.2 寒冷积雪地区的城市，分车绿带、行道树绿带种植的乔木，应选择落叶树种。

3.3.3 行道树应选择深根性、分枝点高、冠大荫浓、生长健壮、适应城市道路环境条件，且落果对行人不会造成危害的树种。

3.3.4 花灌木应选择枝繁叶茂、花期长、生长健壮和便于管理的树种。

3.3.5 绿篱植物和观叶灌木应选用萌芽力强、枝繁叶密、耐修剪的树种。

3.3.6 地被植物应选择茎叶茂密、生长势强、病虫害少和易管理的木本或草本观叶、观花植物。其中草坪地被植物尚应选择萌蘖力强、覆盖率高、耐修剪和绿色期长的种类。

4 道路绿带设计

4.1 分车绿带设计

4.1.1 分车绿带的植物配置应形式简洁，树形整齐，排列一致。乔木树干中心至机动车道路缘石外侧距离不宜小于 0.75m。

4.1.2 中间分车绿带应阻挡相向行驶车辆的眩光，在距相邻机动车道路面高度 0.6～1.5m，配置植物的树冠应常年枝叶茂密，其株距不得大于冠幅的 5 倍。

4.1.3 两侧分车绿带宽度大于或等于 1.5m 的，应以种植乔木为主，并宜乔木、灌木、地被植物相结合。其两侧乔木树冠不宜在机动车道上方搭接。分车绿带宽度小于1.5m的，应以种植灌木为主，并应灌木、地被植物相结合。

4.1.4 被人行横道或道路出入口断开的分车绿带，其端部应采取通透式配置。

4.2 行道树绿带设计

4.2.1 行道树绿带种植应以行道树为主，并宜乔木、灌木、地被植物相结合，形成连续的绿带。在行人多的路段，行道树绿带不能连续种植时，行道树之间宜采用透气性路面铺装。树池上宜覆盖池箅子。

4.2.2 行道树定植株距，应以其树种壮年期冠幅为准，最小种植株距应为4m。行道树树干中心至路缘石外侧最小距离宜为0.75m。

4.2.3 种植行道树其苗木的胸径：快长树不得小于5cm，慢长树不宜小于8cm。

4.2.4 在道路交叉口视距三角形范围内，行道树绿带应采用通透式配置。

4.3 路侧绿带设计

4.3.1 路侧绿带应根据相邻用地性质、防护和景观要求进行设计，并应保持在路段内的连续与完整的景观效果。

4.3.2 路侧绿带宽度大于8m时，可设计成开放式绿地。开放式绿地中，绿化用地面积不得小于该段绿带总面积的70%。路侧绿带与毗邻的其他绿地一起辟为街旁游园时，其设计应符合现行行业标准《公园设计规范》（CJJ 48）的规定。

4.3.3 濒临江、河、湖、海等水体的路侧绿地，应结合水面与岸线地形设计成滨水绿带。滨水绿带的绿化应在道路和水面之间留出透景线。

4.3.4 道路护坡绿化应结合工程措施栽植地被植物或攀缘植物。

5 交通岛、广场和停车场绿地设计

5.1 交通岛绿地设计

5.1.1 交通岛周边的植物配置宜增强导向作用，在行车视距范围内应采用通透式配置。

5.1.2 中心岛绿地应保持各路口之间的行车视线通透，布置成装饰绿地。

5.1.3 立体交叉绿岛应种植草坪等地被植物。草坪上可点缀树丛、孤植树和花灌木，以形成疏朗开阔的绿化效果。桥下宜种植耐阴地被植物。墙面宜进行垂直绿化。

5.1.4 导向岛绿地应配置地被植物。

5.2 广场绿化设计

5.2.1 广场绿化应根据各类广场的功能、规模和周边环境进行设计。广场绿化应利于人流、车流集散。

5.2.2 公共活动广场周边宜种植高大乔木。集中成片绿地不应小于广场总面积的25%，并宜设计成开放式绿地，植物配置宜疏朗通透。

5.2.3 车站、码头、机场的集散广场绿化应选择具有地方特色的树种。集中成片绿地不应小于广场总面积的10%。

5.2.4 纪念性广场应用绿化衬托主体纪念物，创造与纪念主题相应的环境气氛。

5.3 停车场绿化设计

5.3.1 停车场周边应种植高大庇荫乔木，并宜种植隔离防护绿带；在停车场内宜结合停车间隔带种植高大庇荫乔木。

园林规划设计 ————————————————————————

5.3.2 停车场种植的庇荫乔木可选择行道树种。其树木枝下高度应符合停车位净高度的规定：小型汽车为 2.5m；中型汽车为 3.5m；载货汽车为 4.5m。

6 道路绿化与有关设施

6.1 道路绿化与架空线

6.1.1 在分车绿带和行道树绿带上方不宜设置架空线。必须设置时，应保证架空线下有不小于 9m 的树木生长空间。架空线下配置的乔木应选择开放型树冠或耐修剪的树种。

6.1.2 树木与架空电力线路导线的最小垂直距离应符合表 6.1.2 的规定。

表 6.1.2 树木与架空电力线路导线的最小垂直距离

电压（kV）	1~10	35~110	154~220	330
最小垂直距离（m）	1.5	3.0	3.5	4.5

6.2 道路绿化与地下管线

6.2.1 新建道路或经改建后达到规划红线宽度的道路，其绿化树木与地下管线外缘的最小水平距离宜符合表 6.2.1 的规定；行道树绿带下方不得敷设管线。

表 6.2.1 树木与地下管线外缘最小水平距离

管线名称	距乔木中心距离（m）	距灌木中心距离（m）
电力电缆	1.0	1.0
电信电缆（直埋）	1.0	1.0
电信电缆（管道）	1.5	1.0
给水管道	1.5	—
雨水管道	1.5	—
污水管道	1.5	—
燃气管道	1.2	1.2
热力管道	1.5	1.5
排水盲沟	1.0	—

6.2.2 当遇到特殊情况不能达到表 6.2.1 中规定的标准时，其绿化树木根颈中心至地下管线外缘的最小距离可采用表 6.2.2 的规定。

表 6.2.2 树木根颈中心至地下管线外缘的最小距离

管线名称	距乔木根颈中心距离（m）	距灌木根颈中心距离（m）
电力电缆	1.0	1.0
电信电缆（直埋）	1.0	1.0
电信电缆（管道）	1.5	1.0
给水管道	1.5	1.0
雨水管道	1.5	1.0
污水管道	1.5	1.0

6.3　道路绿化与其他设施

6.3.1　树木与其他设施的最小水平距离应符合表 6.3.1 的规定。

表 6.3.1　树木与其他设施的最小水平距离

设施名称	至乔木中心距离（m）	至灌木中心距离（m）
低于 2m 的围墙	1.0	—
挡土墙	1.0	—
路灯杆柱	2.0	—
电力、电信杆柱	1.5	—
消防龙头	1.5	2.0
测量水准点	2.0	2.0

参 考 文 献

封云，林磊 . 2004. 公园绿地规划设计 ［M］. 北京：中国林业出版社 .

胡长龙 . 1995. 城市园林绿地规划 ［M］. 北京：中国农业出版社 .

胡长龙 . 2002. 园林规划设计 ［M］. 北京：中国农业出版社 .

黄东兵 . 2002. 园林规划设计 ［M］. 北京：高等教育出版社 .

梁永基，王莲清 . 2001. 居住区园林绿地设计 ［M］. 北京：中国林业出版社 .

辽宁省林业学校 . 1995. 园林规划设计 ［M］. 北京：中国林业出版社 .

唐学山 . 1997. 园林设计 ［M］. 北京：中国林业出版社 .

王浩，谷康，孙新旺 . 2003. 道路绿地景观规划设计 ［M］. 南京：东南大学出版社 .

王汝诚 . 1999. 园林规划设计 ［M］. 北京：中国建筑工业出版社 .

徐峰 . 2002. 城市园林绿地设计与施工 ［M］. 北京：化学工业出版社 .

许冲勇，翁殊斐 . 2005. 城市道路绿地景观 ［M］. 乌鲁木齐：新疆科学技术出版社 .

杨赉丽 . 1997. 城市园林绿地规划 ［M］. 北京：中国林业出版社 .

杨永胜 . 金涛 . 2002. 现代城市景观设计与营建技术 ［M］. 北京：中国城市出版社 .

赵建民 . 2010. 园林规划设计 ［M］. 2 版 . 北京：中国农业出版社 .

赵彦杰，王移山 . 2013. 屋顶花园设计与应用 ［M］. 北京：化学工业出版社 .

周初梅 . 2006. 园林规划设计 ［M］. 重庆：重庆大学出版社 .

周建东，黄永高 . 2007. 我国城市滨水绿地生态规划设计的内容与方法 ［J］. 城市规划（10）：63 - 68.

读者意见反馈

亲爱的读者：

  感谢您选用中国农业出版社出版的职业教育教材。为了提升我们的服务质量，为职业教育提供更加优质的教材，敬请您在百忙之中抽出时间对我们的教材提出宝贵意见。我们将根据您的反馈信息改进工作，以优质的服务和高质量的教材回报您的支持和爱护。

  地 址：北京市朝阳区麦子店街 18 号楼（100125）

     中国农业出版社职业教育出版分社

  联系方式：QQ（1492997993）

教材名称：_____ ISBN：_____

个人资料

姓名：_____所在院校及所学专业：_____

通信地址：_____

联系电话：_____电子信箱：_____

您使用本教材是作为：□指定教材□选用教材□辅导教材□自学教材

您对本教材的总体满意度：

  从内容质量角度看□很满意□满意□一般□不满意

   改进意见：_____

  从印装质量角度看□很满意□满意□一般□不满意

   改进意见：_____

  本教材最令您满意的是：

  □指导明确□内容充实□讲解详尽□实例丰富□技术先进实用□其他_____

  您认为本教材在哪些方面需要改进？（可另附页）

  □封面设计□版式设计□印装质量□内容□其他_____

  您认为本教材在内容上哪些地方应进行修改？（可另附页）

_____

_____

本教材存在的错误：（可另附页）

第_____页，第_____行：_____应改为：_____

第_____页，第_____行：_____应改为：_____

第_____页，第_____行：_____应改为：_____

您提供的勘误信息可通过 QQ 发给我们，我们会安排编辑尽快核实改正，所提问题一经采纳，会有精美小礼品赠送。非常感谢您对我社工作的大力支持！

欢迎访问"全国农业教育教材网"http：//www.qgnyjc.com（此表可在网上下载）

欢迎登录"中国农业教育在线"http：//www.ccapedu.com 查看更多网络学习资源

图书在版编目（CIP）数据

园林规划设计 / 刘新燕，赵建民主编 . —4 版 . —
北京：中国农业出版社，2019.10（2023.7 重印）
"十二五"职业教育国家规划教材　经全国职业教育
教材审定委员会审定　高等职业教育农业农村部"十三五"
规划教材　国家专业教学资源库配套教材　国家级精品资
源共享课配套教材
ISBN 978 - 7 - 109 - 26203 - 4

Ⅰ.①园… Ⅱ.①刘… ②赵… Ⅲ.①园林-规划-
高等职业教育-教材②园林设计-高等职业教育-教材
Ⅳ.①TU986

中国版本图书馆 CIP 数据核字（2019）第 242731 号

中国农业出版社出版
地址：北京市朝阳区麦子店街 18 号楼
邮编：100125
责任编辑：王　斌
版式设计：张　宇　责任校对：赵　硕
印刷：北京通州皇家印刷厂
版次：2001 年 8 月第 1 版　2019 年 10 月第 4 版
印次：2023 年 7 月第 4 版北京第 5 次印刷
发行：新华书店北京发行所
开本：787mm×1092mm　1/16
印张：24.75
字数：600 千字
定价：69.00 元